SQL

入门经典（第7版）

[美] 赖安·斯蒂芬斯（Ryan Stephens） 著

戴旭 译

人民邮电出版社

北京

图书在版编目（CIP）数据

SQL入门经典 ：第7版 ／（美）赖安·斯蒂芬斯
（Ryan Stephens）著 ；戴旭译. -- 北京 ：人民邮电出
版社，2024.8
ISBN 978-7-115-62441-3

Ⅰ. ①S… Ⅱ. ①赖… ②戴… Ⅲ. ①SQL语言 Ⅳ.
①TP311.132.3

中国国家版本馆CIP数据核字(2023)第146227号

版 权 声 明

◆ 著　　　[美] 赖安·斯蒂芬斯（Ryan Stephens）
　 译　　　戴　旭
　 责任编辑　郭泳泽
　 责任印制　王　郁　焦志炜
◆ 人民邮电出版社出版发行　　北京市丰台区成寿寺路 11 号
　 邮编　100164　　电子邮件　315@ptpress.com.cn
　 网址　https://www.ptpress.com.cn
　 三河市君旺印务有限公司印刷
◆ 开本：787×1092　1/16
　 印张：25.5　　　　　　　　　　2024 年 8 月第 1 版
　 字数：628 千字　　　　　　　　2024 年 8 月河北第 1 次印刷
　 著作权合同登记号　图字：01-2023-0217 号

定价：89.80 元
读者服务热线：(010)81055410　印装质量热线：(010)81055316
反盗版热线：(010)81055315
广告经营许可证：京东市监广登字 20170147 号

内容提要

　　本书详细介绍了 SQL 语言的基本语法、基本概念，说明了各种 SQL 实现与 ANSI 标准之间的差别。书中包含大量的示例，直观地说明了如何使用 SQL 对数据进行处理，还通过真实示例和实践练习介绍如何践行 SQL 标准。本书配有针对性很强的测试题和习题，能够帮助读者更好地理解和掌握学习的内容。在附录里还给出了常见 SQL 命令和流行供应商的 RDBMS 产品，以及测试题和习题的答案。

　　本书内容层次清晰，针对性强，非常适合初学者作为入门教材。

作者简介

Ryan Stephens 是一位企业家，他的职业生涯和他的多家 IT 公司都是围绕 SQL、数据和关系型数据库发展的。他与世界各地的机构、学生和 IT 专业人士分享知识和经验。他参与创立的两家公司——Perpetual Technologies, Inc.（PTI）和 Indy Data Partners（IDP），已为政府和大型商业客户提供了超过 25 年的专业数据库和 IT 服务。Ryan 为 Pearson 撰写过多本书，其中包括《SQL 入门经典（第 6 版）》。他的部分著作已被翻译并在国际上出版。此外，Ryan 曾在大型机构工作，并在 SQL、数据库设计、数据库管理和项目管理领域提供咨询服务。他为印第安纳大学与普渡大学印第安纳波利斯联合分校（Indiana University–Purdue University in Indianapolis，IUPUI）设计并讲授数据库管理课程，目前也在为 Pearson Education 讲授 SQL 和数据库的在线课程。

献　辞

　　本书献给我的女儿 Charlie Marie，她的名字承自我已故的养母 Charlotte Anne Pritchett Stephens，我记得养母是第一个教我写字的人。我爱你们。

致　谢

　　首先，我要感谢本书前几版的合著者 Ronald Plew 和 Arie D. Jones。Ronald Plew 是我的公司 Perpetual Technologies,Inc.的联合创始人并且是我的好朋友，他已退休。没有他，我就无法取得自己事业上的第一次成功。Ronald 在关系型数据库技术领域进行了 20 多年的研究和咨询，是多本书的作者，并帮助我在 IUPUI 建立了一门数据库培训课程。Ronald 曾在 IUPUI 讲授了 5 年的 SQL 和数据库课程。

　　Arie D. Jones 是位于印第安纳波利斯的 Indy Data Partners（IDP）公司的新兴技术副总裁，帮我为这家公司开创了大好局面。Arie 领导着 IDP 的专家团队，负责数据库环境与应用程序的规划、设计、开发、部署和管理，让每位客户获得软件工具与服务的最佳组合。他经常在技术活动上发表演讲，还撰写了一些数据库相关的图书和文章。

　　我还要感谢 Angie Gleim、Amy Reeves、Terri Klein 和我的团队成员，正是你们敬业地管理着公司，才让我有时间完成本书。一如既往地感谢 Pearson 和 Sams Publishing 的工作人员，感谢你们对细节的关注和耐心。与你们合作一直令人愉快。

预备知识

使用本书学习关系型数据库和 SQL 无须任何预备条件。本书素材根据作者在咨询和信息技术领域使用了 25 年以上的方法改编而成，作者已使用该方法在当地及全世界教授了成千上万名学生。本书首先介绍理解数据库以及定义和管理数据的基本方法，然后引入 SQL，用作与任何关系型数据库通信的标准语言。本书旨在展示 SQL 的基本概念和语法，并给出真实的示例。初学者可以由简化后的示例轻松展开学习，而经验丰富的信息技术专业人员则可以精读更高级的习题。

对于软件，建议使用关系型数据库管理系统。本书使用的是 Oracle，但遵循 SQL 标准的产品还有很多（包括 Microsoft SQL Server、MySQL、IBM 和 PostgreSQL）。如果您当前无法访问关系型数据库管理系统，还有许多免费产品可选，有些可以在线访问，有些则提供了用于学习和开发目的的下载版本。本书作者也给出了可选软件的指南。所有创建数据库的脚本和数据都提供给读者进行实践练习，读者读完本书后也可继续学习。

感谢您选择本书，请尽情享用吧。

作者的网站

请搜索 RyanSQL 访问作者的网站。通过该网站获取其他 SQL 资源、实践练习，以及作者创建的其他 Pearson Education 材料的链接。

资源与支持

资源获取

本书提供如下资源：

- 本书思维导图；
- 异步社区 7 天 VIP 会员。

要获得以上资源，您可以扫描下方二维码，根据指引领取。

提交勘误

作者和编辑尽最大努力来确保书中内容的准确性，但难免会存在疏漏。欢迎您将发现的问题反馈给我们，帮助我们提升图书的质量。

当您发现错误时，请登录异步社区（www.epubit.com），按书名搜索，进入本书页面，点击"发表勘误"，输入勘误信息，点击"提交勘误"按钮即可（见下图）。本书的作者和编辑会对您提交的勘误进行审核，确认并接受后，您将获赠异步社区的 100 积分。积分可用于在异步社区兑换优惠券、样书或奖品。

图书勘误		∠ 发表勘误
页码： 1	页内位置（行数）： 1	勘误印次： 1
图书类型： ◉ 纸书 ○ 电子书		

添加勘误图片（最多可上传4张图片）

+

提交勘误

与我们联系

我们的联系邮箱是 contact@epubit.com.cn。

如果您对本书有任何疑问或建议，请您发邮件给我们，并请在邮件标题中注明本书书名，以便我们更高效地做出反馈。

如果您有兴趣出版图书、录制教学视频，或者参与图书翻译、技术审校等工作，可以发邮件给我们。

如果您所在的学校、培训机构或企业，想批量购买本书或异步社区出版的其他图书，也可以发邮件给我们。

如果您在网上发现有针对异步社区出品图书的各种形式的盗版行为，包括对图书全部或部分内容的非授权传播，请您将怀疑有侵权行为的链接发邮件给我们。您的这一举动是对作者权益的保护，也是我们持续为您提供有价值的内容的动力之源。

关于异步社区和异步图书

"异步社区"是由人民邮电出版社创办的 IT 专业图书社区，于 2015 年 8 月上线运营，致力于优质内容的出版和分享，为读者提供高品质的学习内容，为作译者提供专业的出版服务，实现作者与读者在线交流互动，以及传统出版与数字出版的融合发展。

"异步图书"是异步社区策划出版的精品 IT 图书的品牌，依托于人民邮电出版社在计算机图书领域 30 余年的发展与积淀。异步图书面向 IT 行业以及各行业使用 IT 技术的用户。

目　录

第1章

关系型数据库和 SQL

本章内容:

> 理解组织里的信息、数据和数据库的概念;

> 研究常见的数据库环境;

> 了解关系型数据库的主要组成部分;

> 理解 SQL 与关系型数据库的关联方式。

欢迎来到结构化查询语言(Structured Query Language,SQL)的世界,体验在当今全球业界大量应用、不断进步的数据库技术。通过阅读本书,您能初步构建起自己的知识库,用以驾驭当今关系型数据库和数据管理的世界。本章首先介绍关系型数据库的基本概念,为知识积累和持续提升奠定坚实的基础,后续再深入讲解 SQL 及其在关系型数据库中的作用和 SQL 的具体细节。

注意 SQL 是 IT 界应知应会的语言

SQL 是与关系型数据库通信的标准语言,因此本章将重点关注关系型数据库本身。为了学习 SQL 并理解高效的数据使用方式,这个标准语言的概念至关重要。从长远来看,真正理解关系型数据库能让您超越同行,也能让您的公司在重度依赖数据的当今世界更具竞争力。

为了完全理解 SQL 等内容,最好从基础知识开始,层层向上。本章将介绍关系型数据库的基础知识、SQL 的简史和关系型数据库的关键组成部分。这将为后续进阶提供坚实基础。

SQL 是一种数据库语言。关系型数据库是当今(其实是几十年来)流行的数据库之一,而 SQL 则是与所有关系型数据库通信的标准语言。随着对关系型数据库详细内容的了解,甚至对数据库设计(后面几章会涉及)的了解,您对 SQL 概念的把握将更加轻松,能更为迅速地将 SQL 的概念和语法应用到数据库产品的真实场景中去。第 2 章主要概述 SQL 语言的标准部件。第 3 章和第 4 章将会介绍本书用到的数据库,让您深入理解数据,理解数据库中数据是如何建立关联的。有了上述知识,您会更容易理解 SQL,数据库知识会更加巩固,也就有了运用 SQL 的基础。

1.1 在数据驱动的世界中壮大

数据无处不在，无论是在个人生活还是工作中，我们每天都能看到数据。手机、计算机、在线商店、实体店、世界各地各个组织的各种数据库中，到处都有数据。可以说，没有数据，就没有世界。

数据或信息历来存在，人们利用数据做出决策。世界发展到现代，人们对如何在日常生活中使用数据，以及如何使公司更具竞争力都有了更好的理解。

世界越来越充满竞争，就更需要我们学习高效运用数据的方法，理解正在处理的信息和数据，并能应用于日常工作。在当今世界，到处都是信息，特别是在互联网上，但信息必须成为可供利用的数据才有意义。数据不可用，就没有价值；数据不准确，也没有价值；数据不一致，还是没有价值。数据库等技术已能帮助人们更好地利用数据，但也产生了新的难题：数据量增长迅速，管理起来必须格外小心。如果操作得当，关系型数据库和 SQL 特别有助于实现轻松的数据管理。

注意 信息必须成为可用的数据

信息无处不在，但世界上的很多信息都是不正确的，或与其他来源的信息不一致。即便是世界上某些受尊重的组织，其数据库中的数据也可能是不准确的或难以理解的。这就可能导致业务问题。您必须了解如何将信息变成对自己和组织有用的数据。幸好用关系型数据库和 SQL 可以保护数据，并以有意义的形式呈现给最终用户。数据库中的数据必须保持安全、干净和一致，对此 SQL 提供了一种主要的数据控制方式。

1.1.1 组织、数据和用户群

数据对于任何组织或个体的成功都至关重要。在一个组织中，很多工种的个体都依赖于数据，有些人每天都离不开数据：

> ➤ 领导层；
> ➤ 管理人员；
> ➤ 技术用户；
> ➤ 系统管理员；
> ➤ 职能部门用户和最终用户；
> ➤ 利益干系人；
> ➤ 客户。

图 1.1 中展示了这些个体，以及数据在组织中的核心位置。各种用户都要访问存储于某种数据库中的数据。最终用户则可用应用程序管理和查询数据库中的数据。客户和其他用户可以通过受限方式访问数据库，运用这些数据，而又不会妨害数据的完整性。由数据库能够生成报表和其他有用信息，供组织关键人物做出高层决策。商务智能（business intelligence）是这里用到的另一个术语。在常规信息技术场景中，还会涉及数据库管理员，设计、开发和编

写数据库的技术用户，以及围绕这些数据开发的应用程序。通过这张简图，您很容易看出数据在组织中的重要性。SQL 是连接所有这些角色的标准语言，让所有个体都能直接或间接与数据库进行交互，获取准确可用的数据，成功履行日常职责。

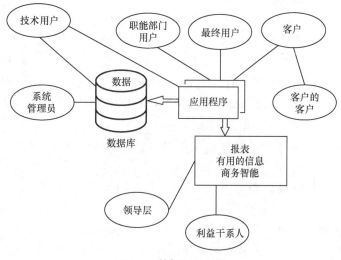

图 1.1　数据和用户群

1.1.2　数据库的定义

简单来说，数据库就是数据的集合。您可以认为数据库是一种组织机制，拥有存储信息的能力，用户能以有效且高效的方式检索其中的数据。

如前所述，人们每天都在不知不觉地使用着数据库。例如，通讯录就是一个包含了姓名、地址、电子邮件、电话号码和其他重要信息的数据库。通讯录按字母排序或带有索引，能让用户轻松检索出某个联系人并迅速取得联系。最终，这些数据就存储在某台计算机中的数据库中。

当然，数据库必须有人维护。每当有人搬到不同的城市或省份，通讯录中的条目就得有所增减。同样，每当有人修改了姓名、地址、电话号码等，通讯录条目也需要修改。图 1.2 展示了一个简单的数据库。

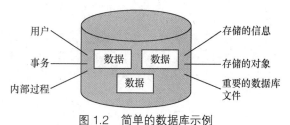

图 1.2　简单的数据库示例

不妨设想一下移动电话或任何移动设备：这些设备都带有数据，并且可能安装了很多访问各种数据库的应用程序。此外，手机中还带有通讯录和图片格式的数据。

1.1.3　常见的数据库环境

本节将介绍几种常见的数据库环境。数据库环境包括了容纳数据库及有效存储数据所需的全部关键组件，既包含数据库本身，又包含操作系统、网络和通过这些关键组件访问数据库的应用程序。本章简要介绍以下两种主要的数据库环境：

> ➤ 客户机/服务器环境；
> ➤ 基于 Web 的环境。

1.1.4 客户机/服务器环境

过去，计算机产业主要由大型计算机统治，大型计算机系统十分庞大、强悍，拥有大容量的存储和强大的数据处理能力。用户通过哑终端与主机进行通信，哑终端没有处理能力，完全依赖于主机的 CPU、存储和内存。每个哑终端都有一条连接大型机的数据线。大型机环境确实发挥了应有的作用，现在仍在很多公司发挥着作用，但一种更伟大的技术——客户机/服务器（client/server）模式很快出现了。

在客户机/服务器系统中，主计算机称为服务器，可通过网络进行访问，通常是局域网（LAN）或广域网（WAN）。访问服务器的通常是个人计算机（PC）或其他服务器，而不是哑终端。这些个人计算机称为客户机，拥有网络访问权限，以使客户机和服务器之间得以通信。客户机/服务器环境和大型机环境的主要区别就是，在客户机/服务器环境中的用户个人计算机能够独立“思考”，用自己的 CPU 和内存运行自己的进程，但它还能够通过网络随时访问服务器。对于当今的整体业务需求而言，多数情况下客户机/服务器系统都要灵活得多。

现代数据库系统可运行于各种不同的计算机系统上，适用于多种操作系统。常见的操作系统就是 Windows 系统、Linux 和 UNIX 之类的命令行系统。数据库主要运行于客户机/服务器环境和 Web 环境。

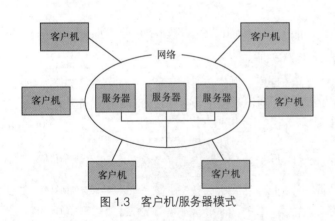

图 1.3 客户机/服务器模式

数据库系统实施失败的主要原因是缺少培训和经验。现代公司需要员工能在客户机/服务器模式和基于 Web 的系统（在 1.1.5 节中解释）中工作，能够满足当代公司不断高涨的需求（有时是不合理的需求），还要了解互联网技术和网络计算。图 1.3 说明了客户机/服务器技术的概念。

1.1.5 基于 Web 的环境

商业信息系统大都已向 Web 环境迁移。通过互联网访问数据库已有很多年了，这意味着客户通过 Chrome、Microsoft Edge 或 Firefox 之类的浏览器就能访问某家公司的信息。客户（数据的使用者）可以订购商品、查看库存、查看订单状态、管理账户、在账户间转账等。

客户只需打开浏览器，进入该公司的网站，按需登录，用该公司的 Web 应用程序访问数据。大多数公司都要求用户先进行注册，然后向其发送用户名和密码。

当然，通过浏览器访问数据库时，许多工作都发生在幕后。例如，Web 应用程序可以运行访问公司数据库的 SQL，将数据返回给 Web 服务器，然后将这些数据返回给客户的浏览器。

从用户的角度看，基于 Web 的数据库系统的基本结构类似于客户机/服务器系统（参见图 1.3）。每个用户都拥有一台客户机，带有 Web 浏览器并连入互联网。对基于 Web 的数据库系统而言，图 1.3 中的网络就是互联网，而不是本地网络。在大多数情况下，客户机访问服务器依然是为了获取信息；服务器位于外省甚至国外也无关紧要。基于 Web 的数据库系统的主要目的是扩大数据库系统潜在的客户群，这样数据库系统就可以不受物理位置的限制，从而提高数据的可用性，扩大公司的客户群体。

注意 跨运行环境的数据整合

如今无论是公司还是个人，都在使用着各种数据库和应用程序，访问的数据往往分散在多个环境中。现代技术可以让数据无缝整合，这些数据可以位于不同的数据库环境，采用不同厂商的数据库产品，甚至数据库的种类也可以不同。

1.2 关系型数据库简介

关系型数据库由名为"表"的逻辑单元组成。这些表在数据库内部相互关联。关系型数据库使得数据能够分解为较小的、可管理的逻辑单元，更便于维护，并根据公司的结构提供更优的数据库性能。图 1.4 表明，关系型数据库的表是通过某个共同键（数据值）相互关联的。

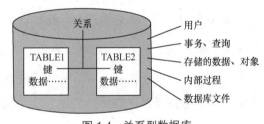

图 1.4 关系型数据库

再强调一遍，关系型数据库中的表是相互关联的，这样用一次查询就能获得足够的数据（虽然所需数据可能位于多张表中）。关系型数据库中的多张表可带有共同的键或字段，因此来自多张表的数据能够连接起来，形成一个大的数据集。随着对本书的深入了解，您会发现关系型数据库的更多优势，包括整体性能优势和数据访问的便捷性。

注意 关系型数据库中的关系

后续几节将会概述 RDBMS 中数据间的关系。示例数据将演示建立关联的过程，将共同数据连在一起十分简单。后续几章将通过大量的示例和实践练习扩展这一过程。您甚至有机会设计本书的部分示例数据库，定义自己的数据关系。

1.2.1 示例数据库简介

数据库之所以存在，原因很简单：因为数据库中存储并维护着有价值的数据。本节将介绍一个经过简化的示例数据集，演示数据在关系型数据库中的样子，以及数据如何通过键关系关联起来。这些关系是关系型数据库的价值所在，也是数据存储的规则。

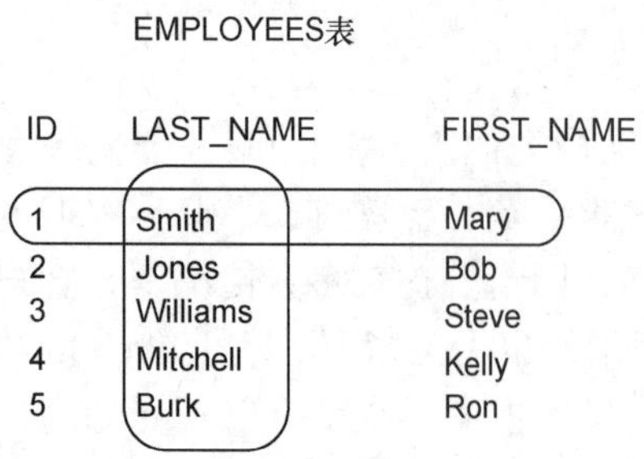

EMPLOYEES表

ID	LAST_NAME	FIRST_NAME
1	Smith	Mary
2	Jones	Bob
3	Williams	Steve
4	Mitchell	Kelly
5	Burk	Ron

图 1.5 表结构

图 1.5 展示了一张名为 EMPLOYEES 的表。表是关系型数据库中最基础的对象类型，用于存放数据。数据库对象是一种事先定义好的结构，或是实际容纳数据，或是与数据库中的数据有关联。

1. 字段

每张表都分解为更小的实体，称为"字段"。一个字段就是表的一列，用于维护表中每条记录的信息。EMPLOYEES 表的字段包括 ID、LAST_NAME 和 FIRST_NAME。字段将表中存放的数据进行了分类。显然这个例子经过了简化，只是演示一下 EMPLAYEES 这种表中可能存放的数据。

2. 记录（数据行）

记录也称为数据行，是指表的横向条目。在上一张表 EMPLOYEES 中，第一条记录如下所示：

```
1       Smith    Mary
```

这条记录由员工 ID、员工姓氏和员工名字组成。对于每位不同的员工，EMPLOYEES 表中就应该有一条对应的记录。

在关系型数据库的表里，一行数据就是一条完整的记录。

3. 列

列是表的纵向实体对象，包含了与特定字段关联的所有数据。例如，在 EMPLOYEES 表中有一列表示的是员工姓氏，包含了以下数据：

```
Smith
Jones
William
Mitchell
Burk
```

这一列来自字段 LAST_NAME，也就是员工的姓氏。列从表的每条记录中抽取与某个字段关联的数据。

4. 参照完整性

参照完整性是所有关系型数据库的标志性特点。图 1.6 展示了两张表，EMPLOYEES 和 DEPENDENTS，在此数据库中是相互关联的。DEPENDENTS 表比较简单，容纳了数据库中每位员工的亲属信息，如配偶和子女之类。与 EMPLOYEES 表一样，DEPENDENTS 表也有一个 ID 字段。DEPENDENTS 表的 ID 引用（或者说关联）了 EMPLOYEES 表的 ID。当然这依然是一个简化过的例子，用以展示数据库中的关系是如何运作的，也有助于您理解参照完整性。

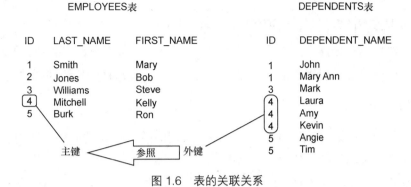

图 1.6 表的关联关系

图 1.6 中需要注意的关键点是，两张表之间通过 ID 字段具备了关联关系。EMPLOYEES 的 ID 字段与 DEPENDENTS 的 ID 字段相关。EMPLOYEES 的 ID 字段是主键，而 DEPENDENTS 的 ID 字段则是外键。对于所有关系型数据库的结构和参照完整性，这两类键都至关重要。

5. 主键

在关系型数据库中，表的主键列能让表的每行数据都是唯一的。在图 1.6 中，EMPLOYEES 表的主键是 ID，通常是在创建表时初始化的。主键确保所有员工 ID 都是唯一的，因此 EMPLOYEES 表中的每条记录都有各自的 ID。主键不仅减少了表内记录重复的可能性，还有其他用途，随着本书的深入，您将了解到更多信息。

虽然只要表中不存在重复数据，就可以在以后添加主键，但通常主键是在表的创建过程中初始化的。

6. 外键

表的外键列引用的是另一张表的某一列。主键和外键在关系型数据库的表之间建立关系。

用作外键的列具备以下特征：

➢ 值不必唯一；

➢ 确保外键列的每一个数据项在被引用的表中都有一个对应的数据项；

➢ 确保只要被引用的表中（主键列）还能找到对应的数据（父记录），外键列的数据（子记录）就永远不会删除。

在图 1.6 中，DEPENDENTS 表的外键是 ID，此列包含的是关联表 EMPLOYEES 中的员工 ID。再说一遍，这里只是个简化过的示例。理想情况下，DEPENDENTS 表应为每位亲属提供一个 ID，每位被引用的员工也有一个 ID。出于学习的目的，DEPENDENTS 表的 ID 是外键，引用的是 EMPLOYEES 表的 ID。因为 EMPLOYEES 表带有主键，其记录或数据行就是父记录，这里的记录在数据库中可能存在子记录。同理，DEPENDENTS 表里的 ID 是外键，或者说是子记录，它应与数据库中某个地方的父记录或主键有关联。

注意 关系型数据库中的关系

主键和外键关系，或称父/子关系，是关系型数据库中最基本的关系。这是可以人为设置的最基础的规则，也是提升关系型数据库数据管理便利性和效率的唯一途径。

在操作数据库中的数据时，请记住以下两点：

> 只有对应的数据已作为主键存在于另一张表中，才能将数据添加到标为外键的列中；

> 只有先删除外键引用的主键表中的对应数据，才能从标为外键的列中删除数据。

7. 从多张表读取数据

在图 1.6 中，您应该已经了解目前已定义的主键和外键。如果这些键是在创建或修改表时定义的，数据库就知道如何维持内部数据的完整性，也知道如何在表间引用数据。

假设现在需要知道 Kelly Mitchell 的亲属是谁。在看到图 1.6 时，您可能已经采用了一种常识性的做法。您的思考过程可能如下：

> 看到 Kelly Mitchell 的 ID 值是 4；

> 在 DEPENDENTS 表中查找 Kelly Mitchell 的 ID 值 4；

> 在 DEPENDENTS 表中看到 Kelly Mitchell 的 ID 值 4 对应了 3 条记录；

> 因此 Kelly Mitchell 的亲属是 Laura、Amy 和 Kevin。

在用 SQL 向关系型数据库"查询"数据时，幕后发生的几乎就是上述查找信息的常识性过程。

8. NULL 值

NULL 是一个术语，用来表示"缺失值"。数据库表中的 NULL 值是指某个字段中的值为空，即该字段中没有任何值。NULL 值与零、空格不同，理解这一点非常重要。在创建记录时，值为 NULL 的字段会特意保持为空。例如，有一张表带有名为 MIDDLE_NAME 的列，就可能允许出现空值或缺失值，因为不是每个人都有中间名。如果记录中有一列没有数据，就表示为 NULL 值。

接下来的两章将会详细讨论其他的表元素。

1.2.2　数据库的逻辑元素和物理元素

在关系型数据库中，逻辑元素和物理元素贯穿于整个数据库的生命周期。逻辑元素通常设想为规划和设计阶段的数据库结构。物理结构则是后续创建的那些对象，包括存储数据的数据库本身在内，SQL 和各种应用程序访问的就是这些数据。

比如在设计阶段，逻辑元素可能包含以下内容：

> 实体；

> 属性；

> 关系；

> 信息/数据。

后续在创建数据库的阶段，这些逻辑元素会变为以下物理元素：

> ➤ 表；
>
> ➤ 字段/列；
>
> ➤ 主键和外键约束（内置的数据库规则）；
>
> ➤ 有用的数据。

1.2.3 数据库模式

模式（schema）是数据库中一组相关联的对象。每个模式都归一个数据库用户所有，模式中的对象可与其他数据库用户共享。一个数据库中可以存在多个模式。图 1.7 展示了一个数据库模式。

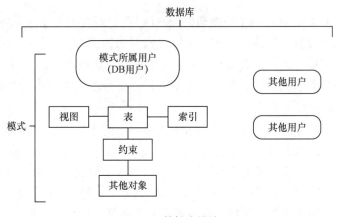

图 1.7　数据库模式

1.3　关系型数据库持续领跑

几十年来，关系型数据库一直是有效管理数据的首选数据库，并持续主导市场，原因有很多：

> ➤ 设计良好的关系型数据库为数据提供了一种简单的、有组织的、易于管理的机制；
>
> ➤ 伴随着数据的增长和对象的添加，关系型数据库是可扩展的；
>
> ➤ 多张表的数据可以轻松连接在一起；
>
> ➤ 利用参照完整性（主/外键约束）等内置功能维持数据完整性很简单；
>
> ➤ 数据的整体管理和使用 SQL 与数据库通信都比较简单；
>
> ➤ 相关数据和有用数据检索起来比较容易。

SQL 和关系型数据库管理系统是相辅相成的，缺一不可。SQL 是一种类似英语的语言，能用来创建并管理关系型数据库，还能在日后轻松有效地从数据库中按需获取数据。

1.4 示例和习题

本书大部分习题都采用了 Oracle，它在数据库市场占据着主导地位，严格遵循 SQL 标准，当然它还提供了很多增强功能。

与很多 SQL 或关系型数据库产品一样，Oracle 也提供了免费版本。您可以任选一种产品安装，然后跟随本书的习题进行练习。请注意，因为这些数据库并非 100%符合 SQL-2016，所以习题的语法可能与 ANSI 标准所建议的略有差异。不过只要学习了 ANSI 标准的基础知识，您通常就能在不同的数据库产品之间转换技能了。

1.5 小结

本章简要介绍了 SQL 语言和关系型数据库。SQL 是与所有关系型数据库通信的标准语言。首先需要了解关系型数据库的构成，识别关键元素，知道都有什么样的数据，了解关系型数据库中数据之间的关系，这一点很重要。如果完全掌握了这些概念，学习 SQL 语言的过程就会加速，本书介绍的概念也会更有意义。本章的目标是介绍一些基本的数据库概念，为您站在更高层次去看待数据打下基础。

简言之，关系型数据库就是在逻辑上组织为多张表的数据库，这些表之间可能有也可能没有关系。表由一个或多个列（字段），以及一个或多个数据行组成。一张表可以只有几行数据，也可以有数百万行数据。多张表可通过共同的列或字段关联起来，这些列或字段在关系型数据库中以主/外键等约束条件的形式进行定义。主/外键是关系型数据库的内置功能，用于维持数据库内部的参照完整性。这种关联方式正是关系型数据库的关键，也是 SQL 的主要组成部分之一。

1.6 答疑

问：学会了 SQL，是否就能使用任何支持 SQL 的产品了？

答：是的，只要数据库产品与 ANSI SQL 兼容，您就能够与之通信。如果产品与 ANSI SQL 不完全兼容，您稍作调整可能就会很快掌握。

问：在客户机/服务器环境中，个人计算机是客户机还是服务器？

答：在客户机/服务器环境中，个人计算机是客户机，当然服务器也可以当作客户机来使用。

问：在数据库的应用场景下，信息和可用数据有什么不同？

答：信息和数据在概念上是相同的。在创建数据库时，重点是要收集所有必要的信息，并努力让这些信息形成可用数据。可用数据不仅要来源可靠，而且准确、一致、干净、保持最新。可用数据对于业务操作和做出关键决策是至关重要的。如果来源不可靠，或者没有正确录入，或者会跟随数据库发生变化，那么数据是不可用的。

问：SQL 可用于在多运行环境、多平台或多种类数据库之间整合数据库吗？

答：在运用关系型数据库时，SQL 是数据处理的主要语言和工具，包括从多个数据源整合数据。在不同数据源之间迁移数据时，SQL 也是必须用到的。大中型公司通常拥有很多不同的数据源，其中只有一些是基于 SQL 的。SQL 是一个重要的部件，可以把所有数据聚到一起。

1.7 实践练习

以下是测试题和习题。测试题是为了测试您对当前内容的整体理解。习题让您有机会将本章讨论的概念付诸应用，并巩固前几章的学习中获得的知识。在继续学习之前，请务必完成测试题和习题。答案参见附录 C。

一、测试题

1. SQL 的含义是什么？

2. 什么是模式？请举例说明。

3. 关系型数据库中的逻辑和物理组件有什么不同？它们之间有什么关系？

4. 在关系型数据库中，参照完整性的定义和强制实施是用什么键完成的？

5. 关系型数据库中最基本的对象类型是什么？

6. 这个最基本的对象由哪些元素组成？

7. 主键列的值必须唯一吗？

8. 外键列的值必须唯一吗？

二、习题

以下习题请参考图 1.6。

1. Mary Smith 的亲属都有谁？

2. 有多少员工没有亲属？

3. DEPENDENTS 表中有多少个外键值是重复的？

4. Tim 的父母或监护人是谁？

5. 哪位员工可删除，而不必先删除任何亲属记录？

第 2 章

SQL 语言的组成部分

本章内容：

➢ 介绍 SQL 及其简史；

➢ 概述 SQL 标准；

➢ 介绍一些 SQL 产品；

➢ 介绍 SQL 语言的基本组件，或称子语言。

SQL 具有很多组件，这些组件看似简单，却能为任何与关系型数据库通信的用户提供灵活而强大的功能。本章对 SQL 给出了总体描述，涵盖了一些需在实践练习和编写代码之前知道的预备概念。学习本章需要有点耐心，这些"枯燥"的背景知识能帮助您奠定坚实的基础。

2.1 SQL 的定义和历史

每家现代企业都在使用和存储数据。因此，每家企业都需要一些有组织的方法或机制来维护和检索这些数据。如果数据保存在数据库中，这种机制称作数据库管理系统（DataBase Management System，DBMS）。数据库管理系统已存在很多年了，其中有很多系统最初是大型机上的普通文件系统（flat-file system）。

当今的信息管理主要是通过关系型数据库管理系统（RDBMS）来实现的，它来源于传统的 DBMS。现代企业通常使用数据库结合客户机/服务器和 Web 技术，成功地管理数据，保持市场竞争力。许多企业逐渐从客户机/服务器转向 Web 环境，这样当用户需要访问重要数据时就能不受地域的限制。

后续几节将会讨论 SQL 和关系型数据库，这是目前常见的 DBMS。很好地了解关系型数据库的基础知识，以及如何在当今的信息技术时代利用 SQL 管理数据，对于全面理解 SQL 语言非常重要。

SQL 是什么

结构化查询语言（Structured Query Language，SQL）是用来与关系型数据库通信的标准语言。SQL 的原型最初是由 IBM 公司开发的，采用了 E.F.Codd 博士的论文 "A Relational Model of Data for Large Shared Data Banks" 作为模型。1979 年，在 IBM 的原型创建不久，Relational Software 公司发布了第一个 SQL 产品，命名为 ORACLE（Relational Software 公司后来更名为 Oracle 公司）。现在 Oracle 公司依然是关系型数据库技术的杰出领导者之一。

假如您到外国去旅行，与人交流时可能就需要懂得该国的语言。例如，如果服务员只会说本国的语言，您用母语点菜可能就会遇到麻烦。同理，您可以将数据库视作外国，需要在其中检索信息。SQL 就是用来向数据库表达需求的语言。正如在外国菜单上点菜一样，可以用 SQL 查询的形式向数据库发出获取信息的请求。

注意 与数据库通信

不妨想象一下访问心仪的网上商店的场景，下单一本书、一件衣服或任何其他商品。当点击浏览商品目录、输入搜索条件、将物品放入购物车时，通常都有 SQL 代码在后台执行，触发数据库连接，告诉数据库您想要看到什么数据以及如何看到它们。

2.2 SQL 是一种标准语言

如前所述，SQL 是用来与关系型数据库通信的标准语言。SQL 是一种非过程性语言。它主要用于定义关系型数据库的结构，以及从关系型数据库中查询数据。不过 SQL 的某些扩展产品带有过程性的部分，C++和.NET 之类的其他编程语言也都带有过程性的部分。

本节描述了 SQL 的标准，探究 SQL 标准的组成部分，简要讨论为什么 SQL 标准对于各个不同供应商的关系型数据库产品都很重要。本节还会介绍各种供应商实现的 SQL 产品。

2.2.1 ANSI SQL 标准

美国国家标准协会（American National Standards Institute，ANSI）是批准很多行业标准的组织。SQL 已被视为与关系型数据库通信的标准语言。SQL-86 最初在 1986 年获得批准，基于 IBM 的产品实现。1987 年，国际标准化组织（International Standards Organization，ISO）接受 ANSI SQL 标准作为国际标准。ANSI SQL 标准经历过多次修订，分别是在 1989 年（SQL-89）、1992 年（SQL-92）、1999 年（SQL-1999）、2003 年（SQL-2003）、2006 年（SQL-2006）、2008 年（SQL-2008）、2011 年（SQL-2011），最近一次修订是在 2016 年（SQL-2016）。随着信息系统、数据库软件和数据用途的不断发展，ANSI SQL 标准也一路修订至今。

当前的 SQL 标准是 SQL-2016，拥有 9 个相互关联的文件。在不久的将来，为了涵盖新出现的技术需求，SQL 标准还会不断扩展，可能还会加入其他文件。9 个相互关联的部分如下所示。

➢ 第 1 部分："SQL/框架"，规定了实现一致性的一般要求，定义了 SQL 的一些基础概念。

> ➤ 第 2 部分："SQL/基础"，定义了 SQL 的语法和操作。

> ➤ 第 3 部分："SQL/调用级接口"，定义了供应用程序编程访问 SQL 的接口。

> ➤ 第 4 部分："SQL/持久存储模块"，定义了控制结构，进而定义了 SQL 例程（routine），还定义了包含 SQL 例程的模块。

> ➤ 第 9 部分："外部数据管理（SQL/MED）"，定义了 SQL 的扩展，以通过数据封装器支持外部数据管理，还定义了数据链接的类型。

> ➤ 第 10 部分："对象语言绑定"，定义了 SQL 语言的扩展，支持将 SQL 语句嵌入 Java 编写的程序。

> ➤ 第 11 部分："信息和定义模式"，定义了信息模式和定义模式的规范，提供与 SQL 数据相关的结构和安全信息。

> ➤ 第 13 部分："使用 Java 编程语言的例程和类型"，定义了以 SQL 例程方式调用 Java 静态例程和类的能力。

> ➤ 第 14 部分："XML 相关的规范"，定义 SQL 使用 XML 的方式。

注意　SQL 标准和本书的关系

在学习更多 SQL 知识之前，SQL 标准的这些部分对您没有太大意义。本书不会深入讨论 SQL 标准的各项具体内容，而是基于标准去讲解 SQL 语言。

2.2.2　标准的重要性

关系型数据库软件的供应商遵循标准的程度各不相同。如果您使用的数据库产品与任何现有标准都不完全符合，则通常可以采用一些变通的做法，这涉及数据库设计范畴的业务逻辑。任何标准都带有很多明显的优点，也会存在一些缺点。一项标准主要是要引导供应商朝着适当的行业方向发展。对于 SQL 而言，标准提供了必要的基本框架，让各种产品保持一致，并增加了可移植性（不仅针对数据库程序，还包括常规的数据库和管理数据库的个人）。

有些人认为，标准限制了产品的灵活性和功能性。但大多数遵循标准的供应商都在标准 SQL 之外加入了特色增强功能，以填补一些空白。

综合考量这些优点和缺点，标准还是值得拥有的。总的来说，标准要求的特性是任何完整的 SQL 产品都应提供的，标准还概述了一些基本的概念，这些概念不仅强制要求所有相互竞争的 SQL 产品保持一致，还提升了 SQL 程序员的价值。

2.2.3　符合 SQL 标准的各种产品

SQL 的产品实现是指某家供应商的 SQL 产品或 RDBMS。值得注意的是，正如本书多次提到的那样，SQL 的实现方式差别很大。虽然有些产品大体符合 ANSI 标准，但没有哪个产品完全遵循了标准。另外值得注意的是，近年来 ANSI 标准并没有大幅改动供应商为保持兼容而必须遵守的功能清单。因此，供应商在发布新版 RDBMS 时，很可能会声称遵循 ANSI SQL 标准。

截至发稿时，RDBMS 市场的领导者包括：

➤ Oracle；

➤ MySQL（Oracle 所有）；

➤ Microsoft SQL；

➤ PostgreSQL；

➤ IBM Db2；

➤ IBM Informix；

➤ MariaDB；

➤ SQLite；

➤ Amazon RDS。

注意 免费的关系型数据库软件

很多 RDBMS 供应商都提供免费的数据库软件或试用版下载。关系型数据库软件的免费版本通常允许用作开发、个人和教育目的。软件供应商这样是为了获得产品曝光率，并在 RDBMS 市场上保持竞争力。此外，通常可以找到运行在云端的免费关系型数据库。

2.2.4 本书用到的 SQL 产品

本书的示例主要使用的是 Oracle 数据库。本书提供的建表和插入数据的代码可完美运行于 Oracle 中。尽管如此，本书所有代码都尽可能地基于 SQL 标准。本书介绍的所有知识均可轻松应用到任何供应商的 SQL 产品中，需要改动的地方很少或根本无须改动。因为 SQL 和关系型数据库应用如此广泛，所以本书要基于标准而非任何特定的 SQL 产品。很多公司用到了多种关系型数据库产品。掌握扎实的标准 SQL 知识，能让您仅需少许修改，就能十分容易地整合各种数据库和数据。

2.2.5 为自己和组织选择合适的产品

要为自己或组织选择最佳的产品会涉及许多因素，包括数据的类型、数据的大小、已有的信息系统以及价格。在关系型数据库领域，既有营利性的领先产品，又有开放源代码的产品。

2.3 SQL 会话

当用户通过 SQL 命令与关系型数据库进行交互时，就会生成 SQL 会话（session）。一旦用户第一次连入数据库，就会建立一个会话。在 SQL 会话的生存期内，输入有效的 SQL 命令即可查询数据库、操作数据库中的数据和定义数据库结构（比如表结构）。会话可以通过直接连接数据库产生，也可以调用前端应用程序来产生。无论是哪种情况，用户通常在终端或工作站建立会话，通过网络与数据库主机进行通信。

2.3.1 CONNECT

当用户连接到数据库时，SQL 会话就会初始化。CONNECT 命令会建立一个数据库连接。CONNECT 命令可以用于发起或改变数据库连接。比如先以 USER1 身份连接，然后可以用 CONNECT 命令以 USER2 的身份连接到数据库。这时 USER1 的 SQL 会话会隐式断开。通常采用以下格式连接数据库：

```
CONNECT user@database
```

在试图连接数据库的时候，会自动提示您输入当前用户名关联的密码。用户名是进入数据库的身份证；密码则是允许进入的钥匙。

2.3.2 DISCONNECT 和 EXIT

当用户从数据库断开连接时，SQL 会话就会终止。DISCONNECT 命令可将某个用户与数据库的连接断开。与数据库断开连接后，您在用的软件可能依然会显示在与数据库通信，但其实已没有连接了。如果用 EXIT 命令退出数据库，SQL 会话会终止，用来访问数据库的软件也会关闭。

```
DISCONNECT
```

2.4 SQL 命令的种类

下面几节将讨论 SQL 用来执行各种功能的命令或子语言的基本类别。这些功能包括建立数据库对象、操作对象、用数据填充数据库表、更新表中现有数据、删除数据、执行数据库查询、控制数据库访问以及管理整个数据库。

SQL 命令或子语言主要分为以下 6 类：

➢ 数据定义语言（Data Definition Language，DDL）；
➢ 数据操纵语言（Data Manipulation Language，DML）；
➢ 数据查询语言（Data Query Language，DQL）；
➢ 数据控制语言（Data Control Language，DCL）；
➢ 数据管理命令（Data Administration Command，DAC）；
➢ 事务控制命令（Transactional Control Command，TCC）。

2.4.1 定义数据库结构

SQL 中的数据定义语言（Data Definition Language，DDL）用于创建和重构数据库对象，比如创建或删除表。

以下是后续章节会讨论的一些基础的 DDL 命令：

➢ CREATE TABLE；

> ➢ ALTER TABLE;
> ➢ DROP TABLE;
> ➢ CREATE INDEX;
> ➢ ALTER INDEX;
> ➢ DROP INDEX;
> ➢ CREATE VIEW;
> ➢ DROP VIEW。

这些命令将在第 9 章、第 20 章和第 22 章中详细讨论。

2.4.2　操作数据

SQL 中的数据操纵语言（Data Manipulation Language，DML）用于操作关系型数据库对象中的数据。

以下是 3 种基本的 DML 命令：

> ➢ INSERT;
> ➢ UPDATE;
> ➢ DELETE。

这些命令将在第 10 章中详细讨论。

2.4.3　获取数据库中的数据

尽管只包含一条命令，但对于现代的关系型数据库用户而言，数据查询语言（Data Query Language，DQL）是 SQL 最受关注的焦点。其基本命令是 SELECT。

这个命令带有很多可选参数和子句，用于构建对关系型数据库的查询语句。所谓查询（query），就是向数据库提问以获取信息。查询通常是在应用程序界面中或命令行提示符下向数据库发出。无论是简单查询还是复杂查询、模糊查询还是精确查询，创建起来都很容易。

SELECT 命令将在第 12 章和第 20 章中详细讨论。

2.4.4　数据控制语言

SQL 中的数据控制命令用于控制对数据库中数据的访问。数据控制语言（Data Control Language，DCL）的命令通常用于创建与用户访问权限相关的对象，控制用户的权限分配。以下列出了一些数据控制命令：

> ➢ ALTER PASSWORD;
> ➢ GRANT;
> ➢ REVOKE;
> ➢ CREATE SYNONYM。

这些命令常与其他命令组合使用，在本书的多个章节中都会出现。

2.4.5　数据管理命令的使用

数据管理命令用于对数据库操作执行审计和分析，还有助于分析系统的性能。以下是两个常用的数据管理命令：

- ➢ START AUDIT；
- ➢ STOP AUDIT。

请勿将数据管理和数据库管理混为一谈。数据库管理是对数据库的整体管理，涵盖了所有级别命令的使用。与 SQL 语言的核心命令相比，每种 SQL 产品的数据管理都带有更多各自的独特性。

2.4.6　事务控制命令的使用

除了上述命令外，还有以下命令用于管理数据库的事务：

- ➢ COMMIT——保存数据库事务；
- ➢ ROLLBACK——撤销数据库事务；
- ➢ SAVEPOINT——在一组事务内创建可回滚点；
- ➢ SET TRANSACTION——为事务命名。

第 11 章将会深入讨论事务命令。

2.5　小结

本章介绍 SQL 标准语言，以及该标准在过去几年中的发展简史。您简单了解了数据库系统和当前的技术，包括关系型数据库、客户机/服务器系统和基于 Web 的数据库系统，这些内容对于您理解 SQL 都是至关重要的。本章还概述了 SQL 语言的主要组成部分，提到在关系型数据库市场上有很多供应商生产了各种风格的 SQL 产品。尽管都与 ANSI SQL 略有不同，但大多数供应商都在一定程度上遵循了当前的标准（SQL:2016），确保了总体的一致性，保障能够开发出可移植的 SQL 应用程序。

通过本章的学习，您应该已经获得 SQL 基础内容的总体背景知识，了解了现代数据库的概念。在第 3 章中，将会介绍本书用到的数据库。很快您就会动手练习了，用 SQL 设计、构建、管理并查询一个关系型数据库。

2.6　答疑

问：不同 SQL 产品的 SQL 代码是否可以相互移植？

答：只要对语法稍作修改，SQL 代码一般都可以在不同产品间相互移植。还请记住，有些产品会比其他产品更严格地遵循 SQL 标准，有些则可能提供其他产品没有的功能特性。

问：我学了 SQL 之后，是否就能使用所有 SQL 产品？

答：是的，只要数据库产品与 ANSI SQL 兼容，您就能够与之通信。如果产品与 ANSI SQL 不完全兼容，您稍作调整可能就会很快掌握。

2.7 实践练习

以下是测试题和习题。测试题是为了测试您对当前内容的整体理解。习题让您有机会将本章讨论的概念付诸应用，并巩固前几章的学习中获得的知识。在继续学习之前，请务必完成测试题和习题。答案参见附录 C。

一、测试题

1. SQL 命令分为哪 6 类？

2. 数据管理命令和数据库管理有什么区别？

3. SQL 标准有哪些好处？

二、习题

1. 标明以下 SQL 命令的类别：

```
CREATE TABLE
DELETE
SELECT
INSERT
ALTER TABLE
UPDATE
```

2. 列出用于操作数据的基础 SQL 语句。

3. 列出用于查询关系型数据库的 SQL 语句。

4. 用于保存事务的事务控制命令是哪一个？

5. 用于撤销事务的事务控制命令是哪一个？

第3章

了解自己的数据

本章内容：

> ➢ 介绍示例和习题用到的数据库；
>
> ➢ 图解数据和关系；
>
> ➢ 以表的形式列出数据。

欢迎进入第 3 章！现在您可以了解本书后续所有习题和示例用到的数据了。本章将会介绍数据本身、数据的属性、可能的数据使用方式、潜在客户等。本章还给出了实体关系图，它们着重关注本书用到的表及其数据列，还展示了表之间的关系。最后，本章还给出了每张表的数据清单，展示了数据在数据库中实际的存放方式。本章会给出一份创建这些表并将数据插入数据库的脚本的副本。随着本书的深入，您将逐步搭建起这个数据库。请记住，只要是需要查看书中用到的数据，或者回忆数据的关联关系，都请参看本章的内容。现在我们就开始吧。

3.1 BIRD 数据库：本书的示例和习题

本书用到的数据库以鸟类为主题。其实任何数据库都可以用作示例和习题，但本书想采用与众不同的、有趣的主题，使学习 SQL 的体验更有趣一些。本章第一部分将完成以下目标：

> ➢ 介绍基础数据；
>
> ➢ 讨论使用示例数据的组织和用户；
>
> ➢ 推测最终用户和客户会如何使用这些数据；
>
> ➢ 设想以后数据库扩展和增长的可能性；
>
> ➢ 设想可能并入该数据库的其他数据。

3.2 如何了解数据

在继续学习 SQL 基础知识之前，需要介绍一下本书将会用到的表和数据。本书的课程都会涉及一个示例数据库，主题为水鸟摄影。

建立水鸟摄影数据，是为了给本书的示例和习题创建一个真实的场景。以下章节概述了用到的表（数据库）、表之间的关系、表结构和表内数据示例。

不妨将此数据库设想成由业余爱好者/半专业野生动物摄影师设计的，后续会逐渐演化为更大的库。在此数据库中，您可以任意查看数据，自由进行设计。无论您身处什么行业，都可以尝试将信息转化为可用数据，并转换为可供组织使用的数据库，如此不仅能让数据时刻可用，而且能让您的组织在当今市场中具有竞争力。

请记住，本章只会讨论数据。在开始设计或创建数据库之前，您还需要了解一些潜在信息，确定这些信息如何成为组织的可用数据。所以这里只是从明面上讨论一下数据，以便您能理解它，明白这些数据与其他数据如何关联起来，思考潜在组织会如何使用这些数据。本章的内容都只针对数据本身，并不涉及数据库结构或 SQL。后续几章将详细介绍如何利用 SQL 操作并查询这些数据。

注意 了解自己的数据

每个人、每个组织都有以某种方式取得成功的目标。在数据驱动的世界里，SQL 和数据管理能为实现这些目标做出重大贡献。您必须了解自己的数据。如果不去了解自己的数据并最大限度地利用，您的竞争对手就会去做。

3.2.1　鸟类信息

现在我们来聊聊鸟类。在介绍实体图、表和数据之前，简单讨论一下数据是有好处的。关于鸟类的信息有很多，可能会存储也可能不会存储于数据库中。我们的数据库比较简单，既未包含所有的鸟类，又未包含鸟类的全部信息。所以不妨从以下基本信息开始：

> ➤ 每种鸟都包含一些标准信息；
> ➤ 每种鸟都可能有不同人在不同地点拍摄的照片；
> ➤ 每种鸟的食谱信息应该保存下来；
> ➤ 每种鸟的迁徙习惯信息应该保存下来；
> ➤ 每种鸟的筑巢种类信息应该保存下来；
> ➤ 每种鸟都可能带有一个以上的别名。

3.2.2　组织和用户

各种组织、用户和客户都可受益于这个鸟类数据库的信息。假设此数据库是由一个业余的野生动物摄影师创建的，起初只供个人使用，但随着时间的推移，数据库规模越来越大，现在可供多位摄影师访问。考虑到这一点，您可以推测以下组织可能会使用这类数据库：

> ➤ 摄影和媒体；
> ➤ 救助机构；
> ➤ 公园；

- 出版物；
- 在线商店；
- 政府；
- 观鸟团。

来自这些组织的用户可能有以下这些：

- 个人摄影师；
- 志愿者；
- 编辑；
- 公园工作人员；
- 零售业的顾客。

3.2.3 扩充数据库的机会

数据库中的数据总是有机会增加的。假如鸟类救助机构要使用此数据库中的数据，那么可能需要创建一些与救助机构相关的表，然后并入现有的数据库中。最终，还可能存储一些摄影师信息和拍摄各种鸟类的设备信息，比如相机、镜头和照片编辑软件等。根据上述组织和用户信息，可以考虑一下最终可能并入鸟类数据库中的其他信息。

除了增加数据种类，还需要考虑数据量随时间增长的情况。讨论具体的硬件已经超出了本书的范围，但是数据库的大小及未来的增量会极大地影响用于管理数据的硬件和软件产品。数据库的大小还会影响选用何种数据库管理系统。

3.3 实体关系图

本节介绍两张实体关系图（Entity Relationship Diagram，ERD）。实体关系图展示了数据库中的实体、每个实体的属性和实体间的关系。从逻辑上来看，在用 SQL 创建表时，实体关系图中的实体和属性最终将成为数据库中的表和列。这种图在数据库的设计阶段十分重要，在用 SQL 查询数据库和管理其中数据时也能提供参考。

3.3.1 实体和关系

图 3.1 给出了第一张 ERD，展示了鸟类数据库中的所有基本实体。请注意每个实体之间的连线。这条连线代表实体或表之间的某种关系。例如，此数据库中的所有表都围绕 BIRDS 表展开。鸟与食物有关联，因为一种鸟可能吃很多种类的食物；反之，每种食物可供多种鸟类食用。再次说明一下，这是一张经过简化的实体关系图，只为供您由此起步。

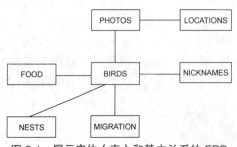

图 3.1 展示实体（表）和基本关系的 ERD

3.3.2 详细的实体/表

在图 3.2 的 ERD 中，实体已加上了属性。在用 SQL 创建表时，属性将会成为列。实体之间的连线依然存在，表明存在某种关系。稍后将介绍关系型数据库中的各种关系，以及如何在 ERD 中更具体地标明这些关系。您可能还注意到了，图 3.2 中有一些图 3.1 中没有的实体。这些实体是专门用来帮助数据库中其他实体或表建立关系的。例如，一种鸟可能会吃多种食物，而每种食物可能会供多种鸟食用。BIRDS_FOOD 表只用于建立 BIRDS 和 FOOD 之间的关系。这类关系将会在第 6 章中更详细地讨论。您还将学习用 SQL 来查询数据库和连接表。

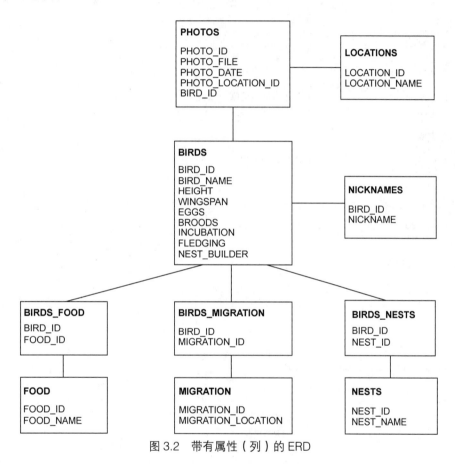

图 3.2 带有属性（列）的 ERD

3.3.3 属性（列）的定义

下面列出了本书示例数据库中目前存在的所有实体和属性。如前所述，在创建数据库时，实体将成为表，属性将成为列。每个属性都带有描述信息，当然有些属性的含义是不言自明的。

```
BIRDS

    BIRD_ID                    每种鸟的唯一标识。
```

BIRD_NAME	鸟的名称。
HEIGHT	鸟的身高，单位：英寸（1 英寸合 2.54 厘米）。
WINGSPAN	鸟的翼展，单位：英寸。
WEIGHT	鸟的体重，单位：磅（1 磅约合 0.45 千克）。
EGGS	通常每窝的产蛋数量（孵化一次）。
BROODS	每年或每季的育雏数量。
INCUBATION	蛋的孵化期，单位：天。
FLEDGING	幼鸟在飞行前的喂养天数。
NEST_BUILDER	谁来筑巢（雄鸟、雌鸟、两者都有、两者都不）。

PHOTOS

PHOTO_ID	每张照片的唯一标识。
PHOTO_FILE	照片关联的文件名。
PHOTO_DATE	拍照日期。
PHOTO_LOCATION_ID	拍照地点的标识。
BIRD_ID	照片中的鸟的唯一标识。

LOCATIONS

| LOCATION_ID | 照片拍摄地点的唯一标识。 |
| LOCATION_NAME | 照片拍摄地点。 |

BIRDS_FOOD

| BIRD_ID | 鸟类的唯一标识。 |
| FOOD_ID | 食物的唯一标识。 |

FOOD

| FOOD_ID | 食物的唯一标识。 |
| FOOD_NAME | 食物的名称。 |

BIRDS_MIGRATION

| BIRD_ID | 鸟类的唯一标识。 |
| MIGRATION_ID | 迁徙地点的唯一标识。 |

MIGRATION

| MIGRATION_ID | 迁徙地点的唯一标识。 |
| MIGRATION_LOCATION | 迁徙地点。 |

BIRDS_NESTS

| BIRD_ID | 鸟类的唯一标识。 |
| NEST_ID | 鸟巢的唯一标识。 |

NESTS

| NEST_ID | 鸟巢的唯一标识。 |
| NEST_NAME | 鸟巢的名称。 |

NICKNAMES

| BIRD_ID | 鸟类的唯一标识。 |
| NICKNAME | 鸟类的别名。 |

注意 做实践练习时请参考本章

在做本书的实践习题时，请记得参考本章的内容。

3.3.4　表的命名标准

正如公司内部的其他标准一样，表的命名标准对于维持控制至关重要。在研究了前面几节的表和数据后，您可能已经注意到了，实体（表）和属性（列）的命名方式具有一致性。命名标准，或称命名规范，几乎就是为全公司服务的，对管理任何关系型数据库都有很大帮助。请记住，在命名关系型数据库对象时，需要始终保持一致性，并遵循公司的命名标准。维持命名标准的方式有很多，只需决定适合自己和公司的标准，然后坚持使用即可。

注意　命名标准

不仅应该遵循 SQL 产品的对象命名语法，还需要遵循本地业务规则，创建的名称既要具备描述能力又要与业务数据分组相关。有了一致的命名标准，用 SQL 管理数据库就会更加容易。

3.4　示例和习题

本书的习题主要采用 Oracle 数据库来生成示例。为了保持一致性，也因为 Oracle 是 RDBMS 市场的主导者，本书重点关注这种数据库产品。尽管 Oracle 对 SQL 标准进行了大量增强，但它也紧跟 SQL 标准，这样本书很容易就能一直沿用 Oracle 来展示这些经过简化的示例。当然 Microsoft SQL Server、MySQL 和其他流行供应商的产品也同样够用。

本书还会给出各种产品的语法示例，以说明不同供应商的语法可能略有差异。很多供应商为个人学习和开发提供了免费版的数据库。无论决定采用什么产品，您都会发现本书示例应用起来十分轻松。

最后还请注意，由于大多数数据库都不是 100%遵循 SQL 标准，所以本书的习题可能与 ANSI 标准或其他 SQL 产品略有差异。不过，只要学习了 ANSI 标准的基础知识，您通常就能在不同的数据库产品之间轻松转换技能了。

3.5　小结

本章介绍了一个数据库，本书会一直用此数据库作为示例和实践练习。您已了解了数据及其可能的用途。然后看到了实体关系图（ERD），在学习了 ERD 之后，对本书用到的数据以及它们之间的关系有了扎实的理解。请记住，实体和表基本是一回事：实体是在数据库设计阶段使用的称谓。表是基于某个概念或实体而创建的物理对象。类似地，在建立数据库时，属性就成为列。在做本书的实践练习时，请参考本章的内容，在提升水平的过程中也请随时按照自己的想法来扩充此数据库。

3.6　答疑

问：在数据库建好之后，要想添加实体有多困难？

答：如果数据库经过良好的设计，向现有数据库添加实体是很简单的。请先定义需加入的数据集，然后定义与现有实体的关系。加入新表的任何数据最终都必须遵守现有的约束（或规则），比如主键和外键。

问：数据库中的某个实体可与多个实体直接关联吗？

答：可以，一个实体可与多个实体直接关联。在本书的鸟类数据库中，每个实体只与数据库中另一个实体直接关联。但随着此数据库的逐渐壮大，更多的关系将会显露出来。

3.7　实践练习

以下是测试题和习题。测试题是为了测试您对当前内容的整体理解。习题让您有机会将本章讨论的概念付诸应用，并巩固前几章的学习中获得的知识。在继续学习之前，请务必完成测试题和习题。答案参见附录 C。

一、测试题

1. 实体和表有什么区别？
2. 实体 BIRD_FOOD 有什么用途？
3. 拍照地点与鸟类的食物可能有什么关系？
4. ERD 是什么意思？
5. BIRDS 数据库中的实体间存在多少直接关系？
6. 命名标准又称什么？

二、习题

1. 举出一个例子，说明可能并入该数据库的实体或属性。
2. 根据图 3.2 举出一些可用作主键的例子。
3. 根据图 3.2 举出一些可用作外键的例子。

第 4 章

建立数据库

本章内容：

> ➤ 找到本书用到的脚本文件；

> ➤ 下载本书示例所使用的数据库软件；

> ➤ 了解可供下载的其他数据库软件产品；

> ➤ 创建本书用到的表和数据；

> ➤ 了解 BIRDS 数据库中的数据；

> ➤ 动手查询鸟类数据库，开始 SQL 代码的学习之路。

本章介绍本书示例用到的数据库软件，查看鸟类数据库中的数据。您将学会如何下载此数据库软件，还将了解其他可供下载的流行关系型数据库软件产品。在安装了合适的数据库软件后，您可以用本书提供的脚本创建表和数据。然后深入探究实际的数据，并开始使用这些数据收集一些简单的信息。最后学习动手查询现有的数据。SQL 代码的编写几乎就像提问一样简单，公司任何人都会对现有数据发出提问。我们开始吧。

4.1　找到所需脚本文件

名为 tables.sql 的文件（或脚本）就是创建表的代码，这些表将构成 BIRDS 数据库。脚本 data.sql 则是把数据插入表的代码。这两个文件都可在本书的网站上找到。下载这些文件的时候，请记下目标文件夹。建议创建一个名为 c:\sqlbook\file_name 的文件夹，以供本书全部实践练习使用。

4.2　为实践练习做准备

本节将介绍如何下载并安装本书用到的数据库软件。您还可以查看数据库软件的其他配置项，学习如何在数据库中创建一个拥有必要权限的用户，该用户可创建和管理数据库对象。此外，您还要用本书提供的文件创建表，然后将数据插入表中，这些数据将用于本书的所有示例和习题。

4.2.1　下载并安装数据库软件

这里介绍的是免费版 Oracle 数据库的安装指南，以用于示例和实践练习。但是请注意，网站是会变化的，当您读到这篇文章时，免费下载的目标网址可能会有所不同。作者和 Pearson Education 出版社不对数据库软件或软件支持提供任何保证。如有安装问题需要求助，或需要咨询软件支持，请参考具体的产品文档或联系客服。

（1）用浏览器访问 Oracle 官网。

（2）单击主菜单中的 Products 链接（参见图 4.1）。

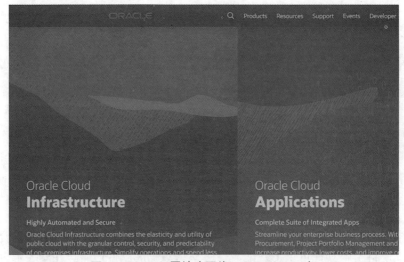

图 4.1　Oracle 网站（图片© 2021 Oracle）

（3）单击 Oracle Database 链接（参见图 4.2）。

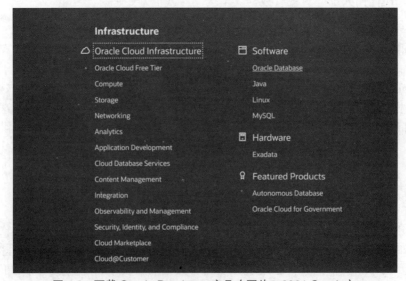

图 4.2　下载 Oracle Database 产品（图片© 2021 Oracle）

（4）单击 Download Oracle Database 19c 按钮（参见图 4.3）。

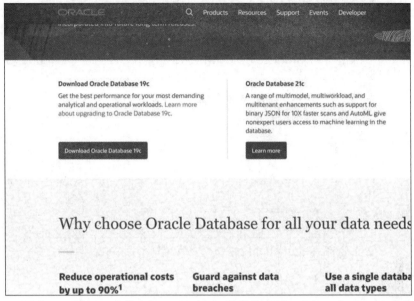

图 4.3　下载 Oracle Database（图片© 2021 Oracle）

（5）向下滚动页面，单击 Oracle Database 18c Express Edition（参见图 4.4）。任何版本的 Oracle 数据库都能用于本书的示例和实践习题。建议选择有免费使用许可的最新版本。

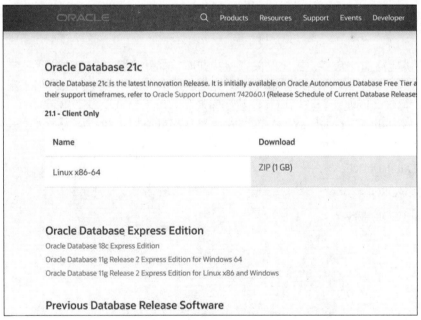

图 4.4　Oracle Database Express 链接（图片© 2021 Oracle）

（6）选择适用于您的操作系统的 Oracle 数据库并下载（见图 4.5），多数情况可能是 Windows。下载后，请安装软件并按照屏幕上的指示操作。请记录下所有用户名、密码和文件所在的目标文件夹。

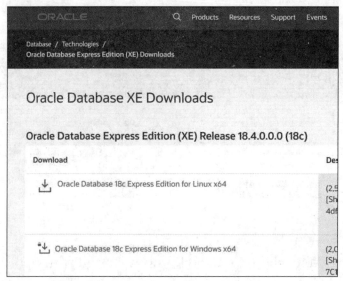

图 4.5　选择适合操作系统的 Oracle 版本（图片© 2021 Oracle）

注意　网站的变化

如您所知，网站会不断变化。以上展示了如何下载截至本书出版日期的最新免费版本的 Oracle Express。对于本书而言，几乎任何版本的 Oracle 数据库都够用。4.2.2 节将介绍其他可选的数据库产品。

4.2.2　其他可选的数据库软件

数据库供应商如此众多，提供的关系型数据库也如此众多，因此本书无法充分展示那么多示例或语法，甚至连流行的产品也无法覆盖。虽然本书选用了 Oracle，但书中的例子尽可能接近 SQL 标准，以便能轻松适应其他数据库产品。以下是截至本书出版时的一些流行的产品，您可以从中获取其数据库软件。许多软件产品都可免费下载，或为个人、开发和教育目的提供免费版本：

Oracle Database XE；

Oracle Live SQL；

Microsoft SQL Server；

MySQL；

PostgreSQL；

MariaDB；

SQLite；

Firebirdsql；

InterBase；

DB2 Express-C；

CUBRID。

注意 本书推荐的 RDBMS

本书推荐使用的数据库管理系统是 Oracle——不是因为 Oracle 一定适合您或您的公司，而是为了能从示例无缝过渡到实践习题。本书的示例和习题都很简单，并尽可能地接近 SQL 标准。因此，只要对供应商特有的 SQL 语法稍作调整，本书用到的代码均可移植到大多数关系型数据库管理系统中。

4.2.3 创建具备所需权限的用户

在运行脚本创建本书所用的表和数据之前，您必须在数据库中创建一个数据库用户，该用户拥有在数据库中创建并管理对象的权限。然后您就可以运行脚本创建表，以及本书所需的其他操作。

Oracle 数据库软件安装完毕后，请执行以下操作：

（1）单击"开始"按钮（假设您用的是 Windows）；

（2）在搜索条中输入"sqlplus"；

（3）单击 SQL Plus。

图 4.6 展示了完成上述步骤后出现的 SQL 提示符。

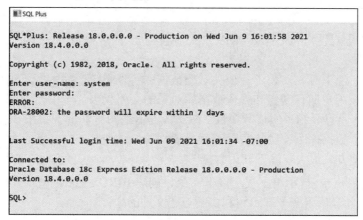

图 4.6 SQL 提示符（图片© 2021 Oracle）

在 SQL>提示符下，使用 SYSTEM、SYS 或安装软件时设置的其他管理员用户名和密码登录。

注意 SQL 命令行提示符

本书示例采用的是基于文本的 SQL 命令行提示符。为了便于学习，这里给出的代码已尽可能简单。为了使最初的学习更加有效，这里采用输入 SQL 代码的方式，而不是用软件产品来生成代码。很多产品都提供了图形化的界面，用于使用 SQL 与数据库进行交互。

请在 SQL>提示符下执行以下命令[①]，为自己创建一个用户，以供本书所有习题使用。

```
SQL> alter session set "_ORACLE_SCRIPT"=true;
```

---

① 通常 SQL 命令和关键字不区分大小写。除非必需，否则本书代码同样不区分大小写。请参阅 12.2 节。

```
Session altered.

SQL> create user your_username
  2  identified by your_passwd;

 User created.

SQL> grant dba to your_username;
Grant succeeded.

SQL> connect your_username
Connected.
SQL>
SQL> show user
USER is "YOUR_USERNAME"
SQL>
```

从现在开始，您将用这个新账户登录，以使用 SQL 创建表、管理数据和查询数据库。

注意 慎用 DBA 角色

有人曾经说过："权力越大，责任越大。"这句话适用于关系型数据库中的 DBA 角色，也适用于任何信息系统中的任何类型的管理角色。任何拥有管理角色的用户都可以访问大量信息，并且可能轻易地（错误地）删除数据或修改数据库，从而产生负面影响。在这种情况下，将授予您 DBA 角色，因为这是您的个人数据库。如果您使用公司的数据库完成本书的习题，很可能只被授予连接数据库和在数据库中创建与管理对象的权限。

4.2.4　为 BIRDS 数据库创建表和数据

现在您应该已经下载并安装了一个关系型数据库管理系统产品。您还应该在数据库中创建了一个用户，该用户拥有创建和管理数据库对象的必要权限。本书提到的对象主要是指数据库中的表。第 3 章已介绍了实体和属性，数据库是有逻辑含义的。在用 SQL 命令（比如脚本中的命令）建立数据库时，实体实际上就是表，属性是列。本书的各个章节还讨论了其他对象，以便以其他方式最大限度地利用数据。

接下来，请在 SQL>提示符下提交以下命令，创建 BIRDS 数据库中的表。start 命令将运行 SQL 文件，文件名位于您下载示例和实践习题文件的地方。

```
SQL> start c:\sqlbook\tables.sql
drop table birds_food
           *
ERROR at line 1:
ORA-00942: table or view does not exist


drop table birds_nests
           *
ERROR at line 1:
ORA-00942: table or view does not exist


drop table birds_migration
           *
ERROR at line 1:
ORA-00942: table or view does not exist


drop table migration
           *
```

```
ERROR at line 1:
ORA-00942: table or view does not exist
```

请注意以上输出结果，在试图删除表时收到了错误。这是因为在第一次运行这个脚本时，这些表并不存在——不存在的表无法删除。以下是执行 tables.sql 脚本的后半部分输出，表在这里完成创建。这些输出结果（或反馈）能让您确认在 SQL>提示符下提交 SQL 语句后的运行结果。

```
Table created.

Table created.

Table created.

Table created.

Table created.


SQL>
```

现在需要创建数据了。也可以通过在 SQL 提示符下提交 start 命令，执行名为 data.sql 的文件来完成。请注意在以下输出结果中，有显示删除了零行数据。这是因为在第一次运行此脚本时，表中还没有数据——不存在的数据无法删除。如果以后再运行这个脚本，表中已存在数据，就会收到若干行已被删除的反馈信息。

```
SQL> start c:\sqlbook\data.sql

 0 rows deleted.

 0 rows deleted.

 0 rows deleted.

 0 rows deleted.

 0 rows deleted.

 0 rows deleted.

 0 rows deleted.
```

下面是 data.sql 脚本的后半部分输出，每行记录创建后都会显示反馈信息。

```
1 row created.

1 row created.

1 row created.
```

```
1 row created.

1 row created.

1 row created.

SQL>
```

4.3 各张表的数据清单

现在是时候查看一下鸟类数据库里的数据了。这是一个用于学习的小型数据库，所以列出完整的数据清单并不困难。显然，如果这是一个有着成百上千张表和几百万行数据的大型数据库，要列出一份数据清单的打印副本是行不通的。但即便如此，手头最好还是有一张实体关系图，并且能随时查询数据库以获取数据库内所有对象和列的清单。还可以随时查询数据库，从数据库中读取表里的样本数据，以了解数据的状况。

下面是鸟类数据库中每张表的数据清单。

注意 为什么 BIRDS 表的输出结果有两组输出？

在以下清单中，您会看到 BIRDS 表有第 1 部分和第 2 部分。将 BIRDS 表的数据分为两组输出只是为了提升本书的可读性。为了阅读方便，两组输出中都包含了鸟类 ID 和鸟类名称字段。

4.3.1 BIRDS 表的第 1 部分

```
SQL> select bird_id, bird_name, height, wingspan, eggs, broods
  2 from birds;

BIRD_ID BIRD_NAME                HEIGHT  WINGSPAN EGGS BROODS
------- ----------------------   ------  -------- ---- ------
      1 Great Blue Heron             52        78    5      1
      2 Mallard                      28         3   10      1
      3 Common Loon                  36        54    2      1
      4 Bald Eagle                   37        84    2      1
      5 Golden Eagle                 40        90    3      1
      6 Red Tailed Hawk              25        48    3      1
      7 Osprey                       24        72    4      1
      8 Belted Kingfisher            13        23    7      1
      9 Canadian Goose               43        72   10      1
     10 Pied-billed Grebe            13         7    7      1
     11 American Coot                16        29   12      1
     12 Common Sea Gull              18        18    3      1
     13 Ring-billed Gull             19        50    4      1
     14 Double-crested Cormorant     33        54    4      1
     15 Common Merganser             27        34   11      1
     16 Turkey Vulture               32        72    2      1
     17 American Crow                18        40    6      1
     18 Green Heron                  22        27    4      2
     19 Mute Swan                    60        95    8      1
     20 Brown Pelican                54        90    4      1
     21 Great Egret                  38        67    3      1
     22 Anhinga                      35        42    4      1
     23 Black Skimmer                20        15    5      1

23 rows selected.
```

4.3.2 BIRDS 表的第 2 部分

```
SQL> select bird_id, bird_name, incubation, fledging, nest_builder
  2  from birds;
```

BIRD_ID	BIRD_NAME	INCUBATION	FLEDGING	NEST_BUILDER
1	Great Blue Heron	28	60	B
2	Mallard	30	52	F
3	Common Loon	31	80	B
4	Bald Eagle	36	90	B
5	Golden Eagle	45	80	B
6	Red Tailed Hawk	35	46	B
7	Osprey	42	58	B
8	Belted Kingfisher	24	24	B
9	Canadian Goose	30	55	F
10	Pied-billed Grebe	24	24	B
11	American Coot	25	52	B
12	Common Sea Gull	28	36	B
13	Ring-billed Gull	21	40	B
14	Double-crested Cormorant	29	42	B
15	Common Merganser	33	80	F
16	Turkey Vulture	41	88	N
17	American Crow	18	35	F
18	Green Heron	25	36	B
19	Mute Swan	40	150	B
20	Brown Pelican	30	77	F
21	Great Egret	26	49	B
22	Anhinga	30	42	B
23	Black Skimmer	25	30	B

23 rows selected.

4.3.3 FOOD 表

```
SQL> select * from food;
```

FOOD_ID	FOOD_NAME
1	Seeds
2	Birds
3	Fruit
4	Frogs
5	Fish
6	Berries
7	Aquatic Plants
8	Aquatic Insects
9	Worms
10	Nuts
11	Rodents
12	Snakes
13	Small Mammals
14	Nectar
15	Pollen
16	Carrion
17	Moths
18	Ducks
19	Insects
20	Plants
21	Corn
22	Crayfish
23	Crustaceans
24	Reptiles
25	Deer

25 rows selected.

4.3.4 BIRDS_FOOD 表

```
SQL> select * from birds_food;

   BIRD_ID   FOOD_ID
---------- ---------
         1         5
         1         4
         1        19
         1        12
         2         1
         2        20
         2         8
         2        21
         3         5
         3         8
         4         5
         4        16
         4        18
         5        13
         5         5
         5        24
         5         2
         5        19
         5        25
         6         2
         6        12
         6        11
         6        19
         7         5
         8         5
         9         7
         9        19
         9         1
        10         8
        11         8
        11         7
        12         5
        12        23
        12        16
        13        19
        13         5
        13        16
        14         5
        14         8
        15         5
        15         8
        16        16
        17         3
        17         8
        17        13
        17         5
        17        16
        17         1
        18         5
        18        19
        18         7
        19         8
        19        20
        20         5
        20        23
        21         5
        21         8
        21         4
```

```
         21        22
         22         5
         22         8
         23         5
         23        23
         23         8
```

 64 rows selected.

4.3.5 MIGRATION 表

```
SQL> select * from migration;

MIGRATION_ID MIGRATION_LOCATION
------------ ------------------------------
           1 Southern United States
           2 Mexico
           3 Central America
           4 South America
           5 No Significant Migration
           6 Partial, Open Water
```

6 rows selected.

4.3.6 BIRDS_MIGRATION 表

```
SQL> select * from birds_migration;

   BIRD_ID  MIGRATION_ID
---------- ------------
         1            1
         1            2
         1            3
         1            4
         2            1
         3            1
         3            2
         3            3
         4            1
         5            5
         6            1
         7            1
         7            2
         7            3
         7            4
         8            1
         8            2
         8            3
         8            4
         9            1
         9            5
        10            1
        10            2
        10            3
        11            1
        11            2
        11            3
        12            1
        12            2
        12            3
        12            4
        13            1
        13            2
        14            1
```

```
          14                    2
          14                    3
          15                    1
          15                    2
          15                    3
          16                    1
          16                    2
          16                    3
          16                    4
          17                    5
          18                    1
          18                    2
          18                    3
          18                    4
          19                    6
          20                    5
          21                    1
          21                    2
          21                    3
          22                    1
          22                    2
          23                    5

56 rows selected.
```

4.3.7 NESTS 表

```
SQL> select * from nests;

   NEST_ID NEST_NAME
---------- --------------------
         1 Ground Nest
         2 Platform Nest
         3 Cup Nest
         4 Pendulous Nest
         5 Cavity Nest
         6 None/Minimal
         7 Floating Platform

 7 rows selected.
```

4.3.8 BIRDS_NESTS 表

```
SQL> select * from birds_nests;

   BIRD_ID    NEST_ID
---------- ----------
         1          2
         2          1
         3          2
         4          2
         5          2
         6          2
         7          2
         8          5
         9          1
        10          7
        11          3
        12          1
        13          1
        14          2
        15          5
        16          6
        17          2
```

```
                18          2
                19          1
                20          1
                21          2
                22          2
                23          1
```

23 rows selected.

4.3.9　NICKNAMES 表

```
SQL> select * from nicknames;

   BIRD_ID NICKNAME
---------- ------------------------------
         1 Big Cranky
         1 Blue Crane
         2 Green Head
         2 Green Cap
         3 Great Northern Diver
         4 Sea Eagle
         4 Eagle
         5 War Eagle
         6 Chicken Hawk
         7 Sea Hawk
         8 Preacher Bird
         9 Honker
        10 Water Witch
        11 Soul Chicken
        11 Devil Duck
        12 Seagull
        13 Seagull
        14 Booby
        14 Sea Turkey
        15 Sawbill
        16 Turkey Buzzard
        16 Buzzard
        17 Crow
        18 Poke
        18 Chucklehead
        19 Tundra
        20 Pelican
        21 Common Egret
        21 White Egret
        22 Water Turkey
        22 Spanish Crossbird
        22 Snake Bird
        23 Sea Dog
```

33 rows selected.

4.3.10　LOCATIONS 表

```
SQL> select * from locations;

LOCATION_ID LOCATION_NAME
----------- ------------------------------
          1 Heron Lake
          2 Loon Creek
          3 Eagle Creek
          4 White River
          5 Sarasota Bridge
          6 Fort Lauderdale Beach
```

```
6 rows selected.
```

4.3.11 PHOTOS 表

```
SQL> select * from photos;

no rows selected
```

4.4 小结

经过本章的学习，您下载了一个关系型数据库管理系统产品，以运行本书的实践习题。本章介绍了软件的安装，在数据库中创建一个拥有适当权限的用户，以便创建和管理数据库对象。您查看了 BIRDS 数据库的表和数据，希望您已成功运行脚本创建了数据库。4.3 节给出了数据的一份打印副本，在后续的习题中，这份副本都会派上用场，直至您真正理解了数据。请记住，您必须了解自己的数据，这样才能最有效地利用数据，自己和公司才能从中受益。

4.5 答疑

问：本书可以不采用 Oracle 产品吗？

答：本书的示例和习题使用的是 Oracle 产品。您几乎可以选择任何关系型数据库产品，但可能需要稍作改动，改成您的产品特有的语法。为了简单起见，建议采用与本书相同的软件，然后把学到的 SQL 知识用到任何其他产品中去。为了便于移植，本书给出的示例和习题尽可能地符合 SQL 标准。

问：如果我出错了或就是想重建一个新数据库，可以吗？

答：当然可以。如果您操作出错，意外删除了数据或表，或者就是想重置或重新创建数据库，都可以使用本书提供的脚本来完成。只需登录进入 SQL 命令符，重新运行脚本 tables.sql。然后重新运行脚本 data.sql。全部旧表都会被删除，并会创建新表，插入数据，一切如同全新开始。

4.6 实践练习

以下是测试题和习题。测试题是为了测试您对当前内容的整体理解。习题让您有机会将本章讨论的概念付诸应用，并巩固前几章的学习中获得的知识。在继续学习之前，请务必完成测试题和习题。答案参见附录 C。

一、测试题

请参考本章列出的 BIRDS 数据库中的数据。

1. 为什么 BIRDS 表要分成两组输出？

2. 为什么第一次执行 tables.sql 文件时会报错？

3. 为什么第一次执行 data.sql 文件时会显示删除零行？

4. 管理员用户在创建一个用户后，在该用户能够创建和管理数据库对象之前还必须做什么？

5. BIRDS 数据库中有多少张表？

二、习题

请参考本章给出的 BIRDS 数据库中的数据。

1. 列举一些 BIRDS 数据库中的父表。

2. 列举一些 BIRDS 数据库中的子表。

3. 此数据库中共有多少种不同的鸟类？

4. Bald Eagle 的食物是什么？

5. 谁建造的鸟巢最多，雄鸟、雌鸟还是两者一起？

6. 有多少种鸟类迁徙到中美洲？

7. 哪一种鸟的育雏时间最长？

8. 哪些鸟的别名中带有 eagle？

9. 此数据库中最受欢迎的鸟类迁徙地点是哪里？

10. 哪些鸟的食谱最丰富？

11. 吃鱼的鸟的平均翼展是多少？

第 5 章

关系型（SQL）数据库设计的基础知识

本章内容：

> 数据库设计与 SQL 的关系；

> 常见的数据库设计过程；

> BIRDS 数据库的基本设计方法；

> 数据库生命周期的基础知识。

本章将介绍关系型数据库设计的基础知识。本书绝不是一本数据库设计书籍，但您不仅应该了解关系型数据库的关键要素，还应该了解数据库的设计知识。这是因为数据库的设计过程正是考虑数据以及数据之间关系的过程。在使用 SQL 时也是如此。数据库设计的过程直接关系到数据的使用方式。本章将介绍数据库设计的基础知识，为您的 SQL 之旅打下基础。

5.1 理解数据库设计与 SQL 的关系

数据库设计与 SQL 密切相关。SQL 用于与数据库通信及访问数据，使得组织能够有效运用这些数据。为了能够访问并有效运用数据，数据库必须经过良好的设计。可靠的数据库设计能够轻松实现数据的存储、查找和使用，且能够满足各种需求。在商业领域，至关重要的是能够最大限度地利用数据获得竞争优势。对于个人而言，在正确的时间掌握正确的数据，能让我们效率更高，更好地实现目标。了解数据库设计的基础知识能让您增长 SQL 知识并立即投入应用。

5.2 数据库设计过程

数据库设计方法众多，已具备了很多方法论和行业最佳实践。此外，您的组织可能有自己的标准和命名规范。数据库设计可以手动完成，也可以自动完成，其间可以用软件产品进行辅助。

本书采用简单的手动方案，重点介绍关系型数据库和 SQL 基础知识，而不是具体的软件产品。不过在学习了本书介绍的概念后，您就能将其应用于您或您的组织选用的任何软件产品。

几乎所有数据库设计过程的常见方法都包括以下内容：

> 选择一种数据库设计方法；

> 了解手头的数据，涉及数据供谁使用、收集信息、了解数据在组织内部的运用方式；

> 将数据集分组；

> 建立数据集的字段清单；

> 识别数据之间的关系，以及数据如何与信息系统的其他组件集成；

> 建立数据库模型；

> 提前制订数据库的增长计划，这里会用到数据库生命周期。

在后续几章里，您将经历 BIRDS 数据库的设计，并向其中不断添加内容，以建立起对数据库设计过程的基本概念。从这种关系型（SQL）数据库基本设计过程中学到的知识可以直接转化为您的 SQL 经验。本书探究并实践数据库设计的基本方法如下：

> 收集需求；

> 建立数据模型；

> 设计并规范化。

本章主要介绍需求的收集，并开始接触数据建模过程。经历了基本设计和动手运用 SQL 之后，数据库将会显现出以下特征，这些都是设计良好的关系型数据库的标志：

> 数据存储需求得到满足；

> 数据可以随时提供给最终用户；

> 数据由内置的数据库约束加以保护；

> 数据由内置的数据库安全配置加以保护；

> 数据是准确和易于管理的，数据库的性能是可接受的；

> 数据库是可扩展的，能够满足组织随时间推移而发展变化的需求；

> 尽量限制或减少冗余数据。

注意 设计良好的数据库能够释放 SQL 的强大威力

SQL 本质上是一种简单而强大的语言，若与设计良好的数据库一起使用，并且您对数据库中的数据具备很好的了解，那么 SQL 将如虎添翼。设计良好的数据库将能跟随数据增长而进行扩展，并使您解锁 SQL 提供的所有功能。

5.3 选择数据库设计方法

数据库设计方法是指设计数据库时采取的方法。一开始就需要制定完善的计划。对于那些缺乏适当知识和经验的人来说，数据库设计过程可能需要大量的试错。而了解数据库基础知识和设计概念的人，知道数据库设计过程的基本步骤，计划很有条理，他们的体验就会更好。经过他们的设计，组织和访问数据库的最终用户通常能获得高质量的产品。

运用设计方法后会有以下一些优点：

> 可以轻松生成设计计划、公司需求示意图和其他属于设计过程的可交付成果；

➢ 后续可以轻松修改数据库，因为良好的组织和计划简化了变更的管理。

设计方法或产品的选择无所谓对错。如前所述，很多软件产品都能帮助您完成数据库的设计，可能包括您在用的数据库供应商生产的产品。若您要为自己和公司选择合适的产品，首先要考虑功能和预算，然后选择一种方法或产品来为设计过程中的用户提供支持，还要选择准备坚持采用的标准或规范。关键点就是计划、文档和一致性。

注意 本书采用简单的数据库设计方法

本书采用简单而系统的方法来完成数据库设计，这样您就能更好地理解关系型数据库，了解如何运用 SQL 有效地访问数据。可能另有数据库设计方法会更适合您，您可以从在线书店或实体书店找到更多详细信息。您会发现方法数不胜数。

本书旨在帮助您更好地理解关系型数据库，以及如何运用 SQL 有效地访问数据。因此接下来的几章将采用一种简单而系统的方法来设计数据库，并基于已介绍过的 BIRDS 示例数据库。

➢ 首先必须确保了解了手头的数据。您已查看过 BIRDS 数据库中的数据了。

➢ 收集可用于数据库建模的信息。

➢ 然后建立数据分组、字段列表和数据集间的关系，对数据进行建模。

➢ 最后利用上述的简单设计建立数据库，通过手动输入 SQL 命令创建数据库对象、管理数据库中的数据、有效查询数据库获取有用数据，正是这些数据对于公司的成功至关重要。

5.4 用简单过程设计 BIRDS 数据库

本节介绍从头开始设计 BIRDS 示例数据库时的一些基本步骤。这些步骤包括提出有关数据的问题，推测可能需要访问数据库的各种组织会如何使用这些数据。然后本节会建立数据分组和文件列表，这些文件最终将形成 BIRDS 数据库中的表。第 6 章和第 7 章将基于本章对鸟类基础数据的探究，加入新的样本数据，通过示例了解数据库的设计方法。

如前所述，本章的重点是收集需求及开始数据建模。下面将介绍以下内容：

➢ 了解数据；

➢ 收集信息；

➢ 对数据进行建模，即定义数据分组和字段清单（第 6 章和第 7 章会更为详细地讨论数据建模）。

5.4.1 了解数据

要完成一个数据库的设计，首先得知道哪些数据必须建模。数据包括企业所有需保存下来使用的信息。信息系统的建设目标就是为企业维护数据。企业需要维护的可能是内部信息，也可能是外部信息。比如某公司可能需要跟踪很多病人提交的健康保险索赔申请，这些病人的护理是由不同的服务人员和医生在各个时间和地点提供的。在大多数情况下，没有人能准确、完整地定义所有数据。因此，必须知道还有谁了解这些数据，谁是这些数据的最终用户，以及这些数据在公司内部如何运用。下面给出了一些基础性的问题，您可以由此开始，更好地了解那些即将作为公司关键数据保存下来的信息。

> 都是些什么数据？
> 数据会从哪些渠道获得？
> 公司有谁了解这些数据？
> 数据会被公司内部还是外部用户使用？
> 数据的主要用户是谁？
> 数据必须保存多久？
> 最终用户目前的责任是什么？
> 最终用户与谁进行交互？
> 需向客户提供什么服务或产品？
> 数据集之间存在哪些关系？
> 哪些信息在数据库中必须唯一？如何给用户授权，同时限制其他需求较少的用户访问？
> 数据库内的数据是否依赖其他数据？
> 是否有其他数据引用？是否存在父/子关系？
> 可能由数据生成哪些报表？
> 数据如何供商务智能使用？

注意　数据就是一切

在设计和使用任何数据库时，一切都是围绕数据进行的。您必须了解内部数据和外部数据，包括如何供用户访问、如何供企业内部使用。随着数据的变化和人们利用数据的方式的变化，数据库也会相应演变。良好的数据库设计过程可以帮助实现这种演变。有了 SQL，您要的数据将永远唾手可得。

1. BIRDS 数据库的快速回顾

前几章已介绍了 BIRDS 数据库，您已了解了一些基础的、静态的信息。除了关于鸟类本身的基础信息，您还知道数据库中包含了不同地点拍摄的鸟类照片，以及鸟类的各种食物、鸟类迁徙的各个地点、鸟类筑巢和鸟类别名等信息。

回顾一下，图 5.1 给出了 BIRDS 数据库的一张非常简单的 ERD，在第 3 章中也有给出。这张 ERD 代表了鸟类的基本数据分组，这里定义为实体，最终将转换为表，在此数据库中存储物理数据。

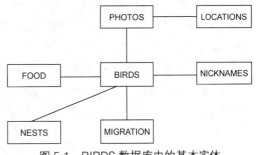

图 5.1　BIRDS 数据库中的基本实体

为方便起见，图 5.2 给出了一张更详细的 BIRDS 数据库的 ERD。这张图不仅包含了实体（或数据分组），还包含了每组数据的字段清单。在继续对数据库进行建模并最终使用 SQL 命令创建物理数据库时，每张字段清单包含的是每个实体的属性。只要是需要复习 BIRDS 数据库的细节，都请参看第 3 章。

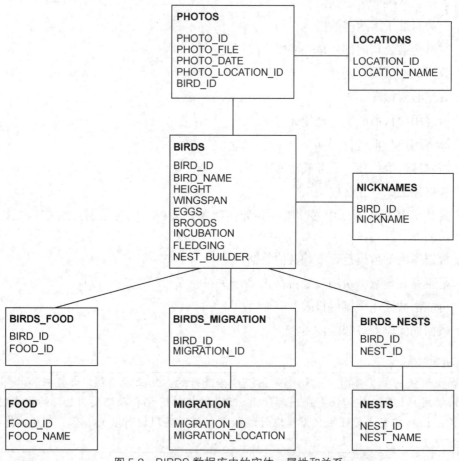

图 5.2　BIRDS 数据库中的实体、属性和关系

2. 运用数据库基本设计原则将鸟类救助数据并入现有 BIRDS 数据库

本节开始介绍向 BIRDS 数据库添加关联数据的过程。这些数据是有关鸟类救助机构的，这些机构接收被遗弃或受伤的鸟类并对其进行康复治疗，目的是将这些鸟类放回野外，使其能够独立生存。为了能让您开始工作，下面给出一些有关鸟类救助的基本信息，您可以利用这些信息建立数据模型，将其并入前两张实体关系图所示的 BIRDS 数据库中。

鸟类救助机构带有名称、地址、联系信息、网站和社交媒体网页等信息。救助机构要收容各种鸟类，每家机构可能会有多种设施。鸟类救助机构由全职员工和志愿者管理，从各种捐助者和筹款活动中获得资金。鸟类救助机构可能会制作出版物，分发营销材料，并可能会有赞助商。鸟类救助机构还有可能出售商品，分享成功故事，并与野生动物摄影师和其他组织相互交流。

5.4.2 收集信息：向合适的人提出合适的问题

为了收集规划和设计数据库所需的信息，需要向合适的人提出合适的问题。不仅要了解企业，还要了解企业内部所有影响数据的人。还需要了解企业的客户或可能受到数据影响的其他任何人或用户。例如，为了收集适当的数据进行建模，下面可能是需要面谈的群体：

- 鸟类救助机构的所有者和管理层；
- 员工和志愿者；
- 摄影师；
- 数据库的最终用户（可以包含本清单中的任何人）；
- 出版社员工，如编辑部人员；
- 政府机构；
- 公园的员工；
- 鸟类兴趣小组成员。

注意 了解企业流程和业务规则

对于数据库和围绕数据库建立的应用程序而言，在其整个设计过程中有一个重要步骤，就是了解企业流程和业务规则。这也是需求收集阶段的一个步骤。本书更多地关注数据本身，所以应用程序设计时的业务流程和规则不在讨论范围内。但请一定要记住这一点，因为需求收集与数据库设计本身紧密相关。

5.4.3 数据建模

本章还没有为将要并入数据库的鸟类救助机构数据创建实体关系图。但确实已经研究了如何创建数据分组和字段的清单。在第 6 章和第 7 章中，将会建立这些清单，创建合适的实体关系图。在本章的习题中，也有机会开始数据建模。

根据之前关于鸟类救助机构的信息，现在可以开始确定数据分组和字段清单了。

1. 建立数据分组

下面是一份数据分组的基本清单，这些数据可能出自之前对鸟类救助机构的介绍，现有的 BIRDS 示例数据库中未包含这些数据：

- 救助机构；
- 救助设施；
- 员工；
- 出版物；
- 活动；
- 在线网站；
- 赞助商。

请记住，这些数据分组将成为实体，不仅相互之间会直接或间接关联，而且与 BIRDS 数据库中的现有实体（如 BIRDS 实体）也会关联。因为示例数据库是关于鸟类的，所以 BIRDS 是最核心的实体，大多数实体最终都会引用它。

2. 建立字段清单

根据鸟类救助机构的介绍得出的数据分组，可能会想出如下字段清单：

```
RESCUES

    RESCUE_ID
    RESCUE_NAME
    PRIMARY_ADDRESS
    PRIMARY_CITY
    PRIMARY_STATE
    PRIMARY_ZIP
    PRIMARY_PHONE

RESCUE_FACILITIES

    RESCUE_FACILITY_ID
    RESCUE_FACILITY_NAME
    ADDRESS
    CITY
    STATE
    ZIP
    PHONE

STAFF

    STAFF_ID
    STAFF_NAME
    STAFF_TYPE
    STAFF_PAY
    STAFF_CONTACT_INFO

PUBLICATIONS

    PUBLICATION_ID
    PUBLICATION_NAME
    PUBLICATION_TYPE
    PUBLICATION_CONTACT_INFO

EVENTS

    EVENT_ID
    EVENT_NAME
    EVENT_LOCATION
    EVENT_DATE
    EVENT_DESCRIPTION

ONLINE SITES

    ONLINE_SITE_ID
    ONLINE_SITE_NAME
    ONLINE_SITE_TYPE
    ONLINE_SITE_ADDRESS
    ONLINE_SITE_DESCRIPTION

SPONSORS

    SPONSOR_ID
    SPONSOR_NAME
    SPONSOR_CONTACT_INFO
```

以上只是鸟类救助信息字段清单的一个可能的示例。方案没有对错之分，尤其是数据库的设计方案。随着设计时的思路变化，数据库将不断演变，即使是投入生产之后，数据库也会随着时间的推移而继续发展。再次强调一下，这里只是举了一个简单的例子，帮助您思考整个设计过程。请记住，这些数据和字段清单将建模为相互关联的实体，然后将用 SQL 创建实际的数据库。此时更重要的是关注基本概念！

5.5 逻辑模型与物理设计

尽管本书不是关于数据库设计的，但了解逻辑数据建模和数据库物理设计之间的区别十分重要。因为 SQL 是与任何关系型数据库通信的标准语言。理论上，逻辑数据模型可以部署到任何关系型数据库产品中。数据库逻辑建模工具可能是某家供应商提供的，也可能不是；建模过程甚至可以是手动完成的。但数据库的物理设计和实现是非常具体的。物理设计需要了解某家供应商的 SQL 产品。如前所述，好在大多数供应商在遵循 SQL 标准方面都做得不错。这意味着大多数逻辑数据模型都可以移植到各个供应商提供的产品中。

对逻辑数据模型继续求精的过程包括收集机构、用户、流程和数据的必要信息，以建立最终构成数据库的数据模型。从数据库的角度来看，生成的信息模型表现为：

> 实体；

> 实体间的关系；

> 实体的属性。

如前所述，数据库的物理设计过程从逻辑模型开始，然后使用 SQL 命令创建数据库，这里的 SQL 命令是由在用的某家供应商的数据库产品提供的。之前的清单是设计过程中创建的实体和其他元素，在最终用 SQL 创建下述物理数据库元素时将会用到：

> 表；

> 键和约束；

> 具有某种数据类型的列；

> 其他来源于逻辑数据模型的物理数据库对象。

注意 逻辑模型和物理模型

逻辑模型只是对将要构成数据库的关键信息或数据进行一种表示。物理数据库由实际的物理对象（主要是表）组成，这些物理对象容纳了数据并采用某种技术实际存储于设备中——对于数据库而言就是关系型数据库（SQL）供应商的某种产品。

5.6 数据库的生命周期

数据库的生命周期从要求获取可供业务操作的信息开始。然后是收集需求并开始数据库的逻辑设计过程。为了有效管理数据库的生命周期，最大限度地减少对数据完整性、数据安全性、数据性能的不利影响，最佳实践至少应该具备 3 种环境（参见图 5.3）：

> 开发环境；

> 测试环境；

➢ 生产环境。

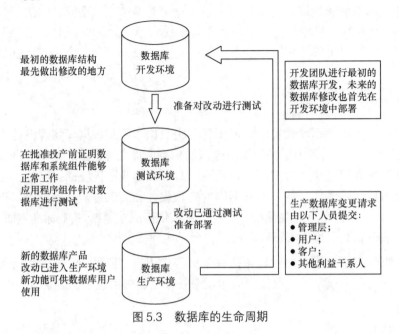

图 5.3 数据库的生命周期

5.6.1 开发环境

开发环境代表着数据库或信息系统的诞生。所有数据库对象最初都在开发环境中创建并建立关系。除了设计计划中指定（或根据公司需要确定）的各种里程碑和截止日期，开发环境没有其他的时间限制。在数据库的整个生产生命周期里，开发环境都应该保持活动状态。任何新对象或对现有对象的改动，应该始终从开发环境开始。图 5.3 中给出的 3 个数据库环境必须完全保持同步，以便最轻松地管理数据库的改动。拥有多个环境可以让最终用户的生产环境保持稳定，所有改动在生产部署之前都经过了合适的开发和测试。生产环境中修改数据库的风险太大了。

5.6.2 测试环境

数据库在开发环境中完成设计和创建后，所有开发阶段的数据库结构就该迁移到测试环境中去。测试过程将对数据库的整体功能和准确性进行测试。数据库的任何改动也要用可能访问数据库的全部应用程序进行测试。对公司十分了解的各类用户通常会参与数据库生命周期的测试阶段。任何对已有生产数据库的改动，在部署到生产环境之前必须进行彻底的测试，以避免可能出现的数据丢失、性能下降、应用功能受损等情况。

5.6.3 生产环境

投入生产是数据库可供终端用户使用的时刻。真正的工作任务是在生产环境中完成的，并直接影响公司的运作。真实用户正在使用数据，并正与真实的客户交互。这时公司不该发生无法为客户提供正常服务或所需数据无法访问的情况。

生产环境视作已完工的产品，但仍需要修改和改进。每当要对生产环境进行修改时，数据库的生命周期就会继续下去，首先流转回开发环境，然后是测试环境，最后是生产环境，在生产环境中，用户能以尽可能低的风险享用数据库的改进之处。

5.7 小结

本章介绍了数据库设计的基础知识和关系型数据库的设计过程。您学习了数据库设计方法论，领略了一段简化的设计过程，通过创建数据分组和字段清单，全面考虑了收集信息和初步数据建模的基础知识。了解了 BIRDS 示例数据库，思考了此数据库的设计过程，一步步经历了向现有 BIRDS 数据库添加数据的过程。

后续几章将以本章知识为基础，完成一个简单的数据库设计过程。通过完成示例和实践习题，您将获得坚实的基础知识，能流畅运用 SQL 定义物理数据库组件、管理数据库中的数据，并有效查询数据库。设计优良的数据库对数据库的生命周期至关重要，并有助于最大限度地用好 SQL 语言提供的所有功能。

5.8 答疑

问：手动设计数据库和采用自动化工具，哪种方法更加有效？

答：对于小型数据库而言，手动设计的方式可能足以应付了。对于较大较复杂的数据库，或者数据库虽小但设计过程会有多人参与，最佳选择通常是使用具有协商一致的设计方法的自动化设计工具。自动化工具有助于保持一切正常有序，让文档和图表生成起来更加容易。很多自动化工具会为已建好的模型生成必要的 SQL 建库代码。

问：我可以将自己的数据库设计部署到任何关系型数据库产品中去吗？

答：如果是设计一个关系型数据库，您应该能将其部署到任何关系型数据库产品中，不会有太多的麻烦。设计过程更像是一个逻辑过程，而实际使用某家供应商的关系型数据库系统则更像是在设计过程后创建物理数据库的处理过程。但某些供应商提供的设计工具会生成其产品特有的代码。这种情况下，逻辑设计本身还是可以使用的，但可能得修改生成的 SQL 代码，使其遵循某种数据库产品的具体语法。例如，尽管 create table 语句是一个标准的 SQL 命令，但它可能因供应商而异。

5.9 实践练习

以下是测试题和习题。测试题是为了测试您对当前内容的整体理解。习题让您有机会将本章讨论的概念付诸应用，并巩固前几章的学习中获得的知识。在继续学习之前，请务必完成测试题和习题。答案参见附录 C。

一、测试题

1. 数据库设计和 SQL 有什么关系？

2. 为数据库的数据和关系建模用到的是什么图？字段在物理数据库中也称什么？

3. 在数据库设计过程中，数据分组（也称实体）会成为物理数据库中什么类型的对象？

4. 逻辑设计和物理设计有什么区别？

5. 适用于数据库生命周期的 3 种常见的数据库环境是什么？

二、习题

1. 在后续章节中，将设计一个关于拍摄鸟类照片的野生动物摄影师的数据库。该数据库应最终可与现有的 BIRDS 数据库相融合。请花点时间复习一下 BIRDS 数据库的 ERD。这些习题的解决方案没有对错之分，重要的是解析信息的方式，以及将数据装入数据库模型的思考方式。请复习一下本章的示例，看看鸟类救助相关实体是如何并入 BIRDS 数据库中的。

2. 请阅读并分析要并入 BIRDS 数据库的摄影师数据。考虑一下此数据库的内容、用途、预期用户、潜在客户等。

所有摄影师都具备姓名、地址和教育信息。他们可能获得过一些奖项，并拥有各种网站或社交媒体网页。每位摄影师还可能具有特别爱好、艺术方法、摄影风格、喜欢的鸟类等。此外，摄影师会用到各种相机和镜头，并可能使用图像编辑软件制作各种格式的媒体。他们拥有各种类型的客户，经常在某些产品上发表文章，并为出版物贡献图片。摄影师也可能是鸟类救助机构或其他非营利组织的导师或志愿者。他们的摄影水平肯定各不相同——初学者、新手、业余爱好者、合格的摄影师、熟手、艺术家或世界级大师。此外，摄影师可能会推销和销售各种产品，可能是自营，也可能是为某家组织工作。

摄影师使用的装备包括相机、镜头和编辑软件。相机具有品牌型号、传感器类型（全画幅或半画幅）、传感器像素、每秒帧数、ISO 范围和价格等信息。镜头则有品牌、类型、光圈范围和价格等信息。

3. 请把野生动物摄影师的所有基本实体（或称数据分组）列成清单。这份清单就是实体的基础，最终会成为 ERD。

4. 基于上述习题得到的清单，请绘制一张简单的数据模型图。图中的实体之间要画上连线，以描述出关系。这是您最初的 ERD。

5. 请把以上习题定义的每个野生动物摄影师实体内的所有基本属性（或称字段）列成清单。这是实体的基本情况，最终会成为 ERD。

第6章

定义实体和关系

本章内容：

➢ 加深对实体和关系的理解；

➢ 了解如何对参照完整性建模；

➢ 运用主键和外键定义父子关系；

➢ 利用 BIRDS 数据库了解实体和关系的定义过程；

➢ 动手为即将并入 BIRDS 数据库的实体和关系建模，以了解将实体并入 BIRDS 数据库的过程。

本章将介绍数据库设计中最重要的阶段之一：定义实体和关系。本书定义的实体和关系均基于第 5 章中定义的数据分组和字段清单。本章将完成 BIRDS 示例数据库的一些设计和建模，考虑如何将鸟类救助机构并入现有的 BIRDS 数据库中，并开始对第 5 章定义的数据进行建模。本章内容是数据库设计的关键部分，必须理解它，以便能充分利用 SQL 语言。经过本章实体和关系的定义过程，您将更好地理解关系型数据库的基石，即参照完整性。一如既往，本章所有的实践习题都能立即应用于现实环境。

6.1 为数据创建模型

在开始实体和关系建模之前，我们首先来研究一下数据关系和参照完整性。后续几节将介绍关系型数据库中各种类型的关系，并基于 BIRDS 示例数据库给出例子。

6.1.1 数据

如您所知，数据是组织或个人的核心。本书的示例数据库是 BIRDS 数据库。本书已给出了现有表的所有输出结果，展示了数据库当前的实际数据。您不仅可以更深入地研究数据本身，了解 BIRDS 数据库的不同实体之间是如何关联的，还可以在本章看到示例，了解如何对可加入现有数据库的数据进行建模。在了解了一些可并入 BIRDS 数据库的鸟类救助机构的数据示例后，您将继续对可并入同一数据库的摄影师数据进行建模。

注意 定义数据

在第8章中，您将学习如何用 SQL 数据类型定义数据结构。常见的数据类型是字符、数字、日期和时间。这些数据类型最初是利用 SQL 命令 CREATE TABLE 定义的。

6.1.2 关系

关系型数据库完全依赖于数据库内数据集间的关系。在数据库设计阶段，需要标识出实体（或数据分组），并设定这些实体之间的关系。例如，有些是父实体，有些是子实体；这些实体彼此之间存在关系，最终定义了即将创建的数据库。从概念上讲，先构思出数据库，然后用 SQL 语句物理创建出来，再对数据库中的数据进行管理。本章稍后将介绍各种不同类型的关系。

实体间的任何关系都是双向的，从两边的实体都能做出解释。不妨考虑一下鸟类和食物的例子（见图 6.1）：

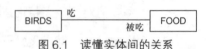

图 6.1 读懂实体间的关系

➢ 鸟吃食物；

➢ 食物被鸟吃。

BIRDS 数据库中还有其他例子：

➢ 鸟迁徙到不同的地点，每个迁徙地点都有鸟迁徙过去；

➢ 鸟有别名，别名是给鸟取的；

➢ 鸟有照片，照片是为鸟拍的；

➢ 鸟筑巢，巢是鸟建造的。

6.1.3 参照完整性

参照完整性是一个术语，用于描述数据库实体间的父子关系。在最终成为表的实体当中，有些是父实体；另一些则是子实体。子实体引用了父实体：它们依赖于父实体中的已有数据。当然实体不含有数据；实体是概念性的。但在数据库中创建物理表时，插入数据库的任何数据都必须符合数据库中已制定的所有规则，依据的是您的关系型数据库产品的规则和您定义的约束规则（例如主键和外键约束）。关系型数据库完全依赖于参照完整性。

请花点时间研究一下在图 6.2 中建模的父子关系。

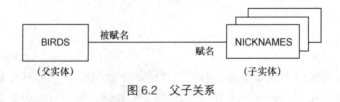

图 6.2 父子关系

以下信息均可由图 6.2 所示的简单 ERD 中得出：

➢ 鸟类被赋予一个或多个别名；

- 一个别名可赋予某种鸟；
- 父实体是鸟；
- 子实体是别名；
- 一种鸟可被赋予多个别名；
- 本例中每个别名只与一种鸟关联；
- 因为 BIRDS 是父实体，所以 NICKNAMES 依赖于 BIRDS；
- 这意味着不能存在一个与鸟类无关的别名；
- 这还意味着，如果有别名与某种鸟相关联，该鸟类就不能被删除；
- 若要把别名加入最终由该设计创建的数据库中去，首先必须有一条对应的鸟类记录存在；
- 若要从数据库中删除一条鸟类记录，首先必须删除与之关联的所有别名记录。

注意 通过 SQL 应用参照完整性

第 9 章将介绍如何运用 SQL 创建表和主/外键约束，以在物理数据库中应用参照完整性。例如，SQL 命令 CREATE TABLE 和 ALTER TABLE 提供了一种简单的机制来定义和管理数据库约束，以强制实施参照完整性。

图 6.3 揭示了更多的细节，展示了由此数据库设计得出的 BIRDS 表可能存在的示例数据。6.2 节将对此进行更详细的解释，但您应该很容易看出来，BIRD_ID 是 BIRDS 表的一个主键，它唯一标识了 BIRDS 表的每一行数据，或者说某一种鸟。

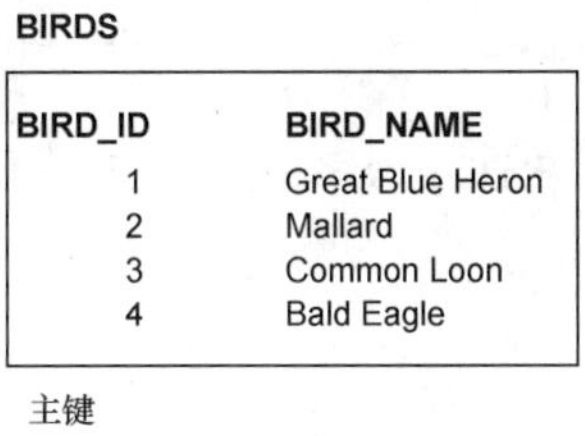

BIRDS
BIRD_ID
BIRD_NAME
1
Great Blue Heron
2
Mallard
3
Common Loon
4
Bald Eagle
主键

图 6.3 BIRDS 表中数据的图示

图 6.4 对上述示例进行了扩展，展示了更多示例数据，这些数据可能位于由此数据库设计得出的相互关联的表内。后续几节还会进行更详细的解释，但已能同时看到父表和子表。子表包含别名数据，并通过共同列 BIRD_ID 关联回 BIRDS 表。通过简单的手动操作，就能查看本示例中每种鸟的别名。再次强调一下，这些基本概念能让您更好地理解 SQL 是如何从数据库中获取有用数据的。

BIRDS
也许有一个或一个以上的
NICKNAMES
BIRD_ID
BIRD_NAME
1
Great Blue Heron
2
Mallard
3
Common Loon
4
Bald Eagle
BIRD_ID
NICKNAME
1
Big Cranky
1
Blue Crane
2
Green Head
2
Green Cap
主键
外键

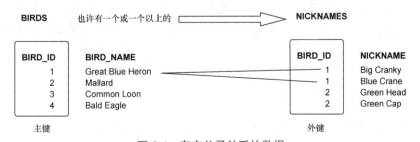

图 6.4 存在父子关系的数据

6.2 定义关系

本节将介绍关系型数据库中可能存在的基本关系。以下是关系型数据库最常见的 4 种关系：

> ➤ 一对一关系；
> ➤ 一对多关系；
> ➤ 多对多关系；
> ➤ 递归关系。

在绘制 ERD 时，通常会用图 6.5 中的符号描述实体及其关系。

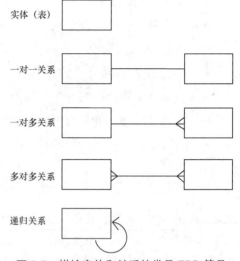

图 6.5　描绘实体和关系的常见 ERD 符号

6.2.1　一对一关系

在一对一的关系中，某张表的一条记录只与另一张表的一条记录相关联。例如，每个员工通常只有一条工资记录。在鸟类的例子中，每种鸟可能只有一个别名。

图 6.6 展示了一种一对一的关系。此例假设每种鸟只有一个别名；反之，每个别名也只与一种鸟相关联。

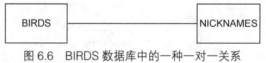

图 6.6　BIRDS 数据库中的一种一对一关系

6.2.2　一对多关系

在一对多的关系中，某张表的一条记录可与另一张表的一条或多条记录相关联。例如，每个员工可能有多位亲属，或者每种鸟可能吃多种食物。

图 6.7 展示了 BIRDS 数据库中可能存在的两种关系。第一个例子展示 BIRDS 和 NICKNAMES 间的关系。与之前的例子不同，这里每种鸟可以有多个别名。但每个别名只能与某种鸟关联。第二个例子展示了 RESCUES 和 STAFF 间的关系。每家鸟类救助机构可以有多名员工。此例还表明，多名员工可为同一家鸟类救助机构工作，但每人只为一家机构工作。

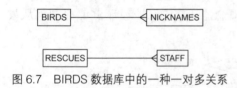

图 6.7　BIRDS 数据库中的一种一对多关系

6.2.3　多对多关系

在多对多的关系中，某张表的多条记录可与另一张表的多条记录相关联。比如考虑鸟类和食物的关系，一种鸟可能吃多种食物，而每种食物可能被多种鸟吃。

图 6.8 展示了 BIRDS 数据库中可能存在的两种多对多关系。对于第一个例子，假设员工可以为多家鸟类救助机构工作或提供志愿服务。请记住，任何人都能当员工，比如个人、摄影师、全职员工、兼职员工等。因此，这种多对多的情况是有可能出现的。这是数据库中多对多关系的示例。

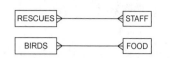

图 6.8　BIRDS 数据库中的多对多关系示例

图 6.8 中的第二个例子展示了鸟类和食物的关系。一种鸟可能会吃多种食物，比如蠕虫、浆果和鱼等。反过来，每种食物可能被多种鸟吃。这是多对多关系的两个简单示例。在第 7 章中将会提到，在关系型数据库中，多对多关系通常不是设计的最佳实践。（但多对多关系是关系型数据库健壮设计的铺垫；稍后将介绍如何消除多对多关系，以去除数据库中的冗余数据，最大限度地保持数据库中数据的完整性。）

6.2.4　递归关系

在递归关系中，实体的某个属性与同一实体内的属性关联。简单地说，一个实体在关系中既充当父实体又充当子实体。某个属性（最终是表的列）依赖于同一张表中的某个列。可将约束规则置于表内的属性（或列）之上，该表的其他列都必须遵守此规则。（本书后续将利用自连接将同一张表中的数据进行相互比较。）例如，员工表中的员工可能受到同一张表中的另一位员工的管理。

图 6.9 展示了关系型数据库中的两个常见的递归关系示例。请记住，递归关系是指同一张表中的数据相互关联。在此图的第一个例子里，递归关系涉及员工。比如他可能受到其他员工的管理，或者依据您看待关系的方式不同，也可以说成是员工可能管理其他员工。在此图中的第二个例子中，摄影师可能会受到其他摄影师的指导，或者说摄影师可能会指导同一实体内的其他摄影师。

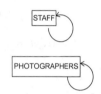

图 6.9　递归关系示例

6.3　应用参照完整性

接下来介绍一个员工参照完整性的例子。您已经了解了参照完整性的定义，它与关系型数据库中的父子关系有关。现在请看一下 BIRDS 数据库和一些可能会加入鸟类救助机构的对象。在本章末尾的习题里，您可以自行加入摄影师对象，并在其中应用参照完整性。

在关系型数据库中，参照完整性是用以下方式定义的：

> 主键；
> 外键。

注意　数据库逻辑设计阶段的参照完整性

在逻辑设计阶段，参照完整性概念的应用依然属于逻辑设计过程。在逻辑设计过程中，有时会用主/外键约束来应用参照完整性；其他时候，直至创建物理数据库时才会完全应用参照完整性。这些约束是在逻辑数据模型中指定的，但最终是在创建物理数据库时用 SQL 命令的约束来完成定义的。

6.3.1 确定主键

主键就是置于表中某列上的约束，将该列（或字段）中的每项数据值确定为唯一值。主键指定了父子关系中的父值。主键是实体的一项必备属性。

图 6.4 展示了 BIRDS 表中的 BIRD_ID 就是主键。这确保 BIRDS 表中的每条数据（或数据行）的唯一性。主键不仅可以确定记录的唯一性，还假定它能充当一条父记录，可在另一张表中有依赖于它的子记录。

纵观整个 BIRDS 数据库（至少到目前为止），具有以下主键：

➤ BIRDS 表中的 BIRD_ID；

➤ FOOD 表中的 FOOD_ID；

➤ MIGRATION 表中的 MIGRATION_ID；

➤ NESTS 表中的 NEST_ID；

➤ PHOTOS 表中的 PHOTO_ID；

➤ LOCATIONS 表中的 LOCATION_ID。

BIRDS 数据库中具有以下复合主键：

➤ BIRDS_FOOD 表中的 BIRD_ID 和 FOOD_ID（复合）；

➤ BIRDS_MIGRATION 表中的 BIRD_ID 和 MIGRATION_ID（复合）；

➤ BIRDS_NESTS 表中的 BIRD_ID 和 NEST_ID（复合）；

➤ NICKNAMES 表中的 BIRD_ID 和 NICKNAME（复合）。

注意 复合主键

复合主键是指由一个以上的列组成的主键。这些列的组合对于表中的每一行数据都必须唯一。后续章节会更详细地解释复合主键这一概念。

6.3.2 确定外键

外键也是置于表中某列上的约束，在本章中也就是置于实体某个属性上的约束，它依赖于另一个实体中的数据值。例如，外键引用了另一个实体中的主键。外键指定了父子关系中的子记录。外键也可以定义为主键，既可以是实体的必需属性又可以是可选属性。

请参阅图 6.4，那里有两张表：BIRDS 表和 NICKNAMES 表。BIRDS 表中的 BIRD_ID 是主键，或者说是父记录。在 NICKNAMES 表中，BIRD_ID 是外键，或者说是子记录，它指向了 BIRDS 表的 BIRD_ID，或者说依赖于 BIRDS 表的 BIRD_ID。

整个 BIRDS 数据库有如下外键：

➤ BIRDS_FOOD 表的 BIRD_ID 不仅是复合主键的一部分，还是一个外键，代表一条引用 BIRDS 表中 BIRD_ID 的子记录，后者则是一个代表父记录的主键；

➤ BIRDS_MIGRATION 表的 BIRD_ID 是代表子记录的外键，它引用了 BIRDS 表中的

BIRD_ID，后者则是代表父记录的主键；

➢ BIRDS_NESTS 表的 BIRD_ID 是代表子记录的外键，它引用了 BIRDS 表中的 BIRD_ID，后者则是代表父记录的主键；

➢ NICKNAMES 表的 BIRD_ID 是代表子记录的外键，它引用了 BIRDS 表中的 BIRD_ID，后者则是代表父记录的主键；

➢ PHOTOS 表的 BIRD_ID 是代表子记录的外键，它引用了 BIRDS 表中的 BIRD_ID，后者则是代表父记录的主键；

➢ BIRDS_FOOD 表的 FOOD_ID 是代表子记录的外键，它引用了 FOOD 表中的 FOOD_ID，后者则是代表父记录的主键；

➢ BIRDS_MIGRATION 表的 MIGRATION_ID 是代表子记录的外键，它引用了 MIGRATION 表中的 MIGRATION_ID，后者则是代表父记录的主键；

➢ BIRDS_NESTS 表的 NEST_ID 是代表子记录的外键，它引用了 NESTS 表中的 NEST_ID，后者则是代表父记录的主键；

➢ PHOTOS 表的 PHOTO_LOCATION_ID 是代表子记录的外键，它引用了 LOCATIONS 表中的 LOCATION_ID，后者则是代表父记录的主键。

6.4 创建实体关系

本节将创建两张基本的实体关系图。图 6.10 是第一张图，展示了名为 RESCUES 的实体，它代表鸟类救助机构相关数据集，最终将被并入 BIRDS 数据库。在此例中，鸟类救助机构的信息主要是与 BIRDS 数据库中的 BIRDS 表有关。这并不意味着救助机构信息与其他（如地点、摄影师）信息都没有关系。这张图只是个起点，用以说明此时可以可视化展示的基本关系。

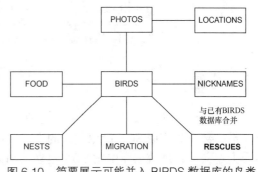

图 6.10 简要展示可能并入 BIRDS 数据库的鸟类救助机构的 ERD

在图 6.11 中，您可以看到鸟类救助机构的数据集已作了扩展。最终它是经由 BIRDS 表与 BIRDS 数据库相连的。请花点时间研究一下这张图，了解其中的关系。不妨考虑一下鸟类救助机构的数据，此外再思考一下新数据如何与现有 BIRDS 数据库整合利用。

现在来看看图 6.11 的 ERD 中已建模的基本关系。新数据是有关鸟类救助机构的，所以 RESCUES 表可能是新数据集中最核心的表。RESCUES 表也是通过 BIRDS 表与 BIRDS 数据库发生关联的主表。如前所述，这并不意味着其他实体不会与 BIRDS 数据库中的其他实体发生关联。例如，赞助人可能有最喜欢的鸟类，影响其支持哪些救助机构。各种设施最适合的鸟类可能各不相同，大型猛禽需要更多空间和吃多种食物。救助机构内的员工可能包括赞助商、摄影师或雇员。请记住，下述已建模的基本关系可能与您的想法有所不同：

➢ RESCUES 是父实体；

➢ 一家救助机构可能会收容很多种类的鸟，各种鸟类也可能会收容在多家救助机构；

➢ 一家救助机构可能具备多种设施；

➢ 一家救助机构可能拥有多名员工，每位员工也可能是另一家救助机构的员工；

➢ 一家救助机构可能有多个出版物；

➢ 一家救助机构可能会举办多项活动；

➢ 一家救助机构可能拥有多个网站，如门户网站和各种社会媒体；

➢ 一家救助机构可能有多个赞助商或捐赠者，一个赞助商可能会给多家不同的救援机构捐赠。

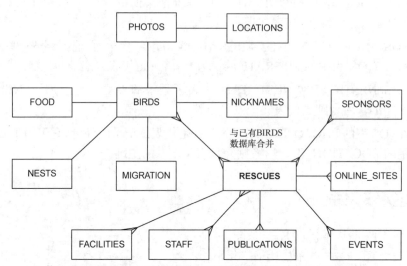

图 6.11　简要展示鸟类救助机构数据的高级实体和关系的 ERD

6.5　小结

本章介绍了实体及其相互关系。数据最初建模为实体。这些实体将实现为物理数据库设计，最终会成为使用 SQL 命令创建的表。属性在物理数据库设计中实现为表的列，而关系则本质上定义为物理数据库中用 SQL 建立的约束。关系是由约束定义的，而约束是用 SQL 完成的。关系型数据库中的主要关系是基于参照完整性的，称为主键和外键。主键是关系型数据库中的父值。外键是关系型数据库中依赖主键或父值的子值。主键和外键之间的关系是关系型数据库的主要概念。

本章还介绍了一个简单数据库的建模思维过程，并分析了一些基本信息，以便对实体进行建模，这些实体最终会演变成物理数据库对象，这样很容易就能并入示例 BIRDS 数据库中。接下来的几章将介绍 SQL 如何帮助您理解和实现这些设计概念，最终得到一个设计良好的数据库，充分体现出标准 SQL 的健壮性。然后，您就可以用 SQL 从数据库中获取关键信息，以帮助您和您的组织在如今的激烈竞争环境中取得成功。

6.6　答疑

问：一个主键能有多个外键关联吗？

答：可以，一个主键可以有多个外键引用其数据值。

问：是否还有其他约束能保护数据的完整性？

答：是的，除了主键和外键，您还可以通过 SQL 实现其他各种约束来保护数据。其中有些约束将在后续章节中介绍，其他的则可能在您的 SQL 具体产品中提供。

6.7 实践练习

以下是测试题和习题。测试题是为了测试您对当前内容的整体理解。习题让您有机会将本章讨论的概念付诸应用，并巩固前几章的学习中获得的知识。在继续学习之前，请务必完成测试题和习题。答案参见附录 C。

一、测试题

1. 在关系型数据库中，实体之间的 4 种基本关系是什么？

2. 在哪种关系中，属性与同一张表的另一个属性关联？

3. 在关系型数据库中，用来强制实施参照完整性的是什么约束或键？

4. 在关系型数据库中，如果主键代表父记录，那么什么代表子记录？

二、习题

1. 假设有如下数据分组和字段清单，作为即将并入 BIRDS 数据库的摄影师信息。这里给出的只是些最起码的数据，以便您在后续几章完成建库工作。可以采用自己想到的其他清单，或者可将自己的数据清单与本例数据组合起来。请记住，您提出的解决方案可能与示例方案不同。本书通篇都会如此，尽管根据您解析数据的方式不同，许多解决方案可能与书中的方案不大一样，但产生的结果依然会相同、相似甚至会更好。还请记住，以下数据只是可以由第 5 章介绍的内容得出的数据的子集。图 6.12 提示了可能会在哪里找到递归关系。请完成您认为合适的其他关系。

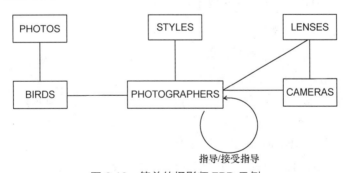

图 6.12 简单的摄影师 ERD 示例

摄影师数据的字段清单可能如下所示，这里只是数量有限的示例：

```
PHOTOGRAPHERS
    Photographer_Id
    Photographer_Name
    Photographer_Contact_Info
    Education
    Website
    Mentor
```

```
STYLES
    Style_Id
    Style

CAMERAS
    Camera_Id
    Camera_Make
    Camera_Model
    Sensor_Type
    Megapixels
    Frames_Per_Second
    ISO_Range
    Cost

LENSES
    Lens_Id
    Lens_Make
    Lens_Type
    Aperature_Range
    Cost
```

2. 为将要并入 BIRDS 数据库中的摄影师信息列出一些可能存在的关系。

3. 为已定义的摄影师实体列出预计会构成主键的属性。

4. 为已定义的摄影师实体列出预计会构成外键的属性。

5. 绘制一张基本的 ERD，描述目前为摄影师数据设想的实体及其之间的关系。

6. 用文字描述实体间的双向关系。在习题 5 的 ERD 中，各类关系应该已经采用本章介绍的符号表示出来了。

7. 回答其余问题时，请参考图 6.4。其中一些问题貌似太过简单，但都与使用 SQL 命令询问数据库的问题类型相同。请记住，本书的一个主要目标是让您以 SQL 的方式思考问题。

    A. Great Blue Heron 的别名是什么？

    B. Mallard 的别名是什么？

    C. 哪些鸟的别名里带有 "green"？

    D. 哪些鸟的别名以字母 "B" 开头？

    E. 在示例清单中哪种鸟没有别名？

    F. 示例清单中有多少种不同的鸟类？

    G. 示例中每种鸟平均有多少别名？

    H. 在 BIRDS 表中是否存在可直接删除的鸟类记录，而无须先从 NICKNAMES 表中删除别名？

    I. 哪些鸟在 NICKNAMES 表中带有子记录？

    J. 除 BIRD_ID 字段，在所有表中是否存在重复数据？

第 7 章

数据库的规范化

本章内容：

> ➤ 规范化的定义；

> ➤ 规范化的好处；

> ➤ 反规范化（denormalization）的优点；

> ➤ 采用最常见范式的规范化技术；

> ➤ 如何将数据模型应用到 BIRDS 数据库中；

> ➤ 对 BIRDS 示例数据库应用规范化技术。

　　本章将在前几章介绍的数据库逻辑设计过程的基础上继续扩展。本章重点介绍规范化，规范化是一种消除数据库中冗余数据并优化数据实体间关系的技术。如前所述，本书不是一本数据库设计书籍，本章并不会详尽地介绍规范化；不过您将学习如何快速地将规范化的基本概念应用到自己的数据库设计中。利用前几章已完成建模的数据库，您最终完成了一个实体关系图，并准备使用 SQL 命令将其实现为物理数据库。目前您所学到的一切都成为非常坚实的基础，在本书中学到的所有 SQL 概念都可以立即应用了。

　　与目前为止本书介绍的几乎所有内容一样，规范化过程的最大特点就是，无论您采用哪种关系型数据库管理系统（RDBMS），它的工作原理都是一样的。本章还讨论了数据库规范化和反规范化的优点和缺点，以及与规范化有关的数据完整性和性能问题。

7.1　什么是规范化

　　规范化是减少数据库中冗余数据的过程。规范化会在设计和重构数据库时发挥作用，帮助消除或减少冗余数据。规范化的实际指导标准称为范式（normal form），本章稍后将会介绍。

　　由于规范化比较复杂，要在本书中包含这部分内容是个艰难的决定。在学习 SQL 的早期阶段，要理解范式的准则可能是一个挑战。但规范化是一个重要的过程，理解了它才能够增进对 SQL 的理解。

注意 对规范化的理解

本章的材料会尽量简化规范化的过程。在此请不要过分关注规范化的全部细节，最重要的是了解基本概念。因为这个话题一开始不一定容易理解，所以这里给出了几种不同的示例，从标准的员工类型数据开始，然后转到 BIRDS 数据库，将鸟类资源数据并入 BIRDS 数据库中，最后您有机会自己完成摄影师数据的规范化，并可并入 BIRDS 数据库。

7.1.1 原始数据库

在未经规范化的数据库里，数据可能会毫无理由地出现在若干张表中。这会对数据安全、磁盘空间、查询速度、数据库更新效率产生不利影响，最重要的是可能会影响数据的完整性。数据库未经规范化，数据就没能在逻辑上分解为更小、更易于管理的表。图 7.1 展示了一个未规范化的简单数据库的示例。

如前所述，在数据库逻辑设计阶段，确定原始数据库中包含的数据集是首先要做也是最重要的步骤之一。必须了解构成数据库的所有数据元素，才能有效地应用本章介绍的规范化技术。花点时间收集所需的数据集，可以避免由于缺少数据元素而被迫返工重新设计数据库。

COMPANY_DATABASE	
EMP_ID	CUST_ID
LAST_NAME	CUST_NAME
FIRST_NAME	CUST_ADDRESS
MIDDLE_NAME	CUST_CITY
ADDRESS	CUST_STATE
CITY	CUST_ZIP
STATE	CUST_PHONE
ZIP	CUST_FAX
PHONE	ORD_NUM
PAGER	QTY
POSITION	ORD_DATE
DATE_HIRE	PROD_ID
PAY_RATE	PROD_DESC
BONUS	COST
DATE_LAST_RAISE	

图 7.1　原始数据库

7.1.2 数据库逻辑设计

任何数据库的设计都应考虑到最终用户。正如前几章所述，数据库逻辑设计（也称逻辑模型）过程就是要将数据编排成有逻辑的、有组织的、易于维护的对象组。数据库的逻辑设计应该减少或完全消除数据重复。毕竟，为什么要让同一数据存储两次呢？此外，数据库逻辑设计应该尽量让数据库易于维护和更新。为了帮助实现这一目标，数据库采用的命名规范也应该是标准的、符合逻辑的。

注意 最终用户的需求

最终用户的需求应该是数据库设计的首要考虑因素之一。请记住，最终用户才是最终使用数据库的人。用户的前端工具（供用户访问数据库的客户端程序）理应易于使用，但如果不考虑用户的需求，这一点（以及最佳性能）就无法实现。

数据冗余

数据不应该有冗余，重复的数据应该保持在最低限度。例如，没有必要在多张表中存储同一个员工的家庭地址，也没有必要在多张表中存储同一种鸟的名字。重复数据会占用不必要的空间。数据重复时造成的混乱也是一种威胁，例如一张表中的员工地址与另一张表中同一员工的地址不一致，那么哪张表是正确的？有文档来确认这位员工当前的地址吗？数据管理的难度已经很大了，冗余数据可能是灾难性的。

减少冗余数据还能确保数据更新起来相对简单一些。如果员工地址表只有一张，那么用新的地址更新这张表后，你可以放心地认为此次更新对每位查询数据的人都有效。

注意　消除冗余数据

数据库设计（尤其是规范化）的主要目标之一，就是尽量消除冗余数据。即便无法完全消除，也应该尽量减少冗余数据，以免日后数据完整性、关系、日常可用性和可扩展性出现问题。

7.2　最常见的范式

关系型数据库的规范化是通过通用准则的应用来实现的，这些准则称为范式。后续几节将讨论范式，它是数据库规范化过程中不可或缺的概念。

范式是衡量数据库规范化水平（或程度）的一种方式。数据库的规范化水平由范式决定。

以下是规范化过程中常见的 3 种范式：

➤　第一范式；

➤　第二范式；

➤　第三范式。

此外还有其他的范式，但它们的使用频率远远低于这里提到的 3 种主要范式。在这 3 种主要范式中，后一范式都依赖于前一范式中采取的规范化步骤。例如，要用第二范式对数据库进行规范化，数据库必须已符合第一范式。

7.2.1　第一范式（FNF）：有主键

第一范式的目标是将基础数据划分为逻辑实体，并最终分解成表。在设计完每个实体后，大多数或所有实体都会赋予一个主键。图 7.2 展示了如何用第一范式重新设计图 7.1 给出的原始数据库。

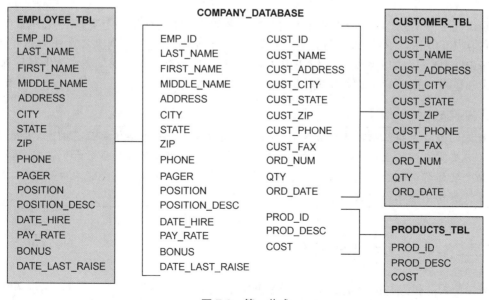

图 7.2　第一范式

如您所见，为了实现第一范式，数据必须分解为多个信息相关的逻辑单元，每个单元都有一个主键。任何一张表中都没有重复的数据组。现在已不是一张大表，而是 3 张较小的、更易于管理的表——EMPLOYEE_TBL、CUSTOMER_TBL 和 PRODUCTS_TBL。主键通常是表里给出的第一列——本例中为 EMP_ID、CUST_ID 和 PROD_ID。这是绘制数据库实体图的常规约定，以确保它易于阅读。

不过主键也可以由数据集内的多个列组成。通常这些值不是简单地由数据库生成的数字，而是数据的逻辑键，例如产品名称或书籍的 ISBN。这些值通常称作自然键，因为无论是否在数据库中它们都唯一定义了某个对象。在为表选择主键时，它必须唯一标识一行数据，这一点务必牢记。如果做不到这一点，查询结果中就可能会掺入重复项，甚至一些简单操作都无法成功完成，例如只根据键删除某行数据的操作。

图 7.3 展示了另一个为 BIRDS 数据库应用第一范式的示例。为了得到一个简化后的示例，这里只是 BIRDS 库的数据子集。该图还展示了 BIRDS 数据库如何以某种方式与鸟类救助机构数据和摄影师数据相关联，这些数据都在本书的示例和习题中用到过。

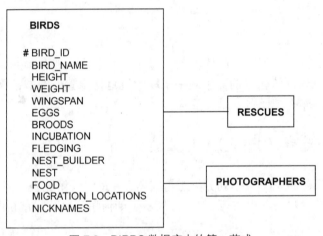

图 7.3 BIRDS 数据库中的第一范式

在研究了图 7.3 之后，希望您能看到基本的鸟类信息组合成了一个实体。#表示最终会在 BIRDS 实体的 BIRD_ID 属性上放置一条外键约束。稍后基于此实体创建名为 BIRDS 的表时，将在 BIRD_ID 列上加上约束。主键 BIRD_ID 是唯一标识符，可确保鸟类实体中某种鸟的每次出现都是唯一的。在该实体中不需要维护同一种鸟的重复记录。

注意 第一范式

第一范式的目标是将基础数据划分为名为实体的逻辑单元。每个实体都带有描述内部数据的属性。这些实体和属性最终会在基于数据库逻辑设计的物理实现中变成表和列。只要条件合适，每个实体都应赋予一个主键。为了实现第一范式，数据分解成了信息相关的逻辑单元。定义主键有助于确保一组数据中不存在重复记录。

7.2.2 第二范式（SNF）：全主键依赖

第二范式的目的是把只是部分依赖主键的数据转移到另一张表中去。图 7.4 展示了第二范式的示例。

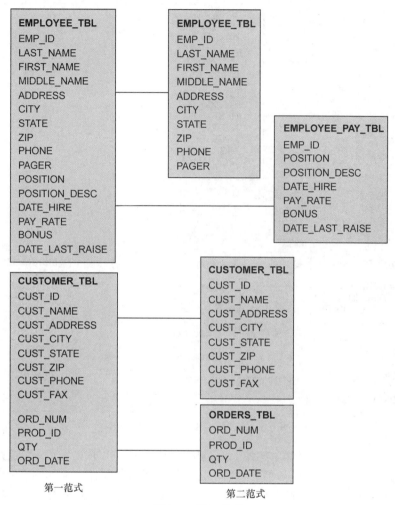

图 7.4 第二范式

从图中可以看到，第二范式是由第一范式衍生而来的，做法就是将两张表进一步分解为更精细的单元。

EMPLOYEE_TBL 拆分成了两张表，名为 EMPLOYEE_TBL 和 EMPLOYEE_PAY_TBL。员工的个人信息依赖于主键（EMP_ID），所以这些信息依然保留在 EMPLOYEE_TBL 表中（EMP_ID、LAST_NAME、FIRST_NAME、MIDDLE_NAME、ADDRESS、CITY、STATE、ZIP、PHONE 和 PAGER）。但有部分依赖于 EMP_ID 的信息（每位员工的）转存到了 EMPLOYEE_PAY_TBL 表中（EMP_ID、POSITION、POSITION_DESC、DATE_HIRE、PAY_RATE 和 DATE_LAST_RAISE）。请注意，这两张表都包含 EMP_ID 列。EMP_ID 是这两张表的主键，用于匹配两张表中对应的数据。

CUSTOMER_TBL 也拆分成了两张表，名为 CUSTOMER_TBL 和 ORDERS_TBL。拆分过程类似于 EMPLOYEE_TBL：部分依赖主键的列转存到了另一张表中。客户的订单信息依赖于 CUST_ID，但不直接依赖于原表中的常规客户信息。

图 7.5 展示了第二范式的另一个例子，数据是 BIRDS 数据库的子集（参见图 7.3）。

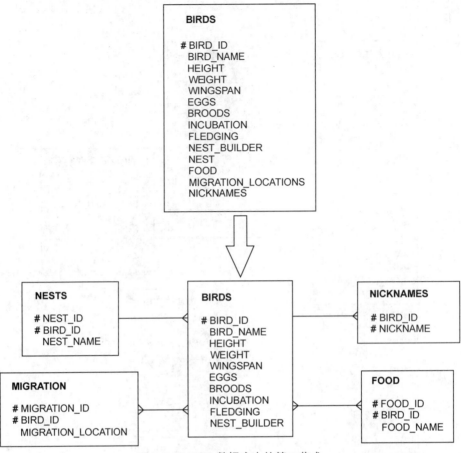

图 7.5 BIRDS 数据库中的第二范式

从图中看到，鸟类不只有一个实体，而是从 BIRDS 派生出了 5 个实体。这是因为那些只部分依赖于 BIRDS 的属性（比如鸟的食物）已分离到各自的实体中。如图 7.3 所示，之前的设计中存在的问题是，如果食物信息存储于 BIRDS 实体中，那么为了表示一种鸟会吃多种食物，唯一的方案就是在 BIRDS 实体中为不同的食物设置多个列（如 FOOD1、FOOD2、FOOD3 等）。这就是冗余信息。此外，即便鸟类的食物部分依赖于某种鸟，但食物本身确实应该成为一种实体。鸟巢、迁徙和别名也是同样的情况。

由图 7.5 可以得出以下关系和信息。

➢ BIRDS 是父实体，BIRDS 中的 BIRD_ID 是主键，如果实体具备引用了 BIRDS 的外键，其父键就是 BIRDS 的 BIRD_ID。因此，BIRDS 中的 BIRD_ID 有助于确保某种鸟的每条记录在实体中的唯一性。

➢ 每种鸟只会建造一种鸟巢。但每种鸟巢可由多种不同的鸟类建造。因此，NEST_ID 和 BIRD_ID 组合构成了 NESTS 表的主键。BIRD_ID 是一个外键，引用了 BIRDS 表中的父 BIRD_ID。

➢ 每种鸟可能会迁徙到多个不同的地点；反之，每个迁徙地点可能会有多种鸟类迁徙过去。因此，主键是 MIGRATION_ID 和 BIRD_ID 的组合。仅 MIGRATION_ID 本身无法表示唯一性，因为实体中仍可能多次出现同一个迁徙地点。BIRD_ID 是外键，引用了 BIRDS 表中的 BIRD_ID。

> ➢ 一种鸟可能会有很多别名；不过此图表示每个别名只与一种鸟有关。注意，在 NICKNAMES 实体中，主键是 BIRD_ID 和 NICKNAME 的组合。

> ➢ 一种鸟可能会吃多种食物，每种食物也可能会被多种鸟类食用。与图中其他一些关系一样，这是多对多的关系。FOOD_ID 和 BIRD_ID 是构成 FOOD 表主键的两个属性，因为这两个属性的组合对于 FOOD 实体中的每条数据都必须唯一。BIRD_ID 是外键，引用了 BIRDS 表中的 BIRD_ID。

注意 第二范式

第二范式的目标是将仅部分依赖于主键的数据移入代表他们自己的其他实体中。第二范式从第一范式衍生而来，实现方式是将原实体进一步分解为两个实体。仅部分依赖于主键的属性将移入代表他们自身的新实体中。

7.2.3 第三范式（TNF）：只有主键依赖

第三范式的目标是从表中删除不依赖主键的数据。图 7.6 展示了第三范式。

为了演示第三范式的用法，这里又创建了一张表。EMPLOYEE_PAY_TBL 拆分为两张表：一张表包含了员工工资信息；另一张表包含了无须存于 EMPLOYEE_PAY_TBL 中的职位描述信息。POSITION_DESC 列与主键 EMP_ID 完全无关。可以看到，规范化过程就是一步一步将原数据库中的数据拆分为代表关联数据的多张独立表。

图 7.7 展示了把 BIRDS 数据库中的数据集转为第三范式的例子，基于图 7.5 已建立的模型。

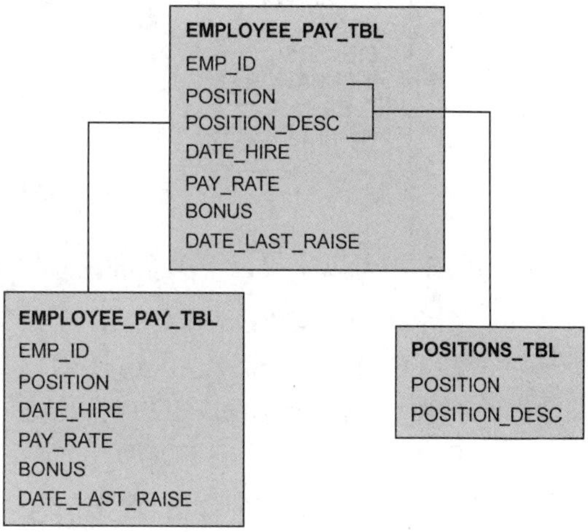

图 7.6 第三范式

图 7.7 演示了如何运用第三范式的准则将 BIRDS 和 FOOD 实体进一步分解为 3 个不同的实体。BIRDS 和 FOOD 之间是多对多的关系。在关系型数据库中通常应避免多对多关系，且应该用规范化过程来解决。多对多关系的问题是必定存在冗余数据。图 7.7 显示了这两张表（或实体）如何扩展为 3 个实体，分别是 BIRDS、BIRDS_FOOD 和 FOOD。BIRDS 表仅提供鸟类的信息。FOOD 表仅包含食物信息。BIRDS_FOOD 表只是一个中间实体，其唯一目的就是提供鸟类和食物之间的关系。BIRDS 表的主键是 BIRD_ID。FOOD 表的主键是 FOOD_ID。BIRDS_FOOD 表的主键是 BIRD_ID 和 FOOD_ID 的组合。例如，在 BIRDS_FOOD 实体中，一种鸟和一种食物的组合项只会出现一次，因为没有必要存储某种鸟吃某种食物的多条记录。这将视作冗余数据，本例说明的规范化的目的是从数据库中删除冗余数据。应用了第三范式之后，数据库中每种鸟仅存在一条记录，每种食物也仅存在一条记录。理想情况下，"Bald Eagle"这个名称在整个数据库中应该只存在一次。同样，作为食物的"Fish"这个词在整个数据库中也应该只存在一次。如果数据库设计得当，其他实体只需引用这些实体，然后与相关信息建立连接即可。

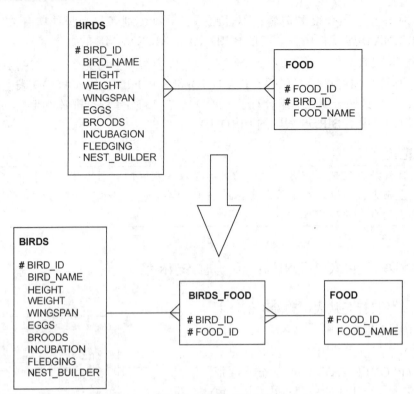

图 7.7 BIRDS 数据库中的第三范式

从图 7.7 中可以得出以下关系和信息。

➤ 图 7.7 中的 BIRDS 和 FOOD 都是父实体。BIRDS_FOOD 是一个同时引用了 BIRDS 和 FOOD 的子实体。虽然 BIRDS_FOOD 中的主键是由 BIRD_ID 和 FOOD_ID 组成的复合体，但 BIRD_ID 属性也是一个外键，引用了 BIRDS 中的 BIRD_ID；同理，BIRDS_FOOD 中的 FOOD_ID 属性也是外键，引用了 FOOD 中的 FOOD_ID。

➤ 一种鸟可以吃多种食物。此类信息可以利用 BIRDS_FOOD 实体访问 FOOD 实体获得。

➤ 一种食物可被多种鸟食用。此类信息也是通过访问 BIRDS_FOOD 实体从 BIRDS 获取信息来获得。

注意 第三范式

第三范式的目的是删除那些不直接依赖主键的数据。记住，属性本身不带有属性。任何貌似自带属性的属性都应该全部移入另一个实体中，只有直接依赖于主键的属性才应留存于实体中。

7.2.4 命名规范

在数据库的规范化过程中，命名规范是首要的考虑内容之一。名称用于引用数据库中的对象。应该为表起一个描述性的名字，这样就能轻松获悉其中存有什么信息。对于没有参与数据库设计但需要查询数据库的用户而言，描述性的表名尤为重要。

公司应该有一个适用于全公司范围的命名规范，不仅为数据库中的表命名，还为用户、文件名和其他相关对象的命名提供指引。命名规范还对数据库的管理有帮助，能让用户更容易地辨识数据库系统中表的用途和文件的位置。公司在朝着成功的数据库实施迈进时，设计并坚持使用命名规范是第一步。

以下是可用于 BIRDS 表的一些命名规范示例。为对象命名的最佳做法是描述所含数据甚至是对象的类型；但从技术上说，只要始终坚持使用，具体采用哪种做法并不重要。

> Birds
> Bird
> BIRDS
> BIRD
> Bird_Table
> Birds_Table
> Birds_Tbl
> BIRDS_TABLE
> T_BIRDS
> t_Birds

表名应为单数还是复数？这是数据库设计人员经常争论的一个问题。例如，某张表实际包含的是鸟类的信息，但如果表名为单数形式，从另一个角度看，这张表也可以只包含一种鸟的信息。再次说明一下，命名方式更多地取决于如何看待数据，只要尽力保持一致，就无所谓对错。

7.2.5　规范化的优点

规范化能为数据库带来很多好处。主要有以下一些优点：

> 数据库整体更有组织性；
> 减少冗余数据；
> 保持数据库内部的数据一致性；
> 数据库设计更灵活；
> 数据库安全问题能更好地被处理；
> 参照完整性得以增强。

规范化过程导致更有组织性，能简化每个人的工作，无论是需要访问表的用户，还是负责全面管理数据库所有对象的数据库管理员（DBA）。数据冗余减少了，数据结构就得以简化，还节省了磁盘空间。因为最大限度地减少了重复数据，所以数据不一致的可能性就大大降低了。例如，某人的名字在一张表中可能是 STEVE SMITH，而在另一张表中则可能是 STEPHEN R. SMITH。重复数据的减少能够提升数据完整性，或者说确保了数据库内部数据的一致性和准确性。数据库经过规范化，拆分为较小的表，因此现有的表结构修改起来就灵活多了。相比所有重要数据都放在一张大表里，只有少量数据的小表修改起来要容易得多。最后，安全性也得以增强，因为 DBA 可以授权用户只能访问有限的几张表。规范化后的安全性更容易控制，因为数据被分组成编排整齐的数据集。

7.2.6　规范化的缺点

大多数成功的数据库都已规范化到了某个程度，但规范化过程确实存在一个重大缺点：会降低数据库的性能。发送至数据库的查询或事务请求会面临一些限制，比如 CPU 占用率、内存占用率和输入/输出（I/O）等问题。长话短说，相比反规范化的数据库，规范化的数据库需要更多的 CPU、内存和 I/O 来处理事务和数据库查询。为了获取被请求的信息或处理所需数据，规范化的数据库必须先找到所请求的表，然后连接表中的数据。第 21 章会对数据库的性能进行更深入的讨论。

7.3　数据库的反规范化

反规范化（denormalization）过程是以已经经过规范化的数据库为起点，修改表结构以允许存在可控的数据冗余，目的是提高数据库的性能。对数据库执行反规范化的唯一原因就是提高性能。反规范化后的数据库不同于未作规范化的数据库。对数据库执行反规范化的过程，是将数据库的规范化水平降低一到两个级别。请记住，规范化之所以会降低性能，其实是因为频繁的表连接操作。

反规范化可能会涉及将独立的表重新合并，或在表内创建重复数据，以减少在获取请求数据时需要连接的表。这样就能减少 I/O 和 CPU 时间。在较大的数据仓库应用中，反规范化通常会有好处，因为这时的汇总计算要涉及表内的数百万行数据。

反规范化是有代价的。在反规范化后的数据库中，数据冗余会增加，虽然性能提升了，但为了记录数据的关联关系需要付出更多其他的精力。因为数据分散在不同的表中，可能找起来更加困难，所以应用程序的代码会更加复杂。此外，由于有关联的数据散落在多张表中，参照完整性的维持更是一个麻烦问题。

可以在规范化和反规范化之间进行折中，但是这两个过程都需要透彻地了解实际数据和相关公司的具体业务需求。如果决定对数据库结构的某些部分进行反规范化，请将过程仔细记录下来，以便能准确解决数据冗余之类的问题，维持系统的数据完整性。

注意　最有效的范式

通常第三范式是应用于关系型数据库设计的最常见和最有效的范式。在大多数情况下，第三范式还能在数据冗余最少的最优设计和整体性能之间做出很好的平衡。

7.4　把范式应用于数据库

本节将根据前 3 种范式的准则逐步完成基本的数据库规范化过程，采用的是之前几章一直在建模的鸟类救助机构数据。

7.4.1　把第一范式应用于鸟类救助机构数据

在图 7.8 的示例中，鸟类救助相关的基础信息建模为最左边的框。为了遵守第一范式，需要为设计有主键的每组数据创建实体。这里只是鸟类救助机构数据的一个可能的子集，请记住，这里显示的例子可能会与实际数据不一样，具体取决于对数据本身和数据关系的解释。

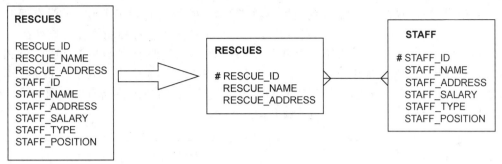

图 7.8　使用第一范式将鸟类救助机构数据融入 BIRDS

在图 7.8 的示例中，RESCUES 拆分为两个单独的实体，分别为 RESCUES 和 STAFF。这是因为 RESCUES 是一组数据，且指定了 RESCUE_ID 为主键。STAFF 则是另一组与 RESCUES 相关的数据，但有自己的主键 STAFF_ID，可唯一标识实体中的每条记录。本例中的 RESCUES 和 STAFF 之间是多对多的关系。因此，每个鸟类救助机构可能会有多名员工，每位员工可能会在多个不同的鸟类救助机构中担任志愿者或是全职、兼职工作。第一范式的例子就介绍到这里。

7.4.2　把第二范式应用于鸟类救助机构数据

在图 7.9 的示例中，已经使用第二范式的准则对图 7.8 的鸟类救助机构数据进行了进一步扩展。对此进行研究，并试着理解其中的关系和进一步拆分数据的原因。

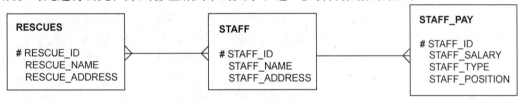

图 7.9　使用第二范式将鸟类救助机构数据融入 BIRDS

在图 7.9 中，RESCUES 和 STAFF 进一步拆分为 3 个不同的实体。STAFF 最初含有每位员工的工资信息。但可想而知，每位员工都有多条工资记录，每种工资或职位可能适用于各种不同的员工。因此，STAFF 拆分成了 STAFF 和 STAFF_PAY。STAFF_PAY 有自己的 ID 作主键，名为 STAFF_ID，它是子记录或外键，引用的是 STAFF 实体中的 STAFF_ID。在第二范式下，属性都移入了自己的实体，这些实体仅部分依赖于父实体。工资信息与员工有关联，但只是部分相关，于是它自己成为实体。

7.4.3　把第三范式应用于鸟类救助机构数据

图 7.10 展示了在应用第三范式的准则时，图 7.9 中的鸟类救助机构数据如何扩展为其他实体和属性。请研究一下这张图，尝试理解实体与现存所有主外键之间的关系。

在图 7.10 中，STAFF 原来只有一个实体，现在一共有 4 个实体。STAFF_PAY 本身已拆分为 3 个不同的实体——STAFF_PAY、STAFF_TYPE 和 STAFF_POSITIONS。请记住，规范化的目标是消除或减少冗余数据。STAFF_TYPE（可能是全职、兼职或志愿者）类型适用于任何救助机构任何工作人员。因此，STAFF_TYPE 的名称在数据库中应该只存在一次。虽然现在可以通过关系与数据库中的任何员工或救援机构相关联，但员工类型名称没有理由多次存在。员工职位可能是经理、雇主或鸟类专家，但在数据库中每种职位应该只存在一次。POSITION_ID 有助于确保每种职位在数据库中都是唯一的，类似于 STAFF_TYPE 的 TYPE_ID 用于确保每位员工在数据库中只存在一次。STAFF_POSITIONS 是引用 STAFF_PAY 的子实体，类似于 STAFF_TYPE 是引用 STAFF_PAY 的子实体。现在，图 7.10 中所有已识别的冗余数据都已隔离到自己的实体中了。第三范式就介绍到这里。

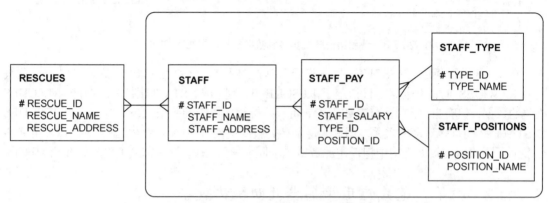

图 7.10 使用第三范式将鸟类救助机构数据融入 BIRDS

7.5 小结

规范化过程提供了一种有效设计关系型数据库的方法，以尽量消除或减少冗余数据，并有效地组织数据实体和属性。有时需要做出一个艰难的决定：执行规范化还是不执行规范化。我们总是希望能将数据库规范化至某种程度，但在不破坏性能的情况下，数据库和规范化程度其实取决于应用程序。数据库有多大？用途是什么？哪些类型的用户会访问数据？本章介绍了 3 种常见的范式、规范化过程背后的概念以及数据的完整性。规范化过程涉及很多步骤，其中大部分都是可选的，但对于数据库的功能和性能仍然至关重要。无论决定规范化到何种程度，几乎总是要做出权衡，或是维护简单但性能有问题，或是维护复杂但性能更好。数据库的设计者（或团队）最终必须做出决定，并对此负责。

7.6 答疑

问：在设计数据库时，为什么要如此关注最终用户的需求？

答：最终用户可能不具备技术知识，但他们是一些最有数据库使用知识的数据专家。因此，他们应该是任何数据库设计工作的中心。数据库设计者只是帮助组织数据而已。

问：规范化比反规范化更好吗？

答：规范化可能会更好些。但在某些情况下，反规范化也可能更好。请记住，有许多因素有助于决定采取哪种方式。可能为了减少数据库中的重复数据而进行规范化，但也可能为了提高性能而将其反规范化至某种程度。

问：是否还有超过三级的范式？

答：在关系型数据库中可以实施更多级别的规范化。但请记住，本书不是数据库设计书籍。大多数关系型数据库建模时，最常用的就是第三范式。本书只给出了关系型数据库和数据库设计的总体概述。在大多数情况下，若要完全理解和释放 SQL 的威力，其实只需知道第三范式就够了。

7.7 实践练习

以下是测试题和习题。测试题是为了测试您对当前内容的整体理解。习题让您有机会将本章讨论的概念付诸应用，并巩固前几章的学习中获得的知识。在继续学习之前，请务必完成测试题和习题。答案参见附录 C。

一、测试题

1. 判断题：规范化是将数据归入逻辑相关组的过程。

2. 判断题：数据库中没有重复或冗余数据，并且数据库中的一切都规范化，这样总是最佳方案。

3. 判断题：如果数据处于第三范式，就自动处于第一范式和第二范式。

4. 与规范化的数据库相比，反规范化后的数据库的主要优点是什么？

5. 反规范化的主要缺点有哪些？

6. 在对数据库进行规范化时，如何确定数据是否需要移入一张单独的表中？

7. 规范化过度的数据库设计有什么缺点？

8. 为什么消除冗余数据很重要？

9. 最常见的规范化水平是什么？

二、习题

1. 假设您想出了类似于图 7.11 的实体，要将摄影师数据集并入 BIRDS 数据库中，请花点时间将此示例与您的示例进行比较。尽可以拿此例作为以下习题的基础，或用您自己的，或根据需要将两者组合使用。还请复习一下图 6.12，设想如何将这里的数据并入原 BIRDS 数据库中。

2. 列出此示例中和您建模的 ERD 中的一些冗余数据。

3. 使用第一范式的准则对您的数据库进行合理的建模。

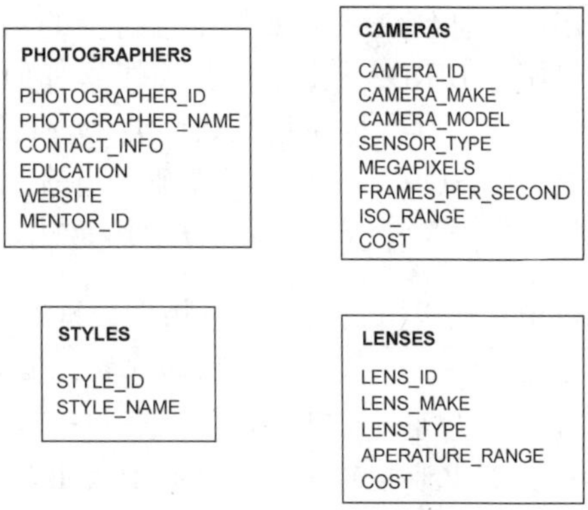

4. 使用本章给出的准则，将您的数据模型带入第二范式。

5. 使用本章给出的准则，将您的数据模型带入第三范式。

6. 描述您的第三范式模型中的所有关系。

7. 列出您的第三范式模型中的所有主键和外键。

8. 您还能想出其他可以加入 ERD 中的数据吗？

PHOTOGRAPHERS

PHOTOGRAPHER_ID
PHOTOGRAPHER_NAME
CONTACT_INFO
EDUCATION
WEBSITE
MENTOR_ID

CAMERAS

CAMERA_ID
CAMERA_MAKE
CAMERA_MODEL
SENSOR_TYPE
MEGAPIXELS
FRAMES_PER_SECOND
ISO_RANGE
COST

STYLES

STYLE_ID
STYLE_NAME

LENSES

LENS_ID
LENS_MAKE
LENS_TYPE
APERTURE_RANGE
COST

图 7.11 摄影师数据的实体和属性示例

第8章

定义数据结构

本章内容：

➤ 概述表的底层数据；

➤ 介绍基本数据类型；

➤ 介绍各种数据类型的用法；

➤ 举例说明数据类型间的差异；

➤ 应用于 BIRDS 数据库的数据类型；

➤ 动手实践将数据类型用于数据库设计。

本章将介绍数据的特征以及这些数据如何存储于关系型数据库中。在简要介绍数据本身之后，将会介绍 SQL 标准语言中的基本数据类型。您会看到各类型数据的示例，然后将它们应用于 BIRDS 数据库。您将了解如何为鸟类救助机构数据定义数据类型，最后将为您一直设计的摄影师数据库定义数据类型。到目前为止，本书的重点依然是概念和逻辑设计，为建立强大的 SQL 数据库奠定基础，并在所学内容中运用 SQL。现在将继续讨论如何应用 SQL 中的数据类型，开始定义已建模的数据。

注意 从逻辑数据库转至物理数据库

到目前为止，本书主要讨论了数据库的逻辑设计。在数据库的规划和设计过程中，通常会引用数据分组或实体。还可以引用这些实体中的属性或字段。本章会用到更多的物理数据库术语，其中涉及的实体以表的形式出现，表实际存储着物理数据，还有表中的列以前被逻辑地表示为属性。表就是一组数据和物理存储数据的列（属性）。

8.1 定义数据

数据是信息的集合，以某种数据类型存储于数据库中。数据包括姓名、号码、金额、文本、图像、小数、数字、计算、合计，以及任何您能想到的东西。数据可以以大写字母、小写字母或大小写混合存储。数据可以操作或修改。大多数数据在其生命周期内不会一直不变。

数据类型为某列数据提供规则。数据类型涉及的是数据值在列中的存储方式，给列分配的长度，是否允许存放哪些值（如字母、数字和日期时间数据）。所有可存储于数据库的数据位或数据组合，都存在对应的一种数据类型。这些数据类型可存储字符、数字、日期时间、图像和其他二进制数据等。更具体地说，数据可能包括名称、描述、数字、计算、图像、图像描述、文档等。

8.2 理解基本数据类型

以下几节介绍 ANSI SQL 支持的基本数据类型。数据类型是数据本身的特征，其属性安排在表的字段中体现。例如，可以指定某个字段必须包含数字值，不允许填入字母数字组成的字符串。毕竟，在金额字段中不应该填入字母。为数据库的每个字段定义数据类型，可以消除很多因输入错误而出现于数据库中的不正确数据。字段定义（数据类型定义）是数据校验的一种形式，控制着每个字段中可填入数据的类型。

某些数据类型可以自动转换为其他数据类型，具体要视您的关系型数据库管理系统（RDBMS）而定。这种类型的转换称为隐式转换，意味着数据库会为您处理转换。举个例子，从数值字段中读取 1000.92 并将其填入字符串字段中，这时就会自动完成转换。其他某些数据类型无法由 RDBMS 执行隐式转换，因此必须进行显式转换。通常显式转换会涉及 SQL 函数的使用，如 CAST 或 CONVERT 函数。在以下 Oracle 示例中，当前系统日期以默认日期格式从数据库中读取出来，数据类型是日期类型：

```
SELECT CAST('12/27/1974' AS DATETIME) AS MYDATE

SQL> SELECT SYSDATE FROM DUAL;

SYSDATE
---------
08-SEP-15
```

注意　SELECT 语句

SELECT 语句是最重要的 SQL 命令之一。SELECT 用于从数据库中查询数据。下面列举了一些简单的 SELECT 语句，显示了数据库中的一些简单数据。第 12 章详细介绍了 SELECT 语句；后续章节将讨论如何有效管理数据并从数据库中获取数据。

若要修改格式或不以默认格式显示日期，可以用 Oracle 的 TO_CHAR 函数将日期显示为字符串。在以下示例中，TO_CHAR 函数只返回当前月份：

```
SQL> SELECT TO_CHAR(SYSDATE, 'Month') MONTH
  2 FROM DUAL;

MONTH
-----------------------------------
September
```

与其他大多数语言一样，SQL 的基本数据类型如下：

➢　字符串类型；

➢　数值类型；

➢　日期和时间类型。

提示 SQL 数据类型

每种 SQL 产品都有一些自己特有的数据类型。为了运用每种产品的数据存储方式，确有必要使用其特有的数据类型。但基本数据类型在所有产品中都是相同的。

8.2.1 定长字符串

定长字符串总是具有相同的长度，用固定长度的数据类型存储。以下是 SQL 定长字符串的标准定义：

```
CHARACTER(n)
```

这里的 *n* 代表一个数字，确定了带有此定义的字段所分配的长度或最大长度。

有些 SQL 产品用 CHAR 类型来存储定长数据。在此数据类型中可以存储字母数字数据。州的缩写就是一个定长数据类型的例子，所有州的缩写都是两个字符。

在使用定长数据类型时，多余的空位通常会以空格填充。如果字段长度设为 10，而输入的数据只填充了 5 位，那么剩下的 5 位就记录成空格。这种填充空格的做法确保字段中的每个值都是固定长度。

警告 定长数据类型

请注意，对于可能包含变长值的字段，比如人的姓名，请不要使用定长数据类型。如果不恰当地使用了定长数据类型，最终会碰到一些问题，比如浪费了可用空间、无法精确比较数据。

请确保对长度不定的字符串使用变长数据类型，以节省数据库空间。

8.2.2 变长字符串

SQL 支持变长字符串，也就是长度不固定的字符串。下面是 SQL 变长字符串的标准定义：

```
CHARACTER VARYING(n)
```

这里的 *n* 代表一个数字，确定了带有此定义的字段所分配的长度或最大长度。

变长字符值的常见数据类型是 VARCHAR、VARBINARY 和 VARCHAR2。VARCHAR 是 ANSI 标准，被 Microsoft SQL Server 和 MySQL 采用；Oracle 同时使用 VARCHAR 和 VARCHAR2。在字符类型的列中可以存储字母数字，这意味着数据值可以包含数字字符。 VARBINARY 类似于 VARCHAR 和 VARCHAR2，不同之处在于它包含的是长度不定的字节串。通常 VARBINARY 类型用于存储某种数字数据，比如图像文件。

请记住，定长数据类型通常会补上空格，填充已分配未使用的字段空间。变长数据类型不会如此。假如变长字段的分配长度是 10，而输入的字符串是 5 个字符，那么这个值的总长度只有 5。列中未使用的空位不会填充为空格。

8.2.3 大对象类型

有些变长数据类型需要保存更长的数据，超过了传统上为 VARCHAR 字段保留的长度。在现代数据库产品中，BLOB 和 TEXT 类型就是两个这样的例子。这些数据类型是专门用于保存大型数据集的。BLOB 是一个二进制大对象，它的数据被视为一个大型二进制串（字节串）。如果某个产品需要在数据库中存储二进制媒体文件，比如图片或 MP3，BLOB 就特别有用。

TEXT 数据类型是一种大型的字符串类型，可被视为一个大 VARCHAR 字段。如果某个产品需要在数据库中存储一大块字符数据，就常会使用 TEXT 类型。举个这样的例子，存储博客网站每条文章中的 HTML 输入。将这类数据存储在数据库中，可以实现网站的动态更新。

8.2.4 数值类型

数值存储于定义成某种数值类型的字段中，一般涉及 NUMBER、INTEGER、REAL、DECIMAL 等类型。

以下是 SQL 数值的标准定义：

- ➢ BIT(n)；
- ➢ BIT VARYING(n)；
- ➢ DECIMAL(p,s)；
- ➢ INTEGER；
- ➢ SMALLINT；
- ➢ BIGINT；
- ➢ FLOAT(p,s)；
- ➢ DOUBLE PRECISION(p,s)；
- ➢ REAL(s)。

这里的 p 代表一个数字，确定字段所分配的长度或最大长度。

此外，s 是小数点右侧的数字，形式是 34.ss。

SQL 产品通用的数值类型是 NUMERIC，它顺应 ANSI 关于数值的指导方针。数值可存储为零、正数、负数、固定数和浮点数。以下是 NUMERIC 的使用示例：

```
NUMERIC(5)
```

以上示例将字段可输入的最大值限制为 99999。请注意，示例用到的所有数据库产品都支持 NUMERIC 类型，只是 Oracle 将其实现成了 DECIMAL 类型。

8.2.5 DECIMAL 类型

DECIMAL 值是指包含小数点的数值。以下是 SQL 中对 DECIMAL 的标准定义，其中 p 是精度（precision），s 是小数位数（scale）：

```
DECIMAL(p,s)
```

精度是数值的总长度。假如有一个数定义为 DECIMAL(4,2)，则精度为 4，即分配给数值的总长度为 4。小数位数是指小数点右侧的位数。在前例 DECIMAL(4,2)中，小数位数是 2。

如果数值在小数点右边的位数多于允许的位数，则会四舍五入，例如，34.33 插入定义为 DECIMAL(3,1)的字段时，通常四舍五入成 34.3。

如果数值定义为以下数据类型，则最大值为 99.99：

```
DECIMAL(4,2)
```

精度为 4，代表分配给它的总长度。小数位数是 2，代表小数点右侧的保留位或字节数。小数点不算作一个字符。

定义为 DECIMAL(4,2)的列允许存入以下值：

➢ 12；
➢ 12.4；
➢ 12.44；
➢ 12.449。

最后一个值 12.449 在放入该列时会四舍五入为 12.45。在这种情况下，任何 12.445 ~ 12.449 的数都会四舍五入为 12.45。

8.2.6 整数

整数是不含小数的数值，只包含整数（包括正整数、零和负整数）。

以下这些都是合法的整数：

➢ 1；
➢ 0；
➢ –1；
➢ 99；
➢ –99；
➢ 199。

8.2.7 浮点数

浮点数是带有小数的数值，其精度和小数位数是变长的，几乎没有长度限制。任何精度和小数位数都可以接受。REAL 类型指定某列包含单精度浮点数。DOUBLE PRECISION 类型指定某列包含双精度浮点数。精度在 1 和 21 之间（包含 1 和 21）视作单精度浮点数。精度在 22 和 53 之间（包含 22 和 53）视作双精度浮点数。下面是 FLOAT 数据类型的例子：

➢ FLOAT；
➢ FLOAT(15)；
➢ FLOAT(50)。

8.2.8 日期和时间类型

日期和时间类型用于记录日期和时间信息。标准 SQL 支持 DATETIME 数据类型，具体包含以下数据类型：

- ➤ DATE；
- ➤ TIME；
- ➤ DATETIME；
- ➤ TIMESTAMP。

DATETIME 类型由以下元素组成：

- ➤ YEAR；
- ➤ MONTH；
- ➤ DAY；
- ➤ HOUR；
- ➤ MINUTE；
- ➤ SECOND。

注意 带小数的值和闰秒

SECOND 元素还可以分解为带小数的值，其范围是 00.000～61.999，尽管有些 SQL 产品并不支持。额外的 1.999 是用于闰秒的。

请注意，每种 SQL 产品可能都有自己定制的日期和时间类型。上述日期和时间类型与元素是每家 SQL 供应商都应遵循的标准，但大多数产品都有自己的表示日期值的数据类型。这些差异会影响到显示形式和日期信息实际的内部存储方式。通常日期数据类型不用指定长度。

8.2.9　字符串字面量

字符串字面量（literal string）是由用户或程序明确给定的一串字符，比如姓名或电话号码。组成字符串字面量的数据具有与之前介绍过的数据类型相同的属性，但字符串的值是已知的。字段中的值通常是未知的，因为列的值与表的每一行数据关联，通常每行都不一样。

实际上字符串字面量不会用于设置字段的数据类型，而只会用于指定字符串。下面是一些字符串字面量的例子：

- ➤ 'Hello'；
- ➤ 45000；
- ➤ "45000"；
- ➤ 3.14；
- ➤ 'November 1, 1997'。

字母数字字符串是用单引号括起来的，而数字值 45000 则没有加引号。另外请注意，第二个数字值 45000 是用引号括起来的。一般来说，字符串需要加上引号，而数字串则不需要。

将数字转换为一个数值类型的过程称为隐式转换。在隐式转换的过程中，数据库会尝试弄清楚要为对象创建什么类型。因此，如果某个数字未用单引号括起来，SQL 编译器就会假定为数值类型。在处理数据时，请确保数据的表示形式符合您的要求。否则，结果可能不准确，或可能导致意外错误。后续将会介绍如何在数据库查询时使用字符串字面量。

8.2.10　NULL 数据类型

正如第 1 章所介绍的，NULL 表示值的缺失，或者说是一行数据中有列未赋值。SQL 几乎处处都用到了 NULL 值，包括表的创建、查询的搜索条件，甚至字符串字面量。

NULL 值设计成要用关键字 NULL 表示。

以下格式因为带有引号，所以并不表示 NULL 值，而是一个包含 N-U-L-L 字符的字符串字面量。

```
'NULL'
```

在使用 NULL 数据类型时，重点是要意识到 NULL 表示字段中不需要数据。如果某个字段一定要有数据，那么务必使用 NOT NULL 的数据类型。如果字段有可能不包含数据，那么更好的做法是采用可为 NULL 的类型。

8.2.11　布尔值

布尔值的取值范围为 TRUE、FALSE 或 NULL。布尔值用于比较数据。例如，查询的条件返回布尔值 TRUE 时，就会返回数据。如果条件返回布尔值 FALSE 或 NULL，则查询可能不会返回数据。

不妨看看以下例子：

```
WHERE NAME = 'SMITH'
```

上面这一行可能是某个查询中的一个条件。对于被查询表的每一行数据都会计算这个条件。如果表中某行数据的 NAME 值为 SMITH，则该条件的返回值为 TRUE，从而返回与该条记录关联的数据。

大多数数据库产品都没有实现严格的布尔类型，而是选用了各自的实现方式。MySQL 包含了布尔类型，但只是其已有 TINYINT 类型的同义词。Oracle 更倾向于引导用户采用 CHAR(1) 来表示布尔值，而 Microsoft SQL Server 则采用了一种名为 BIT 的值。

注意　数据类型实现方式的差异

本章提到的一些数据类型，在某些 SQL 产品中不存在同名的类型。在不同的 SQL 产品中，数据类型的命名往往不同，但每种数据类型背后的概念是不变的。就算不是全部数据类型，那也是大多数类型都得到了各种关系型数据库的支持。

8.2.12　用户自定义类型

用户自定义类型（user-defined type）是由用户定义的数据类型。用户自定义类型使得用户能够定制自己的数据类型，以满足数据存储的需要，并且这是基于已有的数据类型的。因为用户自定义数据类型最大限度地增加了数据存储的可能性，所以能帮助开发者在数据库应用开发过程中提供更大的灵活性。CREATE TYPE 语句用于创建用户自定义类型。

例如，可以在 Oracle 中创建如下类型：

```
CREATE TYPE PERSON AS OBJECT
(NAME        VARCHAR (30),
 SSN         VARCHAR (9));
```

然后可以如下引用这个用户自定义类型：

```
CREATE TABLE EMP_PAY
(EMPLOYEE    PERSON,
 SALARY      DECIMAL(10,2),
 HIRE_DATE   DATE);
```

请注意，第一列 EMPLOYEE 引用的数据类型是 PERSON。PERSON 是在第一个例子中创建的用户自定义类型。

8.2.13　域

域（domain）指定了一组允许使用的数据类型。域与某个数据类型相关联，所以只允许接受某些数据。在域创建之后，就可以对其加上约束。约束与数据类型共同发挥作用，以便进一步为字段指定可接受的数据。域的用法类似于用户自定义类型。

用户自定义域并不如用户自定义类型那么常用，例如，Oracle 就不支持它们。在为本书下载的产品中，以下语法就是无效的，但这是创建域的基本语法示例：

```
CREATE DOMAIN MONEY_D AS NUMBER(8,2);
```

如下可为此域加上约束：

```
ALTER DOMAIN MONEY_D
ADD CONSTRAINT MONEY_CON1
CHECK (VALUE > 5);
```

然后可如下引用此域：

```
CREATE TABLE EMP_PAY
(EMP_ID      NUMBER(9),
 EMP_NAME    VARCHAR2(30),
 PAY_RATE    MONEY_D);
```

8.3　在 BIRDS 数据库中运用数据类型

目前，您已经见过了 BIRDS 数据库的详细 ERD，包括实体、属性和关系。主键和外键也已讨论过了。此外，还提供了一份 BIRDS 数据库中实际数据的清单，以便您详细了解数据。下面给出了 BIRDS 数据库中每张表的列，及其赋予的数据类型，还有每个列是否强制有值（指 NULL 或 NOT NULL）。为方便起见，这里还标识了主键和外键。

```
BIRDS
bird_id         number(3)            not null         PK
```

```
bird_name            varchar(30)           not null
height               number(4,2)           not null
weight               number(4,2)           not null
wingspan             number(4,2)           null
eggs                 number(2)             not null
broods               number(1)             null
incubation           number(2)             not null
fledging             number(3)             not null
nest_builder         char(1)               not null


NICKNAMES
bird_id              number(3)             not null      PK, FK
nickname             varchar(30)           not null      PK, FK


LOCATIONS
location_id          number(2)               not null        PK
location_name        varchar(30)             not null


PHOTOS
photo_id             number(5)               not null        PK
photo_file           varchar(30)             not null
photo_date           date                    not null
photo_location_id    number(2)               not null
bird_id              number(3)               not null        FK


FOOD
food_id              number(3)               not null        PK
food_name            varchar(30)             not null


BIRDS_FOOD
bird_id              number(3)               not null        PK, FK
food_id              number(3)               not null        PK, FK


NESTS
nest_id              number(1)               not null        PK
nest_name            varchar(20)             not null


BIRDS_NESTS
bird_id              number(3)               not null        PK, FK
nest_id              number(1)               not null        PK, FK


MIGRATION
migration_id         number(2)               not null        PK
migration_location   varchar(30)             not null


BIRDS_MIGRATION
bird_id              number(3)               not null        PK, FK
migration_id         number(2)               not null        PK, FK
```

8.4 小结

SQL 提供了大量的数据类型。如果您用其他语言进行过编程，这里很多数据类型您可能都认识。数据类型使得在数据库中能存储各类数据，从简单的字符到小数点，再到日期和时间。数据类型还对可能插入表列的数据设置规则。这有助于维护数据的完整性以及主外键之类的约束。数据类型的概念在所有语言中都是相同的，无论是使用 C 语言这种第三代语言编程和传递变量，还是使用关系型数据库产品并用 SQL 编写代码。当然，对于标准数据类型，每种产品都有自己的名称，但它们的工作原理基本相同。还请记住，RDBMS 不必实现 ANSI 标准中的所有数据类型才被视为符合 ANSI。因此，比较谨慎的做法是查看一下您的 RDBMS 产品的文档，了解有哪些可用的数据类型。

在决定存储数据的类型、长度、小数位数和精度时，要注意近期和远期规划。为了决定采用何种数据类型，还应考虑业务规则和期望最终用户如何访问数据。为了设定合适的数据类型，您应该了解数据的特性，以及数据库中的数据是如何关联的。本章所有内容都能立即应用于数据库设计和真实的关系型数据。

8.5 答疑

问：为什么可以在定义为字符类型的字段中输入数字，比如社会安全号码？

答：数值也属于字母数字范围，允许出现在字符串数据类型中。这一过程称为隐式转换，因为数据库系统会自动进行处理。通常情况下，只有用于计算的值才会存储为数值类型。不过将所有的数字字段定义成数值类型，可能有助于控制该字段中输入的数据。

问：能否解释一下定长和变长数据类型的区别？

答：假设将姓氏定义为 20 字节的定长数据类型。有个人姓 Smith，把此数据插入表中时，会占用 20 字节：5 字节用于存放 Smith，15 字节是空格。（请记住，这是一个定长数据类型。）如果采用长度为 20 字节的变长数据类型，并插入 Smith，则只会占用 5 字节的空间。然后想象一下，若要向此系统中插入 100 000 行数据，可能会省下 150 万字节的数据空间。

问：数据类型的长度有限制吗？

答：是的，数据类型的长度存在限制。不同产品的限制还不一样。

8.6 实践练习

以下是测试题和习题。测试题是为了测试您对当前内容的整体理解。习题让您有机会将本章讨论的概念付诸应用，并巩固前几章的学习中获得的知识。在继续学习之前，请务必完成测试题和习题。答案参见附录 C。

一、测试题

1. 3 种最基本的数据类型是什么？

2. 判断题：个人社会安全号码以'111111111'的格式输入，可以是以下任意一种数据类型——定长字符串、变长字符串、数值。

3. 判断题：数值的小数位数是指总长度限制。

4. 所有数据库产品的数据类型都一样吗？

5. 以下描述的精度和小数位数各是多少？

```
DECIMAL(4,2)
DECIMAL(10,2)
DECIMAL(14,1)
```

6. 以下哪个数值可以插入定义为 DECIMAL(4,1)的列中？

    A. 16.2   B. 116.2

    C. 16.21   D. 1116.2

    E. 1116.21

二、习题

1. 请为下述列设定数据类型，确定合适的长度，并举例说明将在此列中输入的数据：

    A. ssn   B. state

    C. city   D. phone_number

    E. zip   F. last_name

    G. first_name   H. middle_name

    I. salary   J. hourly_pay_rate

    K. date_hired

2. 同样还是这些列，请确定应为 NULL 还是 NOT NULL。请一定要意识到，根据不同的应用场景，某些通常为 NOT NULL 的列可能为 NULL，反之亦然：

    A. ssn   B. state

    C. city   D. phone_number

    E. zip   F. last_name

    G. first_name   H. middle_name

    I. salary   J. hourly_pay_rate

    K. date_hired

3. 依据前几章给出的鸟类救助机构数据，设定合适的数据类型和是否可 NULL。

4. 依据已建模的摄影师数据，设定合适的数据类型和是否可 NULL。

第9章

数据库对象的创建和管理

本章内容：

> ➢ 介绍数据库对象；

> ➢ 介绍模式；

> ➢ 介绍表；

> ➢ 表的性质和属性；

> ➢ 表的创建和操作示例；

> ➢ 表的存储参数；

> ➢ 参照完整性和数据一致性。

本章将介绍数据库对象——什么是对象、如何运作、如何存储、相互关系。数据库对象是构成数据库的逻辑单元。本章大部分内容都会围绕表展开，但请记住，还存在其他的数据库对象，其中很多对象将在后续章节中讨论。

9.1 数据库对象和模式的关系

数据库对象是指在数据库中定义的所有对象，用于存储或引用数据。数据库对象的例子包括表、视图、群集、序列、索引和同义词。本章重点关注表，因为表是关系型数据库中最主要、最简单的数据存储形式。

模式（schema）是数据库对象的集合，通常关联了某个数据库用户名。此用户名为模式的所有者，或称关联对象组的所有者。一个数据库可能有一个或多个模式。用户只与同名的模式相关联，并且这两个术语（用户和模式）通常可以互换使用。基本上，任何用户创建的对象都只会位于自己的模式中，除非用户特别指明要创建到其他模式中去。根据用户在数据库中的权限，用户可以创建、操作和删除对象。模式可由单张表组成，且可能包含的对象数量没有限制，除非某个数据库产品对此有限制。

假定数据库管理员给了您一个数据库用户名和密码。用户名为 USER1。假设您登录数据库并创建了一张名为 EMPLOYEE_TBL 的表。对数据库而言，表的实际名称是 USER1.EMPLOYEE

_TBL。USER1 就是此表的模式名，也是该表的所有者。这样您就创建了模式中的第一张表。

在访问您自己的表（在您自己的模式中）时，不必引用模式名，这就是模式的一大好处。例如，以下两种方式都可以引用您自己的表：

```
EMPLOYEE_TBL
USER1.EMPLOYEE_TBL
```

首选当然是用第一种写法，因为可以少敲几下键盘。如果其他用户要查询您的表，他必须按以下方式指定模式名：

```
USER1.EMPLOYEE_TBL
```

本书后续将会介绍如何给模式授予用户权限，使之能访问对象。本章还会介绍同义词（synonym），用于给表起个别名，这样在访问表时就不必指定模式名了。图 9.1 展示了某个关系型数据库中的两种模式。

在图 9.1 中，数据库中有两个用户账户，分别是 USER1 和 USER2，它们各自都拥有表。每个用户账户都有自己的模式。下面举例说明这两个用户如何访问自己的表和另一个用户的表。

USER1 访问自己的 TABLE1：	TABLE1
USER1 访问自己的 TEST：	TEST
USER1 访问 USER2 的 TABLE10：	USER2.TABLE10
USER1 访问 USER2 的 TEST：	USER2.TEST

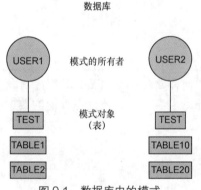

图 9.1　数据库中的模式

在上述示例中，两个用户都拥有名为 TEST 的表。只要数据库中的表属于不同的模式，就可以同名。从这种角度来说，在数据库中表名总是唯一的，因为表名中实际包含了模式所有者。例如，USER1.TEST 与 USER2.TEST 是不同的两张表。如果在访问数据库表时未指定模式名，则数据库服务器默认会查找您自己的表。也就是说，如果 USER1 尝试去访问 TEST，则数据库服务器会先去查找 USER1 拥有的名为 TEST 的表，然后查找 USER1 拥有的其他对象，例如指向其他模式里的表的同义词。第 24 章能帮助您全面了解同义词的工作原理。

请一定要理解自己模式中的对象与其他模式中的对象之间的区别。如果在执行修改表操作（例如 DROP 命令）时不提供模式，则数据库假定您是要操作自己模式中的表。请始终关注当前使用哪个用户登录到数据库，以避免无意中删错对象。

警告　不同系统的对象命名规则存在差异

每种数据库服务系统都有对象和对象元素（例如字段名）的命名规则。确切的命名规范（或规则）请查看您的产品文档。

9.2　表：数据的主要存储对象

在关系型数据库中，表是数据的主要存储对象。表以最简单的形式保存数据，由行和列组成, 两者都保存数据。表在数据库中占据物理空间, 可以是永久的, 也可以是临时的。

9.2.1 列

字段在关系型数据库中也称为列, 它是表的组成部分, 赋予某种数据类型。数据类型决定了此列允许存放什么样的数据。表的设计者能够借此维持数据的完整性。

每张数据库表必须至少包含一列。列是表中保存特定类型数据的元素, 诸如人名或地址等。例如, 客户姓名可能就是客户表中的一个有效列。以下数据演示了表的列:

```
BIRD_NAME                       WINGSPAN
-----------------------    --------------
Eastern Kingbird                     15
Great Blue Heron                     78
Mallard                             3.2
Common Loon                          54
Bald Eagle                           84
Golden Eagle                         90
Red Tailed Hawk                      48
Osprey                               72
Belted Kingfisher                    23
Canadian Goose                       72
Pied-billed Grebe                   6.5
American Coot                        29
Common Sea Gull                      18
Ring-billed Gull                     50
Double-crested Cormorant             54
Common Merganser                     34
Turkey Vulture                       72
American Crow                      39.6
Green Heron                        26.8
Mute Swan                          94.8
Brown Pelican                        90
Great Egret                        67.2
Anhinga                              42
Black Skimmer                        15
```

一般列名必须是连续的字符串, 可能字符数量受限于 SQL 产品的规定。通常用下画线作为字符间的分隔符。例如, 鸟的名称列可命名为 BIRD_NAME, 而不是 BIRDNAME。这样做通常是为了增加数据库对象的可读性。也可以按自己的喜好采用其他命名规范, 比如驼峰命名法 (CamelCase)。因此对于数据库开发团队而言, 就标准命名规范达成一致是非常重要的, 可以在开发过程中保持井然有序。

最常存储于列中的数据格式就是字符串。对于字符串字段而言, 存储为大写或小写都可以。用大写还是小写只是个人喜好问题, 应该根据数据的使用方式而定。在许多情况下, 为了简单和一致性, 数据以大写形式存储。如果数据在整个数据库中以不同的大小写形式 (大写、小写和大小写混合) 存储, 则可以按需用函数将数据转换为大写或小写。第 15 章将会介绍这些函数。

列可以设为 NULL 或 NOT NULL。如果列设为 NOT NULL, 则必须输入一些数据。如果列设为可 NULL, 则不需要输入数据。NULL 与空字符串之类的空集不同, 在数据库设计中占有特殊的地位。因此, NULL 值可理解为字段中没有任何数据。

9.2.2 行

行是数据库表中的一条数据记录。例如，客户表中的一行数据可能包括某个客户的 ID、姓名、地址、电话号码和传真号码。行由多个字段组成，含有表内一条记录的数据。一张表可以包含少至一行多至几百万行的数据或记录。以下数据来自数据库中的 FOOD 表，举例说明鸟类吃的不同食物。

```
FOOD_ID  FOOD_NAME
-------  ------------------------------
      1  Seeds
      2  Birds
      3  Fruit
      4  Frogs
      5  Fish
      6  Berries
      7  Aquatic Plants
      8  Aquatic Insects
      9  Worms
     10  Nuts
     11  Rodents
     12  Snakes
     13  Small Mammals
     14  Nectar
     15  Pollen
     16  Carrion
     17  Moths
     18  Ducks
     19  Insects
     20  Plants
     21  Corn
     22  Crayfish
     23  Crustaceans
     24  Reptiles
     25  Deer
```

上述示例中的表有 25 行数据。表的第一行数据如下所示，由 FOOD_ID 和 FOOD_NAME 组成：

```
1 Seeds
```

9.2.3　CREATE TABLE 语句

SQL 语句 CREATE TABLE 可以创建一张表。虽然创建表的操作相当简单，但在实际执行 CREATE TABLE 语句之前，应该花大量的时间和精力对表结构进行规划。在操作之前仔细规划表结构，可以避免在生产环境中重新配置。

注意　本章用到的类型

本章示例用到了常用的数据类型 CHAR（定长字符）、VARCHAR（变长字符）、NUMBER（数值、小数和整数）和 DATE（日期和时间值）。

在创建表时，需要回答一些基本的问题：

➤ 表中会输入什么类型的数据？

➤ 表名是什么？

➤ 构成主键的列会是哪些？

➢ 列（字段）怎么命名？

➢ 每一列会赋予什么数据类型？

➢ 每一列的长度是多少？

➢ 哪些列可带有 NULL 或缺失值？

注意 现有系统往往有自己的命名规则

在为对象和其他数据库元素命名时，一定要查看您的产品的规则。通常情况下，数据库管理员会采用某种命名规范，对如何命名数据库对象进行解释，以便您轻松识别出用法。

回答完上述问题后，CREATE TABLE 语句实际用起来就很简单了。创建表的基本语法如下所示：

```
CREATE TABLE table_name
( field1 data_type [ not null ],
  field2 data_type [ not null ],
  field3 data_type [ not null ],
  field4 data_type [ not null ],
  field5 data_type [ not null ] );
```

请注意，上述语句的最后一个字符是分号。此外，中括号标明了这部分是可选的。大多数 SQL 产品都有一些用于标识语句结束的字符，或者说是向数据库服务器提交语句的字符。Oracle、Microsoft SQL Server 和 MySQL 使用的是分号。尽管 Microsoft SQL Server 的 ANSI SQL 版本 Transact-SQL 没有这样的要求，但最佳实践是使用分号。本书都使用分号。

请注意，创建表的语法与第 8 章末尾的表、列和数据类型的清单非常相似，下面再列一次：

```
BIRDS
bird_id        number(3)     not null
bird_name      varchar(30)   not null
height         number(4,2)   not null
weight         number(4,2)   not null
wingspan       number(4,2)   null
eggs           number(2)     not null
broods         number(1)     null
incubation     number(2)     not null
fledging       number(3)     not null
nest_builder   char(1)       not null
```

在用 SQL 定义表时，只需提供表名、列的清单及其数据类型、是否可以包含 NULL。如果没有指定，默认值为 NULL，这意味着该列的数据可以选填。

若要创建一张名为 BIRDS 的表，只需把 CREATE TABLE 语句中的表名和列名替换成之前在数据库设计时定义的信息，如下所示：

```
create table birds
(bird_id        number(3)      not null,
 bird_name      varchar(30)    not null,
 height         number(4,2)    not null,
 weight         number(4,2)    not null,
 wingspan       number(4,2)    null,
 eggs           number(2)      not null,
 broods         number(1)      null,
 incubation     number(2)      not null,
 fledging       number(3)      not null,
 nest_builder   char(1)        not null);
```

注意 SQL 命令的大小写敏感性

请注意，大多数产品的 SQL 命令本身不区分大小写。不过如果选择了数据的存储方式，那么在检索数据时，大小写敏感确实很重要。如果对大小写无法确定，SQL 有一些函数可用于转换数据的大小写，从本书第 15 章开始介绍。

在此例中，表中的每条记录（数据行）都由以下列组成：

BIRD_ID, BIRD_NAME, HEIGHT, WEIGHT, WINGSPAN, EGGS, BROODS, INCUBATION, FLEDGIN, NEST_BUILDER

表中每个字段就是一列。BIRD_ID 列可由一种或多种鸟的 ID 组成，视数据库查询或事务的需求而定。

上述表由 8 个列组成。请注意这里用下画线将列名中的单词分隔开（鸟类 ID 存于 BIRD_ID）。这样表或列名的可读性会更好。每列都指定了数据类型和长度。利用 NULL/NOT NULL 约束，可以为表中每一行数据指定哪些列必须有值。EMP_PHONE 定义为 NULL，这意味着此列允许空值，因为可能有人没有电话号码。每列的信息用逗号分隔，全部列用小括号括起来（左括号位于第一列之前，右括号位于最后一列之后）。

警告 数据类型的限制各不相同

请查看您的产品说明，了解名称长度限制和可用字符；不同产品的规定不一样。

9.2.4 命名规范

在为对象（特别是表和列）选取名称时，请确保能够反映所要存储的数据。例如，与员工信息有关的表可命名为 EMPLOYEE_TBL。列的名称也应遵循同样的逻辑。假如某列存储的是员工的电话号码，命名为 PHONE_NUMBER 显然比较合适。

9.2.5 ALTER TABLE 命令的用法

在表创建完成后，可以用 ALTER TABLE 命令修改表结构。可以添加列、删除列、修改列的定义、添加和删除约束，在某些产品中还可以修改表的 STORAGE 值。ALTER TABLE 命令的标准语法如下：

```
alter table table_name [modify] [column column_name][datatype | null not null]
[restrict|cascade]
[drop]   [constraint constraint_name]
[add]    [column] column definition
```

举个例子，假设要从 BIRDS 表中删除 WINGSPAN 列。请记住，如果删除了列，数据也就删除了。与此相关的是，如果列中包含数据库中其他子记录依赖的数据，则此列无法删除。

```
SQL> alter table birds
  2  drop column wingspan;

Table altered.

SQL> desc birds
 Name                                      Null?        Type
 ---------------------------------------   --------    -----------------------
```

```
BIRD_ID                           NOT NULL     NUMBER(3)
BIRD_NAME                         NOT NULL     VARCHAR2(30)
HEIGHT                            NOT NULL     NUMBER(4,2)
WEIGHT                            NOT NULL     NUMBER(4,2)
EGGS                             NOT NULL     NUMBER(2)
BROODS                                         NUMBER(1)
INCUBATION                        NOT NULL     NUMBER(2)
FLEDGING                          NOT NULL     NUMBER(3)
NEST_BUILDER                      NOT NULL     CHAR(1)
```

以下示例试图从 BIRDS 表中删除 BIRD_ID。因为 BIRD_ID 定义为主键，在其他表中有依赖于它的子记录，所以数据库报出一条错误。如果数据库的修改违反了已有的任何约束或定义，列或数据就无法删除。

```
SQL> alter table birds
  2  drop column bird_id;
drop column bird_id
            *

ERROR at line 2:
ORA-12992: cannot drop parent key column
```

注意 对象的修改不能违反现有的约束

请记住，在修改表或在表中插入、修改任何数据时，不能违反之前为数据库对象设置的任何规则。

以下示例在 BIRDS 表中加入一列 BEAK_LENGTH。

```
SQL> alter table birds
  2  add beak_length number(5,2);

Table altered.

SQL> desc birds
Name                          Null?      Type
----------------------------- --------   -----------------
BIRD_ID                       NOT NULL   NUMBER(3)
BIRD_NAME                     NOT NULL   VARCHAR2(30)
HEIGHT                        NOT NULL   NUMBER(4,2)
WEIGHT                        NOT NULL   NUMBER(4,2)
WINGSPAN                                 NUMBER(4,2)
EGGS                          NOT NULL   NUMBER(2)
BROODS                                   NUMBER(1)
INCUBATION                    NOT NULL   NUMBER(2)
FLEDGING                      NOT NULL   NUMBER(3)
NEST_BUILDER                  NOT NULL   CHAR(1)
BEAK_LENGTH                              NUMBER(5,2)
```

警告 修改或删除表可能存在危险

在修改和删除表时请多加注意。如果在提交这些语句时存在逻辑错误或打错了字，可能会丢失重要的数据。

1. 修改表结构

列的属性指的是列中数据的规则和行为。ALTER TABLE 命令可用于修改列的属性。这里的"属性"一词指的是以下内容：

➢ 列的数据类型；

> ➢ 列的长度、精度、小数位数；

> ➢ 列是否允许包含 NULL 值。

以下示例用 ALTER TABLE 命令来修改 BIRDS 表的 BROODS 列属性：

```
SQL> alter table birds
  2  modify broods not null;

Table altered.

SQL> desc birds
 Name                    Null?            Type
 ------------------      --------         --------------------------
 BIRD_ID                 NOT NULL         NUMBER(3)
 BIRD_NAME               NOT NULL         VARCHAR2(30)
 HEIGHT                  NOT NULL         NUMBER(4,2)
 WEIGHT                  NOT NULL         NUMBER(4,2)
 WINGSPAN                                 NUMBER(4,2)
 EGGS                    NOT NULL         NUMBER(2)
 BROODS                  NOT NULL         NUMBER(1)
 INCUBATION              NOT NULL         NUMBER(2)
 FLEDGING                NOT NULL         NUMBER(3)
 NEST_BUILDER            NOT NULL         CHAR(1)
 BEAK_LENGTH                              NUMBER(5,2)
```

2. 在表中添加必填列

将列加入已有表的基本规则之一是，如果表中已存在数据，则要加入的列就不能定义为 NOT NULL。NOT NULL 表示表中每一行数据在该列必须包含值。如果要加入定义为 NOT NULL 的列，而表中已有数据行在新的列中并没有值，则一开始就与 NOT NULL 约束矛盾了。

以下示例试图将 BIRDS 表的 BEAK_LENGTH 列修改为 NOT NULL，或者说是一个必填列（mandatory column）。这里会返回一条错误信息。如果表中已存在数据行，并且在此列出现了空值，就不能将已有列标为 NOT NULL。

```
SQL> alter table birds
  2  modify beak_length not null;
alter table birds
*

ERROR at line 1:
ORA-02296: cannot enable (RYAN.) - null values found
```

不过确实有一种办法可以在表中添加必填列：

（1）加入定义为 NULL 的列（非必填列）；

（2）为表中每一行数据在此列中都插入一个值；

（3）修改表，将此列的属性修改为 NOT NULL。

例如：

```
SQL> update birds
  2  set beak_length = 0;

23 rows updated.

SQL> commit;

Commit complete.
```

```
SQL> alter table birds
  2 modify beak_length not null;

Table altered.
```

3. 在表中添加自增列

有时需要创建一个自动递增的列，为每行提供唯一的序号。原因可能有很多，比如数据缺少天然存在的键，或者想用唯一的序号对数据进行排序。自动递增列通常很容易创建。MySQL 提供了采用 SERIAL 的方法，能为表生成真正唯一值。下面是一个例子：

```
CREATE TABLE TEST_INCREMENT(
       ID           SERIAL,
       TEST_NAME    VARCHAR(20));
```

注意 创建表时 NULL 的用法

NULL 是列的默认属性，因此在 CREATE TABLE 语句中无须输入 NULL。而 NOT NULL 必须明确指定。

Microsoft SQL Server 提供有 IDENTITY 类型的列。以下是 SQL Server 的例子：

```
CREATE TABLE TEST_INCREMENT(
       ID           INT IDENTITY(1,1) NOT NULL,
       TEST_NAME    VARCHAR(20));
```

Oracle 没有为自增列提供直接的方法。但有一种方法可在 Oracle 中模拟自增效果，就是使用名为 SEQUENCE 和 TRIGGER 的对象。

现在向新创建的表中插入数据，就不必为自增列指定值了：

```
INSERT INTO TEST_INCREMENT(TEST_NAME)
VALUES ('FRED'),('JOE'),('MIKE'),('TED');

SELECT * FROM TEST_INCREMENT;

| ID |        TEST_NAME |
| 1  |        FRED      |
| 2  |        JOE       |
| 3  |        MIKE      |
| 4  |        TED       |
```

4. 列的修改

在对表的现有列进行修改时，需要考虑很多因素。以下是一些常见的列修改规则：

➢ 列长可增至给定数据类型的最大长度；

➢ 仅当列中数据的最大长度小于或等于新长度时，才能将列长减小；

➢ 数值型的位数总是可以增加的；

➢ 仅当列中所有数据的位数都小于或等于新位数时，才能减少数值类型的位数；

➢ 数值类型的小数位数可增可减；

➢ 列的数据类型通常可以修改。

有些产品会限制某些 ALTER TABLE 参数的使用。例如，可能不允许删除表中的列。要删除列必须先删除表，再按所需的列重建表。如果要删除的列依赖于另一张表中的列，或者被另一张表中的列引用，那就可能遇到问题。请务必参考您的产品文档。

9.2.6 由现有表创建新表

通过组合使用 CREATE TABLE 语句和 SELECT 语句，可以创建现有表的副本。新表的列定义与原表相同。可以选择全部列，也可以任意选择部分列。用函数或列的组合创建的新列会自动采用数据需要的大小。由其他表创建新表的基本语法如下：

```
create table new_table_name as
select [ *|column1, column2 ]
from table_name
[ where ]
```

看一下 BIRDS 表中的一些数据。本例只考虑 BIRD_NAME 和 WINGSPAN 列。请注意，此表有 23 行数据，且未经排序。

```
SQL> select bird_name, wingspan
  2  from birds;

BIRD_NAME                       WINGSPAN
------------------------------- ------------
Great Blue Heron                      78
Mallard                              3.2
Common Loon                           54
Bald Eagle                            84
Golden Eagle                          90
Red Tailed Hawk                       48
Osprey                                72
Belted Kingfisher                     23
Canadian Goose                        72
Pied-billed Grebe                    6.5
American Coot                         29
Common Sea Gull                       18
Ring-billed Gull                      50
Double-crested Cormorant              54
Common Merganser                      34
Turkey Vulture                        72
American Crow                        39.6
Green Heron                          26.8
Mute Swan                           94.8
Brown Pelican                         90
Great Egret                         67.2
Anhinga                               42
Black Skimmer                         15

 23 rows selected.
```

如下所示，用 CREATE TABLE AS 语句可以创建 BIRDS 表的副本。本例将创建一个名为 BIG_BIRDS 的表，其中只包含翼展超过 48 英寸的鸟类。

```
SQL> create table big_birds as
  2  select * from birds
  3  where wingspan > 48;

Table created.
```

现在，如果查询 BIG_BIRDS 表中的数据，就能明白基于其他表创建新表的功能了。此例中的新表只有 12 行，都是大型鸟的数据。

```
SQL> select bird_name, wingspan
  2  from big_birds;

BIRD_NAME                         WINGSPAN
------------------------------    ------------
Great Blue Heron                        78
Common Loon                             54
Bald Eagle                              84
Golden Eagle                            90
Osprey                                  72
Canadian Goose                          72
Ring-billed Gull                        50
Double-crested Cormorant                54
Turkey Vulture                          72
Mute Swan                             94.8
Brown Pelican                           90
Great Egret                           67.2

12 rows selected.
```

注意语法中出现的新关键字，特别是 SELECT 关键字。SELECT 是一个数据库查询，将在第 12 章中详细讨论。但重点是要知道，可以由查询结果创建表。

MySQL 和 Oracle 都支持 CREATE TABLE AS SELECT 这种由其他表创建新表的方式。Microsoft SQL Server 采用了另一种语句，即 SELECT…INTO 语句，如下所示：

```
select [ *|column1, column2]
into new_table_name
from table_name
[ where ]
```

下面介绍一些使用这种方法的示例。首先请执行一条简单查询，查看一下 MIGRATION 表中的数据：

```
select * from migration;
SQL> select * from migration;

MIGRATION_ID MIGRATION_LOCATION
------------ ------------------------------
           1 Southern United States
           2 Mexico
           3 Central America
           4 South America
           5 No Significant Migration
           6 Partial, Open Water
```

然后基于上述查询创建一张名为 MIGRATION_NEW 的表：

```
create table migration_new as
select * from migration;
Table created.
```

在 SQL Server 中，同样的语句写法如下：

```
select *
into migration_new
from migration;
Table created.
```

现在，如果对 MIGRATION_NEW 表进行查询，结果数据与原表的相同。

```
MIGRATION_ID MIGRATION_LOCATION
------------ ------------------------------
           1 Southern United States
           2 Mexico
           3 Central America
           4 South America
           5 No Significant Migration
           6 Partial, Open Water
```

提示　"*"的含义

SELECT *将选择表中所有字段的数据。"*"代表了表中一整行数据（或记录）。换句话说，这种数据库查询对返回的每行数据都要求显示所有列。

9.2.7　表的删除操作

删除表是容易完成的操作之一。如果用了 RESTRICT 参数，并且表被视图或约束引用了，则 DROP 语句会返回一条错误。若用了 CASCADE 参数，则删除会执行成功，所有引用的视图和约束都被删除。删除表的语法如下所示：

```
drop table table_name [ restrict | cascade ]
```

SQL Server 不允许使用 CASCADE 参数。对于 SQL Server 这种产品，在删除表时一定要删除所有引用它的对象，以确保不会在系统中遗留无效对象。

以下例子先试图删除 BIRDS 表：

```
SQL> drop table birds;
drop table birds
           *
ERROR at line 1:
ORA-02449: unique/primary keys in table referenced by foreign keys
```

这里返回了一条错误，因为无法删除被库中其他数据依赖的表（或者说任何被依赖的数据都无法从数据库中删除）。BIRDS 是数据库中的主表之一，是拥有主键的父表，其他表的外键都引用了这张表。

下一个例子将删除 NICKNAMES 表。NICKNAMES 表中有数据存在，但它没有被数据库中其他外键引用的父主键。因此，NICKNAMES 表及其全部数据一起被删除了。DROP TABLE 语句之后执行的 SELECT 语句显示，该表不存在。如果尝试查询不存在的表，就会返回一条错误。

```
SQL> drop table nicknames;

Table dropped.

SQL> select * from nicknames;
select * from nicknames
              *
ERROR at line 1:
ORA-00942: table or view does not exist
drop table products_tmp;
Table dropped.
```

警告　删除表操作务必精准

每次删除表时，请一定要在提交命令之前指定该表的模式名或所有者，以避免删错表。如果您有多个用户账号的访问权限，在删除表之前，请确保连入数据库的用户账号是正确的。比如在上述例子中，删除 NICKNAMES 表的一种更安全的做法是用表的所有者对表名加以完全限定，如 DROP TABLE RYAN. NICKNAMES。

9.3　完整性约束

完整性约束确保关系型数据库中数据的准确性和一致性。在关系型数据库中，数据的完整性是通过参照完整性的概念来实现的。在参照完整性中，有多种完整性约束在发挥着作用。参照完整性由置于数据库中的规则组成，以确保表中数据的一致性。

9.3.1　主键约束

主键在表中唯一标识了一个或多个列，使得每行数据具备了唯一性。虽然主键通常由表中的一列构成，但也可以由多列组成。例如，员工的社会安全号码或分配的员工 ID 可以是员工表的逻辑主键。目的是让每条记录都有一个唯一的主键或员工 ID。因为每位员工在员工表中没必要超过一条记录，所以员工 ID 就是一种逻辑主键。主键是在创建表时指定的。

以下示例将 BIRD_ID 列标记为 BIRDS 表的 PRIMARY KEY：

```
create table birds
(bird_id          number(3)          not null        primary key,
bird_name         varchar(30)        not null,
height            number(4,2)        not null,
weight            number(4,2)        not null,
wingspan          number(4,2)        null,
eggs              number(2)          not null,
broods            number(1)          null,
incubation        number(2)          not null,
fledging          number(3)          not null,
nest_builder      char(1)            not null);
```

这种定义主键的方法是在创建表时完成的。这时的主键是一个隐式约束。还可以在创建表时显式地将某个主键指定为一个约束，如下所示：

```
create table birds
(bird_id          number(3)          not null,
bird_name         varchar(30)        not null,
height            number(4,2)        not null,
weight            number(4,2)        not null,
wingspan          number(4,2)        null,
eggs              number(2)          not null,
broods            number(1)          null,
incubation        number(2)          not null,
fledging          number(3)          not null,
nest_builder      char(1)            not null);
PRIMARY KEY       (BIRD_ID));
```

在上述例子中，主键约束定义位于 CREATE TABLE 语句的列清单后面。

下面两种方法都可以定义由多列组成的主键，这里是在 Oracle 表中创建主键：

```
create table nicknames
(bird_id        number(3)      not null,
nickname        varchar(30)    not null,
constraint nicknames_pk primary key (bird_id, nickname));
```

假如在创建 NICKNAMES 表时没有指定主键。下面的例子展示了如何用 ALTER TABLE 语句为现有表添加约束。

```
ALTER TABLE NICKNAMES
ADD CONSTRAINT NICKNAMES_PK PRIMARY KEY (BIRD_ID, NICKNAME) ;
```

9.3.2　唯一性约束

列的唯一性约束类似于主键：列中的每个值都必须唯一。即便已在某列上定义了主键约束，仍可在其他列上定义不用作主键的唯一性约束。

研究以下示例：

```
create table birds
(bird_id        number(3)      not null      primary key,
bird_name       varchar(30)    not null      unique,
height          number(4,2)    not null,
weight          number(4,2)    not null,
wingspan        number(4,2)    null,
eggs            number(2)      not null,
broods          number(1)      null,
incubation      number(2)      not null,
fledging        number(3)      not null,
nest_builder    char(1)        not null);
```

上述示例中的主键是 BIRD_ID，意味着鸟类 ID 将确保表中每条记录都是唯一的。在查询时通常会引用主键列，尤其是连接表的查询。BIRD_NAME 列设成了唯一值，这意味着鸟类不能重名。主键为表中数据提供一种顺序并用于表连接，除此之外这两者的定义没有太大区别。

9.3.3　外键约束

子表中的外键列引用了父表的主键。在关系型数据库中，外键约束是表之间强制实施参照完整性的主要机制。定义为外键的列引用了另一张表的主键列。

研究以下示例中的外键创建过程：

```
create table nicknames
(bird_id        number(3)      not null,
nickname        varchar(30)    not null,
constraint nicknames_pk primary key (bird_id, nickname),
constraint nicknames_bird_id_fk foreign key (bird_id) references birds (bird_id));
```

在上述示例中，NICKNAMES 表的 BIRD_ID 列设成了外键。如您所见，该外键引用了 BIRDS 表的 BIRD_ID 列。该外键确保 NICKNAMES 表中的每个 BIRD_ID，在 BIRDS 表中都有一个相应的 BIRD_ID。您可能还记得，这称为父子关系。父表是 BIRDS 表，子表则是 NICKNAMES 表。

在子表 NICKNAMES 中插入 BIRD_ID 列的每个数据值，首先必须在父表 BIRDS 的

BIRD_ID 列中存在。同样，如果要删除父表中的某个 BIRD_ID 值，必须先从子表的 BIRD_ID 列删除该值对应的所有数据。这就是参照完整性的工作原理，也是用 SQL 保护数据的方式。

可以使用 ALTER TABLE 命令给表加上外键，如下所示：

```
alter table nicknames
add constraint nicknames_bird_id_fk foreign key (bird_id)
references birds (bird_id);
```

注意 ALTER TABLE 命令因产品而异

在各种 SQL 产品中，ALTER TABLE 命令可用的参数各不相同，尤其是在执行约束时。此外，约束的实际用法和定义也各不相同。但参照完整性的概念对于所有关系型数据库都同样有效。

9.3.4 NOT NULL 约束

前面的示例用到了关键字 NULL 和 NOT NULL，位于列定义的同一行，跟在数据类型之后。NOT NULL 是一种可置于列上的约束。NOT NULL 约束不允许列中出现 NULL 值，换句话说，表中每行数据的 NOT NULL 列都必须有数据。如果未指定 NOT NULL，则列的默认值通常为 NULL，以允许该列使用 NULL 值。

9.3.5 检查约束

检查（check，CHK）约束用于测试某列数据的有效性。编辑约束在前端应用程序中很常见，而检查约束则提供了数据库后端编辑（back-end edit）约束能力。无论是在数据库中还是在前端应用程序中，编辑约束通常可用于限制输入列或对象的值。检查约束又为数据多提供了一层保护。

以下示例展示了 Oracle 中检查约束的用法：

```
create table birds
(bird_id          number(3)          not null          primary key,
bird_name         varchar(30)        not null          unique,
height            number(4,2)        not null,
weight            number(4,2)        not null,
wingspan          number(4,2)        null,
eggs              number(2)          not null,
broods            number(1)          null,
incubation        number(2)          not null,
fledging          number(3)          not null,
nest_builder      char(1)            not null,
constraint chk_wingspan check (wingspan between 1 and 100));
```

在上述示例中，已在 BIRDS 表的 WINGSPAN 列上设置了检查约束。对于插入 BIRDS 表的每一行数据，此处放置了一条规则或约束，数据库会执行检查，确保任何输入值都在 1 ~ 100 内。（这里认为鸟的翼展不会大于 100 英寸。但如果将来随着数据库的增长发生了大于 100 的情况，只要修改表即可接受更大范围的 WINGSPAN。）

9.3.6 约束的删除操作

使用带有 DROP CONSTRAINT 参数的 ALTER TABLE 命令,可以删除任何已定义的约束。例如,要删除 EMPLOYEES 表的主键约束, 可以使用以下命令:

```
ALTER TABLE BIRDS DROP CONSTRAINT CHK_WINGSPAN;
Table altered.
```

某些产品为删除某些约束提供了快捷操作,例如要在 MySQL 中删除主键约束,可以使用以下命令:

```
ALTER TABLE BIRDS DROP PRIMARY KEY;
Table altered.
```

提示 约束的其他处理方式

某些产品可以不从数据库中永久删除约束,而是支持暂时禁用约束,后续还可以再次启用。这种方式存在的问题是,如果表中有数据违反了约束规则,约束就无法再次启用了。

9.4 小结

本章大致介绍了数据库对象的一些相关知识,特别是表的知识。在关系型数据库中,表是最简单的数据存储形式。表中包含的是多组逻辑信息,例如员工、客户或产品信息。表由列组成,每列都带有属性;列的属性主要由数据类型和约束组成,例如是否 NOT NULL、主键、外键和是否唯一。

本章介绍了 CREATE TABLE 命令及其可选参数,例如 STORAGE 参数。本章还介绍了如何使用 ALTER TABLE 命令修改现有表的结构。尽管数据库表的管理可能不是最基本的 SQL 操作,但了解表的结构和本质有助于更轻松地掌握访问表的概念,无论这种访问是通过数据操作还是数据库查询。后续几章将介绍如何管理 SQL 中的其他对象,比如表和视图的索引。

9.5 答疑

问:在为新创建的表命名时,是否一定要使用_TBL 之类的后缀?

答:当然不是。例如,保存员工信息的表可按字面意思命名,很可能会类似于以下名称,以体现表内包含的数据:

```
EMPLOYEES
EMP_TBL
EMPLOYEE_TBL
EMPLOYEE_TABLE
WORKER
```

问:在删除表时,为什么使用模式名是很重要的?

答:不妨看看这个 DBA 新手删除表的真实故事:有个程序员在自己的模式下创建了一张与生产环境表同名的表。后来他离职了。他的数据库账户要从数据库中删除,但 DROP USER 语句返回了一条错误,因为他还拥有对象。经过一番调查,确定他的表没用后,DBA 提交了一条 DROP TABLE 语句。

命令魔法般地运行完了，但问题是 DBA 在提交 DROP TABLE 语句时登录在生产环境的模式下。DBA 本应对需要删除的表指定模式名或所有者。没错，结果就是错删了其他模式中的另一张表。恢复生产数据库大约花了 8 小时。

9.6　实践练习

以下是测试题和习题。测试题是为了测试您对当前内容的整体理解。习题让您有机会将本章讨论的概念付诸应用，并巩固前几章的学习中获得的知识。在继续学习之前，请务必完成测试题和习题。答案参见附录 C。

一、测试题

1. 在数据库中创建的最常见的用于存储数据的对象是什么？

2. 能否删除表中的某一列？

3. 要在之前的 BIRDS 表中创建一个主键约束，该执行什么语句？

4. 要允许之前的 BIRDS 表中的 WINGSPAN 列接受 NULL 值，该提交什么语句？

5. 为了限制之前的 MIGRATION 表中可加入的鸟类，只允许迁移至某些地点的鸟类，该用什么语句？

6. 为了给之前的 BIRDS 表添加名为 BIRD_ID 的自增列，同时符合 MySQL 和 SQL Server 语法，该用什么语句？

7. 创建现有表的副本可用什么 SQL 语句？

二、习题

本章的习题需参阅前几章的 BIRDS 数据库示例，以及已并入 BIRDS 数据库的救助机构和摄影师信息。到目前为止，已经为要并入 BIRDS 数据库的摄影师数据设计了实体。请回顾一下您已形成的想法，并将这些信息应用于以下习题。

1. 基于之前已建模的摄影师数据，运用本章介绍的 SQL 命令创建一个物理数据库，该数据库将并入 BIRDS 数据库。

2. 请考虑一下，您的表中有哪些列是能够以任意方式修改的。请以 ALTER TABLE 命令为例改变一张表的定义方式。

3. 您是否用 SQL 和 CREATE TABLE 语句定义了所有的主键和外键约束？如果没有，请使用 ALTER TABLE 语句至少定义一个。

4. 您能想到可对摄影师数据加上什么检查约束吗？如果想到了，请用 ALTER TABLE 语句加上合适的约束。

第 10 章

操作数据

本章内容：

- ➤ 概述 DML；
- ➤ 操作表中的数据；
- ➤ 理解表的数据填充过程；
- ➤ 删除表中的数据；
- ➤ 修改表中的数据；
- ➤ 对 BIRDS 数据库应用 DML 语句。

本章将介绍 SQL 中的数据操纵语言（Data Manipulation Language，DML），用它来修改关系型数据库中的数据和表。

10.1 数据操纵语言概述

DML 是 SQL 的一部分，数据库用户能运用 DML 对关系型数据库中的数据实施批量修改。DML 可用于新数据的填充、表中现有数据的更新和表中数据的删除。在 DML 命令中还可以执行简单的数据库查询。

SQL 用到 3 种基本的 DML 命令：

- ➤ INSERT；
- ➤ UPDATE；
- ➤ DELETE。

SELECT 命令可与 DML 命令一起使用，第 12 章中将进行更详细的讨论。这里的 SELECT 命令只是简单查询命令，跟在 INSERT 命令之后用于将数据填入数据库。本章将重点关注如何将数据填入表中，这样就有了一些有趣的数据可供 SELECT 命令查询了。

10.2 用新数据填充表

所谓用数据填充（populate）表就是将新数据填入表中的过程，既可以用单条命令手动填入，也可以用程序或其他相关软件批处理完成。手动填充数据是指用键盘录入数据。自动填充通常是指从外部数据源（比如另一个数据库或可能是普通的文本文件）获取数据并将其载入数据库中。

在用数据填充表时，允许什么数据填入，能填入多少数据，都会受到很多因素的影响。主要因素包括现有的约束、物理表的大小、列的数据类型、列的长度，以及其他的完整性约束，比如主键和外键等。以下内容将帮助您了解将新数据插入表中的基础知识。

10.2.1 在表中插入数据

INSERT 语句用于将新数据插入表中。该语句有几个参数，先介绍一下基本语法：

```
INSERT INTO TABLE_NAME
VALUES ('value1', 'value2', [ NULL ] );
```

警告 数据是大小写敏感的

SQL 语句可以大写也可以小写。但数据有时是大小写敏感的。假设以大写形式把数据填入了数据库，这要视您的数据库具体情况而定，有可能必须以大写形式引用这些数据。这里的示例同时采用了小写和大写语句，只是为了表明 SQL 语句的大小写不会影响结果。

在使用 INSERT 语句时，表的每一列值都得包含在 VALUES 列表中。请注意，VALUES 列表中的值都要用逗号分隔。如果数据类型是字符和日期/时间型，则插入表的值要用单引号括起来。数值类型或 NULL 值不需要加单引号。表的每一列都应该给出一个值，并且这些值的顺序必须与表中列的顺序相同。后续几节将会介绍如何指定列的顺序。当前您只需知道，SQL 引擎假定您要以创建列的顺序填入数据。

以下示例在 BIRDS 表中插入一条新记录。

表结构如下：

```
Name             Null?        Type
--------------   --------     -------------------------
BIRD_ID          NOT NULL     NUMBER(3)
BIRD_NAME        NOT NULL     VARCHAR2(30)
HEIGHT           NOT NULL     NUMBER(4,2)
WEIGHT           NOT NULL     NUMBER(4,2)
WINGSPAN                      NUMBER(4,2)
EGGS             NOT NULL     NUMBER(2)
BROODS           NOT NULL     NUMBER(1)
INCUBATION       NOT NULL     NUMBER(2)
FLEDGING         NOT NULL     NUMBER(3)
NEST_BUILDER     NOT NULL     CHAR(1)
```

以下是 INSERT 语句示例：

```
insert into birds (bird_id, bird_name, height, weight, wingspan, eggs, broods, incubation,
fledging, nest_builder)
values (1, 'Great Blue Heron', 52, 5.5, 78, 5, 1, 28, 60, 'B');
```

```
1 row created.
```

　　以上例子将 10 个值插入带有 10 个列的表中。插入值的顺序与列的定义顺序相同。字符值加上了单引号，数值不带单引号，当然数值也可以加上引号。

　　下面的例子是完全相同的插入语句，但请注意，没有带上列的清单。如果未给出插入数据列的清单，则假定就是按照列在表中的定义顺序插入。

```
insert into birds
values (1, 'Great Blue Heron', 52, 5.5, 78, 5, 1, 28, 60, 'B');

1 row created.
```

注意 何时使用引号

尽管插入数值数据时不需要加单引号，但引号可以用在任何数据类型上。换句话说，如果引用的是数据库中的数值数据，则单引号是可选的，但其他所有数据（数据类型）都是需要加上引号的。带不带引号通常是个人喜好问题，但大多数 SQL 用户使用数值数据时选择不带引号，因为查询起来没有引号，可读性会更好。

10.2.2　在表的指定列插入数据

　　数据也可以插入指定的列。例如，假设要为 BIRDS 表中 WINGSPAN 之外的列插入数据。请记住，如果列定义为必填（或 NOT NULL），则每一行的这列都必须插入数据。而 BIRDS 表中的 WINGSPAN 列是非必填列（或定义为 NULL），因此在向 BIRDS 表插入一行数据时，可以将 WINGSPAN 列留空。

　　为指定列插入数据的语法如下：

```
INSERT INTO TABLE_NAME ('COLUMN1', 'COLUMN2')
VALUES ('VALUE1', 'VALUE2');
```

　　以下是 INSERT 语句示例：

```
insert into birds (bird_id, bird_name, height, weight, eggs, broods, incubation, fledging,
nest_builder)
values (1, 'Great Blue Heron', 52, 5.5, 5, 1, 28, 60, 'B');

1 row created.
```

　　在上述 INSERT 语句中，表名后面指定了列的清单，外面加上了括号。这里列出了所有要插入数据的列。只有 WINGSPAN 列不在其中。如果查看一下表的定义，就会发现表中每条记录的 WINGSPAN 列不需要都有数据。因为在表定义中指定了 NULL，所以可知 WINGSPAN 不是必填项。NULL 说明了该列允许为 NULL 值。此外，各个值的顺序必须与列的顺序相同。

提示 列的顺序可以与表定义不一样

INSERT 语句中的列顺序不必对应表定义时的列顺序。但是，值的顺序必须按照 INSERT 语句中的列顺序给出。此外，可以不用为列指定 NULL，因为大多数 RDBMS 默认允许列为 NULL。

10.2.3 由另一张表插入数据

INSERT 语句和 SELECT 语句可以组合起来使用，将来自另一张表的查询结果数据插入某张表中。简而言之，查询是向数据库发出提问，希望返回或不返回一些数据。（关于查询的更多信息，请参阅第 12 章。）查询是用户向数据库提出的问题，返回的数据就是答案。将 INSERT 语句与 SELECT 语句组合使用后，就能把查询返回的数据插入一张表中了。

由另一张表插入数据的语法如下所示：

```
insert into table_name [('column1', 'column2')]
select [*|('column1', 'column2')]
from table_name
[where condition(s)];
```

在上述语法中，出现了 3 个新的关键字：SELECT、FROM 和 WHERE。SELECT 是 SQL 用于启动查询的主要命令。FROM 是查询语句的一个子句，指定了目标数据所在的表名。WHERE 子句也是查询语句的组成部分，设置的是查询的条件。条件是设置数据判断标准的方式，指明了 SQL 语句影响的数据范围。举个关于条件的例子，可能会是这样：WHERE LASTNAME = 'SMITH'。

在以下示例中，假定需要创建名为 SHORT_BIRDS 的表。表中将包含原 BIRDS 表中的一些信息，但只存放小型鸟类或身高小于某个值的鸟类信息。下面是一条简单的 CREATE TABLE 语句，其中包含了要从 BIRDS 表提取数据的 3 个列。

```
SQL> create table short_birds
  2  (bird_id          number(3)       not null,
  3   bird_name        varchar2(30)    not null,
  4   height           number(3));

 Table created.
```

接下来，用 INSERT 语句将 SELECT 语句输出的数据插入 SHORT_BIRDS 表中，查询结果来自 BIRDS 表。从 BIRDS 表只抽取了 3 列——BIRD_ID、BIRD_NAME 和 HEIGHT。请注意此 INSERT 语句第 4 行的 WHERE 子句。在 INSERT 语句中对查询设置了一个条件，只需要身高小于 20 英寸的鸟类。如果 BIRDS 表中的所有数据行均满足此身高标准，则它们都会插入 SHORT_BIRDS 表。嵌入 INSERT 语句的 SELECT 语句就介绍到这里。第 12 章将开始讨论 SELECT 语句的所有主要组成部分。

```
SQL> insert into short_birds
  2  select bird_id, bird_name, height
  3  from birds
  4  where height < 20;

 6 rows created.
```

最后，研究以下查询结果。现在已有一张表包含了身高小于 20 英寸的鸟类信息。

```
SQL> select * from short_birds;

 BIRD_ID BIRD_NAME                             HEIGHT
 ------- ------------------------------------- ------
       8 Belted Kingfisher                         13
      10 Pied-billed Grebe                         13
      11 American Coot                             16
      12 Common Sea Gull                           18
```

```
13 Ring-billed Gull                                   19
17 American Crow                                      18
```

6 rows selected.

10.2.4　插入 NULL 值

在列中插入 NULL 值比较简单。如果列的值未知，您可能想要插入 NULL 值。例如，数据库中的鸟类并非都有翼展记录。关键字 NULL 用于将 NULL 值插入列中。

插入 NULL 值的语法如下：

```
insert into schema.table_name values
('column1', NULL, 'column3');
```

关键字 NULL 应位于列的对应位置。如果输入了 NULL，该行中对应的列就不会有数据。上述写法是在 COLUMN2 的位置输入 NULL 值。

10.3　更新现有数据

UPDATE 命令用于修改表中现有的数据。该命令不会向表中添加新记录，也不会删除记录——UPDATE 只会更新现有数据。通常每次只更新数据库中的一张表，但也可以同时更新一张表中的多个列。根据需要，可以用一条语句更新表中的一行或多行数据。

10.3.1　更新一列数据

UPDATE 语句最简单的用法是更新表中的一列数据。更新一列时，可以更新一条或多条记录。

更新单列数据的语法如下：

```
update table_name
set column_name = 'value'
[where condition];
```

看一下 MIGRATION 表。该表有 6 行数据，表示数据库中鸟类迁徙的不同地点。

```
SQL> select * from migration;

MIGRATION_ID MIGRATION_LOCATION
------------ ------------------------------
           1 Southern United States
           2 Mexico
           3 Central America
           4 South America
           5 No Significant Migration
           6 Partial, Open Water

 6 rows selected.
```

下面将更新 MIGRATION 表中 MIGRATION_ID 为 5 的记录，其中 MIGRATION_LOCATION 字段的值为 "No significant migration"。以下 UPDATE 语句将其 MIGRATION_LOCATION 的值更新为 "None"。

```
SQL> update migration
  2   set migration_location = 'None'
  3   where migration_id = 5;

 1 row updated.
```

更新完毕后，可用 SELECT 语句查询 MIGRATION 表，验证对应的 MIGRATION_ LOCATION 值是否如期成功修改。

```
SQL> select * from migration;

MIGRATION_ID MIGRATION_LOCATION
------------ -----------------------------
           3 Central America
           2 Mexico
           5 None
           6 Partial, Open Water
           4 South America
           1 Southern United States

6 rows selected.
```

下面来看一个不用 WHERE 子句执行 UPDATE 的示例。先查看一下之前创建的 SHORT_ BIRDS 表。

```
SQL> select * from short_birds;

BIRD_ID BIRD_NAME                        HEIGHT
------- ------------------------------ --------
      8 Belted Kingfisher                    13
     10 Pied-billed Grebe                    13
     11 American Coot                        16
     12 Common Sea Gull                      18
     13 Ring-billed Gull                     19
     17 American Crow                        18

 6 rows selected.
```

执行以下 UPDATE 语句会将更新 SHORT_BIRDS 表，表中每行数据的 BIRD_NAME 都会设为 "Some Sort of Bird"。可以看到，更新了 6 行。随后的 SELECT 语句验证了这一结果。因为这条 UPDATE 语句没有使用 WHERE 子句在更新中设置条件，所以所有行都被更新了。

```
SQL> update short_birds
  2   set bird_name = 'Some Sort of Bird';
6 rows updated.

SQL> select * from short_birds;

 BIRD_ID BIRD_NAME                        HEIGHT
-------- ------------------------------ ---------
       8 Some Sort of Bird                    13
      10 Some Sort of Bird                    13
      11 Some Sort of Bird                    16
      12 Some Sort of Bird                    18
      13 Some Sort of Bird                    19
      17 Some Sort of Bird                    18

 6 rows selected.
```

在以上示例中，6 行数据全都被更新了。表中每行数据的 BIRD_NAME 值都设成了 "Some

Sort of Bird"。这次更新操作的意图真是如此吗？或许有时候确实有必要，但一般很少会提交不带 WHERE 子句的 UPDATE 语句。要想检查即将更新的数据集是否正确，有一种简单的办法就是对同一张表编写一条 SELECT 语句，并带上 UPDATE 语句中用到的 WHERE 子句。然后即可实地验证这些结果是否就是需要更新的行。

警告 请对 UPDATE 和 DELETE 语句进行测试

使用不带 WHERE 子句的 UPDATE 语句时请格外小心。若未用 WHERE 子句设定条件，则会对表中所有数据行的目标列执行更新。在大多数情况下，DML 命令都应该和 WHERE 子句一起使用。

10.3.2　更新一条或多条记录的多个列

下面介绍如何用一条 UPDATE 语句更新多个列。研究以下语法：

```
update table_name
set column1 = 'value',
  [column2 = 'value',]
  [column3 = 'value']
[where condition];
```

请注意以上语法中用到了 SET——SET 只有一个，但列有多个。每一列都用逗号分隔。您应该发现了 SQL 的一种趋势：SQL 语句中不同类型的参数通常都用逗号分隔。在以下代码中，即将更新的两个列就用了逗号分隔。再次强调一下，WHERE 子句是可选项，但通常必须带上。

下面将更新 SHORT_BIRDS 表，用 UPDATE 语句将多个列设为新的值。先请查看一下 BIRD_ID 为 8 的记录。

```
SQL> select * from short_birds;

 BIRD_ID BIRD_NAME                        HEIGHT
-------- ------------------------------ ---------
       8 Belted Kingfisher                    13
      10 Pied-billed Grebe                    13
      11 American Coot                        16
      12 Common Sea Gull                      18
      13 Ring-billed Gull                     19
      17 American Crow                        18

 6 rows selected.
```

下面将更新 SHORT_BIRDS 表中 BIRD_ID 为 8（即 Belted Kingfisher）的记录，将其 BIRD_NAME 的值设为"Kingfisher"，并将身高由 13 改为 12。

```
SQL> update short_birds
  2  set bird_name = 'Kingfisher',
  3      height = 12
  4  where bird_id = 8;

 1 row updated.
```

请用以下查询验证一下更新操作是否成功完成。

```
SQL> select * from short_birds;

 BIRD_ID BIRD_NAME                       HEIGHT
-------- ------------------------------ ----------
       8 Kingfisher                         12
      10 Pied-billed Grebe                  13
      11 American Coot                      16
      12 Common Sea Gull                    18
      13 Ring-billed Gull                   19
      17 American Crow                      18

 6 rows selected.
```

注意 何时会用到 SET 关键字

每条 UPDATE 语句只用到一次 SET 关键字。如果要更新多个列，请用逗号分隔各列。

第 14 章将介绍如何用 JOIN 编写更复杂的 SQL 语句。JOIN 能用一张或多张外部表的数据更新表中的值。

10.4 删除数据

DELETE 命令用于删除表中的整行数据。不能只删除某一列的数据，而是会删除包含所有列的整条记录。请谨慎使用 DELETE 语句。

若要删除一条或多条记录，请使用 DELETE 语句，语法如下：

```
delete from table_name
[where condition];
```

以下例子假定要删除 Belted Kingfisher 所在的整行数据。Belted Kingfisher 的 BIRD_ID 是 8。研究下述 DELETE 语句。

```
SQL> delete from short_birds
  2  where bird_id = 8;

 1 row deleted.
```

以下查询验证了这行数据已从 SHORT_BIRDS 表中删除了。表中已不存在 BIRD_ID 为 8 的 Belted Kingfisher 数据了。

```
SQL> select * from short_birds;

 BIRD_ID BIRD_NAME                       HEIGHT
-------- ------------------------------ ----------
      10 Pied-billed Grebe                  13
      11 American Coot                      16
      12 Common Sea Gull                    18
      13 Ring-billed Gull                   19
      17 American Crow                      18

 5 rows selected.
```

那么执行不带 WHERE 子句的 DELETE 语句会发生什么呢？情况类似于不带 WHERE 子句的 UPDATE。表中的所有数据行都会受到影响。以下针对 SHORT_BIRDS 表的 DELETE 语句缺少了 WHERE 子句，于是 SHORT_BIRDS 表中剩下的 5 行数据也被删除了。

```
SQL> delete from short_birds;

5 rows deleted.

SQL> select * from short_birds;

no rows selected
```

警告　请勿省略 WHERE 子句

如果 DELETE 语句中省略了 WHERE 子句，则会删除表中所有的数据行。请务必在 DELETE 语句中使用 WHERE 子句，这是一条基本的规则。此外，请先用 SELECT 语句测试 WHERE 子句是否正确。

另请记住，DELETE 命令可能对数据库产生永久影响。理想情况下，误删的数据应该可以用备份进行恢复，但有时候数据会难以恢复，甚至是不可能恢复的。如果数据无法恢复，则必须将数据重新填入数据库。若只需处理一行数据倒还没什么，但如果有几千行数据可就不简单了。WHERE 子句的重要性由此可见。

在对原表提交 DELETE 和 UPDATE 命令之前，可用本章一开始由原表填充而来的临时表进行测试。还记得之前介绍 UPDATE 命令时讨论过的技术吧：编写 SELECT 语句，带上与 DELETE 语句相同的 WHERE 子句。这样就能验证即将删除的数据是否真的符合预期。

10.5　小结

本章介绍了 3 种基本的 DML 命令——INSERT、UPDATE 和 DELETE 语句。如您所见，数据操纵是 SQL 的强大功能之一，使得数据库用户可用新数据填充表、更新现有数据和删除数据。

在更新或删除数据库表中的数据时，有时忽略了 WHERE 子句会遭受重大教训。请记住，若要在某个事务内指定受影响的数据行，特别是 UDPATE 和 DELETE 操作时，WHERE 子句能为 SQL 语句设置条件。如果不使用 WHERE 子句，那么目标表的所有数据行都会受到影响，这可能会对数据库造成灾难性的影响。请注意保护自己的数据，在进行数据操作时要谨慎。

10.6　答疑

问：看到这么多关于 DELETE 和 UPDATE 的警告，我用起来会有点担心。如果因为没有使用 WHERE 子句而意外更新了表中的所有记录，修改可以撤销吗？

答：没有理由担心，您对数据库所做的任何误操作几乎都可以纠正，尽管可能需要大量的时间和工作。第 11 章将介绍事务控制的概念，它允许您完成或撤销数据操作。

问：把数据填入表中只能用 INSERT 语句吗？

答：不是，但请记住 INSERT 语句是 ANSI 标准。各种产品都有自己的数据载入工具，用于将数据填入表中。例如，Oracle 有一个 SQL*Loader 实用程序，而 SQL Server 有一个 SQL Server Integration Services（SSIS）实用程序。很多其他产品则有 IMPORT 实用程序可用于插入数据。

10.7 实践练习

以下是测试题和习题。测试题是为了测试您对当前内容的整体理解。习题让您有机会将本章讨论的概念付诸应用，并巩固前几章的学习中获得的知识。在继续学习之前，请务必完成测试题和习题。答案参见附录 C。

一、测试题

1. INSERT 语句中是否一定要提供列的清单？

2. 如果某一列不想输入值，该怎么做？

3. 为什么在 UPDATE 和 DELETE 中使用 WHERE 子句很重要？

4. 若要检查 UPDATE 或 DELETE 影响的数据行是否符合预期，有什么简单的方法？

二、习题

1. 请复习 BIRDS 数据库中各表的结构，尤其是 BIRDS 表中的数据。以下习题将会用到这些数据。

2. 用 SELECT 语句显示 BIRDS 表当前的所有数据。

3. 基于 BIRDS 表新建一张名为 TALL_BIRDS 的表，其中包含 BIRD_ID、BIRD_NAME 和 WINGSPAN 列。

4. 将 BIRDS 表中身高大于 30 英寸的鸟类数据插入 TALL_BIRDS 表。

5. 用 SELECT 语句显示 TALL_BIRDS 表所有新插入的数据。

6. 将以下数据插入 TALL_BIRDS 表：

```
BIRD_NAME = Great Egret
HEIGHT = 40
WINGSPAN = 66
```

7. 将 BIRDS 表中鸟类名称列的数据值全都更新为 "Bird"。命令是否执行成功？为什么？

8. 将 TALL_BIRDS 表中每种鸟的翼展更新为 NULL 值。

9. 从 TALL_BIRDS 表中删除 Great Egret 的记录。

10. 从 TALL_BIRDS 表中删除所有剩余的数据行。

11. 删除 TALL_BIRDS 表。

第 11 章

管理数据库事务

本章内容：

> ➤ 事务的定义；

> ➤ 用于控制事务的命令；

> ➤ 事务命令的语法和示例；

> ➤ 使用事务命令的时机；

> ➤ 事务控制不佳的后果。

到目前为止，本书已介绍的数据库中数据的操作都是相对简单的场景。但在执行更加复杂的处理时，需要将改动隔离出来，以便随意让其生效或回滚到原始状态。这就是事务的用武之地。事务提供了更多的灵活性，可以将数据库的改动隔离为相互独立的批次，并在出现问题时撤销这些改动。本章将介绍数据库事务管理相关的概念及其实现方式，以及如何正确控制事务。

11.1 事务的定义

一个事务就是一个数据库工作单元。事务是按逻辑顺序完成的多个工作单元或工作序列，可以由用户手动完成，也可由某种数据库程序自动完成。在使用 SQL 的关系型数据库时，事务是用数据操纵语言命令完成的，第 10 章已介绍过 DML 命令（INSERT、UPDATE 和 DELETE）。一个事务就是一项或多项数据库改动的传播（propagation）行为。举个例子，执行 UPDATE 语句修改个人姓名，就是在执行事务。

一个事务可以是一条或一组 DML 语句。在管理事务时，每个事务（DML 语句组）必须整体成功，否则全部失败。

以下是事务的本质特征：

> ➤ 所有事务都有开始和结束；

> ➤ 事务可以被保存或撤销；

> ➤ 如果事务中途失败，那么事务中的操作结果全都不会存入数据库。

11.2 事务的控制

事务控制是对关系型数据库管理系统中可能发生的各种事务进行管理的能力。这里的事务指的是第 10 章介绍的 INSERT、UPDATE 和 DELETE 命令。

注意 不同产品的事务各不相同

事务的启动和执行方式依具体的产品而定。如何启动事务请查看您的产品文档。

在事务执行成功后，目标表不会立即做出修改（尽管从输出结果来看貌似已修改完成）。事务成功完成后，可用事务控制命令最终确认，要么将事务所做的更改保存到数据库中，要么撤销这些更改。在事务执行期间,信息都保存在数据库的某个预分配区域（或称临时回滚区）内。在发出事务控制命令之前，所有更改都保存在这个临时回滚区内。一旦发出事务控制命令，要么对数据库进行更改，要么丢弃更改；然后临时回滚区会清空。图 11.1 演示了如何将更改应用于关系型数据库。

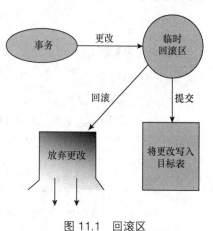

图 11.1 回滚区

用于控制事务的命令有以下 3 个：

➢ COMMIT；

➢ ROLLBACK；

➢ SAVEPOINT。

以下几节将详细讨论每一个命令。

11.2.1 COMMIT 命令

COMMIT 命令是事务处理命令，用于将事务产生的更改保存到数据库中。COMMIT 命令会把上次执行 COMMIT 或 ROLLBACK 命令以来的所有事务存入数据库。

COMMIT 命令的语法如下：

```
commit [ work ];
```

上述语法中，只有关键字 COMMIT 是必须提供的，后面是语句结束符或结束命令，视不同的产品而定。关键字 WORK 是可选项，唯一的用途就是让命令看起来对用户更加友好。

以下例子先创建 MIGRATION 表的副本——名为 MIGRATION_TEST_DELETE 的表，并查询该表的所有记录，以熟悉数据。

```
SQL> create table migration_test_delete as
  2  select * from migration;

 Table created.

SQL> select * from migration_test_delete;

MIGRATION_ID  MIGRATION_LOCATION
------------  -----------------------------
          3  Central America
```

```
           2  Mexico
           5  No Significant Migration
           6  Partial, Open Water
           4  South America
           1  Southern United States

  6 rows selected.
```

接下来从 MIGRATION_TEST_DELETE 表中删除所有 MIGRATION_ID 大于 3 的数据行。在此例中将会删除一半记录。

```
SQL> delete from migration_test_delete
  2  where migration_id > 3;

 3 rows deleted.
```

执行 COMMIT 语句可把更改保存到数据库中，完成事务。

```
SQL> commit;

 Commit complete.
```

最后，查询 MIGRATION_TEST_DELETE 表中的全部记录，验证事务的执行结果。

```
SQL> select * from migration_test_delete;

MIGRATION_ID  MIGRATION_LOCATION
------------  --------------------------------
           3  Central America
           2  Mexico
           1  Southern United States

 3 rows selected.
```

由于有些 SQL 产品会有少许差异，为保持一致性，本书采用 Oracle 作为示例。在这里，Microsoft SQL Server 就是一个存在差别的例子。比如用 SQL Server 执行 COMMIT 语句，就会看到以下错误：

```
The COMMIT TRANSACTION request has no corresponding BEGIN TRANSACTION.
```

这是因为 SQL Server 事务采用的是自动提交的方式。这意味着每条语句都被视作一个事务——若语句执行成功，SQL Server 会自动执行提交命令；若不成功，则执行回滚命令。如果要修改这种事务处理方式，需要执行 SET IMPLICIT_TRANSACTIONS 命令，并将模式设为 ON。

```
SET IMPLICIT_TRANSACTIONS ON;
Command(s) completed successfully.
```

若要让当前数据库连接回到自动提交模式，只需执行同一条语句并将模式设为 OFF。

```
SET IMPLICIT_TRANSACTIONS OFF;
Command(s) completed successfully.
```

强烈建议在载入或删除大量数据时多执行几次 COMMIT 语句，但过多的 COMMIT 语句也会导致任务需要额外花费大量时间。请记住，所有更改都会先发送到临时回滚区。如果临时回滚区空间不足，并且无法存储对数据库所做更改的信息，则数据库可能会停止运行，后续的事务就无法继续运行了。

在执行 UPDATE、INSERT 或 DELETE 语句时，大多数 RDBMS 会在后台采用某种事务的形式，这样一旦查询取消或遇到错误，更改就不会提交。因此执行事务的目的更多的是确保一组事务能整体运行。这种事务集通常称为工作单元（unit of work）。举一个现实世界的例子，比如要处理 ATM 客户的取款交易，这时既需要插入一笔取款交易，又需要更新客户的余额。显然这两条语句要么都成功，要么都失败。否则，系统的数据完整性就会受到影响。这时应将工作单元封装到事务中，以确保能一起控制这两条语句的结果。

警告 某些产品对 COMMIT 的处理方式有所不同

在某些产品中，事务的提交无须执行 COMMIT 命令，只要退出数据库就会引发事务提交。但在另一些产品中，比如 MySQL，在执行 SET TRANSACTION 命令后，自动提交功能在收到 COMMIT 或 ROLLBACK 语句之前是不会恢复的。此外，在其他产品中，例如 Microsoft SQL Server，除非明确采用了事务，否则语句就会自动提交。请查看具体的 RDBMS 文档，以准确了解事务和语句的提交方式。

11.2.2 ROLLBACK 命令

ROLLBACK 是一个事务控制命令，用于撤销尚未存入数据库的事务。ROLLBACK 命令只能撤销上次执行 COMMIT 或 ROLLBACK 命令之后的事务。

ROLLBACK 命令的语法如下：

```
rollback [ work ];
```

与 COMMIT 语句一样，ROLLBACK 命令中的关键字 WORK 也是可选项。

若是采用 SQL Server，后续的习题就需将 IMPLICIT_TRANSACTIONS 设置为 ON。

```
SET IMPLICIT_TRANSACTIONS ON;
Command(s) completed successfully.
```

以下示例演示 ROLLBACK 命令的行为，用到了由 BIRDS 表生成的 BIG_BIRDS 表。

```
SQL> create table big_birds as
  2  select bird_id, bird_name, height, weight, wingspan, eggs
  3  from birds
  4  where wingspan > 48;

 Table created.


SQL> select * from big_birds;

BIRD_ID BIRD_NAME              HEIGHT WEIGHT WINGSPAN  EGGS
-------- ------------------    ------ ------ -------- ------
       1 Great Blue Heron         52    5.5       78     5
       3 Common Loon              36     18       54     2
       4 Bald Eagle               37     14       84     2
       5 Golden Eagle             40     15       90     3
       7 Osprey                   24      3       72     4
       9 Canadian Goose           43     14       72    10
      13 Ring-billed Gull         19    1.1       50     4
      14 Double-crested Cormorant 33    5.5       54     4
      16 Turkey Vulture           32    3.3       72     2
      19 Mute Swan                60     26     94.8     8
```

```
     20 Brown Pelican                54      7.6        90        4
     21 Great Egret                  38      3.3      67.2        3

12 rows selected.
```

上述 BIG_BIRDS 表的输出结果表明，由 BIRDS 表导入的记录数已减少为 12 条。BIG_BIRDS 表包含的列数也比 BIRDS 表有所减少。在修改该表数据并研究 ROLLBACK 命令的行为时，较少的数据能让结果显示得更清楚一些。

接下来由 LOCATIONS 表创建一张名为 LOCATIONS2 的表。该表有 6 条记录。

```
SQL> create table locations2 as
  2  select * from locations;

Table created.

SQL> select * from locations2;

LOCATION_ID LOCATION_NAME
----------- ------------------------------
          3 Eagle Creek
          6 Fort Lauderdale Beach
          1 Heron Lake
          2 Loon Creek
          5 Sarasota Bridge
          4 White River

6 rows selected.
```

这两张表创建完毕后，执行 ROLLBACK 命令。可以发现，在回滚之前创建的 LOCATIONS2 表中所有记录仍然存在。ROLLBACK 并没有撤销该事务，因为在 ROLLBACK 之前发出的命令是数据定义命令。COMMIT 和 ROLLBACK 命令适用于数据操纵语言，而不适用于数据定义语言。

```
SQL> rollback;

Rollback complete.

SQL> select * from locations2;

LOCATION_ID LOCATION_NAME
----------- ------------------------------
          3 Eagle Creek
          6 Fort Lauderdale Beach
          1 Heron Lake
          2 Loon Creek
          5 Sarasota Bridge
          4 White River

 6 rows selected.
```

接下来，在 LOCATIONS2 表中插入一条新记录 Lake Michigan。以下查询验证新的数据行是否已插入成功：

```
SQL> insert into locations2
  2  values (7, 'Lake Michigan');

1 row created.

SQL> select * from locations2;
```

```
LOCATION_ID LOCATION_NAME
----------- -----------------------------
          3 Eagle Creek
          6 Fort Lauderdale Beach
          1 Heron Lake
          7 Lake Michigan
          2 Loon Creek
          5 Sarasota Bridge
          4 White River

7 rows selected.
```

下面执行 COMMIT 命令，把上述事务存入数据库。

```
SQL> commit;

Commit complete.
```

现在在 LOCATIONS2 表中再插入一条记录 Gulf of Mexico。以下查询显示了 Gulf of Mexico 已添加成功，且之前插入的 Lake Michigan 也已存在：

```
SQL> insert into locations2
  2  values (8, 'Gulf of Mexico');

 1 row created.

SQL> select * from locations2;

LOCATION_ID LOCATION_NAME
----------- -----------------------------
          3 Eagle Creek
          6 Fort Lauderdale Beach
          8 Gulf of Mexico
          1 Heron Lake
          7 Lake Michigan
          2 Loon Creek
          5 Sarasota Bridge
          4 White River

8 rows selected.
```

执行 ROLLBACK 命令，看看结果：

```
SQL> rollback;

Rollback complete.
```

结果表明，Lake Michigan 在 LOCATIONS2 表中依然存在，但最新记录 Gulf of Mexico 已不存在了。先前的 ROLLBACK 命令撤销了自上次 COMMIT 以来的所有事务。因为在插入 Lake Michigan 后执行了 COMMIT 命令，所以回滚事务只涉及 Gulf of Mexico 记录。

```
SQL> select * from locations;

LOCATION_ID LOCATION_NAME
----------- -----------------------------
          3 Eagle Creek
          6 Fort Lauderdale Beach
          1 Heron Lake
          7 Lake Michigan
          2 Loon Creek
```

```
            5 Sarasota Bridge
            4 White River

 7 rows selected.
```

下一个示例将从 LOCATIONS2 表中删除 Lake Michigan 记录。Lake Michigan 记录的 LOCATION_ID 为 7，因此以下 DELETE 语句中只要引用 LOCATION_ID 为 7 的记录即可：

```
SQL> delete from locations
  2  where location_id = 7;

1 row deleted.


SQL> delete from locations;

6 rows deleted.
```

在删除 Lake Michigan 记录后，执行 DELETE 语句删除 LOCATIONS2 表中的其余数据行。以下查询显示 LOCATIONS2 表中已没有数据了：

```
SQL> select * from locations;

no rows selected
```

最后执行 ROLLBACK 命令，对 LOCATIONS2 表执行一次查询。请花点时间研究一下结果。

```
SQL> rollback;

 Rollback complete.

SQL> select * from locations;

LOCATION_ID LOCATION_NAME
----------- ------------------------------
            3 Eagle Creek
            6 Fort Lauderdale Beach
            1 Heron Lake
            7 Lake Michigan
            2 Loon Creek
            5 Sarasota Bridge
            4 White River

 7 rows selected.
```

上述 ROLLBACK 命令回滚或撤销了自上次 COMMIT 以来的所有事务。这里包括之前的两条 DELETE 语句。因为没有执行过 COMMIT 命令，所以所有被删除的数据行都在 LOCATIONS2 表中保留下来了。

11.2.3　SAVEPOINT 命令

保存点（savepoint）是事务中间的一个标记点，可以将事务回滚至该点，而不必回滚整个事务。

SAVEPOINT 命令的语法如下：

```
savepoint savepoint_name
```

SAVEPOINT 命令仅用于在事务语句之间创建保存点。ROLLBACK 命令则用来撤销一组事务。保存点是一种将大量事务划分为数量较少、更易于管理的组来管理事务的方法。

Microsoft SQL Server 的语法稍有不同。在 SQL Server 中，不使用 SAVEPOINT 语句，而应使用 SAVE TRANSACTION 语句，如下所示：

```
save transaction savepoint_name
```

除了命令不同，过程与其他产品完全相同。

1. ROLLBACK TO SAVEPOINT 命令

回滚到某个保存点的语法如下：

```
ROLLBACK TO SAVEPOINT_NAME;
```

以下例子还是对 BIG_BIRDS 表进行操作。先来复习一下表中的数据：

```
SQL> select * from big_birds;

BIRD_ID BIRD_NAME                HEIGHT      WEIGHT       WINGSPAN        EGGS
------- ------------------       ------      -------      --------       -----
      1 Great Blue Heron             52         5.5            78           5
      3 Common Loon                  36          18            54           2
      4 Bald Eagle                   37          14            84           2
      5 Golden Eagle                 40          15            90           3
      7 Osprey                       24           3            72           4
      9 Canadian Goose               43          14            72          10
     13 Ring-billed Gull             19         1.1            50           4
     14 Double-crested Cormorant     33         5.5            54           4
     16 Turkey Vulture               32         3.3            72           2
     19 Mute Swan                    60          26          94.8           8
     20 Brown Pelican                54         7.6            90           4
     21 Great Egret                  38         3.3          67.2           3

12 rows selected.
```

BIG_BIRDS 表中包含 12 条记录。下面执行 DELETE 语句删除其中的 Great Blue Heron 记录。结果显示有一条记录已被删除：

```
SQL> delete from big_birds
  2  where bird_name = 'Great Blue Heron';

 1 row deleted.
```

接下来，在整个事务中创建一个 SAVEPOINT。结果显示 SAVEPOINT 已创建成功：

```
SQL> savepoint sp1;

 Savepoint created.
```

现在，从 BIG_BIRDS 表中删除 BIRD_NAME 为 Bald Eagle 的记录，并在 DELETE 语句之后创建一个名为 SP2 的 SAVEPOINT。在删除完成后，更新 BIG_BIRDS 表，将表中每一行记录的 EGGS 列的值全都设为 20。如您所见，更新操作影响了 10 行记录。在更新操作完成后，又创建了一个名为 SP3 的 SAVEPOINT。

```
SQL> delete from big_birds
  2  where bird_name = 'Bald Eagle';

1 row deleted.
```

```
SQL> savepoint sp2;

Savepoint created.

SQL> update big_birds
  2  set eggs = 0;

10 rows updated.

SQL> savepoint sp3
  2  ;

Savepoint created.
```

注意　SAVEPOINT 的名称必须唯一

保存点关联了事务组，其名称必须唯一。但它可与表或其他对象同名。关于其命名规则的更多详细信息，请参阅产品文档。除此之外，保存点名称就只是个人喜好问题，供数据库应用程序开发人员管理事务组。

现在已执行了 3 次删除操作，假定您改变了主意，决定针对 SP2 保存点执行 ROLLBACK 命令。因为 SP2 是在第一次删除之后创建的，所以将会撤销后两次删除。在 Oracle 中，请使用以下语法：

```
ROLLBACK TO sp2;
Rollback complete.
```

在 SQL Server 中，请使用以下语法：

```
ROLLBACK TRANSACTION sp2;
Command(s) completed successfully.
```

现在可将 ROLLBACK 应用于以上例子中的 SAVEPOINT 了，以上在删除和更新 BIG_BIRDS 表的数据行后创建了 3 处 SAVEPOINT。首先，查询 BIG_BIRDS 表以查看受影响的数据。可以看到，BIG_BIRDS 表中已没有 Great Blue Heron 和 Bald Eagle 记录了。另请注意，EGGS 列的值都已更新为 0。

```
SQL> select * from big_birds;

BIRD_ID  BIRD_NAME                HEIGHT   WEIGHT  WINGSPAN    EGGS
-------  ----------------         -------  ------- --------    ----
      3  Common Loon              36           18        54       0
      5  Golden Eagle             40           15        90       0
      7  Osprey                   24            3        72       0
      9  Canadian Goose           43           14        72       0
     13  Ring-billed Gull         19          1.1        50       0
     14  Double-crested Cormorant 33          5.5        54       0
     16  Turkey Vulture           32          3.3        72       0
     19  Mute Swan                60           26      94.8       0
     20  Brown Pelican            54          7.6        90       0
     21  Great Egret              38          3.3      67.2       0

10 rows selected.
```

下面执行 ROLLBACK 命令回滚至 SAVEPOINT SP2。SP2 是删除 Great Blue Heron 和 Bald Eagle 记录之后创建的 SAVEPOINT，但在将 EGGS 列置为零之前。因此，只会回滚对 EGGS 列的更新事务。在以下 SELECT 语句的输出结果中，仍然不会有 Great Blue Heron 和 Bald Eagle 记录：

```
SQL> rollback to sp2;

Rollback complete.

SQL> select * from big_birds;

BIRD_ID BIRD_NAME            HEIGHT   WEIGHT   WINGSPAN   EGGS
------- ----------------    --------  --------  ---------  -----
      3 Common Loon            36       18          54      2
      5 Golden Eagle           40       15          90      3
      7 Osprey                 24        3          72      4
      9 Canadian Goose         43       14          72     10
     13 Ring-billed Gull       19      1.1          50      4
     14 Double-crested Cormorant 33    5.5          54      4
     16 Turkey Vulture         32      3.3          72      2
     19 Mute Swan              60       26        94.8      8
     20 Brown Pelican          54      7.6          90      4
     21 Great Egret            38      3.3        67.2      3

10 rows selected.
```

下面执行一个不带参数的基本 ROLLBACK 命令。请花点时间查看一下 BIG_BIRDS 表的输出结果：

```
SQL> rollback;

Rollback complete.

SQL> select * from big_birds;

BIRD_ID  BIRD_NAME           HEIGHT      WEIGHT    WINGSPAN   EGGS
-------- ------------------  ------     -------    --------   -----
       1 Great Blue Heron      52         5.5          78       5
       3 Common Loon           36          18          54       2
       4 Bald Eagle            37          14          84       2
       5 Golden Eagle          40          15          90       3
       7 Osprey                24           3          72       4
       9 Canadian Goose        43          14          72      10
      13 Ring-billed Gull      19         1.1          50       4
      14 Double-crested Cormorant 33      5.5          54       4
      16 Turkey Vulture        32         3.3          72       2
      19 Mute Swan             60          26        94.8       8
      20 Brown Pelican         54         7.6          90       4
      21 Great Egret           38         3.3        67.2       3

12 rows selected.
```

由输出结果可见，Great Blue Heron 和 Bald Eagle 记录都回到了 BIG_BIRDS 表中。因为在删除记录后未执行 COMMIT，所以 ROLLBACK 依然能够奏效。ROLLBACK 撤销了自上次 COMMIT 以来发生的任何事务。

请记住，不带参数的基本 ROLLBACK 命令会回滚至最后一次 COMMIT 或 ROLLBACK 语句所在的位置。

2. RELEASE SAVEPOINT 命令

RELEASE SAVEPOINT 命令用于删除自建的保存点。保存点释放之后，就不能再用 ROLLBACK 命令撤销保存点以后执行的事务了。RELEASE SAVEPOINT 命令可用于避免意外回滚到不再需要的保存点：

```
RELEASE SAVEPOINT savepoint_name;
```

Microsoft SQL Server 不支持 RELEASE SAVEPOINT 语法。当事务完成后，不论是通过 COMMIT 还是 ROLLBACK，所有 SAVEPOINT 都会释放。在数据库环境下建立事务时，请记住这一点。

11.2.4　SET TRANSACTION 命令

SET TRANSACTION 命令可用于初始化数据库事务。此命令指定了后续事务的属性。比如可将事务指定为读/写或只读：

```
SET TRANSACTION READ WRITE;
SET TRANSACTION READ ONLY;
```

READ WRITE 用于需要查询和操作数据库中数据的事务。READ ONLY 用于仅需查询数据的事务。READ ONLY 适用于生成报表和加快事务完成的速度。如果事务是 READ WRITE 模式的，为了在同时发生多个事务时保持数据完整性，数据库必须在对象上创建锁。如果事务是 READ ONLY 模式的，则数据库不会创建锁，从而提高事务的性能。

11.3　处理糟糕的事务控制

糟糕的事务控制会降低数据库的性能，甚至会导致数据库停止运行。如果数据库性能恶化的情况反复出现，原因可能是在大数据量插入、更新或删除时缺乏事务控制。大数据量的批量操作还会导致回滚信息的临时存储量持续增长，直至执行 COMMIT 或 ROLLBACK 命令后才会停止。

执行 COMMIT 命令时，会将回滚事务信息写入目标表，并清除临时存储中的回滚信息。执行 ROLLBACK 命令时，不会对数据库进行任何更改，并会清除临时存储中的回滚信息。只要没有执行 COMMIT 和 ROLLBACK 命令，回滚信息占用的临时存储就会持续增长，直到占满空间，从而迫使数据库停止所有进程，等待释放出空间。尽管 DBA 控制着空间的使用，但缺乏事务控制依然会导致数据库停止工作，有时还会迫使 DBA 强行停止正在运行的用户进程。

11.4　小结

本章通过 3 个事务控制命令（COMMIT、ROLLBACK 和 SAVEPOINT）介绍了事务管理的初步概念。COMMIT 用于把事务保存到数据库。ROLLBACK 用于撤销已执行的事务。SAVEPOINT 用于给一个或多个事务分组，以便能回滚到事务中间的某个逻辑点。

请记住，在运行大型事务性作业时，应该经常执行 COMMIT 和 ROLLBACK 命令，以保证数据库中留有可用的空间。还要记住，事务控制命令只与 3 种 DML 命令（INSERT、UPDATE 和 DELETE）一起使用。

11.5　答疑

问：每条 INSERT 语句后面是否都需要执行一次事务提交？

答：不，绝无必要。某些系统（如 SQL Server）会在 INSERT 语句后自动提交事务。但若有大量插入或更新操作，可能需要考虑分批进行。表的大量更新操作会降低性能。

问：ROLLBACK 命令如何撤销事务？

答：ROLLBACK 命令会清除回滚区中的所有更改。

问：如果某个事务已完成了 99%，但其余 1% 报错了，能否只重新执行错误的部分？

答：不行，事务只能整体成功，否则就会危及数据完整性。因此，除非有可信的理由，否则应该在出错时执行 ROLLBACK。

问：执行 COMMIT 之后事务就永久生效了，还能用 UPDATE 命令更改数据吗？

答："永久"在这里指的是存入了数据库中，肯定能用 UPDATE 语句修改或修正数据。

11.6　实践练习

以下是测试题和习题。测试题是为了测试您对当前内容的整体理解。习题让您有机会将本章讨论的概念付诸应用，并巩固前几章的学习中获得的知识。在继续学习之前，请务必完成测试题和习题。答案参见附录 C。

一、测试题

1. 判断题：如果已有一些事务做了提交，还剩几个事务没有提交，这时如果发出 ROLLBACK 命令，则同一会话中的所有事务都会撤销。

2. 判断题：SAVEPOINT 或 SAVE TRANSACTION 命令能在执行了指定数量的事务后用于保存事务。

3. 简述以下命令的用途：COMMIT、ROLLBACK 和 SAVEPOINT。

4. Microsoft SQL Server 中的事务有什么不同？

5. 使用事务会对性能产生哪些影响？

6. 如果用了多个 SAVEPOINT 或 SAVE TRANSACTION 命令，能回滚多次吗？

二、习题

1. 请基于 BIRDS 数据库创建以下表，以供下面的习题使用。

    A. 用 CREATE TABLE table_name AS SELECT…命令基于原表 BIRDS 创建名为 BIG_BIRDS 的表。BIG_BIRDS 表中只包含 BIRD_ID、BIRD_NAME、HEIGHT、WEIGHT 和 WINGSPAN 列。请用 WHERE 子句只把翼展大于 48 英寸的记录加进来。

    B. 创建名为 LOCATIONS2 的表，原表为 LOCATIONS。

2. 编写一条查询显示 BIG_BIRDS 表中的所有记录，以熟悉数据。

3. 编写一条查询显示 LOCATIONS2 表中的所有记录，以熟悉数据。

4. 将 BIG_BIRDS 表的 WINGSPAN 列改名为 AVG_WINGSPAN。

5. 手动计算 BIG_BIRDS 表中鸟类的平均翼展，用 UPDATE 语句将所有鸟类的 WINGSPAN 列更新为计算得出的平均翼展值。

6. 执行 ROLLBACK 命令。

7. 用 SELECT 语句查询 BIG_BIRDS 表的所有记录。查询的输出结果应该显示，所有 WINGSPAN 值都已经恢复到原来的值，但列名仍然是更新后的 AVG_WINGSPAN。

8. 为什么 ROLLBACK 能够撤销 AVG_WINGSPAN 列的数据更新，但不能撤销 UPDATE TABLE 语句所做的 WINGSPAN 列名改动呢？

9. 在 LOCATIONS2 表中插入一行新数据，地点名称为 Lake Tahoe。

10. 执行 COMMIT 命令。

11. 查询 LOCATIONS2 表，验证所做的更改已生效。

12. 在 LOCATIONS2 表中插入一行新数据，地点名称为 Atlantic Ocean。

13. 创建一个名为 SP1 的 SAVEPOINT。

14. 将 Atlantic Ocean 更新为 Pacific Ocean。

15. 创建一个名为 SP2 的 SAVEPOINT。

16. 将之前插入的 Lake Tahoe 更新为 Lake Erie。

17. 创建一个名为 SP3 的 SAVEPOINT。

18. 执行 ROLLBACK 命令回滚至 SAVEPOINT SP2。

19. 查询 LOCATIONS2 表，研究回滚至保存点的 ROLLBACK 命令。

20. 请在 BIG_BIRDS 和 LOCATIONS2 表上发挥自己的创意，执行一些事务操作。请记住，这些表是原表的副本，因此无论做什么都不应影响原表的数据。另请记住，在学习本书的过程中，随时都可以重新依次运行 tables.sql 和 data.sql 脚本，将 BIRDS 数据库的表和数据恢复至最初的状态。

第 12 章

数据库查询

本章内容：

> ➤ 数据库查询的定义；

> ➤ SELECT 语句的用法；

> ➤ 用 WHERE 子句添加查询条件；

> ➤ 列别名的用法；

> ➤ 查询其他用户的表。

本章将介绍数据库查询，涉及 SELECT 语句的使用。在数据库创建之后，SELECT 语句是使用频率最高的 SQL 命令。SELECT 语句能用来查看数据库中存储的数据。

12.1 SELECT 语句的用法

SELECT 语句属于数据查询语言（Data Query Language，DQL）命令，是用于构建数据库查询的基本语句。查询（query）是向数据库发出询问，根据用户请求以人类可理解的格式从数据库中提取数据。例如，本书示例数据库中有一张 BIRDS 表。您可以执行一条 SQL 语句，根据 WINGSPAN、HEIGHT 和 WEIGHT 等列返回数据库中体型最小的鸟。这种询问数据库中可用鸟类信息的请求就是一条可在关系型数据库中执行的典型查询。

SELECT 语句是当前最强大的 SQL 语句之一。SELECT 语句不是只有一条语句，语法正确的查询需要一个或多个附加子句（元素）。另外还有一些可选子句，可增强 SELECT 语句的整体功能。FROM 子句是强制要求的子句，必须始终与 SELECT 语句一起使用。

SELECT 语句中重要的关键字（子句）有 4 个：

> ➤ SELECT；

> ➤ FROM；

> ➤ WHERE；

> ➤ ORDER BY。

以下几节将详细介绍这些子句。

简单有效地获取有用的数据，这种能力是 SQL 和关系型数据库的全部意义所在。SQL 查询编写起来十分简单。查询能够快速获取数据，功能十分强大，能够让您以更深的视角轻松查看数据库中的数据。用 SQL 编写的查询类似于人类的语言（如英语）。例如，为了从 BIRDS 数据库获取有用信息，用户可能会提出以下问题：

> 数据库中包含多少种鸟？

> 哪种鸟的食物种类最丰富？

> 哪种鸟最大？

> 哪些鸟类的翼展超过平均值？

> 哪些鸟类的雄鸟和雌鸟都会筑巢？

> 按体型大小列出所有鸟类。

> 哪种鸟养育幼鸟的时间最长？

> 吃鱼的鸟类占比有多少？

> 哪些鸟类属于大型鸟（判断标准带有很大主观性）？

SQL 使得与关系型数据库的通信变得十分容易，可以提出类似上述的问题并获得有用的反馈信息。

12.1.1　理解 SELECT 语句

SELECT 语句与 FROM 子句一起使用，以经过编排的、人类可理解的格式从数据库中提取数据。查询的 SELECT 子句用于根据表的列选择要查看的数据。

简单的 SELECT 语句语法如下所示：

```
SELECT [ * | ALL | DISTINCT COLUMN1, COLUMN2 ]
FROM TABLE1 [ , TABLE2 ];
```

在一条查询语句中，SELECT 子句后面跟随的是以逗号分隔的列名清单，表示这些列名需要在查询输出结果中显示。星号 "*" 表示表中的所有列都要在输出结果中显示出来。请查阅产品文档以了解具体的用法。ALL 参数表示要显示列的所有值，包括重复值。DISTINCT 参数禁止输出结果中显示重复行。ALL 参数是隐含（inferred）参数，视作默认值，因此不一定要在 SELECT 语句中出现。FROM 关键字后面跟随着一张或多张表的清单，数据要从这些表中查询出来。请注意，SELECT 子句后面的列名要用逗号分隔，FROM 子句后面的表名也一样。

注意　参数列表的构建

在 SQL 语句中，逗号用于分隔列表中的参数。参数是 SQL 语句或命令语法中必选或可选的值。常见的列表有查询中列的列表、表的列表、要插入表中的值，以及 WHERE 子句中的条件值。

首先，基于 BIRDS 表创建两张表。语法与本书之前介绍的相同。第一张表名为

BIG_BIRDS，包含 WINGSPAN 大于 48 英寸的鸟类数据。第二张表 SMALL_BIRDS 也基于 BIRDS 表，包含 WINGSPAN 小于或等于 48 英寸的鸟类数据。采用这两张表的原因有两个。第一个原因是为了提升可读性。BIRDS 表包含很多列，显示在本书中会导致换行。第二个原因是展示查询数据库时如何拆分数据并对其归类，或者以各种不同视角看待数据。

```
SQL> create table big_birds as
  2  select * from birds
  3  where wingspan > 48;

Table created.

SQL> create table small_birds as
  2  select * from birds
  3  where wingspan <= 48;

Table created.
```

现在对 BIG_BIRDS 表执行一条简单的查询，显示表中的全部记录或数据行。后面跟着的是查询 SMALL_BIRDS 表全部记录的输出结果。

```
SQL> select * from big_birds;

BIRD_ID  BIRD_NAME                  HEIGHT   WEIGHT  WINGSPAN
-------  ------------------------   --------  -------  --------
      1  Great Blue Heron                  2      5.5        78
      3  Common Loon                      36       18        54
      4  Bald Eagle                       37       14        84
      5  Golden Eagle                     40       15        90
      7  Osprey                           24        3        72
      9  Canadian Goose                   43       14        72
     13  Ring-billed Gull                 19      1.1        50
     14  Double-crested Cormorant         33      5.5        54
     16  Turkey Vulture                   32      3.3        72
     19  Mute Swan                        60       26      94.8
     20  Brown Pelican                    54      7.6        90
     21  Great Egret                      38      3.3      67.2

12 rows selected.

SQL> select * from small_birds;

BIRD_ID  BIRD_NAME                  HEIGHT   WEIGHT  WINGSPAN
-------  ------------------------   --------  -------  --------
      2  Mallard                          28      3.5       3.2
      6  Red Tailed Hawk                  25      2.4        48
      8  Belted Kingfisher                13      .33        23
     10  Pied-billed Grebe                13        1       6.5
     11  American Coot                    16        1        29
     12  Common Sea Gull                  18        1        18
     15  Common Merganser                 27      3.2        34
     17  American Crow                    18      1.4      39.6
     18  Green Heron                      22       .4      26.8
     22  Anhinga                          35      2.4        42
     23  Black Skimmer                    20        1        15

11 rows selected.
```

请注意，上述两个查询共返回了 23 行数据。在数据库中，BIRDS 表有 23 行数据，或 23 种不同的鸟。因此，根据这两个 CREATE TABLE 语句的条件，BIRDS 表中 23 行数据全都应该返回。第一条 CREATE TABLE 语句查找翼展大于 48 英寸的鸟类。第二条 CREATE TABLE 语句则查找翼展小于或等于 48 英寸的鸟类。

星号"*"代表了表的所有列。输出结果中，列按照表中的顺序显示。由返回信息（"12 rows selected"和"11 rows selected"）可知，BIRDS 表有 23 条记录。此返回信息视不同的产品而定，例如，同样的查询也可能返回"14 rows affected"。尽管在编写 SQL 查询时星号是一种有用的简写形式，但有人认为最好还是明确给出需要返回的列名。

12.1.2 查询唯一值

一张表可能包含几千或几百万行数据。有时只需要查看不同值或唯一值。SQL 提供了一个 DISTINCT 关键字（或函数），可在查询中使用，只显示某一列的不同值或唯一值。以下示例演示了一条查询语句，只返回 BIRDS 表中 NEST_BUILDER 列的不同值。BIRDS 表中的 NEST_BUILDER 列是表示鸟类性别的单字符代码：F 表示雌鸟，M 表示雄鸟，N 表示两者都不是。

```
SQL> select distinct nest_builder
  2  from birds;

N
-
B
F
N

3 rows selected.
```

使用 DISTINCT 时还可以将字段用括号括起来，如下所示。和许多其他语言一样，在 SQL 中常常可用括号提高可读性。以下示例从 BIRDS 表中查询每种鸟育雏次数的不同值。育雏次数代表鸟类在一个产卵季或一年中产卵的次数。第二条查询的显示结果与第一条查询完全一样。唯一的区别就是列名用括号括了起来，大多数情况下括号可有可无，使用括号只是为了提高可读性。

```
SQL> select distinct broods
  2  from birds;

    BROODS
----------
         1
         2

2 rows selected.

SQL> select distinct(broods)
  2  from birds;

    BROODS
----------
         1
         2

 2 rows selected.
```

12.1.3 理解 FROM 子句

FROM 子句必须与 SELECT 语句一起使用。它是任何查询语句的必要组成部分。FROM

子句用于告诉数据库，查询所需的数据需要访问哪些表。FROM 子句可能包含一张或多张表，至少要包含一张表。

FROM 子句的语法如下：

```
from table1 [ , table2 ]
```

12.1.4　理解 WHERE 子句

条件（condition）是查询语句的组成部分，用于指明用户指定的筛选条件信息。条件的值为 TRUE 或 FALSE，从而限制查询可返回的数据。WHERE 子句可为查询设置条件，方式是从不带条件的查询结果中去除部分数据行。

WHERE 子句可带有多个条件。如果存在多个条件，则由 AND 或 OR 操作符连接起来，在第 13 章中将会讨论。第 13 章还会介绍在查询中运用多个条件操作符来指定条件。本章的每个查询只涉及一个条件。

操作符（operator）是 SQL 中的某个字符或关键字，用于组合 SQL 语句里的多个元素。

WHERE 子句的语法如下所示：

```
select [ all | * | distinct column1, column2 ]
from table1 [ , table2 ]
where [ condition1 | expression1 ]
[ and|OR condition2 | expression2 ]
```

以下示例将查询 BIRDS 表中 BIRD_NAME 为 Great Blue Heron 的鸟类数据，只显示 BIRD_ID 和 BIRD_NAME 字段。

```
SQL> select bird_id, bird_name
  2  from birds
  3  where bird_name = 'Great Blue Heron';

BIRD_ID BIRD_NAME
---------- -----------------------------
        1 Great Blue Heron

1 row selected.
```

以下示例用上述查到的 BIRD_ID 查询所有与 Great Blue Heron 关联的别名（或 BIRD_ID 为 1）。这是手动从两张表查询数据的方式。第 14 章将详细介绍如何从两张表（连接表）中获取信息。在本示例中，Great Blue Heron 在数据库中有两个别名：Big Cranky 和 Blue Crane。

```
SQL> select nickname
  2  from nicknames
  3  where bird_id = 1;

NICKNAME
---------------------------------------
Big Cranky
Blue Crane

 2 rows selected.
```

有时要查询的不是相等条件，而是可能存在的多条记录。以下示例会生成翼展大于 48 英寸的鸟类清单。之前创建过名为 BIG_BIRDS 的表，包含的数据是 BIRDS 表的子集，这条查询与那条建表语句类似。

```
SQL> select bird_name, height, weight, wingspan
  2  from birds
  3  where wingspan > 48;

BIRD_NAME                        HEIGHT     WEIGHT   WINGSPAN
------------------------------   ----------   ----------   ----------
Great Blue Heron                     52        5.5         78
Common Loon                          36         18         54
Bald Eagle                           37         14         84
Golden Eagle                         40         15         90
Osprey                               24          3         72
Canadian Goose                       43         14         72
Ring-billed Gull                     19        1.1         50
Double-crested Cormorant             33        5.5         54
Turkey Vulture                       32        3.3         72
Mute Swan                            60         26       94.8
Brown Pelican                        54        7.6         90
Great Egret                          38        3.3       67.2

12 rows selected.
```

注意 查询中的条件

条件并不一定总是精确匹配某个值。正如以上查询所述，有时需要匹配一个范围。此时只要查询翼展大于 48 英寸的鸟类。之前基于 BIRDS 表创建了名为 BIG_BIRDS 的表，这个查询与之完全相同。

下面的例子展示了两个查询。第一个查询返回产卵数正好是 5 个的鸟类清单。第二个查询返回产卵数大于 5 个的鸟类清单。

```
SQL> select bird_name, eggs
  2  from birds
  3  where eggs = 5;

BIRD_NAME                        EGGS
------------------------------   ----------
Great Blue Heron                     5
Black Skimmer                        5

2 rows selected.

SQL> select bird_name, eggs
  2  from birds
  3  where eggs > 5;

BIRD_NAME                        EGGS
------------------------------   ----------
Mallard                             10
Belted Kingfisher                    7
Canadian Goose                      10
Pied-billed Grebe                    7
American Coot                       12
Common Merganser                    11
American Crow                        6
Mute Swan                            8

 8 rows selected.
```

12.1.5 理解 ORDER BY 子句

通常输出结果都需要具有某种顺序。ORDER BY 子句即用于对数据进行排序，能按照指定格式排列查询结果。ORDER BY 子句默认采用升序（ascending order），如果按字母顺序对输出字符进行排序，则会以从 A 到 Z 的顺序显示。字母输出的降序（descending order）则以从 Z 到 A 的顺序显示。

ORDER BY 子句的语法如下所示：

```
select [ all | * | distinct column1, column2 ]
from table1 [ , table2 ]
where [ condition1 | expression1 ]
[ and|OR condition2 | expression2 ]
ORDER BY column1|integer [ ASC|DESC ]
```

对 ORDER BY 子句的学习就从扩展上一条语句开始。假设要从 BIRDS 表查出翼展大于 40 英寸的鸟类及其翼展值，且要按 WINGSPAN 列进行排序。默认情况下，ORDER BY 子句会从小到大排序——从 0 到 9 或从 A 到 Z。在这个例子中，首先列出翼展最小的鸟，直至翼展最大的鸟。

```
SQL> select bird_name, wingspan
  2  from birds
  3  where wingspan > 48
  4  order by wingspan;

BIRD_NAME                        WINGSPAN
------------------------------   ----------
Ring-billed Gull                       50
Double-crested Cormorant               54
Common Loon                            54
Great Egret                          67.2
Osprey                                 72
Canadian Goose                         72
Turkey Vulture                         72
Great Blue Heron                       78
Bald Eagle                             84
Brown Pelican                          90
Golden Eagle                           90
Mute Swan                            94.8

12 rows selected.
```

注意 排序规则

对于字符型字段[1]，SQL 基于 ASCII 字符进行排序。排序时数值 0～9 视作字符值，排在字符 A～Z 之前。因为数值在排序过程中视作字符，所以以下数字的排序结果如下：1、12、2、255、3。

若要以逆字母序（或降序）对输出结果排序，则可以使用 DESC，如下所示。以下示例与上一个示例的结果完全相同，只是对查询结果进行了排序，先显示翼展最大的鸟类，直至翼展最小的鸟类。因此，下面的结果集中首先显示较大的鸟类。

---

[1] 译者注：此处原文没有注明，应该是对字符型字段排序时才会将数值视作字符。而针对数值型字段应是按照数值大小排序。

```
SQL> select bird_name, wingspan
  2   from birds
  3   where wingspan > 48
  4   order by wingspan desc;

BIRD_NAME                        WINGSPAN
------------------------------   ----------
Mute Swan                            94.8
Brown Pelican                          90
Golden Eagle                           90
Bald Eagle                             84
Great Blue Heron                       78
Osprey                                 72
Canadian Goose                         72
Turkey Vulture                         72
Great Egret                          67.2
Common Loon                            54
Double-crested Cormorant               54
Ring-billed Gull                       50

12 rows selected.
```

注意　存在默认顺序

因为输出结果的默认排序方式是升序，所以 ASC 无须明确指定。

SQL 中确实存在快捷语法。ORDER BY 子句中的列名可用整数缩写表示。这里的整数用于替代实际的列名（排序操作时用到的别名），标识该列出现于 SELECT 关键字之后的位置。

下面是 ORDER BY 子句中用整数作为标识符的示例：

```
SQL> select bird_name, wingspan
  2   from birds
  3   where wingspan > 48
  4   order by 1;

BIRD_NAME                        WINGSPAN
------------------------------   ----------
Bald Eagle                             84
Brown Pelican                          90
Canadian Goose                         72
Common Loon                            54
Double-crested Cormorant               54
Golden Eagle                           90
Great Blue Heron                       78
Great Egret                          67.2
Mute Swan                            94.8
Osprey                                 72
Ring-billed Gull                       50
Turkey Vulture                         72

12 rows selected.
```

上述查询中，整数 1 代表 BIRD_NAME 列，而 2 理论上代表 WINGSPAN 列。

在一条查询语句中可以根据多个列进行排序，可以用列名，也可以用 SELECT 子句中的列顺序号。

ORDER BY 1,2,3

ORDER BY 子句中的列顺序无须和 SELECT 子句中的一致，以下写法也没问题：

ORDER BY 1,3,2

在 ORDER BY 子句中指定的列顺序指定了执行排序的方式。以下语句会先按 BIRD_NAME 排序，再按 NICKNAME 排序：

```
ORDER BY BIRD_NAME, NICKNAME
```

12.2 大小写敏感性

大小写敏感性（case sensitivity）是编写 SQL 语句时需要理解的一个重要概念。通常 SQL 命令和关键字不区分大小写，这样就能按需以大写或小写形式输入命令和关键字。大小写混用也是可以的（单词或语句既有大写字母又有小写字母），常称为驼峰（CamelCase）格式。有关大小写敏感性的更多信息，请参阅第 10 章。

排序规则（collation）决定了 RDBMS 解释数据的方式，包括排序方式和大小写敏感性。数据是否区分大小写非常重要，因为这决定了 WHERE 子句对匹配的解释。请查看 RDBMS 产品文档，以确定系统默认的排序规则。在某些系统中，例如 MySQL 和 Microsoft SQL Server，默认排序规则不区分大小写，这意味着匹配字符串时不考虑大小写。而在其他系统中，例如 Oracle，默认排序规则是区分大小写的，这意味着匹配字符串时会考虑大小写。因为大小写敏感性是数据库级别的因素，所以在查询中的重要性因系统不同而各不相同。

警告 请在查询中使用标准的大小写形式

在查询中使用的大小写形式，最好与存储在数据库中的数据相同。此外，良好的企业规范可确保整个企业采取相同的输入数据处理方式。

为了在 RDBMS 中保持数据一致性，大小写敏感性是需要考虑的因素之一。举个例子，若是输入数据的大小写是随机的，如下所示，数据就会出现不一致问题。

➢ BALD EAGLE；

➢ Bald Eagle；

➢ bald eagle。

在 BIRDS 数据库中，数据以大小写混合的形式存储。这是一个个人偏好问题，并且不同的数据库可能会有所不同——配置参数会不一样。在 BIRDS 数据库中，Bald Eagle 值就存储为“Bald Eagle”。请回顾以下查询及其输出，并务必理解为什么有时能返回数据，而有时没有返回数据，因为在查询中检索了不同大小写的数据。

```
SQL> select bird_name
  2  from birds
  3  where bird_name = 'BALD EAGLE';

no rows selected

SQL> select bird_name
  2  from birds
  3  where bird_name = 'bald eagle';

no rows selected

SQL> select bird_name
  2  from birds
  3  where bird_name = 'Bald Eagle';
```

```
BIRD_NAME
------------------------------
Bald Eagle

1 row selected.

SQL> SELECT BIRD_NAME
  2  FROM BIRDS
  3  WHERE BIRD_NAME = 'Bald Eagle';

BIRD_NAME
------------------------------
Bald Eagle

1 row selected.
```

12.3 查询语句编写起步

根据已介绍的概念，本节给出了几个查询示例。从最简单的查询开始，内容逐渐丰富。所有查询都会用到 BIRDS 表。

查询 FOOD 表中的所有记录，显示所有列。

```
SQL> select * from food;

   FOOD_ID FOOD_NAME
---------- ------------------------------
         1 Seeds
         2 Birds
         3 Fruit
         4 Frogs
         5 Fish
         6 Berries
         7 Aquatic Plants
         8 Aquatic Insects
         9 Worms
        10 Nuts
        11 Rodents
        12 Snakes
        13 Small Mammals
        14 Nectar
        15 Pollen
        16 Carrion
        17 Moths
        18 Ducks
        19 Insects
        20 Plants
        21 Corn
        22 Crayfish
        23 Crustaceans
        24 Reptiles
        25 Deer

25 rows selected.
```

从 BIRDS 表中查询 BIRD_ID、BIRD_NAME 和 HEIGHT，且只选取身高大于 50 英寸的鸟类。将结果按身高升序排列，也就是采用默认顺序。

```
SQL> select bird_id, bird_name, height
  2  from birds
  3  where height > 50
  4  order by height;

   BIRD_ID BIRD_NAME                                HEIGHT
---------- ------------------------------         -------
```

```
                   1  Great Blue Heron                       52
                  20  Brown Pelican                          54
                  19  Mute Swan                              60
```

```
 3 rows selected.
```

创建一份报表，显示翼展大于 48 英寸的鸟类的 ID、name、wingspan、height、weight。查询结果先按鸟的 wingspan 排序，再依次按 height、weight 排序。

```
SQL> select bird_id, bird_name, wingspan, height, weight
  2  from birds
  3  where wingspan > 48
  4  order by wingspan, height, weight;

  BIRD_ID  BIRD_NAME                      WINGSPAN     HEIGHT     WEIGHT
 --------  ----------------------------  ----------  ----------  ----------
      13  Ring-billed Gull                     50         19        1.1
      14  Double-crested Cormorant             54         33        5.5
       3  Common Loon                          54         36         18
      21  Great Egret                        67.2         38        3.3
       7  Osprey                               72         24          3
      16  Turkey Vulture                       72         32        3.3
       9  Canadian Goose                       72         43         14
       1  Great Blue Heron                     78         52        5.5
       4  Bald Eagle                           84         37         14
       5  Golden Eagle                         90         40         15
      20  Brown Pelican                        90         54        7.6
      19  Mute Swan                          94.8         60         26

12 rows selected.
```

再执行一遍上述查询，但结果按照 wingspan、height、weight 降序排列。

```
SQL> select bird_id, bird_name, wingspan, height, weight
  2  from birds
  3  where wingspan > 48
  4  order by wingspan desc, height desc, weight desc;

   BIRD_ID BIRD_NAME                      WINGSPAN     HEIGHT     WEIGHT
 ---------- ----------------------------  ----------  ----------  ----------
      19 Mute Swan                          94.8         60         26
      20 Brown Pelican                        90         54        7.6
       5 Golden Eagle                         90         40         15
       4 Bald Eagle                           84         37         14
       1 Great Blue Heron                     78         52        5.5
       9 Canadian Goose                       72         43         14
      16 Turkey Vulture                       72         32        3.3
       7 Osprey                               72         24          3
      21 Great Egret                        67.2         38        3.3
       3 Common Loon                          54         36         18
      14 Double-crested Cormorant             54         33        5.5
      13 Ring-billed Gull                     50         19        1.1

12 rows selected.
```

编写一个查询，显示所有翼展大于 48 英寸的鸟的 ID、name、wingspan、height、weight，结果依次按 wingspan、height、weight 排序，不用列名而用整数编号。

```
SQL> select bird_id, bird_name, wingspan, height, weight
  2  from birds
  3  where wingspan > 48
  4  order by 3, 4, 5;

   BIRD_ID BIRD_NAME                      WINGSPAN     HEIGHT     WEIGHT
 ---------- ----------------------------  ----------  ----------  ----------
      13 Ring-billed Gull                     50         19        1.1
      14 Double-crested Cormorant             54         33        5.5
```

```
      3 Common Loon                    54        36        18
     21 Great Egret                  67.2        38       3.3
      7 Osprey                         72        24         3
     16 Turkey Vulture                 72        32       3.3
      9 Canadian Goose                 72        43        14
      1 Great Blue Heron               78        52       5.5
      4 Bald Eagle                     84        37        14
      5 Golden Eagle                   90        40        15
     20 Brown Pelican                  90        54       7.6
     19 Mute Swan                    94.8        60        26

12 rows selected.
```

警告　请确保查询带有约束条件

如果查询一张大表中的所有数据行，那么结果可能会返回大量数据。在事务繁重的数据库中，这不仅会降低查询的性能，还会拖累整个系统的性能。请尽量利用 WHERE 子句将需要处理的数据子集限制在最小范围，以限制查询对宝贵的数据库资源的影响。

12.3.1　对记录计数

只要执行一条简单的查询，即可迅速计算出表中的记录数（或某一列的数据项数量）。计数通过函数 COUNT 来完成。本书要到第 15~17 章才会讨论此函数，在这里先引入一下，因为在最简单的查询中经常会用到它。

COUNT 函数的语法如下：

```
SELECT COUNT(*)
FROM TABLE_NAME;
```

COUNT 函数需带有括号，括号中包含目标列，或是星号，表示对表中全部数据行进行计数。

提示　关于计数的基础知识

如果要计数的列设为 NOT NULL（必填），那么对列计数与对表中记录计数是等效的。不过通常用 COUNT(*)对表的行数进行计数。

以下例子查询出 BIRDS 表中鸟类的数量：

```
SQL> select count(*) from birds;

  COUNT(*)
---------
       23

1 row selected.
```

下面的查询给出了 BIRDS 表中 WINGSPAN 列有值的鸟类数量，WINGSPAN 不是必填字段。在本例的数据库中，尽管不是必填字段，但每种鸟的 WINGSPAN 都有值。

```
SQL> select count(wingspan) from birds;

COUNT(WINGSPAN)
---------------
       23
```

```
 1 row selected.
```

下面的例子与第一个例子相同，给出了 BIRDS 表中鸟类的计数。只有一点不同，那就是没有用星号（*），而是指定了列名 BIRD_ID（此列刚好是主键，因此必填），星号代表表中的每行数据。这时得到的输出结果与第一个例子的结果是一样的。

```
SQL> select count(bird_id) from birds;

COUNT(BIRD_ID)
--------------
            23

 1 row selected.
```

最后举例说明如何得知某种鸟有多少个别名。第 14 章将介绍如何在单条查询中用表连接获取此信息。本例展示的过程也能获取鸟类别名，是按常理以手动方式完成的，能为更好地理解表连接奠定基础。

假设要得知 Great Blue Heron 在数据库中有多少个别名。首先对 BIRDS 表执行以下查询，获取 Great Blue Heron 的 BIRD_ID。因为 NICKNAMES 表中只存储了 BIRD_ID，而没有保存 BIRD_NAME。

```
SQL> select bird_id
  2  from birds
  3  where bird_name = 'Great Blue Heron';

   BIRD_ID
----------
         1
```

然后编写一条简单查询，从 NICKNAMES 表中查出与 Great Blue Heron 关联的计数。结果是一个简单的数值 2，表示当前 NICKNAMES 表中保存的 Great Blue Heron 的别名数量。如果查看一下 BIRDS 表中的数据集，很容易验证 Great Blue Heron 确实有两个关联别名。

```
SQL> select count(bird_id)
  2  from nicknames
  3  where bird_id = 1;

COUNT(BIRD_ID)
--------------
             2

 1 row selected.
```

12.3.2 查询其他用户的表

要访问其他用户的表，必须获得访问权限。如果未被授予权限，则不允许访问。在获得访问权限后，即可从其他用户的表中查询数据（第 20 章将会讨论 GRANT 命令）。要在 SELECT 语句中访问其他用户的表，请在表名前面加上模式（schema）名或创建该表的用户名，如下所示：

```
SELECT BIRD_NAME
FROM another_user.BIRDS;
```

12.3.3 列别名的用法

列别名（column aliase）用于在查询中对列暂时重命名。以下语法演示了列别名的用法：

```
SELECT COLUMN_NAME ALIAS_NAME
FROM TABLE_NAME;
```

以下示例查询的是 BIRD_NAME 列。查询结果显示，这里用字符串 bird 作为列别名。请注意，默认情况下（至少在 Oracle 中），字符串 bird 将全部转换为大写。请记住，关系型数据库的各种产品之间可能会存在少许差异，但概念是相同的。

```
SQL> select bird_name bird
  2  from birds
  3  where wingspan > 48;

BIRD
------------------------------
Great Blue Heron
Common Loon
Bald Eagle
Golden Eagle
Osprey
Canadian Goose
Ring-billed Gull
Double-crested Cormorant
Turkey Vulture
Mute Swan
Brown Pelican
Great Egret

12 rows selected.
```

例如在 Oracle 中，若要创建的别名超过一个单词，只需加上双引号即可，如下所示。

```
SQL> select bird_name "BIG BIRD"
  2  from birds
  3  where wingspan > 48;

BIG BIRD
------------------------------
Great Blue Heron
Common Loon
Bald Eagle
Golden Eagle
Osprey
Canadian Goose
Ring-billed Gull
Double-crested Cormorant
Turkey Vulture
Mute Swan
Brown Pelican
Great Egret

12 rows selected.
```

列别名可用于定制列标题，在某些 SQL 产品中可用短名称引用某个列。

注意 查询中的列别名

在 SELECT 语句中对列重命名，并不是永久性的更改，而是只对该 SELECT 语句有效。

12.4 小结

本章介绍了数据库查询——一种从关系型数据库中获取有用信息的方法。在 SQL 中，用 SELECT 语句创建查询。每条 SELECT 语句中必须包含 FROM 子句。本章介绍了如何用 WHERE 子句设置查询的条件，以及如何用 ORDER BY 子句对数据进行排序。本章还介绍了编写查询语句的基础知识。做完下面的习题后，您应该准备好在第 13 章了解更多有关查询的信息了。

12.5 答疑

问：为什么 SELECT 语句不能没有 FROM 子句？

答：SELECT 语句只能告诉数据库需要什么数据。FROM 子句则告诉数据库到何处去获取这些数据。

问：DISTINCT 参数的用途是什么？

答：DISTINCT 参数在查询结果中去除指定列的重复数据行。

问：采用 ORDER BY 子句并选择了降序排列，会对数据造成什么影响？

答：假定查询 BIRDS 表的 BIRD_NAME，并用了 ORDER BY 子句。如果选用了降序参数，则排序是从字母 Z 到字母 A。再假设查询 BIRDS 表的 WINGSPAN，并用了 ORDER BY 子句。如果选用降序参数，则顺序会从 WINGSPAN 的最大值开始，递减至最小值。

问：如果同时用到了 DISTINCT 参数、WHERE 子句和 ORDER BY 子句，生效顺序如何？

答：首先应用 WHERE 子句以限制结果的范围，然后应用 DISTINCT 子句，最后用 ORDER BY 子句对最终结果集进行排序。

问：对列重命名有什么好处？

答：新的列名可以适应报表的需要，对返回数据的描述更加贴切。

问：以下语句会如何排序？

```
SELECT BIRD_NAME,WINGSPAN,EGGS FROM BIRDS
ORDER BY 3,1
```

答：先按 EGGS 列排序，再按 BIRD_NAME 列排序。因为没有指定排序参数，所以会按升序排列，最先显示产蛋数量最少的鸟类。

12.6 实践练习

以下是测试题和习题。测试题是为了测试您对当前内容的整体理解。习题让您有机会将本章讨论的概念付诸应用，并巩固前几章的学习中获得的知识。在继续学习之前，请务必完成测试题和习题。答案参见附录 C。

一、测试题

1. 请说出所有 SELECT 语句都需要的部分。

2. WHERE 子句中的所有数据都需要加上单引号吗?

3. WHERE 子句中可以使用多个条件吗?

4. DISTINCT 参数是在 WHERE 子句之前还是之后生效?

5. ALL 参数是必须有的吗?

6. 当根据字符字段排序时,对数字字符是如何处理的?

7. 在大小写敏感性的处理方面,Oracle 的默认方式与 Microsoft SQL Server 有何不同?

8. ORDER BY 子句中的字段顺序有什么重要意义?

9. 在使用数字编号而不是列名时,ORDER BY 子句中的排序顺序是如何确定的?

二、习题

1. 编写一条查询语句,显示数据库中存储了多少种鸟类。

2. 数据库中存在多少种筑巢者?

3. 哪些鸟类产蛋超过 7 个?

4. 哪些鸟类每年繁殖超过一窝?

5. 对 BIRDS 表编写一条查询语句,只显示鸟的名称、常规产蛋数量和孵化期。

6. 修改习题 5 的查询,只显示翼展大于 48 英寸的鸟。

7. 按 WINGSPAN 升序对以上查询进行排序。

8. 按 WINGSPAN 降序对以上查询进行排序,先显示体型最大的鸟。

9. 数据库中有多少个鸟类的别名?

10. 数据库中有多少种不同的食物?

11. 利用本章介绍的手动查询过程,确定 Bald Eagle 的食物有哪些。

12. 附加题:用手动过程和简单 SQL 查询,列出所有吃鱼的鸟类。

第13章

用操作符归类数据

本章内容：

➤ 操作符的定义；

➤ 理解 SQL 中的操作符；

➤ 操作符的单独使用；

➤ 操作符的联合使用。

操作符与 SELECT 命令的 WHERE 子句一起使用，对查询返回的数据进一步增加约束条件。SQL 用户可以使用各种操作符满足数据查询需求。本章展示了可供使用的操作符有哪些，及其在 WHERE 子句中的正确用法。

13.1　SQL 操作符的定义

操作符是指一个保留字或字符，主要在 SQL 语句的 WHERE 子句中使用，用于执行某些操作，例如比较和算术操作。操作符用于在一条 SQL 语句中连接多个条件。

下面列出了本章将要讨论的操作符：

➤ 比较操作符；

➤ 逻辑操作符；

➤ 取反操作符；

➤ 算术操作符。

13.2　比较操作符的用法

比较操作符（comparison operator）测试 SQL 语句中的单个值。这里讨论的比较操作符包括=、<>、<和>。

这些操作符用于测试以下条件：

➤ 等于；

➤ 不等于；

➤ 小于；

➤ 大于。

以下几节将会介绍这些比较操作符及其示例。

13.2.1 等于

等于操作符（equal operator）比较 SQL 语句中的单个值。等号（=）表示相等。在测试是否相等时，作比较的两个值必须完全一致，否则不会返回数据。如果在比较相等的过程中，两个值相等，则返回值为 TRUE；若不相等则返回值为 FALSE。返回的布尔值（TRUE/FALSE）决定了是否根据条件返回数据。

=操作符可以单独使用，也可以与其他操作符组合使用。请记住，第 12 章已介绍过，字符数据的比较可能区分大小写也可能不区分大小写，具体取决于 RDBMS 的设置。请确保已完全了解自己的查询引擎对数据的比较方式。

以下例子展示了 WINGSPAN 等于 48 的查询条件：

```
WHERE WINGSPAN = 48
```

以下查询返回所有 WINGSPAN 等于 48 的鸟类名称及其翼展：

```
SQL> select bird_name, wingspan
  2  from birds
  3  where wingspan = 48;

BIRD_NAME                     WINGSPAN
----------------------------- ----------
Red Tailed Hawk                     48

1 row selected.
```

13.2.2 不等于

有一个相等，就会有多个不等。在 SQL 中，用于表示不等的操作符是<>（小于号与大于号的组合）。如果条件不相等，则返回 TRUE；如果相等，则返回 FALSE。

以下例子展示了 WINGSPAN 不等于 48 的查询条件：

```
WHERE WINGSPAN<>400
```

提示 不等于的其他写法

不等于的另一种写法是!=。很多主流产品都采用!=来表示不等。Microsoft SQL Server、MySQL 和 Oracle 都支持这两种操作符。其实 Oracle 还支持第三种写法^=，但很少用到，因为大多数人习惯采用前两种写法。

下面的查询与上一个类似，但用到的是不等式：结果返回翼展不为 48 英寸的鸟类。

```
SQL> select bird_name, wingspan
  2  from birds
  3  where wingspan <> 48;
```

```
BIRD_NAME                        WINGSPAN
----------------------------     ----------
Great Blue Heron                     78
Mallard                             3.2
Common Loon                          54
Bald Eagle                           84
Golden Eagle                         90
Osprey                               72
Belted Kingfisher                    23
Canadian Goose                       72
Pied-billed Grebe                   6.5
American Coot                        29
Common Sea Gull                      18
Ring-billed Gull                     50
Double-crested Cormorant             54
Common Merganser                     34
Turkey Vulture                       72
American Crow                      39.6
Green Heron                        26.8
Mute Swan                          94.8
Brown Pelican                        90
Great Egret                        67.2
Anhinga                              42
Black Skimmer                        15

22 rows selected.
```

同样请记住，在这些比较操作中，排序规则和系统是否设为大小写敏感都起着至关重要的作用。如果系统区分大小写，则 OSPREY、Osprey 和 osprey 视为不同值，这可能不符合您的预期。

13.2.3　小于和大于

大于和小于是应用广泛的两个比较操作符。大于与小于相反。符号<（小于）和>（大于）可以单用，也可以相互组合或与其他操作符组合使用，执行非空值的比较。操作结果均为布尔值，表示比较结果是否正确。

以下例子展示了 WINGSPAN 小于或大于 48 的查询条件：

```
WHERE WINGSPAN < 48
WHERE WINGSPAN > 48
```

以下查询将返回翼展大于 72 英寸的鸟类：

```
SQL> select bird_name, wingspan
  2   from birds
  3   where wingspan > 72;

BIRD_NAME                        WINGSPAN
----------------------------     ----------
Great Blue Heron                     78
Bald Eagle                           84
Golden Eagle                         90
Mute Swan                          94.8
Brown Pelican                        90

5 rows selected.
```

在下一个示例中，结果集将返回翼展小于 72 英寸的鸟类。请注意，有些鸟类的记录在这两个查询中都不包含。这是因为小于操作符的结果不含所比较的值。

```
SQL> select bird_name, wingspan
  2  from birds
  3  where wingspan < 72;

BIRD_NAME                        WINGSPAN
----------------------------     ----------
Mallard                               3.2
Common Loon                            54
Red Tailed Hawk                        48
Belted Kingfisher                      23
Pied-billed Grebe                     6.5
American Coot                          29
Common Sea Gull                        18
Ring-billed Gull                       50
Double-crested Cormorant               54
Common Merganser                       34
American Crow                        39.6
Green Heron                          26.8
Great Egret                          67.2
Anhinga                                42
Black Skimmer                          15

15 rows selected.
```

13.2.4 比较操作符的组合使用

等于操作符可以和小于、大于操作符组合起来，使得结果包含所比较的值。

以下例子展示 WINGSPAN 小于或等于 48 的查询条件：

```
WHERE WINGSPAN <= 48
```

以下例子展示 WINGSPAN 大于或等于 48 的查询条件：

```
WHERE WINGSPAN >= 48
```

"小于或等于 48"包含了 48 和所有小于 48 的值。该范围内的任何值都会返回 TRUE；大于 48 的任何值都会返回 FALSE。此时"大于或等于"也包含 48，这点与<=操作符相同。以下示例演示如何组合使用操作符查找翼展大于或等于 72 的所有鸟类。请注意，结果集中出现了 3 条之前未包含的记录。

```
SQL> select bird_name, wingspan
  2  from birds
  3  where wingspan >= 72;

BIRD_NAME                        WINGSPAN
----------------------------     ----------
Great Blue Heron                       78
Bald Eagle                             84
Golden Eagle                           90
Osprey                                 72
Canadian Goose                         72
Turkey Vulture                         72
Mute Swan                            94.8
Brown Pelican                          90

8 rows selected.
```

13.3　逻辑操作符的用法

逻辑操作符（logical operator）使用 SQL 关键字而不是符号来进行比较。以下是 SQL 中的逻辑操作符，后续几节将会介绍。

- ➢ IS NULL；
- ➢ BETWEEN；
- ➢ IN；
- ➢ LIKE；
- ➢ EXISTS；
- ➢ UNIQUE；
- ➢ ALL、SOME 和 ANY。

13.3.1　IS NULL

IS NULL 操作符将值与 NULL 进行比较。例如，通过搜索 BIRDS 表中 WINGSPAN 列的 NULL 值，即可查找没有输入翼展值的鸟类。

以下示例将 WINGSPAN 列的值与 NULL 值进行比较，这里的 WINGSPAN 可能没有值。

```
WHERE WINGSPAN IS NULL
```

下面的例子演示了从 BIRDS 表中查找所有未给出翼展值的鸟。首先展示 BIRDS 表的完整查询结果。为了更好地介绍 IS NULL 操作符，表中有些 WINGSPAN 值已经暂时删除了。

```
SQL> select bird_name, wingspan
  2  from birds;

BIRD_NAME                        WINGSPAN
------------------------------   ----------
Great Blue Heron                       78
Mallard
Common Loon                            54
Bald Eagle                             84
Golden Eagle                           90
Red Tailed Hawk                        48
Osprey                                 72
Belted Kingfisher
Canadian Goose                         72
Pied-billed Grebe
American Coot
Common Sea Gull
Ring-billed Gull                       50
Double-crested Cormorant               54
Common Merganser
Turkey Vulture                         72
American Crow
Green Heron
Mute Swan                            94.8
Brown Pelican                          90
Great Egret                          67.2
Anhinga
Black Skimmer
```

```
23 rows selected.

SQL> select bird_name, wingspan
  2  from birds
  3  where wingspan is null;

BIRD_NAME                     WINGSPAN
----------------------------- ----------
Mallard
Belted Kingfisher
Pied-billed Grebe
American Coot
Common Sea Gull
Common Merganser
American Crow
Green Heron
Anhinga
Black Skimmer

10 rows selected.
```

单词"null"与 NULL 值是不同的。请观察以下示例，NULL 和字符串'NULL'是不能互换的，因为含义不一样：

```
SQL> update birds
  2  set wingspan = ''
  3  where bird_name = 'American Coot';

1 row updated.

SQL>
SQL> select bird_name
  2  from birds
  3  where wingspan is null;

BIRD_NAME
-----------------------------
American Coot

1 row selected.

SQL> select bird_name
  2  from birds
  3  where wingspan = 'null';
where wingspan = 'null'
                     *

ERROR at line 3:
ORA-01722: invalid number
```

13.3.2　BETWEEN

BETWEEN 操作符搜索位于给定上下限之间的值。下限值和上限值也包括在条件范围内。以下例子表示翼展的值必须在 48 和 90 之间，包括 48 和 90。

```
WHERE WINGSPAN BETWEEN 48 AND 90
```

提示　请合理使用 BETWEEN

BETWEEN 是包含边界值的，因此查询结果中包含下限和上限值。

以下示例显示了翼展值处于 48 和 90 之间的鸟类。

```
SQL> select bird_name, wingspan
  2  from birds
  3  where wingspan between 48 and 90;

BIRD_NAME                         WINGSPAN
------------------------------    ----------
Great Blue Heron                        78
Common Loon                             54
Bald Eagle                              84
Golden Eagle                            90
Red Tailed Hawk                         48
Osprey                                  72
Canadian Goose                          72
Ring-billed Gull                        50
Double-crested Cormorant                54
Turkey Vulture                          72
Brown Pelican                           90
Great Egret                           67.2

12 rows selected.
```

请注意，输出结果中包含 48 和 90。

13.3.3　IN

IN 操作符将值与给定字面量列表进行比较。若要返回 TRUE，该值必须至少与列表中的一个值相匹配。

下面的例子表示，MIGRATION_LOCATION 必须与 Mexico 或 South America 中的一个相匹配。

```
WHERE MIGRATION_LOCATION IN ('Mexico', 'South America')
```

以下示例用 IN 操作符匹配给定范围的 MIGRATION_LOCATION（第一条查询用于显示 MIGRATION 表中的全部数据，以供对照）：

```
SQL> select * from migration;

MIGRATION_ID MIGRATION_LOCATION
------------ ------------------------------
           1 Southern United States
           2 Mexico
           3 Central America
           4 South America
           5 No Significant Migration
           6 Partial, Open Water

6 rows selected.

SQL> select migration_location
  2  from migration
  3  where migration_location in ('Mexico', 'South America');

MIGRATION_LOCATION
------------------------------
Mexico
South America

2 rows selected.
```

用 IN 操作符可以获得与 OR 操作符相同的结果，但 IN 返回结果的速度更快，因为数据库对其进行了优化。

13.3.4　LIKE

LIKE 操作符将值与带有通配符的相似值进行比较。LIKE 操作符有两个通配符。

➢ 百分号（%）;

➢ 下画线（_）。

以下例子显示了有两个迁移地点的名称中带有单词 "America"：

```
SQL> select migration_location
  2  from migration
  3  where migration_location like '%America%';

MIGRATION_LOCATION
-------------------------------
Central America
South America

2 rows selected.
```

以下例子显示只有一种鸟的别名以单词 "eagle" 开头：

```
SQL> select nickname
  2  from nicknames
  3  where nickname like 'Eagle%';

NICKNAME
-------------------------------
Eagle

1 row selected.
```

以下例子显示有 3 种鸟的别名中出现了单词 "eagle"：

```
SQL> select nickname
  2  from nicknames
  3  where nickname like '%Eagle%';

NICKNAME
-------------------------------
Eagle
Sea Eagle
War Eagle

3 rows selected.
```

最后一个例子显示有三种鸟的别名以单词 "eagle" 结尾：

```
SQL> select nickname
  2  from nicknames
  3  where nickname like '%Eagle';

NICKNAME
-------------------------------
Eagle
Sea Eagle
War Eagle

3 rows selected.
```

13.3.5 EXISTS

EXISTS 操作符在指定表中搜索是否存在符合某些条件的数据行。

以下查询返回别名中包含单词"eagle"的鸟类。

```
SQL> select bird_id, bird_name
  2  from birds
  3  where exists (select bird_id
  4                from nicknames
  5                where birds.bird_id = nicknames.bird_id
  6                  and nicknames.nickname like '%Eagle%');

   BIRD_ID BIRD_NAME
---------- ------------------------------
         4 Bald Eagle
         5 Golden Eagle

2 rows selected.
```

13.3.6 ALL、SOME 和 ANY

ALL 操作符将值与另一个集合中的全部值进行比较。

以下例子判断 WINGSPAN 是否大于 Bald Eagle 的翼展：

```
where wingspan > ALL (select wingspan
            from birds
            where bird_name = 'Bald Eagle')
```

以下例子展示了 ALL 操作符如何与子查询一起使用：

```
SQL> select bird_name, wingspan
  2  from birds
  3  where wingspan > ALL (select wingspan
  4                from birds
  5                where bird_name = 'Bald Eagle');

BIRD_NAME                       WINGSPAN
------------------------------ ----------
Brown Pelican                         90
Golden Eagle                          90
Mute Swan                           94.8

3 rows selected.
```

在以上输出结果中，有 3 种鸟的翼展大于 Bald Eagle。

ANY 操作符根据条件将值与列表中的任一值进行比较。SOME 是 ANY 的别名，两者可以互换使用。

以下示例判断 WINGSPAN 是否大于任何超过 48 英寸的鸟类的翼展。

```
where wingspan > ANY (select wingspan
                from birds
                where wingspan > 48);
```

以下例子展示了 ANY 操作符如何与子查询一起使用：

```
SQL> select bird_name, wingspan
  2  from birds
```

```
   3  where wingspan > ANY (select wingspan
   4                        from birds
   5                        where wingspan > 48);

BIRD_NAME                       WINGSPAN
------------------------------  ----------
Mute Swan                          94.8
Brown Pelican                        90
Golden Eagle                         90
Bald Eagle                           84
Great Blue Heron                     78
Osprey                               72
Canadian Goose                       72
Turkey Vulture                       72
Great Egret                        67.2
Common Loon                          54
Double-crested Cormorant             54

11 rows selected.
```

13.4　连接操作符的用法

假如要在一条 SQL 语句中使用多个条件来缩小数据范围。必须能将多个条件组合起来。用下述连接操作符可以做到：

- ➤ AND；
- ➤ OR。

连接操作符（conjunctive operator）提供了一种手段，可在同一个 SQL 语句中用不同的操作符进行多次比较。以下两节介绍了这两个操作符的功能。

13.4.1　AND

AND 操作符允许在一条 SQL 语句的 WHERE 子句中存在多个条件。无论 SQL 语句是事务还是查询，由 AND 分隔的所有条件都必须为 TRUE。

以下例子表示 WINGSPAN 必须在 48 和 90 之间。

```
WHERE WINGSPAN > 48 AND WINGSPAN < 90
```

下面的例子展示了如何用 AND 操作符查找翼展在上下限区间内的鸟类：

```
SQL> select bird_name, height, weight, wingspan
  2  from birds
  3  where wingspan > 48
  4    and wingspan < 90;

BIRD_NAME                        HEIGHT      WEIGHT     WINGSPAN
------------------------------  ----------  ----------  ----------
Great Blue Heron                     52         5.5          78
Common Loon                          36          18          54
Bald Eagle                           37          14          84
Osprey                               24           3          72
Canadian Goose                       43          14          72
Ring-billed Gull                     19         1.1          50
Double-crested Cormorant             33         5.5          54
Turkey Vulture                       32         3.3          72
Great Egret                          38         3.3        67.2

9 rows selected.
```

以上输出结果表明，WINGSPAN 值必须既大于 48 又小于 90，才能返回其数据。

以下语句未查到数据，因为 AND 操作符的两个条件必须都为 TRUE 时才能返回数据；而这里鸟的翼展不可能既小于 48 英寸又大于 90 英寸。

```
SQL> select bird_name, height, weight, wingspan
  2  from birds
  3  where wingspan < 48
  4    and wingspan > 90;

no rows selected
```

13.4.2 OR

OR 操作符用于在 SQL 语句的 WHERE 子句中组合多个条件。无论 SQL 语句是事务还是查询，用 OR 分隔的条件中至少得有一个为 TRUE。

以下例子表示 WINGSPAN 必须大于 48 英寸或小于 90 英寸。

```
WHERE WINGSPAN > 48 OR WINGSPAN < 90
```

下面的例子展示了如何用 OR 操作符限制 BIRDS 表的查询条件：

```
SQL> select bird_name, height, weight, wingspan
  2  from birds
  3  where wingspan > 48
  4    or wingspan < 90;
```

BIRD_NAME	HEIGHT	WEIGHT	WINGSPAN
Great Blue Heron	52	5.5	78
Common Loon	36	18	54
Bald Eagle	37	14	84
Golden Eagle	40	15	90
Red Tailed Hawk	25	2.4	48
Osprey	24	3	72
Canadian Goose	43	14	72
Ring-billed Gull	19	1.1	50
Double-crested Cormorant	33	5.5	54
Turkey Vulture	32	3.3	72
Mute Swan	60	26	94.8
Brown Pelican	54	7.6	90
Great Egret	38	3.3	67.2

```
13 rows selected.
```

在以下例子中，得有一个条件为 TRUE，才能查到数据：

```
SQL> select bird_name, height, weight, wingspan
  2  from birds
  3  where wingspan > 70
  4    and height < 60
  5    and weight < 18;
```

BIRD_NAME	HEIGHT	WEIGHT	WINGSPAN
Great Blue Heron	52	5.5	78
Bald Eagle	37	14	84
Golden Eagle	40	15	90
Osprey	24	3	72
Canadian Goose	43	14	72
Turkey Vulture	32	3.3	72
Brown Pelican	54	7.6	90

```
7 rows selected.
```

注意 比较操作符可以叠加使用

比较操作符和逻辑操作符可以单独或组合使用。在对复杂语句建模时，需要判断各种查询条件，操作符的组合使用可能就比较重要了。充分利用 AND 和 OR 语句将比较和逻辑操作符叠加使用，就是获得正确查询结果的重要工具。

请注意以下示例中 AND 和 OR 操作符的运用。还请注意括号的逻辑位置，括号提高了语句的可读性。

```
SQL> select bird_name, height, weight, wingspan
  2   from birds
  3   where bird_name like '%Eagle%'
  4     and (wingspan > 85
  5         or height > 36);

BIRD_NAME                        HEIGHT      WEIGHT     WINGSPAN
----------------------------   ----------  ----------  ----------
Bald Eagle                         37          14          84
Golden Eagle                       40          15          90

2 rows selected.
```

提示 条件分组能让查询更易于理解

如果一条 SQL 语句中用到了多个条件和操作符，请用括号将语句划分为多个逻辑组，这可以提高整体的可读性。不过请注意，滥用括号会对输出结果产生不利影响。

如果去除了括号，查询结果会大不相同，示例如下：

```
SQL> select bird_name, height, weight, wingspan
  2   from birds
  3   where bird_name like '%Eagle%'
  4     and wingspan > 85
  5         or height > 36;

BIRD_NAME                        HEIGHT      WEIGHT     WINGSPAN
----------------------------   ----------  ----------  ----------
Great Blue Heron                   52          5.5         78
Bald Eagle                         37          14          84
Golden Eagle                       40          15          90
Canadian Goose                     43          14          72
Mute Swan                          60          26          94.8
Brown Pelican                      54          7.6         90
Great Egret                        38          3.3         67.2

7 rows selected.
```

上述查询返回的数据行要比上一条查询多。这是因为没有正确放置括号，OR 操作符允许在任一（而非全部）条件满足时就返回数据。括号内的内容视作一个条件，最内层括号包含的条件会首先解析。请在 WHERE 子句中正确使用括号，以确保返回正确的逻辑结果。否则就请记住，操作符将按固定的顺序进行求值，通常是从左到右。

13.5 取反操作符的用法

逻辑操作符都可以取反，以改变对条件的判断。

NOT 操作符可以让逻辑操作符的含义反转。NOT 与其他操作符一起使用，可形成以下形式：

➢ <>, != （不等于）；

➢ NOT BETWEEN；

➢ NOT IN；

➢ NOT LIKE；

➢ IS NOT NULL；

➢ NOT EXISTS；

➢ NOT UNIQUE。

以下几节将会讨论这些用法。

13.5.1 不等于

本章之前已介绍过如何用<>操作符判断不等于。不等式的判断其实就是对等于操作符取反。下面是在某些 SQL 产品中可用来判断不等于的第二种方法。

以下两个示例都能表示 WINGSPAN 不等于 48：

```
WHERE WINGSPAN <> 48
WHERE WINGSPAN != 48
```

在第二个例子中，感叹号对相等比较取反。有些产品除了标准的操作符<>之外，还可以使用感叹号。

> **注意** 请查看产品的文档
>
> 关于能否用感叹号来表示不等于操作符，还请查看具体的产品文档。本书涉及的其他操作符，在不同的 SQL 产品中几乎都是一样的。

13.5.2 NOT BETWEEN

用 NOT 操作符对 BETWEEN 取反的用法如下：

```
WHERE WINGSPAN NOT BETWEEN 30 AND 60
```

WINGSPAN 的值不能位于 30 和 60 之间，也不能包含 30 和 60 这两个值。下面针对 BIRDS 表试一试。

```
SQL> select bird_name, wingspan
  2  from birds
  3  where wingspan not between 30 and 60;

BIRD_NAME                        WINGSPAN
------------------------------ ----------
Great Blue Heron                       78
Bald Eagle                             84
Golden Eagle                           90
Osprey                                 72
Canadian Goose                         72
Turkey Vulture                         72
Mute Swan                            94.8
Brown Pelican                          90
```

```
Great Egret                           67.2

9 rows selected.
```

13.5.3   NOT IN

IN 操作符的否定形式为 NOT IN。在下面的例子中，将返回不在所列值中的迁移地点：

```
where migration_location not in ('Mexico', 'South America')
```

以下例子演示了对 IN 操作符取反的用法：

```
SQL> select *
  2  from migration
  3  where migration_location not in ('Mexico', 'South America');

MIGRATION_ID MIGRATION_LOCATION
------------ ----------------------------
           3 Central America
           5 No Significant Migration
           6 Partial, Open Water
           1 Southern United States

4 rows selected.
```

在这个输出结果中，如果 MIGRATION_LOCATION 的值出现在 NOT IN 操作符之后的列表中，则此条记录不会显示出来。

13.5.4   NOT LIKE

LIKE（或通配符）操作符的否定形式为 NOT LIKE。这时只会返回不相似的值。

以下例子演示了 NOT LIKE 操作符的用法：

```
SQL> select bird_name
  2  from big_birds
  3  where bird_name not like '%Eagle%';

BIRD_NAME
-----------------------------
Great Blue Heron
Common Loon
Osprey
Canadian Goose
Ring-billed Gull
Double-crested Cormorant
Turkey Vulture
Mute Swan
Brown Pelican
Great Egret

10 rows selected.
```
以上输出结果中，鸟类名称中包含 "Eagle" 的记录都不会显示。

13.5.5   IS NOT NULL

IS NULL 操作符的否定形式为 IS NOT NULL，用于判断非 NULL 值。以下示例只返回 NOT NULL 的记录：

```
WHERE WINGSPAN IS NOT NULL
```

下面的例子演示了用 IS NOT NULL 操作符获取 WINGSPAN 为 NOT NULL 的鸟类清单:

```
SQL> select bird_name, wingspan
  2  from big_birds
  3  where wingspan is not null;

BIRD_NAME                      WINGSPAN
------------------------------ ----------
Great Blue Heron                     78
Common Loon                          54
Bald Eagle                           84
Golden Eagle                         90
Osprey                               72
Canadian Goose                       72
Ring-billed Gull                     50
Double-crested Cormorant             54
Turkey Vulture                       72
Mute Swan                          94.8
Brown Pelican                        90
Great Egret                        67.2

12 rows selected.
```

13.5.6　NOT EXISTS

EXISTS 的否定形式为 NOT EXISTS。

下面的例子演示了 NOT EXISTS 操作符在子查询中的应用,只会返回 BIG_BIRDS 表中别名不带 "eagle" 的鸟类:

```
SQL> select bird_id, bird_name
  2  from big_birds
  3  where not exists (select bird_id
  4                    from nicknames
  5                    where big_birds.bird_id = nicknames.bird_id
  6                      and nicknames.nickname like '%Eagle%');


   BIRD_ID BIRD_NAME
---------- ------------------------------
        14 Double-crested Cormorant
         1 Great Blue Heron
         7 Osprey
        21 Great Egret
         3 Common Loon
         9 Canadian Goose
        20 Brown Pelican
        13 Ring-billed Gull
        19 Mute Swan
        16 Turkey Vulture

10 rows selected.
```

13.6　算术操作符的用法

与大多数其他语言一样,算术操作符(arithmetic operator)在 SQL 中执行数学运算功能。下面列出了 4 种传统的数学操作符:

➢ ＋（加法）;

➢ －（减法）;

➢ ＊（乘法）;

➢ ／（除法）。

13.6.1　加法

加法用加号（＋）来实现。

以下示例先从 SMALL_BIRDS 表中查询 BIRD_NAME、EGGS、INCUBATION 和 FLEDGING 列，该表之前由 BIRDS 表创建而来。

```
SQL> select bird_name, eggs, incubation, fledging
  2  from small_birds;

BIRD_NAME                        EGGS  INCUBATION    FLEDGING
------------------------------   ----- ----------    ----------
Mallard                            10         30         52
Red Tailed Hawk                     3         35         46
Belted Kingfisher                   7         24         24
Pied-billed Grebe                   7         24         24
American Coot                      12         25         52
Common Sea Gull                     3         28         36
Common Merganser                   11         33         80
American Crow                       6         18         35
Green Heron                         4         25         36
Anhinga                             4         30         42
Black Skimmer                       5         25         30

11 rows selected.
```

以下查询从 SMALL_BIRDS 表返回孵化期和育雏期合计超过 60 天的鸟类:

```
SQL> select bird_name, eggs, incubation, fledging
  2  from small_birds
  3  where incubation + fledging > 60;

BIRD_NAME                        EGGS  INCUBATION    FLEDGING
------------------------------   ----- ----------    ----------
Mallard                            10         30         52
Red Tailed Hawk                     3         35         46
American Coot                      12         25         52
Common Sea Gull                     3         28         36
Common Merganser                   11         33         80
Green Heron                         4         25         36
Anhinga                             4         30         42

7 rows selected.
```

13.6.2　减法

减法用减号（－）来实现。

以下示例返回育雏期和孵化期之差小于 30 天的鸟类:

```
SQL> select bird_name, eggs, incubation, fledging
  2  from small_birds
  3  where fledging - incubation > 30;
```

```
BIRD_NAME                              EGGS  INCUBATION    FLEDGING
------------------------------   ----------  ----------  ----------
Common Merganser                       11         33          80

1 row selected.
```

13.6.3 乘法

乘法用星号（*）来实现。

以下示例从 SMALL_BIRDS 表中返回每年产蛋总数大于或等于 10 的鸟类。每年的产蛋总数由每年窝数乘以每窝蛋数得出。

```
SQL> select bird_name, eggs, broods
  2  from small_birds
  3  where eggs * broods >= 10;

BIRD_NAME                              EGGS      BROODS
------------------------------   ----------  ----------
Mallard                                10          1
American Coot                          12          1
Common Merganser                       11          1

3 rows selected.
```

下面的例子展示了 SELECT 子句中的算术运算，而不是 WHERE 子句中的。此查询返回所有小型鸟，显示每窝产蛋数、每年窝数，以及计算得出的每年产蛋数。

```
SQL> select bird_name "SMALL BIRD", eggs, broods, eggs * broods "EGGS PER YEAR"
  2  from small_birds;

SMALL BIRD                   EGGS    BROODS  EGGS PER YEAR
------------------------   --------  ----------  -------------
Mallard                      10          1           10
Red Tailed Hawk               3          1            3
Belted Kingfisher             7          1            7
Pied-billed Grebe             7          1            7
American Coot                12          1           12
Common Sea Gull               3          1            3
Common Merganser             11          1           11
American Crow                 6          1            6
Green Heron                   4          2            8
Anhinga                       4          1            4
Black Skimmer                 5          1            5

11 rows selected.
```

13.6.4 除法

除法用斜杠（/）来实现。

以下例子先显示一个查询，列出鸟类及与幼鸟一起生活的天数，这个天数由 SELECT 子句中的算式得出。

```
SQL> select bird_name, incubation + fledging "DAYS SPENT WITH YOUNG"
  2  from small_birds;

BIRD_NAME                     DAYS SPENT WITH YOUNG
------------------------------   ---------------------
```

```
Mallard                                              82
Red Tailed Hawk                                      81
Belted Kingfisher                                    48
Pied-billed Grebe                                    48
American Coot                                        77
Common Sea Gull                                      64
Common Merganser                                    113
American Crow                                        53
Green Heron                                          61
Anhinga                                              72
Black Skimmer                                        55

11 rows selected.
```

下面的查询以上述查询为基础，计算出成鸟与幼鸟一起生活的平均天数。

```
SQL> select bird_name,
  2  (incubation + fledging) / (eggs * broods)"AVG DAYS SPENT WITH EACH YOUNG"
  3  from small_birds;

BIRD_NAME                       AVG DAYS SPENT WITH EACH YOUNG
------------------------------  ------------------------------
Mallard                                                    8.2
Red Tailed Hawk                                             27
Belted Kingfisher                                   6.85714286
Pied-billed Grebe                                   6.85714286
American Coot                                       6.41666667
Common Sea Gull                                     21.3333333
Common Merganser                                    10.2727273
American Crow                                       8.83333333
Green Heron                                               7.625
Anhinga                                                     18
Black Skimmer                                              11

11 rows selected.
```

13.6.5 算术操作符的组合使用

算术操作符可以相互组合使用。请记住基础数学知识中的优先规则。乘除法优先，然后是加减法。控制数学运算顺序的唯一方法就是使用括号。括号中的表达式将作为一个整体进行求值。

优先级（precedence）是指表达式的解析顺序，可能是位于数学表达式中，也可能是与 SQL 内嵌函数混合计算。表 13.1 给出了一些简单示例，说明了操作符的优先级对计算结果的影响。

表 13.1	表达式示例和结果
表达式示例	结果
1 + 1 * 5	6
(1 + 1) * 5	10
10 − 4 / 2 + 1	9
(10 − 4) / (2 + 1)	2

警告 请确保数学上的正确性

在组合使用算术操作符时，请记得考虑优先级规则。缺少括号可能会得出不准确的结果。虽然 SQL 语句的语法正确，但也可能导致逻辑错误。

13.7　小结

本章介绍了 SQL 提供的各种操作符，操作符的用法及缘由，还有操作符的使用示例，操作符既可单独使用，又可通过连接操作符 AND 和 OR 组合使用。本章还介绍了基本的算术函数：加法、减法、乘法和除法。比较操作符用于判断是否等于、不等于、小于和大于。逻辑操作符包括 BETWEEN、IN、LIKE、EXISTS、ANY 和 ALL。现在您已了解了如何在 SQL 语句中添加元素以指定更多的条件，更好地控制 SQL 的处理和查询能力。本章给出了很多在 BIRDS 数据库上应用这些操作符的示例，现在有机会将所学知识应用于 BIRDS 示例数据库和之前创建的其他数据了。请记得享受习题的快乐，同一个问题往往有多种解决方案。请花些时间在自己的数据上做一些实验，因为最后几章非常重要，您对 SELECT 语句知识的掌握程度将不断增强。

13.8　答疑

问：WHERE 子句中能否包含多个 AND？

答：当然可以，所有的操作符都能多次使用。

问：WHERE 子句中的 NUMBER 数据类型加上单引号会如何？

答：查询依然会执行，但对于 NUMBER 型字段而言，没有必要加上引号。

13.9　实践练习

以下是测试题和习题。测试题是为了测试您对当前内容的整体理解。习题让您有机会将本章讨论的概念付诸应用，并巩固前几章的学习中获得的知识。在继续学习之前，请务必完成测试题和习题。答案参见附录 C。

一、测试题

1. 判断题：使用 OR 操作符时，两个条件都必须为 TRUE 才能返回数据。

2. 判断题：使用 IN 操作符时，必须匹配所有给出的值才能返回数据。

3. 判断题：在 SELECT 和 WHERE 子句中可以使用 AND 操作符。

4. 判断题：ANY 操作符可以接受表达式的列表。

5. IN 操作符的逻辑取反如何表示？

6. ANY 和 ALL 操作符的逻辑取反如何表示？

二、习题

1. 以下习题请使用原 BIRDS 数据库。先熟悉一下数据，编写一条 SELECT 语句返回 BIRDS 表的全部数据行。然后用本章介绍的操作符为余下的习题编写合适的 SELECT 语句。

2. 哪些鸟类每年繁殖两窝以上？

3. 显示 MIGRATIONS 表中 MIGRATION_LOCATION 不是 Mexico 的全部记录。

4. 列出所有翼展小于 48 英寸的鸟类。

5. 列出所有翼展大于或等于 72 英寸的鸟类。

6. 编写一个查询，返回翼展在 30～70 英寸的鸟类，返回字段 BIRD_NAME 和 WINGSPAN。

7. 查询所有位于 Central America 和 South America 的迁徙地点。

8. 列出鸟类名称中含有单词"green"的所有记录。

9. 列出鸟类名称以单词"bald"开头的所有记录。

10. 是否有翼展小于 20 英寸或身高小于 12 英寸的鸟类？

11. 是否有体重超过 5 磅且身高小于 36 英寸的鸟类？

12. 列出所有不含单词"green"的鸟类名称。

13. 列出所有含有三原色之一的单词的鸟类名称。

14. 有多少种鸟与幼鸟共处时间超过 75 天？

15. 运用本章介绍的操作符，尝试自己编写一些查询。

第 14 章

表连接查询

本章内容：

➤ 表连接的定义；

➤ 辨识各种类型的表连接；

➤ 表连接的适用场合和用法；

➤ 表连接的示例；

➤ 表连接不当时的后果；

➤ 用别名在查询中重命名表。

到目前为止，本书执行的所有数据库查询都是从单个表中提取数据的。不过在习题中也给出了手动连接查询的示例。在手动连接查询时，分别查询多张表中的数据，以获得所需的最终结果。本章将介绍如何在查询中把多张表连接起来，以便高效、自动地从多张表中获取数据。

14.1 查询多张表中的数据

SQL 强大的特性之一，就是能从多张表中查询数据。如果没有这种能力，整个关系型数据库的概念就无法实现了。单表查询有时相当有效，但现实中最实用的查询是从数据库的多张表中获取数据。

正如本书所言，尤其是在数据库设计期间，为了简化和便于整体管理，关系型数据库需要分解为较小的、更易于管理的表。由于分成了小表，存在关联关系的表带有共同的列：主键和外键。这些键用于将相关表连接起来。

如果最终还是要把表连接起来才能获取所需数据，那为什么还要对表进行规范化呢？因为很少会选取所有表中的所有数据，所以每条查询按需选取数据会比较划算。数据库规范化之后可能会稍微影响些性能，但总体而言编码和维护要简单很多。请记住，为了减少冗余数据和提高数据完整性，通常都应对数据库进行规范化。数据库管理员的首要任务是保护数据。

14.2　理解连接

连接（join）是将两张或更多表组合起来，从多张表中获取数据。不同的产品会有多种不同的表连接方式，因此本章集中讨论最常见的表连接。本章介绍以下类型的连接：

➢　等值连接（equijoin）或内连接（inner join）；

➢　不等连接（non-equijoin）；

➢　外连接（outer join）；

➢　自连接（self join）。

正如前几章所述，SELECT 和 FROM 子句都是必需的 SQL 语句元素；WHERE 子句是表连接 SQL 语句的必需元素。要连接的表罗列在 FROM 子句中。连接在 WHERE 子句中执行。可以用操作符来连接表，包括=、<、>、<>、<=、>=、!=、BETWEEN、LIKE 和 NOT。不过最常见的操作符是等号。

图 14.1 显示了数据库中的两张表——EMPLOYEES 和 DEPENDENTS，它们通过 ID 列建立了关联关系。每位员工可以有多位亲属，也可以没有。每位亲属必须有关联的员工记录。（这是第 1 章中的示例。）这集中体现了关系型数据库的主要概念。本例给出了两张具有父子关系的表。父记录可以关联零到多条记录。如果正确定义了主键和外键的关系，那么每条子记录必须关联有一条父记录。研究图 14.1 中的数据。

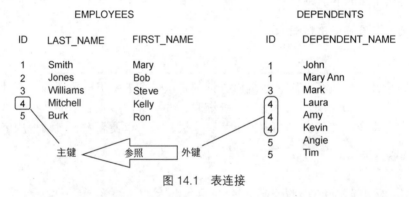

图 14.1　表连接

从图 14.1 的两张表中查询数据。Kelly Mitchell 的亲属都有谁？这很容易解决，因为所有数据都已给出了。Kelly Mitchell 的 ID 是 4。请查看一下 DEPENDENTS 表并找出 Kelly Mitchell 的 ID 为 4，很容易就能发现 3 条与 Kelly Mitchell 的 ID 关联的记录或数据行：Laura、Amy 和 Kevin。这就是一个简单有效的表连接示例。本章后续将详细阐述这个概念。

14.2.1　等值连接

等值连接或许是最常用和最重要的表连接，也称为内连接。等值连接通过共同字段连接两张表，通常两个列都是表的主键。

等值连接的语法如下：

```
SELECT TABLE1.COLUMN1, TABLE2.COLUMN2...
FROM TABLE1, TABLE2 [, TABLE3 ]
WHERE TABLE1.COLUMN_NAME = TABLE2.COLUMN_NAME
```

```
[ AND TABLE1.COLUMN_NAME = TABLE3.COLUMN_NAME ]
```

以下是一个示例：

```
SQL> select birds.bird_id, birds.bird_name,
  2   nicknames.bird_id, nicknames.nickname
  3   from birds, nicknames
  4   where birds.bird_id = nicknames.bird_id
  5   order by 1;

   BIRD_ID BIRD_NAME                        BIRD_ID NICKNAME
---------- ----------------------          ------- -----------------------------
         1 Great Blue Heron                      1 Big Cranky
         1 Great Blue Heron                      1 Blue Crane
         2 Mallard                               2 Green Cap
         2 Mallard                               2 Green Head
         3 Common Loon                           3 Great Northern Diver
         4 Bald Eagle                            4 Eagle
         4 Bald Eagle                            4 Sea Eagle
         5 Golden Eagle                          5 War Eagle
         6 Red Tailed Hawk                       6 Chicken Hawk
         7 Osprey                                7 Sea Hawk
         8 Belted Kingfisher                     8 Preacher Bird
        19 Mute Swan                            19 Tundra
        20 Brown Pelican                        20 Pelican
        21 Great Egret                          21 Common Egret
        21 Great Egret                          21 White Egret
        22 Anhinga                              22 Snake Bird
        22 Anhinga                              22 Spanish Crossbird
        22 Anhinga                              22 Water Turkey
        23 Black Skimmer                        23 Sea Dog

19 rows selected.
```

上述 SQL 语句将查询 BIRDS 和 NICKNAMES 表。显示每种鸟的 BIRD_NAME 和关联的 NICKNAME。为了证明两张表连接正确，BIRD_ID 列了两次。为了能让结果显示在一页纸上，此示例删除了 NICKNAMES 表中的很多记录。查询语句需要知道表的关联关系，这正是 WHERE 子句的目的所在。这里指明了两张表通过 BIRD_ID 列连接起来。因为两张表中都包含 BIRD_ID，所以列的清单中必须用表名对其进行区分。为列加上表名之后，数据库服务器就知道从哪里获取数据了。

以下例子查询 BIRDS 和 NICKNAMES 表的数据，因为数据分别存储于两张表中。使用的是等值连接。

```
SQL> select birds.bird_id, birds.bird_name,
  2        nicknames.bird_id, nicknames.nickname
  3   from birds, nicknames
  4   where birds.bird_id = nicknames.bird_id
  5     and birds.bird_name like '%Eagle%'
  6   order by 1;

   BIRD_ID BIRD_NAME                     BIRD_ID NICKNAME
---------- --------------------          ---------- --------------------
         4 Bald Eagle                          4 Eagle
         4 Bald Eagle                          4 Sea Eagle
         5 Golden Eagle                        5 War Eagle

3 rows selected.
```

请注意，为了明确标识每一列，SELECT 子句中的列名前面都带有关联的表名。这称为查询中的限定列（qualifying column）。只有查询引用的列在多张表中都存在时，才需要用到限定列。通常要对全部列加以限定，以保持代码的一致性，并避免在调试或修改 SQL 代码时出现问题。

通过引入 JOIN 语法，SQL 还提供了另一个版本的表连接写法。JOIN 语法如下所示，研究一下就会发现，基本等同于在 WHERE 子句中执行连接：

```
SELECT TABLE1.COLUMN1, TABLE2.COLUMN2...
FROM TABLE1
INNER JOIN TABLE2 ON TABLE1.COLUMN_NAME = TABLE2.COLUMN_NAME
```

如上所述，WHERE 子句中移除了连接操作符，取而代之的是 JOIN 语法。连接表加到了 JOIN 后面，然后 JOIN 操作符放到了 ON 之后。

14.2.2 表的别名

表的别名可在 SQL 语句中对表进行重命名。这种重命名是临时的，数据库中的实际表名并不会改变。稍后在 14.2.5 节中会提到，为表提供别名是自连接的必要条件。别名最常见的用途是减少击键次数，生成较短的、更易于阅读的 SQL 语句。此外，击键较少就意味着键入错误也会减少。如果可以引用别名，则编程错误通常也会减少，别名通常较简短且对所用数据的描述能力也会更好。一旦启用了表别名，还意味着列必须用表别名进行限定。

下面的查询与上一个相同，只是为表赋予了别名。有了别名之后，在查询中即可用别名实现简写，并提升可读性。

```
SQL> select B.bird_id, B.bird_name,
  2  N.bird_id, N.nickname
  3  from birds B,
  4  nicknames N
  5  where B.bird_id = N.bird_id
  6    and B.bird_name like '%Eagle%'
  7  order by 1;

  BIRD_ID BIRD_NAME              BIRD_ID NICKNAME
---------- -------------------  ---------- --------------------
        4 Bald Eagle                  4 Eagle
        4 Bald Eagle                  4 Sea Eagle
        5 Golden Eagle                5 War Eagle

3 rows selected.
```

在上述 SQL 语句中，BIRDS 重命名为 B，NICKNAMES 重命名为 N。表的别名是任意取名的，之所以选择这些字母，是因为 BIRDS 以 B 开头，而 NICKNAMES 以 N 开头。需查询的列用对应的表别名加以限定。请注意，在 WHERE 子句中用到了 BIRD_NAME 列，并且也用表别名做了限定。

14.2.3 不等连接

不等连接依据指定列值不等于另一张表的指定列值来连接两张或多张表。不等连接的语法如下。

```
FROM TABLE1, TABLE2 [, TABLE3 ]
WHERE TABLE1.COLUMN_NAME != TABLE2.COLUMN_NAME
[ AND TABLE1.COLUMN_NAME != TABLE2.COLUMN_NAME ]
```

以下示例执行的查询与先前的相同，只不过将第 5 行的等值连接替换为不等判断。BIRDS 表的每行数据都会与 NICKNAMES 表的每个不关联数据行匹配，所以此查询基本上就是显示出每种鸟没有哪些别名。同上所述，此例中的 NICKNAMES 表只包含一部分原 NICKNAMES 表的数据。

```
SQL> select B.bird_id, B.bird_name,
  2      N.bird_id, N.nickname
  3  from birds B,
  4     nicknames N
  5  where B.bird_id != N.bird_id
  6    and B.bird_name like '%Eagle%'
  7  order by 1;

  BIRD_ID BIRD_NAME              BIRD_ID NICKNAME
---------- -------------------- ---------- ----------------------
        4 Bald Eagle                  1 Big Cranky
        4 Bald Eagle                  1 Blue Crane
        4 Bald Eagle                  2 Green Cap
        4 Bald Eagle                  2 Green Head
        4 Bald Eagle                  3 Great Northern Diver
        4 Bald Eagle                  5 War Eagle
        4 Bald Eagle                  6 Chicken Hawk
        4 Bald Eagle                  7 Sea Hawk
        4 Bald Eagle                  8 Preacher Bird
        4 Bald Eagle                 19 Tundra
        4 Bald Eagle                 20 Pelican
        4 Bald Eagle                 21 Common Egret
        4 Bald Eagle                 21 White Egret
        4 Bald Eagle                 22 Snake Bird
        4 Bald Eagle                 22 Spanish Crossbird
        4 Bald Eagle                 22 Water Turkey
        4 Bald Eagle                 23 Sea Dog
        5 Golden Eagle                1 Big Cranky
        5 Golden Eagle                1 Blue Crane
        5 Golden Eagle                2 Green Cap
        5 Golden Eagle                2 Green Head
        5 Golden Eagle                3 Great Northern Diver
        5 Golden Eagle                4 Eagle
        5 Golden Eagle                4 Sea Eagle
        5 Golden Eagle                6 Chicken Hawk
        5 Golden Eagle                7 Sea Hawk
        5 Golden Eagle                8 Preacher Bird
        5 Golden Eagle               19 Tundra
        5 Golden Eagle               20 Pelican
        5 Golden Eagle               21 Common Egret
        5 Golden Eagle               21 White Egret
        5 Golden Eagle               22 Snake Bird
        5 Golden Eagle               22 Spanish Crossbird
        5 Golden Eagle               22 Water Turkey
        5 Golden Eagle               23 Sea Dog

35 rows selected.
```

警告 不等连接可能会加入无用数据

不等连接可能会得到无用的数据行。请仔细检查输出结果。

在之前的等值连接示例中，第一张表的每行数据都只与第二张表的一行数据匹配（对应的数据行）。

14.2.4 外连接

外连接会返回表中的所有行，即便被连接的表中没有对应行。(+)符号表示查询采用了外连接，位于 WHERE 子句中的表名后面。带有(+)的表应该是没有匹配行的表。在许多产品中，外连接分为左外连接、右外连接和全外连接（full outer join）。通常这些产品中的外连接只是可选用法之一。

警告 表连接的语法多变

关于外连接的确切用法和语法，请查看具体的产品文档。在一些主流产品中采用了(+)符号，但这不是一项标准。甚至不同的版本都有可能存在差异。举个例子，Microsoft SQL Server 2000 支持这种连接语法，但 SQL Server 2005 以上的版本就不支持。在运用之前请务必注意语法。

外连接的常规语法如下：

```
FROM TABLE1
{RIGHT | LEFT | FULL} [OUTER] JOIN
ON TABLE2
```

在 Oracle 中语法如下：

```
FROM TABLE1, TABLE2 [, TABLE3 ]
WHERE TABLE1.COLUMN_NAME[(+)] = TABLE2.COLUMN_NAME[(+)]
[ AND TABLE1.COLUMN_NAME[(+)] = TABLE3.COLUMN_NAME[(+)]]
```

为了理解外连接的工作方式，首先像以前一样编写一条查询，从数据库中获取鸟类名称和相关的别名。以下示例显示返回了 19 行数据。虽然之前为了创建一个子集，临时删除了 NICKNAMES 表中的一些记录，但这里还是有些鸟类没有显示出来。为了演示起见，此前 NICKNAMES 表中有很多鸟类的 NICKNAME 列更新成了 NULL。因此，以下 19 行只是代表了目前数据库中具备别名的鸟类。

```
SQL> select B.bird_id, B.bird_name,
  2  N.bird_id, N.nickname
  3  from birds B,
  4  nicknames N
  5  where B.bird_id = N.bird_id
  6  order by 1;

  BIRD_ID BIRD_NAME                 BIRD_ID NICKNAME
---------- -------------------- ---------- --------------------------
        1 Great Blue Heron            1 Big Cranky
        1 Great Blue Heron            1 Blue Crane
        2 Mallard                     2 Green Cap
        2 Mallard                     2 Green Head
        3 Common Loon                 3 Great Northern Diver
        4 Bald Eagle                  4 Eagle
        4 Bald Eagle                  4 Sea Eagle
        5 Golden Eagle                5 War Eagle
        6 Red Tailed Hawk             6 Chicken Hawk
        7 Osprey                      7 Sea Hawk
        8 Belted Kingfisher           8 Preacher Bird
       19 Mute Swan                  19 Tundra
       20 Brown Pelican              20 Pelican
       21 Great Egret                21 Common Egret
       21 Great Egret                21 White Egret
       22 Anhinga                    22 Snake Bird
       22 Anhinga                    22 Spanish Crossbird
       22 Anhinga                    22 Water Turkey
```

```
      23 Black Skimmer              23 Sea Dog

19 rows selected.
```

若要显示结果集中的所有鸟类，无论是否具备关联的别名，则可以采用外连接。BIRDS 表包含了数据库中所有的鸟类。但目前有一些鸟类在 NICKNAMES 表中不存在关联数据行。为了显示所有的鸟类，在连接 NICKNAMES 表的 BIRD_ID 旁边使用了外连接操作符(+)（参见查询语句的第 5 行），这样缺失的记录就能回来了。请查看一下结果集，无论是否具备别名，数据库中的所有鸟类都已列出来了。

```
SQL> select B.bird_id, B.bird_name,
  2  N.bird_id, N.nickname
  3  from birds B,
  4  nicknames N
  5  where B.bird_id = N.bird_id(+)
  6  order by 1;

  BIRD_ID BIRD_NAME               BIRD_ID NICKNAME
---------- -------------------- ---------- ----------------------------
        1 Great Blue Heron            1 Big Cranky
        1 Great Blue Heron            1 Blue Crane
        2 Mallard                     2 Green Cap
        2 Mallard                     2 Green Head
        3 Common Loon                 3 Great Northern Diver
        4 Bald Eagle                  4 Eagle
        4 Bald Eagle                  4 Sea Eagle
        5 Golden Eagle                5 War Eagle
        6 Red Tailed Hawk             6 Chicken Hawk
        7 Osprey                      7 Sea Hawk
        8 Belted Kingfisher           8 Preacher Bird
        9 Canadian Goose
       10 Pied-billed Grebe
       11 American Coot
       12 Common Sea Gull
       13 Ring-billed Gull
       14 Double-crested Cormorant
       15 Common Merganser
       16 Turkey Vulture
       17 American Crow
       18 Green Heron
       19 Mute Swan                  19 Tundra
       20 Brown Pelican              20 Pelican
       21 Great Egret                21 White Egret
       21 Great Egret                21 Common Egret
       22 Anhinga                    22 Snake Bird
       22 Anhinga                    22 Spanish Crossbird
       22 Anhinga                    22 Water Turkey
       23 Black Skimmer              23 Sea Dog

29 rows selected.
```

提示 外连接的用法

外连接只能用在 JOIN 条件的一侧，但可以在 JOIN 条件中对同一张表的多个列使用。

14.2.5 自连接

自连接将表与自身连接，就像两张表一样。然后在 SQL 语句中至少要对其中一个表名进行重命名，为它取个别名。语法如下：

```
SELECT A.COLUMN_NAME, B.COLUMN_NAME, [ C.COLUMN_NAME ]
```

```
FROM TABLE1 A, TABLE2 B [, TABLE3 C ]
WHERE A.COLUMN_NAME = B.COLUMN_NAME
[ AND A.COLUMN_NAME = C.COLUMN_NAME ]
```

以下示例针对一张名为 PHOTOGRAPHERS 的表。首先查看一下 CREATE TABLE 语句。这是一张非常简单的摄影师表，包含 ID、摄影师姓名和导师 ID，导师是 PHOTOGRAPHERS 表中的另一位摄影师。所以在这个例子中，主键就是 PHOTOGRAPHER_ID，保证表中的每行数据都包含一个唯一标识。还在 MENTOR_PHOTOGRAPHER_ID 列上创建了外键约束，引用了同一张表中的 PHOTOGRAPHER_ID 列。

```
SQL> create table photographers
  2  (photographer_id     number(3)     not null   primary key,
  3   photographer        varchar(30)   not null,
  4   mentor_photographer_id number(3)   null,
  5   constraint p_fk1 foreign key (mentor_photographer_id) references
photographers (photographer_id));

Table created.
```

下面，在 PHOTOGRAPHERS 表中插入样本数据记录。

```
SQL> insert into photographers values ( 7, 'Ryan Notstephens' , null);

1 row created.

SQL> insert into photographers values ( 8, 'Susan Willamson' , null);

1 row created.

SQL> insert into photographers values ( 9, 'Mark Fife' , null);

1 row created.

SQL> insert into photographers values ( 1, 'Shooter McGavin' , null);

1 row created.

SQL> insert into photographers values ( 2, 'Jenny Forest' , 8);

1 row created.

SQL> insert into photographers values ( 3, 'Steve Hamm' , null);

1 row created.

SQL> insert into photographers values ( 4, 'Harry Henderson' , 9);

1 row created.

SQL> insert into photographers values ( 5, 'Kelly Hairtrigger' , 8);

1 row created.

SQL> insert into photographers values ( 6, 'Gordon Flash' , null);

1 row created.

SQL> insert into photographers values ( 10, 'Kate Kapteur' , 7);

1 row created.
```

现在可以查询 PHOTOGRAPHERS 表来显示所有数据。结果显示有 10 位摄影师。其中 4 位摄影师的导师是同一张表中的其他摄影师。如果从对方的角度看待这种关系，这同时意味着某些摄影师是其他摄影师的导师。有些摄影师既没有导师也不当别人的导师。请熟悉一下数据。查看下面的数据集并确定 Kate Kapteur 的导师是谁。

```
SQL> select * from photographers;

PHOTOGRAPHER_ID PHOTOGRAPHER           MENTOR_PHOTOGRAPHER_ID
--------------- --------------------   ----------------------
              7 Ryan Notstephens
              8 Susan Willamson
              9 Mark Fife
              1 Shooter McGavin
              2 Jenny Forest                                 8
              3 Steve Hamm
              4 Harry Henderson                              9
              5 Kelly Hairtrigger                            8
              6 Gordon Flash
             10 Kate Kapteur                                 7

10 rows selected.
```

Kate Kapteur 的导师是 Ryan Notstephens。因为 Kate Kapteur 关联的 MENTOR_PHOTOGRAPHER_ID 是 7，对应的就是 Ryan Notstephens 的 PHOTOGRAPHER_ID。请记住，这张表的 MENTOR_PHOTOGRAPHER_ID 是外键，引用了同一张表中的主键 PHOTOGRAPHER_ID。

下一个示例将在 PHOTOGRAPHERS 表上应用自连接的概念。假定要制作一份导师及其徒弟的名单。请查看一下 SELECT 语句，对 PHOTOGRAPHERS 表进行了两次选取。FROM 子句中第一次出现的 PHOTOGRAPHERS 表带有别名"mentors"；第二次出现的 PHOTOGRAPHERS 表则带有别名"proteges"。为了实现本查询的目标，本质上 PHOTOGRAPHERS 表将视作两张单独的表。"mentors"版的 PHOTOGRAPHERS 表中的 PHOTOGRAPHER_ID 将连接到同一张表的"proteges"版的 MENTOR_PHOTOGRAPHER_ID 列。研究输出结果，并与上一个示例中的完整输出进行比较。请注意，以下输出结果只列出了有徒弟的摄影师。

```
SQL> select mentors.photographer mentor,
  2  proteges.photographer protege
  3  from photographers mentors,
  4  photographers proteges
  5  where mentors.photographer_id = proteges.mentor_photographer_id
  6  order by 1;

MENTOR                         PROTEGE
-----------------------------  -----------------------------
Mark Fife                      Harry Henderson
Ryan Notstephens               Kate Kapteur
Susan Willamson                Kelly Hairtrigger
Susan Willamson                Jenny Forest

4 rows selected.
```

最后一个示例用到的查询与上一个完全相同，但应用了外连接和自连接的概念。若要查看所有摄影师，无论他是否有一个作为导师或徒弟的相关记录，那么用外连接可以做到。研究输出的结果，如有必要可回顾一下之前关于外连接的介绍。因为输出结果中有一些摄影师并不一定是徒弟，所以 PROTEGES.PHOTOGRAPHER 列的名称保留为"photographer"。

```
SQL> select mentors.photographer mentor,
  2  proteges.photographer "PHOTOGRAPHER"
  3  from photographers mentors,
```

```
    4   photographers proteges
    5   where mentors.photographer_id(+) = proteges.mentor_photographer_id
    6   order by 1;
```

```
MENTOR                          PHOTOGRAPHER
------------------------------  ------------------------------
Mark Fife                       Harry Henderson
Ryan Notstephens                Kate Kapteur
Susan Willamson                 Kelly Hairtrigger
Susan Willamson                 Jenny Forest
                                Steve Hamm
                                Shooter McGavin
                                Mark Fife
                                Susan Willamson
                                Gordon Flash
                                Ryan Notstephens
```

```
10 rows selected.
```

如果要获取的数据都位于同一张表中，那么自连接就会很有用，但表中的记录必须能以某种方式与其他记录进行比较。

14.2.6 用多个键连接表

大多数表连接操作都涉及数据的合并，基于各张表的某个主键。根据不同的数据库设计方式，为了准确描述数据库中的数据，表连接可能需要基于多个主键列。表的主键可能包含多个列。表的外键也可能包含多个列，引用的是一个多列主键。

目前 BIRDS 数据库并没有按这种方式去设计，但不妨考虑以下示例表：

```
SQL> desc products
```

```
Name                                    Null?       Type
--------------------------------------  -------     ----------------------------
SERIAL_NUMBER                           NOT NULL    NUMBER(10)
VENDOR_NUMBER                           NOT NULL    NUMBER(10)
PRODUCT_NAME                            NOT NULL    VARCHAR2(30)
COST                                    NOT NULL    NUMBER(8,2)
```

```
SQL> desc orders
```

```
Name                                    Null?       Type
--------------------------------------  -------     ----------------------------
ORD_NO                                  NOT NULL    NUMBER(10)
PROD_NUMBER                             NOT NULL    NUMBER(10)
VENDOR_NUMBER                           NOT NULL    NUMBER(10)
QUANTITY                                NOT NULL    NUMBER(5)
ORD_DATE                                NOT NULL    DATE
```

PROD 表的主键是 SERIAL_NUMBER 和 VENDOR_NUMBER 列的组合。或许两种产品的序列号在分销公司内会相同，但对每家供应商而言序列号都是唯一的。

ORD 中的外键也是 SERIAL_NUMBER 和 VENDOR_NUMBER 列的组合。

从这两张表（PROD 和 ORD）中查询数据时，连接操作可能如下所示：

```
SELECT P.PRODUCT_NAME, O.ORD_DATE, O.QUANTITY
FROM PRODUCTS P, ORDERS O
WHERE P.SERIAL_NUMBER = O.SERIAL_NUMBER
  AND P.VENDOR_NUMBER = O.VENDOR_NUMBER;
```

14.3 表连接的注意事项

在使用表连接之前，有 3 个问题需要考虑清楚：要连接哪些列、是否要连接公共列，性能如何。查询中的表连接越多，数据库服务器必须处理的工作就越多，获取数据所花的时间也就越久。要从已做规范化的数据库中检索数据，表连接就无法避免，但必须确保表连接的执行逻辑正确。不正确的连接会导致性能严重下降，查询结果也会不准确。第 23 章会更详细地讨论性能问题。

14.3.1 基表

在已做规范化的数据库中，有一种常见需求是查询多张没有直接关系的表。应该连接什么列呢？如果需要检索数据的两张表没有可连接的共同列，则必须借助另一张表完成连接，那张表包含了这两张表的一个或多个共同列。这第三张表就成了基表（base table）。基表可连接一张或多张具有共同列的表，也可以连接没有共同列的表。

回想一下第 5 ~ 7 章介绍的数据库设计，特别是关于规范化的第 7 章，您应该还记得当时已经创建过几张中间表（或称基表）。例如，图 14.1 显示了原 BIRDS 和 FOOD 实体是如何通过多对多关系关联的。多对多关系存在冗余数据，经过对数据库继续规范化并删除冗余数据，最终在两者之间建了一些表。图 14.2 显示了如何将两张表规范成了 3 张表。中间表用作基表，提供了 BIRDS 和 FOOD 表之间的关系。请花点时间重温一下中间表的概念。

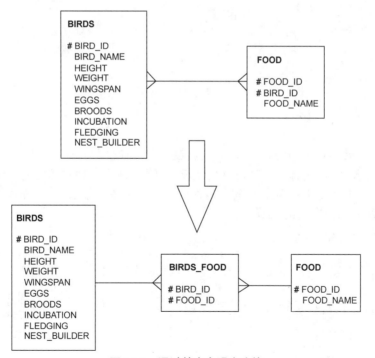

图 14.2　通过基表实现表连接

以下查询要获取鸟类所吃食物的信息。为此需要用到图 14.2 中的 3 张表。在 FROM 子句中已列出了这 3 张表，为了简化语句并提高可读性，还为它们指定了别名。这里只需查询

BIRD_NAME 和 FOOD 列。请注意，因为使用了表的别名，所以查询语句中的列全都用别名进行了限定，别名表示该列所在的表。连接操作由第 3 行和第 4 行的 WHERE 子句组成。BIRDS 表用 BIRD_ID 列与 BIRDS_FOOD 表连接，而 FOOD 表则用 FOOD_ID 列与 BIRDS_FOOD 表连接。数据库中的每种鸟在 BIRDS 表中都只有一行数据。数据库中的每种食物在 FOOD 表中也只有一行数据。BIRDS_FOOD 表由 BIRD_ID 和 FOOD_ID 组成，并一起构成该表的主键。因此，BIRDS_FOOD 表中某种鸟和某种食物的组合只能有一条记录。以下查询语句还只显示吃鱼、昆虫和植物且 WINGSPAN 列有值的鸟类。最后，查询结果将按鸟类名称排序。请花点时间研究一下查询语句和输出的结果。

```
SQL> select B.bird_name, F.food_name
  2  from birds B, food F, birds_food BF
  3  where B.bird_id = BF.bird_id
  4    and F.food_id = BF.food_id
  5    and F.food_name in ('Fish', 'Insects', 'Plants')
  6    and B.wingspan is not null
  7  order by 1;

BIRD_NAME                        FOOD_NAME
-------------------------------  -----------------------------
Bald Eagle                       Fish
Brown Pelican                    Fish
Canadian Goose                   Insects
Common Loon                      Fish
Double-crested Cormorant         Fish
Golden Eagle                     Insects
Golden Eagle                     Fish
Great Blue Heron                 Insects
Great Blue Heron                 Fish
Great Egret                      Fish
Mute Swan                        Plants
Osprey                           Fish
Red Tailed Hawk                  Insects
Ring-billed Gull                 Fish
Ring-billed Gull                 Insects

15 rows selected.
```

14.3.2　笛卡儿积

笛卡儿积（cartesian product）是笛卡儿连接或"无连接"的查询结果。如果查询两张或多张表且不进行表连接，则输出结果会包含所有表的所有行。如果表很大，则结果可能是数十万甚至数百万行数据。如果 SQL 语句要从两张或多张表中检索数据，强烈建议带上 WHERE 子句。笛卡儿积也称交叉连接（cross join）。

交叉连接的语法如下：

```
FROM TABLE1, TABLE2 [, TABLE3 ]
WHERE TABLE1, TABLE2 [, TABLE3 ]
```

以下例子演示了交叉连接，即计算笛卡儿积：

```
SQL> select bird_name, food_name
  2  from birds, food;

BIRD_NAME                        FOOD_NAME
-------------------------------  ----------------
American Coot                    Aquatic Insects
American Coot                    Aquatic Plants
American Coot                    Berries
```

```
American Coot                     Birds
American Coot                     Carrion
American Coot                     Corn
American Coot                     Crayfish
American Coot                     Crustaceans
American Coot                     Deer
American Coot                     Ducks
American Coot                     Fish
American Coot                     Frogs
American Coot                     Fruit
American Coot                     Insects
American Coot                     Moths
American Coot                     Nectar
American Coot                     Nuts
American Coot                     Plants
American Coot                     Pollen
American Coot                     Reptiles
American Coot                     Rodents
American Coot                     Seeds
American Coot                     Small Mammals
American Coot                     Snakes
American Coot                     Worms
American Crow                     Aquatic Insects
American Crow                     Aquatic Plants
American Crow                     Berries
.........
Turkey Vulture                    Crustaceans
Turkey Vulture                    Deer
Turkey Vulture                    Ducks
Turkey Vulture                    Fish
Turkey Vulture                    Frogs
Turkey Vulture                    Fruit
Turkey Vulture                    Insects
Turkey Vulture                    Moths
Turkey Vulture                    Nectar
Turkey Vulture                    Nuts
Turkey Vulture                    Plants
Turkey Vulture                    Pollen
Turkey Vulture                    Reptiles
Turkey Vulture                    Rodents
Turkey Vulture                    Seeds
Turkey Vulture                    Small Mammals
Turkey Vulture                    Snakes
Turkey Vulture                    Worms

575 rows selected.
```

这里的数据从两张表中获取，但没有执行 JOIN 操作。因为没有指定如何将第一张表的行与第二张表的行连接起来，所以数据库服务器将第一张表的每一行与第二张表中的每一行进行了配对。因为每张表都有多条数据，查询结果 575 行正是 23 行乘以 25 行得来的。BIRDS 数据库只是一个小小的示例数据库，数据量有限，但您已能想象出真实数据库的笛卡儿积的结果了，真实数据库的表中存有几千甚至几百万行的数据。

为了完全理解笛卡儿积是如何得出的，请研究以下示例：

```
SQL> SELECT X FROM TABLE1;

X
-
A
B
C
D

4 rows selected.

SQL> SELECT V FROM TABLE2;
```

```
X
-
A
B
C
D

4 rows selected.

SQL> SELECT TABLE1.X, TABLE2.X
  2* FROM TABLE1, TABLE2;

X X
- -
A A
B A
C A
D A
A B
B B
C B
D B
A C
B C
C C
D C
A D
B D
C D
D D

16 rows selected.
```

警告　请确保所有表都进行了连接

请确保查询中的所有表都进行了连接。如果查询中有两张表未进行连接，并且每张表包含 1000 行数据，则笛卡儿积会包含 1000 行乘以 1000 行的数据，结果共会返回 1 000 000 行数据。根据主机资源的占用情况不同，有时处理大量数据的笛卡儿积可能会导致主机停机或者崩溃。因此，对于 DBA 和系统管理员而言，一项重要工作就是对运行时间较长的查询进行密切监视。

14.4　小结

本章介绍了 SQL 强大的特性之一：表连接。如果无法在单条查询中提取多张表中的数据，那么用途受限和大量手动劳动就可想而知了。本章介绍了几种类型的表连接，每种表连接都基于查询语句中给出的条件具备各自的用途。基于等于和不等于判断，表连接将多张表中的数据关联了起来。外连接功能强大，即便在被连接表中找不到关联数据，也允许返回表中的数据。自连接用于将表连接到自身。交叉连接常称作笛卡儿积，对它请加以小心。笛卡儿积是无连接的多表查询的结果集，通常会产生大量不必要的输出。从多张表中查询数据时，请务必根据关联列（通常是主键）正确进行表连接。如果表连接未能正确设置，则可能会产生不完整或不准确的输出结果。

14.5　答疑

问：表必须按照 FROM 子句中出现的顺序进行连接吗？

答：不，不需要。但 FROM 子句中表的顺序和连接的顺序可能会影响查询的性能。

问：在用基表连接不相关的表时，基表中的列必须出现在 SELECT 中吗？

答：不，用基表连接不相关的表并不要求 SELECT 基表中的列。

问：可以连接多个列吗？

答：可以，某些查询可能需要连接每张表的多个列，才能说明被连接表之间的完整关系。

14.6 实践练习

以下是测试题和习题。测试题是为了测试您对当前内容的整体理解。习题让您有机会将本章讨论的概念付诸应用，并巩固前几章的学习中获得的知识。在继续学习之前，请务必完成测试题和习题。答案参见附录 C。

一、测试题

1. 若无论相关表中是否存在关联记录都要从一张表中返回记录，该用哪种表连接？

2. JOIN 条件位于 SQL 语句中的什么部分？

3. 若要判断相关表的记录之间的相等关系，该用哪种表连接？

4. 如果从两张未连接的不同表中获取数据，会发生什么情况？

二、习题

1. 在数据库系统中输入以下代码，研究返回的结果集（笛卡儿积）：

```
select bird_name, migration_location
from birds, migration;
```

2. 修改以上查询语句，带上合适的表连接以避免出现笛卡儿积。您可能得回顾一下第 3 章中 BIRDS 数据库的 ERD，重温一下这两张表的关联关系。

3. 生成 Great Blue Heron 的食物清单。

4. 数据库中有哪些鸟是吃鱼的？

5. 创建一份报表，显示迁徙到 South America 的鸟类的 BIRD_NAME 和 MIGRATION_LOCATION。

6. 查询是否有翼展小于 30 英寸并且吃鱼的鸟类。

7. 编写一条查询语句显示以下结果：吃鱼或建巢类型为 platform nest 的鸟类的 BIRD_NAME、FOOD_NAME、NEST_TYPE。

8. 设想一些数据库用户、摄影师、鸟类救助人员等可能会向 BIRDS 数据库提出的问题。用表连接试验一些自己的查询。

第 15 章

调整数据的显示格式

本章内容：

- ➢ 介绍字符函数；
- ➢ 如何及何时使用字符函数；
- ➢ ANSI SQL 函数示例；
- ➢ 常见产品的特有函数示例；
- ➢ 格式转换函数概述；
- ➢ 如何及何时使用格式转换函数。

本章将介绍如何利用一些函数来调整输出结果的显示格式，包括一些 ANSI 标准函数、基于该标准的其他函数，以及主要 SQL 产品使用的几种变体函数。

注意 ANSI 标准并非一成不变

本书讨论的 ANSI 只是概念性质。ANSI 标准只是关于如何在关系型数据库中使用 SQL 的指南。因此请记住，本章讨论的函数不一定和您的产品用到的完全一样。概念确实相同，函数的功能通常也相同，但函数名和实际的语法可能不同。

15.1 ANSI 字符函数

字符函数能将 SQL 中的字符串转换为与表中存储方式不同的格式。本章第一部分讨论了 ANSI 字符函数的概念。本章第二部分展示了各种 SQL 产品特有函数的使用示例。常见的 ANSI 字符函数用于处理字符串拼接、子串提取和格式转换等操作。

拼接（concatenation）就是把两个字符串合成一个。比如可将个人的姓和名拼接为一个字符串，用于表示完整的姓名。举个例子，JOHN 和 SMITH 拼接的结果就是 JOHN SMITH。

子串是指提取字符串的一部分。例如，以下值都是 Bald Eagle 的子串：

- ➢ B；

- ➢ Bald；
- ➢ Ba；
- ➢ E；
- ➢ Eagle；
- ➢ d E。

以下示例演示了字符串字面量在查询中的使用形式。这里查询的字符串字面量 Somewhere in the world 将针对 MIGRATION_LOCATIONS 表。在这种情况下，字符串字面量本身与数据库中的数据无关，可以是任意字符串。这里只是举例说明一下，如果从表中查询字符串字面量，则该字符串会显示在结果中，对应表的每行数据都会显示，或至少是根据查询条件返回的每一行数据都会显示。记住，在本章的 SQL 函数学习过程中，这个简单的例子很重要。

```
SQL> select 'Somewhere in the world.' "MIGRATION LOCATION"
  2  from migration locations;

MIGRATION LOCATION
----------------------
Somewhere in the world.
Somewhere in the world.
Somewhere in the world.
Somewhere in the world.
Somewhere in the world.
Somewhere in the world.

6 rows selected.
```

15.2 常用的字符函数

字符函数主要用于比较、连接、搜索和提取字符串或列数据的片段。可供 SQL 程序员使用的字符函数有很多。

下面几节演示了一些主流 SQL 产品对 ANSI 概念的实现。尽管本书用 Oracle 作为示例，但大多数其他产品也都适用，当然语法上可能会有少许不同。

15.2.1 CONCAT 函数

和其他大多数函数一样，CONCAT 函数在不同的产品中表现略有不同。以下例子展示了 Oracle 和 SQL Server 中的用法。

假定要把 Bald 和 Eagle 拼接为 Bald Eagle。在 Oracle 中，代码会如下所示：

```
SELECT 'Bald' || ' Eagle'
```

在 SQL Server 中，代码则会如下所示：

```
SELECT 'Bald' + ' Eagle'
```

无论在 SQL Server 还是 Oracle 中，都可以如下使用 CONCAT 函数：

```
SELECT CONCAT('Bald' , ' Eagle')
```

现在概括一下语法。Oracle 的语法如下所示：

```
COLUMN_NAME || [ '' || ] COLUMN_NAME [ COLUMN_NAME ]
```

SQL Server 的语法则如下所示：

```
COLUMN_NAME + [ '' + ] COLUMN_NAME [ COLUMN_NAME ]
```

采用 CONCAT 函数的语法则如下所示：

```
CONCAT(COLUMN_NAME , [ '' , ] COLUMN_NAME [ COLUMN_NAME ])
```

SQL Server 和 Oracle 都能使用 CONCAT 函数。CONCAT 可获得两个字符串的拼接串，就像 SQL Server 的 "+" 和 Oracle 的 "||" 这种简写语法一样。另外请记住，因为是针对字符串值的操作，所以在拼接前必须将数值转换为字符串。下面展示了以各种格式使用拼接函数的一些示例。

以下 SQL Server 的拼接语句将 CITY 和 STATE 字段连为一个字符串：

```
SELECT CITY + STATE FROM BIRD_RESCUES;
```

以下 Oracle 的拼接语句不仅将 CITY 和 STATE 字段连为一个字符串，还在中间放了一个逗号：

```
SELECT CITY ||', '|| STATE FROM BIRD_RESCUES;
```

另外，在 Oracle 中无法用 CONCAT 语句获得上述结果，因为拼接对象超过了两个。

注意 特殊字符请使用引号

请注意上述 SQL 语句中用到了单引号和逗号。大多数字符和符号都可以用单引号括起来。有些 SQL 产品中的字符串字面量要用双引号标记。

下面的 SQL Server 语句将 CITY 和 STATE 字段拼接为一个字符串，并在原字段值中间放入了一个空格：

```
SELECT CITY + ' ' + STATE FROM BIRD_RESCUES;
```

以下示例由两个查询组成。第一个是查询字面量字符串 Great Blue Heron，针对的是 NICKNAMES 表，查询条件是 BIRD_ID 为 1。当前您已经知道 BIRD_ID 为 1 的记录是关于 Great Blue Heron 的。这里只是再次强调一下之前的例子，演示从表中查询一个字符串字面量，而不是实际存于表中的数据。此例中 BIRD_ID 为 1 的记录恰好与 Great Blue Heron 有关。

```
SQL> select 'Great Blue Heron'
  2  from nicknames
  3  where bird_id = 1;

'GREATBLUEHERON'
----------------
Great Blue Heron
Great Blue Heron

2 rows selected.
```

在以下查询中，本质上就是用拼接的概念由数据库创建一个句子，将字符串字面量

'Another name for'和 BIRD_NAME 字段值组合，再与' is: '和关联的 NICKNAME 字段值拼接起来。这里的结果集只显示了 Great Blue Heron 的别名，因为查询第 4 行的 WHERE 子句中带了条件，仅限返回 Great Blue Heron 的数据。

```
SQL> select 'Another name for ' || birds.bird_name || ' is: ' || nicknames.nickname
"NICKNAMES"
  2  from birds, nicknames
  3  where birds.bird_id = nicknames.bird_id
  4    and birds.bird_name = 'Great Blue Heron';

NICKNAMES
--------------------------------------------------------
Another name for Great Blue Heron is: Big Cranky
Another name for Great Blue Heron is: Blue Crane

2 rows selected.
```

15.2.2 UPPER 函数

大部分产品都以函数的形式提供了控制大小写的能力。UPPER 函数可将字符串中的小写字母转换为大写字母。

语法如下所示：

```
UPPER(character string)
```

以下查询只是将鸟类迁徙地的结果转换为全大写格式。请记住，此数据库已选用了大小写混合存储方式，这只是个人喜好问题。

```
SQL> select upper(migration_location)
  2  from migration;

UPPER(MIGRATION_LOCATION)
-----------------------------
CENTRAL AMERICA
MEXICO
NO SIGNIFICANT MIGRATION
PARTIAL, OPEN WATER
SOUTH AMERICA
SOUTHERN UNITED STATES

6 rows selected.
```

Microsoft SQL Server、MySQL 和 Oracle 都支持上述语法。此外，MySQL 还支持 UPPER 函数的另一种形式，名为 UCASE。因为这两个函数功能相同，所以最好还是遵循 ANSI 语法。

15.2.3 LOWER 函数

LOWER 就是 UPPER 的逆函数，将字符串中的大写字母转换为小写字母。

语法如下所示：

```
LOWER(character string)
```

以下查询与上一个查询相同，只是将鸟类迁徙地点由数据库中的大小写混合格式转换为全小写格式。

```
SQL> select lower(migration_location)
  2  from migration;

LOWER(MIGRATION_LOCATION)
------------------------------
central america
mexico
no significant migration
partial, open water
south america
southern united states

6 rows selected.
```

Microsoft SQL Server、Oracle 和 MySQL 均支持 LOWER 函数。与 UPPER 函数一样，MySQL 还支持另一种形式，即 LCASE 函数。但正如介绍 UPPER 函数时说过的，一般推荐遵循 ANSI 标准。

15.2.4　DECODE 函数

DECODE 是 Oracle 特有的函数。尽管大多数产品在遵守 SQL 标准方面做得不错，但有些产品还提供了一些函数实现了额外的功能。DECODE 函数能在一条查询中提供 IF/THEN 选择功能。DECODE 函数作用于列中的值，在查询语句给出的列表中进行搜索。如果找到 value1，那么查询结果中将会显示 new_value1。如果在列中找到 value2，那么结果中将显示为 new_value2，以此类推，供选择的值可有任意多个。最后，如果列出的值都没有找到，那么该列的输出就是给定的默认值。研究以下语法：

```
DECODE (column, value1, new1, value2, new2, default_value)
```

以下语句查询的是 BIRDS 表中 NEST_BUILDER 列中的唯一值。NEST_BUILDER 列有以下潜在值：M 代表雄鸟，F 代表雌鸟，B 表示父母双方都筑巢，N 表示两者都不筑巢（意味着此种鸟不筑巢——接管其他鸟类的巢）。

```
SQL> select distinct(nest_builder) from birds;

N
-
B
F
N

3 rows selected.
```

以下查询将对 NEST_BUILDER 列应用 DECODE 函数。DECODE 函数告诉数据库引擎，如果此列值为"N"，则返回字符串"Neither"，如果为"F"，则返回字符串"Female"，如果为"M"，则返回字符串"Male"。在这种情况下没有默认值，也没有"B"。这是因为在 WHERE 子句中指明了，只检索不含"B"的筑巢鸟类。正如结果所示，DECODE 函数成功改变了数据的显示方式。

```
SQL> select distinct(decode(nest_builder, 'N', 'Neither', 'F', 'Female', 'M', 'Male'))
"NESTER"
  2  from birds
  3  where nest_builder != 'B';
```

```
NESTER
-------
Neither
Female

2 rows selected.
```

15.2.5　SUBSTR 函数

在大多数 SQL 产品中，获取表达式的子串的函数属于常见函数，只是函数名称可能各不相同，正如以下 Oracle 和 SQL Server 的例子所示。

Oracle 中的子串函数语法如下所示：

```
SUBSTR(COLUMN NAME, STARTING POSITION, LENGTH)
```

在 SQL Server 中的语法则如下所示：

```
SUBSTRING(COLUMN NAME, STARTING POSITION, LENGTH)
```

以下查询用 SUBSTR 函数显示可能拍摄到鸟类的地点的前 3 个字符。

```
SQL> select location_name, substr(location_name,1, 3)
  2  from locations;

LOCATION_NAME                    SUBSTR(LOCAT
-------------------------------  ------------
Eagle Creek                      Eag
Fort Lauderdale Beach            For
Heron Lake                       Her
Loon Creek                       Loo
Sarasota Bridge                  Sar
White River                      Whi

6 rows selected.
```

15.2.6　TRANSLATE 函数

TRANSLATE 函数搜索字符串并检测某个字符，记下找到的位置，检索用于替换的字符串的相同位置，然后将字符替换为新值。语法如下：

```
TRANSLATE(CHARACTER SET, VALUE1, VALUE2)
```

以下语句将字符串中的"I"全替换为"A"，"N"全替换为"B"，"D"全替换为"C"：

```
SELECT TRANSLATE (CITY, 'IND','ABC') CITY_TRANSLATION FROM EMPLOYEES
```

以下例子演示了对 BIG_BIRDS 表中数据应用 TRANSLATE 函数的过程：

```
SQL> select bird_name,
  2  translate(bird_name, 'BGH', 'ZZZ') "TRANSLATED NAME"
  3  from big_birds;

BIRD_NAME                        TRANSLATED NAME
-------------------------------  --------------------------
Great Blue Heron                 Zreat Zlue Zeron
Common Loon                      Common Loon
Bald Eagle                       Zald Eagle
Golden Eagle                     Zolden Eagle
```

```
Osprey                          Osprey
Canadian Goose                  Canadian Zoose
Ring-billed Gull                Ring-billed Zull
Double-crested Cormorant        Double-crested Cormorant
Turkey Vulture                  Turkey Vulture
Mute Swan                       Mute Swan
Brown Pelican                   Zrown Pelican
Great Egret                     Zreat Egret

12 rows selected.
```

请注意，所有"B"都替换成了"Z"，"G"都替换成了"Z"，"H"都替换成了"Z"。

MySQL 和 Oracle 都支持 TRANSLATE 函数。但 Microsoft SQL Server 目前尚不支持 TRANSLATE 函数。

15.2.7 REPLACE 函数

REPLACE 函数将指定的字符或字符串替换为另一个字符或字符串。该函数的用法类似于 TRANSLATE 函数，不过只会替换字符串中的某个字符或字符串。语法如下所示：

```
REPLACE('VALUE', 'VALUE', [ NULL ] 'VALUE')
```

以下语句返回 MIGRATION_LOCATION 及其经过 REPLACE 处理的版本，基本就是做了搜索和替换操作。这里将所有空格替换成了破折号。研究返回结果：

```
SQL> select migration_location, replace(migration_location, ' ', '-')  "NEW LOCATION"
  2  from migration;

MIGRATION_LOCATION               NEW LOCATION
-------------------------------  ----------------------------
Central America                  Central-America
Mexico                           Mexico
No Significant Migration         No-Significant-Migration
Partial, Open Water              Partial,-Open-Water
South America                    South-America
Southern United States           Southern-United-States

6 rows selected.
```

Microsoft SQL Server、MySQL 和 Oracle 均支持 ANSI 版本的语法。

15.2.8 LTRIM 函数

LTRIM 函数提供了另一种剪除部分字符串的方法。此函数和 SUBSTRING 属于同一家族。 LTRIM 从字符串的左侧剪除字符。其语法如下：

```
LTRIM(CHARACTER STRING [ ,'set' ])
```

以下 SQL 语句将 BIRD_NAME 列中所有左侧的'Bald'剪除。请注意，这里用 LTRIM 函数时包含了一个空格。

```
SQL> select bird_name, ltrim(bird_name, 'Bald ') "TRIMMED NAME"
  2  from birds
  3  where bird_name like '%Eagle%';
```

```
BIRD_NAME                              TRIMMED NAME
------------------------------         --------------------
Bald Eagle                             Eagle
Golden Eagle                           Golden Eagle

2 rows selected.
```

Microsoft SQL Server、MySQL 和 Oracle 均支持 LTRIM 函数。

15.2.9　RTRIM 函数

与 LTRIM 函数类似，RTRIM 函数也用于剪除字符，只是这次是从字符串右侧剪除。语法如下所示：

```
RTRIM(CHARACTER STRING [ ,'set' ])
```

请记住，SQL Server 版本的 RTRIM 函数只会剪除字符串右侧的空格，因此语法中的[,'set']部分不再需要了。

```
RTRIM(CHARACTER STRING)
```

以下 SQL 语句剪除了右侧的所有'Eagle'。于是就有了结果中的第二列，表示鹰的类型。

```
SQL> select bird_name, rtrim(bird_name, ' Eagle') "TYPE OF EAGLE"
  2  from birds
  3  where bird_name like '%Eagle%';

BIRD_NAME                              TYPE OF EAGLE
------------------------------         --------------------
Bald Eagle                             Bald
Golden Eagle                           Golden

2 rows selected.
```

Microsoft SQL Server、MySQL 和 Oracle 均支持 RTRIM 函数。

15.3　其他字符函数

下面几节介绍了其他一些值得一提的字符函数。同样，这些函数在主流产品中相当常用。请记住，SQL 的每种产品都有不同的语法和可选功能，实现了与关系型数据库的通信。就字符函数而言，各种产品提供的可选功能也是各种各样的。无论选用哪种产品来存储数据，您的工作都得受限于可用的函数和可选功能。不过，利用这些可选功能，您可以最大限度地用好数据库中的数据。

15.3.1　LENGTH 函数

LENGTH 函数很常用，用于获得字符串、数值、日期或表达式的长度，单位是字节。语法如下所示：

```
LENGTH(CHARACTER STRING)
```

以下查询返回鸟类名称及其长度。

```
SQL> select bird_name, length(bird_name) "LENGTH OF NAME"
  2  from big_birds;

BIRD_NAME                     LENGTH OF NAME
----------------------------- --------------
Great Blue Heron                          16
Common Loon                               11
Bald Eagle                                10
Golden Eagle                              12
Osprey                                     6
Canadian Goose                            14
Ring-billed Gull                          16
Double-crested Cormorant                  24
Turkey Vulture                            14
Mute Swan                                  9
Brown Pelican                             13
Great Egret                               11

12 rows selected.
```

MySQL 和 Oracle 均支持 LENGTH 函数。Microsoft SQL Server 则换成了稍短些的 LEN，不过功能相同。

15.3.2　COALESCE 函数

COALESCE 函数用于替换结果集中的 NULL 值。

以下例子演示了 COALESCE 函数的用法，将 WINGSPAN 列的所有 NULL 值替换为 0。这样 WINGSPAN 列的值要么显示为非空值，要么显示为字符串值 "0"。

```
SQL> select bird_name, coalesce(wingspan, 0) wingspan
  2  from birds;

BIRD_NAME                       WINGSPAN
----------------------------- ----------
Great Blue Heron                      78
Mallard                                0
Common Loon                           54
Bald Eagle                            84
Golden Eagle                          90
Red Tailed Hawk                       48
Osprey                                72
Belted Kingfisher                      0
Canadian Goose                        72
Pied-billed Grebe                      0
American Coot                          0
Common Sea Gull                        0
Ring-billed Gull                      50
Double-crested Cormorant              54
Common Merganser                       0
Turkey Vulture                        72
American Crow                          0
Green Heron                            0
Mute Swan                           94.8
Brown Pelican                         90
Great Egret                         67.2
Anhinga                                0
Black Skimmer                          0

23 rows selected.
```

Microsoft SQL Server、Oracle 和 MySQL 均支持 COALESCE 函数。

15.3.3 LPAD 函数

LPAD（左填充）函数在字符串左侧添加字符或空格。语法如下所示：

LPAD(*CHARACTER SET*)

以下示例在第二列的 MIGRATION_LOCATION 的左侧填充句点符，填满 25 个字符。如果用空格填充，那么这也是一种右对齐的方法。

```
SQL> select migration_location,
  2  lpad(migration_location, 25, '.') "LEFT PADDED LOCATION"
  3  from migration;

MIGRATION_LOCATION      LEFT PADDED LOCATION
----------------------  ------------------------
Central America         .........Central America
Mexico                  ...................Mexico
No Significant Migration .No Significant Migration
Partial, Open Water     ......Partial, Open Water
South America           ...........South America
Southern United States  ...Southern United States

6 rows selected.
```

MySQL 和 Oracle 均支持 LPAD 函数。可惜 Microsoft SQL Server 没有提供对应的函数。

15.3.4 RPAD 函数

RPAD（右填充）函数在字符串右侧添加字符或空格。语法如下所示：

RPAD(*CHARACTER SET*)

和 LPAD 类似，以下查询的第二列在 MIGRATION_LOCATION 右侧填充了句点符，使总长达到 25 个字符。

```
SQL> select migration_location,
  2  rpad(migration_location, 25, '.') "RIGHT PADDED LOCATION"
  3  from migration;

MIGRATION_LOCATION      LEFT PADDED LOCATION
----------------------  ------------------------
Central America         Central America.........
Mexico                  Mexico...................
No Significant Migration No Significant Migration.
Partial, Open Water     Partial, Open Water......
South America           South America...........
Southern United States  Southern United States...

 6 rows selected.
```

MySQL 和 Oracle 均支持 RPAD 函数。可惜 Microsoft SQL Server 没有提供对应的函数。

15.3.5 ASCII 函数

ASCII 函数返回字符串最左侧字符的 ASCII 码。语法如下所示：

ASCII(*CHARACTER SET*)

以下是一些示例：

- ➤ ASCII('A')返回 65；
- ➤ ASCII('B')返回 66；
- ➤ ASCII('C')返回 67；
- ➤ ASCII('a')返回 97。

更多信息请参考 ASCII 表网站上的 ASCII 表。

Microsoft SQL Server、MySQL 和 Oracle 均支持 ASCII 函数。

15.4　数学函数

数学函数（mathematical function）是与产品无关的标准函数。这些函数能够根据数学规则来处理数据库中的数字值。

最常用的数学函数包括：

- ➤ 绝对值（ABS）；
- ➤ 四舍五入（ROUND）；
- ➤ 平方根（SQRT）；
- ➤ 符号（SIGN）；
- ➤ 幂（POWER）；
- ➤ 向上舍入和向下舍入（CEIL(ING)、FLOOR）；
- ➤ 指数（EXP）；
- ➤ SIN、COS、TAN。

大多数数学函数的通用语法如下所示：

```
FUNCTION(EXPRESSION)
```

Microsoft SQL Server、MySQL、Oracle 和大部分其他产品均支持所有的数学函数。

15.5　格式转换函数

格式转换函数（conversion function）用于将一种数据类型转换成另一种数据类型。例如，数据可能平常以字符格式存储，但偶尔要把字符格式转换为数字格式，以便进行计算。字符格式的数据无法进行数学函数和计算。

下面是常见的数据转换：

- ➤ 数值到字符；
- ➤ 字符到数值；
- ➤ 字符到日期；
- ➤ 日期到字符。

本章将介绍前两种转换。剩下的两种转换将在第 16 章讨论。

15.5.1 将数值转换为字符串

将数值转换为字符串的功能正好与将字符串转换为数值相反。

以下示例将存为数值型的身高值转换为字符值。请注意，身高列查询了两次，因为该查询的目标就是将身高值视为字符，所以第三列是左对齐的。列的数据类型并没有改变，只是输出结果的显示方式变了。

```
SQL> select bird_name, height, to_char(height) "HEIGHT AS A CHARACTER"
  2  from big_birds;

BIRD_NAME                  HEIGHT HEIGHT AS A CHARACTER
------------------------  ------- --------------------
Great Blue Heron               52 52
Common Loon                    36 36
Bald Eagle                     37 37
Golden Eagle                   40 40
Osprey                         24 24
Canadian Goose                 43 43
Ring-billed Gull               19 19
Double-crested Cormorant       33 33
Turkey Vulture                 32 32
Mute Swan                      60 60
Brown Pelican                  54 54
Great Egret                    38 38

12 rows selected.
```

提示 不同的数据具有不同的输出形式

数据的对齐方式是识别某列的数据类型的最简单方法。字符数据通常是左对齐的，而数值数据通常是右对齐的。这样即可快速确定查询返回的数据类型。

15.5.2 将字符串转换为数值

请注意，数值类型和字符串类型有两大区别：

➤ 数值类型可以应用算术表达式和函数；

➤ 数值类型在输出结果中是右对齐的，而字符串类型则是左对齐的。

注意 转换为数值

要将字符串转换为数值，通常必须是"0"到"9"的字符。还可以用加号"+"、减号"−"和句点"."来表示正数、负数和小数。例如，字符串"STEVE"就不能转换为数值，而个人社会安全号码虽可以保存为字符串，但很容易用转换函数转换为数值类型。

一旦字符串转换为数值类型后，就具备了上述两个特性。

有些产品可能没有将字符串转换为数值的函数；另一些产品则提供了这种转换函数。无论如何，请查阅产品文档了解具体的语法和转换规则。

注意 某些系统会自动进行转换

有些产品会在必要时隐式转换数据类型。这时系统会在必要时进行自动转换，而无须使用转换函数。具体支持哪些类型的隐式转换，请查看您的产品文档。

以下示例中的查询与之前完全相同，这里用到了 TO_NUMBER 函数，将 HEIGHT 又转换回了数值型。在此结果集中，第三列中的值视为数值型并右对齐显示。这也是一个函数嵌套的例子。

```
SQL> select bird_name, height, to_number(to_char(height)) "HEIGHT BACK TO A NUMBER"
  2  from big_birds;

BIRD_NAME               HEIGHT      HEIGHT BACK TO A NUMBER
----------------------  -------     -----------------------
Great Blue Heron        52                               52
Common Loon             36                               36
Bald Eagle              37                               37
Golden Eagle            40                               40
Osprey                  24                               24
Canadian Goose          43                               43
Ring-billed Gull        19                               19
Double-crested Cormorant 33                              33
Turkey Vulture          32                               32
Mute Swan               60                               60
Brown Pelican           54                               54
Great Egret             38                               38

12 rows selected.
```

HEIGHT 在转换后显示为右对齐格式。

15.6 字符函数的组合使用

大多数字符函数都可以在一条 SQL 语句中组合使用。如果函数无法组合使用，那么 SQL 的用途就太有限了。当 SQL 语句组合使用函数时，所有函数都会单独解析。当一个函数嵌入另一个函数时，最里面的函数会首先被解析。可以用 SELECT 语句查看数据，控制数据返回时的输出格式，几乎没有什么限制。

注意 嵌套函数的解析方式

如果 SQL 语句中有函数嵌入了其他函数，请记住，最先解析的是最内层函数，然后由内向外逐层解析每个函数。

15.7 小结

本章介绍了 SQL 语句中（通常是查询）使用的各种函数，用于修改或优化输出格式。这些函数包括字符、数学和转换函数。重点是要认识到，ANSI 标准是供应商实现 SQL 产品的准则，但它并没有规定确切的语法，也无须限制供应商的创新行为。大多数供应商都有符合 ANSI 概念的标准函数，但每家供应商也都提供了自己特有的函数。各家的函数名称和确切的语法可能有所不同，但函数的概念是相同的。

15.8 答疑

问：ANSI 标准包含了所有的函数吗？

答：不，不是所有的函数都完全是 ANSI SQL。就像数据类型一样，函数往往视产品而定。大多数产品都提供了 ANSI 函数的超集，许多产品拥有大量的函数来扩展功能，而其他产品则似乎有些限制。本章包含了一些不同产品的函数示例。然而，因为如此多的产品都采用了类似的函数（或许存在细微的差别），所以关于可用函数及其用法还请查看您的产品文档。

问：在使用函数时，数据库中的数据真的改变了吗？

答：不，使用函数时，数据库中的数据没有变化。函数通常在查询中使用，用于控制输出结果的显示格式。

15.9 实践练习

以下是测试题和习题。测试题是为了测试您对当前内容的整体理解。习题让您有机会将本章讨论的概念付诸应用，并巩固前几章的学习中获得的知识。在继续学习之前，请务必完成测试题和习题。答案参见附录 C。

一、测试题

1. 为以下描述信息匹配对应的函数：

   A. 选择字符串的一部分；

   B. 从字符串的左右任一侧修剪字符；

   C. 将所有字母改为小写；

   D. 查找字符串的长度；

   E. 组合字符串。

   你可以从以下函数中选出对应的答案：||、RPAD、LPAD、UPPER、RTRIM、LTRIM、LENGTH、LOWER、SUBSTR、LEN。

2. 判断题：在 SELECT 语句中用函数调整输出结果中的数据显示格式，也会影响数据在数据库中的存储方式。

3. 判断题：如果查询中有函数嵌入其他函数，那么最先解析的是最外层函数。

二、习题

1. 编写语句将 MIGRATION_LOCATIONS 表中的每个 MIGRATION_LOCATION 都查询（显示）为单词 "Somewhere"。

2. 编写查询，为 BIRDS 表中的每种鸟生成如下格式的结果：

```
The Bald Eagle eats Fish.
The Bald Eagle eats Mammals.
Etc.
```

3. 编写查询将所有鸟的别名都转换为大写。

4. 使用 REPLACE 函数将 MIGRATION_LOCATION 列中的 "United States" 全部替换为 "US"。

5. 编写查询，用 RPAD 函数将 BIRDS 表中的所有数值列显示为字符型（左对齐）。

6. 编写查询为 BIRDS 表中的 heron 生成以下结果。

```
BIRD_NAME                       TYPE OF HERON
------------------------------  -------------------
Great Blue Heron                Great Blue
Green Heron                      Green

2 rows selected.
```

7. 请在自己的数据库中试用一下本章介绍的函数。试错法是学习查询语句的好方法，因为函数不会影响实际存储于数据库中的数据。

第 16 章

日期和时间

本章内容：

- ➤ 理解日期和时间的存储方式；
- ➤ 理解典型的日期和时间格式；
- ➤ 日期函数的用法；
- ➤ 日期转换函数的用法。

本章将介绍 SQL 中的日期和时间。本章不仅会更详细地讨论 DATETIME 数据类型，还会介绍某些产品如何使用日期、如何以所需格式提取日期和时间，以及一些常见规则。

注意　SQL 语法各不相同

> 如您所知，SQL 产品有很多。本书遵循 ANSI 标准，也会演示最常见的非标准函数、命令和操作符。本书以 Oracle 为例。但即便是在 Oracle 中，日期也可能以多种格式存储，因此请查看您的产品文档以获取详细信息。无论存储方式如何，您的产品都应具备转换日期格式的函数。

16.1　日期的存储方式

每种产品都有默认的日期和时间存储格式。不同产品的默认格式往往各不相同，其他数据类型也是一样。以下几节首先回顾 DATETIME 数据类型及其元素的标准格式，然后介绍一些流行的 SQL 产品（包括 Oracle、MySQL 和 Microsoft SQL Server）中的日期和时间类型。

16.1.1　标准的日期和时间类型

日期和时间（DATETIME）的存储用到了 3 种标准 SQL 数据类型。在关系型数据库中，日期的存储和检索格式可以是基本的日期格式，或是包含一天中的时间，或是包含基于某些时间间隔的时间戳（视每种 SQL 产品提供的特性而定）。

- ➤ DATE——直接存储日期。DATE 格式为 YYYY-MM-DD，取值范围是 0001-01-01

到 9999-12-31。

> TIME——存储时间。TIME 格式为 HH:MI:SS.nn…，取值范围是 00:00:00…到 23:59:61.999…。

> TIMESTAMP——同时存储日期和时间。TIMESTAMP 格式为 YYYY-MM-DD HH:MI:SS.nn…，取值范围是 0001-01-01 00:00:00…到 9999-12-31 23:59:61.999…。

16.1.2 DATETIME 的构成元素

DATETIME 的元素均与日期和时间有关，并包含在 DATETIME 的定义中。下面列出的 DATETIME 元素都带有约束规则，并给出了有效取值范围。

> YEAR——0001 ~ 9999；
> MONTH——01 ~ 12；
> DAY——01 ~ 31；
> HOUR——00 ~ 23；
> MINUTE——00 ~ 59；
> SECOND——00.000 ~ 61.999。

这里的每种元素都是日常生活用到的时间元素。秒可以表示为小数，以便表示十分之一秒、百分之一秒、毫秒等。根据 ANSI 标准，一分钟定义为 61.999 秒，因为在一分钟内可能会插入或略去闰秒，当然这种情况很少发生。关于合法的取值范围还请参阅您的产品文档，不同产品的日期和时间存储方式可能会大不相同。

提示 闰年由数据库处理

如果数据存储为 DATETIME 类型，那么数据库内部会对闰秒和闰年之类的日期偏差做出处理。

16.1.3 各种产品的日期类型

与其他数据类型一样，每种产品都提供了自己的日期表示形式和语法。表 16.1 展示了 3 种产品（Microsoft SQL Server、MySQL 和 Oracle）对日期和时间的实现方式。

表 16.1　　　　　　　　　　　　　各个平台的 DATETIME

产品	数据类型	用途
Oracle	DATE	同时存储日期和时间信息
SQL Server	DATETIME	同时存储日期和时间信息
	SMALLDATETIME	同 DATETIME，但取值范围小于 DATETIME
	DATE	存储日期信息
	TIME	存储时间信息
MySQL	DATETIME	同时存储日期和时间信息
	TIMESTAMP	同时存储日期和时间信息
	DATE	存储日期信息
	TIME	存储时间信息
	YEAR	单字节类型，代表年份

提示 日期和时间类型可能各不相同

每种产品都有自己特有的用于表示日期和时间信息的数据类型。不过大多数产品都符合 ANSI 标准，日期和时间的所有元素都包含在相关的数据类型中。日期的内部存储方式依产品而定。

16.2 日期函数的用法

在 SQL 中可以使用日期函数，具体取决于每种产品提供的特性。日期函数类似于字符串函数，控制着日期和时间数据的显示格式。日期函数通常用于将日期和时间的输出结果格式化为可读性更好的格式、比较日期值、计算日期之间的间隔等。

16.2.1 获取当前日期

获取当前日期通常是为了与某个已存日期进行比较，或者用作某种时间戳。当前日期归根结底还是来自数据库的主机，称为系统日期。数据库能与操作系统进行交互并获取系统日期，以满足自身需求或数据库请求（比如查询）。

下面根据两种不同产品的命令，介绍获取系统日期的方法。

Microsoft SQL Server 用 GETDATE()函数返回系统日期。该函数在查询中的用法如下：

```
SELECT GETDATE()
2015-06-01 19:23:38.167
```

MySQL 用 NOW 函数获取当前日期和时间。NOW 被称为伪列（pseudocolumn），因为它的表现与表中的其他列一样，可从数据库中的任何表查询而得，但它实际不属于表的定义。

假设今天是 2015 年 6 月 1 日，以下 MySQL 语句返回结果如下：

```
SELECT NOW();
01-JUN-15 13:41:45
```

Oracle 使用 SYSDATE 函数获取当前日期时间，假如采用 DUAL 表（DUAL 表是 Oracle 的虚拟表），则语句如下所示：

```
SELECT SYSDATE FROM DUAL;
01-JUN-15 13:41:45
```

日期的默认格式通常由数据库管理员在创建数据库时设置。Oracle 的默认日期通常包括 2 位数的年份。在 Oracle 的 SQL 命令提示符下，可用如下命令修改示例数据库当前会话的日期格式，使其包括完整的 4 位数年份，以避免混淆。

```
SQL> alter session set NLS_DATE_FORMAT='mm-dd-yyyy';

Session altered.
```

因为目前 BIRDS 数据库中没有日期列，所以创建了以下的 PHOTOGRAPHERS 表，其中包括摄影师的出生日期及其开始摄影的日期。在 Oracle 中，日期的数据类型就只有 DATE。

PHOTOGRAPHERS 表还插入了一些记录，包括这两个新的日期字段。

```
SQL> drop table photographers;

Table dropped.

SQL> create table photographers
  2  (p_id           number(3)    not null     primary key,
  3  photographer    varchar(30)  not null,
  4  mentor_p_id     number(3)    null,
  5  dob             date         not null,
  6  dt_start_photo  date         not null,
  7  constraint p_fk1 foreign key (mentor_p_id) references photographers (p_id));

Table created.

SQL> insert into photographers values ( 7, 'Ryan Notstephens' , null, '07-16-1975',
'07-16-1989');

1 row created.

SQL> insert into photographers values ( 8, 'Susan Willamson' , null, '12-03-1979',
'02-22-2016');

1 row created.

SQL> insert into photographers values ( 9, 'Mark Fife' , null, '01-31-1982',
'12-25-2000');

1 row created.

SQL> insert into photographers values ( 1, 'Shooter McGavin' , null, '02-24-2005',
'01-01-2019');

1 row created.

SQL> insert into photographers values ( 2, 'Jenny Forest' , 8, '08-15-1963',
'08-16-1983');

1 row created.

SQL> insert into photographers values ( 3, 'Steve Hamm' , null, '09-14-1969',
'01-01-2000');

1 row created.

SQL> insert into photographers values ( 4, 'Harry Henderson' , 9, '03-22-1985',
'05-16-2011');

1 row created.

SQL> insert into photographers values ( 5, 'Kelly Hairtrigger' , 8, '01-25-2001',
'02-01-2019');

1 row created.

SQL> insert into photographers values ( 6, 'Gordon Flash' , null, '09-14-1971',
'10-10-2010');

1 row created.

SQL> insert into photographers values ( 10, 'Kate Kapteur' , 7, '09-14-1969',
'11-07-1976');

1 row created.
```

```
SQL> commit;

Commit complete.
```

当前日期归根结底来自数据库的主机，称为系统日期。以下查询由 DUAL 表返回系统日期。如前所述，DUAL 是 Oracle 的一张虚拟表，可以向其查询任何字符串字面量。

```
SQL> select sysdate from dual;

SYSDATE
----------
07-24-2021

1 row selected.
```

以下例子从 PHOTOGRAPHERS 表的每一行数据查询系统日期。这种写法可能看起来不够理想，但可以说明系统日期如何与存储于数据库列中的数据进行比较，就像字符串字面量一样。

```
SQL> select sysdate from photographers;

SYSDATE
----------
07-24-2021
07-24-2021
07-24-2021
07-24-2021
07-24-2021
07-24-2021
07-24-2021
07-24-2021
07-24-2021
07-24-2021

10 rows selected.
```

在实际应用时，系统日期可能会用于比较摄影师的出生日期或摄影师开始拍照的日期。

16.2.2　时区的处理

在处理日期和时间信息时，可能需要考虑时区问题。举个例子，美国中部是下午 6 点，同时刻在澳大利亚就不是 6 点。生活在夏令时区的人们习惯于每年调两次时钟。如果维护数据时要考虑时区因素，那么可能需要考虑并执行时间转换（如果您的 SQL 产品提供这些函数）。

表 16.2 列出了一些常用时区及其缩写。

表 16.2	常用时区及其缩写
缩写	**时区**
AST、ADT	大西洋标准时间、大西洋夏令时
BST、BDT	白令标准时间、白令夏令时
CST、CDT	中部标准时间、中部夏令时（美国）
EST、EDT	东部标准时间、东部夏令时（美国）
GMT	格林尼治标准时间

缩写	时区
HST、HDT	阿拉斯加/夏威夷标准时间、阿拉斯加/夏威夷夏令时
MST、MDT	山区标准时间、山区夏令时（美国）
NST	纽芬兰标准时间、纽芬兰夏令时
PST、PDT	太平洋标准时间、太平洋夏令时
YST、YDT	育空标准时间、育空夏令时（加拿大）

表 16.3 举例说明某给定时间在各个时区的差异。

表 16.3   **时区差异**

时区	时间
AST	June 12, 2015, at 1:15 p.m.
BST	June 12, 2015, at 6:15 a.m.
CST	June 12, 2015, at 11:15 a.m.
EST	June 12, 2015, at 12:15 p.m.
GMT	June 12, 2015, at 5:15 p.m.
HST	June 12, 2015, at 7:15 a.m.
MST	June 12, 2015, at 10:15 a.m.
NST	June 12, 2015, at 1:45 p.m.
PST	June 12, 2015, at 9:15 a.m.
YST	June 12, 2015, at 8:15 a.m.

注意   时区的处理

某些产品提供了一些时区处理函数，但并非所有产品都支持时区的处理。请确保在您的产品中对时区的用法进行验证，以及您的数据库是否需要处理时区。

16.2.3   日期相加

日期中可以加入日、月及其他时间部分，这样就可以进行比较，或在 WHERE 查询子句中给出更具体的条件。

下面的例子将查询 PHOTOGRAPHERS 表，显示摄影师的姓名和出生日期。

```
SQL> select photographer, dob
  2  from photographers;

PHOTOGRAPHER                     DOB
-------------------------------  ----------
Ryan Notstephens                 07-16-1975
Susan Willamson                  12-03-1979
Mark Fife                        01-31-1982
Shooter McGavin                  02-24-2005
Jenny Forest                     08-15-1963
Steve Hamm                       09-14-1969
Harry Henderson                  03-22-1985
Kelly Hairtrigger                01-25-2001
Gordon Flash                     09-14-1971
Kate Kapteur                     09-14-1969
 10 rows selected.
```

现在存储于 PHOTOGRAPHERS 表中的出生日期数据有了直观的展示，请执行以下查询，用 Oracle 的 ADD_MONTH 函数在摄影师的出生日期上加上 12 个月，即 1 年。请记住，每种 SQL 产品的函数可能语法不同，但概念上都类似于 SQL 标准。

```
SQL> select photographer, dob, add_months(dob, 12) "FIRST BIRTHDAY"
  2  from photographers;

PHOTOGRAPHER                  DOB         FIRST BIRT
----------------------------- ----------  ----------
Ryan Notstephens              07-16-1975  07-16-1976
Susan Willamson               12-03-1979  12-03-1980
Mark Fife                     01-31-1982  01-31-1983
Shooter McGavin               02-24-2005  02-24-2006
Jenny Forest                  08-15-1963  08-15-1964
Steve Hamm                    09-14-1969  09-14-1970
Harry Henderson               03-22-1985  03-22-1986
Kelly Hairtrigger             01-25-2001  01-25-2002
Gordon Flash                  09-14-1971  09-14-1972
Kate Kapteur                  09-14-1969  09-14-1970

10 rows selected.
```

下面的查询与以上查询基本相同，只是在出生日期上加了 365 天而不是 12 个月。请与之前的查询结果进行比较。

```
SQL> select photographer, dob, dob + 365 "FIRST BIRTHDAY"
  2  from photographers;

PHOTOGRAPHER                  DOB         FIRST BIRT
----------------------------- ----------  ----------
Ryan Notstephens              07-16-1975  07-15-1976
Susan Willamson               12-03-1979  12-02-1980
Mark Fife                     01-31-1982  01-31-1983
Shooter McGavin               02-24-2005  02-24-2006
Jenny Forest                  08-15-1963  08-14-1964
Steve Hamm                    09-14-1969  09-14-1970
Harry Henderson               03-22-1985  03-22-1986
Kelly Hairtrigger             01-25-2001  01-25-2002
Gordon Flash                  09-14-1971  09-13-1972
Kate Kapteur                  09-14-1969  09-14-1970

10 rows selected.
```

注意 不同产品的日期处理各不相同

请记住，在不同的产品中，日期、格式和函数可能各不相同。尽管不同的 RDBMS 产品在语法上可能与 ANSI 标准不完全相同，但都是基于 SQL 标准中的概念去实现的。

16.2.4　时间相减

在用到日期值的查询中，日期不仅可以与时间相加，还可以减去时间，或加入其他算式。

以下示例将查询摄影师的姓名和出生日期，并用系统日期（今天）减去其出生日期，再把结果除以 365 天。由此简单算式可得出每个摄影师的年龄。

```
SQL> select photographer, (sysdate - dob)/365 "AGE"
  2  from photographers;

PHOTOGRAPHER                             AGE
```

```
------------------------------    ----------
Ryan Notstephens                  46.0561876
Susan Willamson                   41.6698863
Mark Fife                         39.5055027
Shooter McGavin                   16.4233109
Jenny Forest                       57.982215
Steve Hamm                        51.8945438
Harry Henderson                   36.3657767
Kelly Hairtrigger                 20.5082424
Gordon Flash                      49.8945438
Kate Kapteur                      51.8945438

10 rows selected.
```

请注意以上查询，摄影师的年龄是以小数表示的。当然，大部分人谈论年龄时不会采用小数形式。因此，以下示例会将日期计算嵌入 ROUND 函数中，使得年龄向上或向下取整。此例将日期值与算术和其他函数结合使用，以便从数据库中获取所需数据。

```
SQL> select photographer, round((sysdate - dob)/365) "AGE"
  2  from photographers;

PHOTOGRAPHER                      AGE
------------------------------    ----------
Ryan Notstephens                  46
Susan Willamson                   42
Mark Fife                         40
Shooter McGavin                   16
Jenny Forest                      58
Steve Hamm                        52
Harry Henderson                   36
Kelly Hairtrigger                 21
Gordon Flash                      50
Kate Kapteur                      52

10 rows selected.
```

以下示例创建了一条查询，用以显示 Gordon Flash 拥有多少年的经验。因此这里用 WHERE 子句排除了其他记录，并且没有像上述例子那样使用 DOB 列，而是由系统日期减去 Gordon 开始拍照的日期，然后除以 365 天。结果表明 Gordon Flash 大约有 11 年的摄影经验。

```
SQL> select photographer, round((sysdate - dt_start_photo)/365) "YEARS EXPERIENCE"
  2  from photographers
  3  where photographer = 'Gordon Flash';

PHOTOGRAPHER                      YEARS EXPERIENCE
------------------------------    ----------------
Gordon Flash                                    11

1 row selected.
```

16.2.5 其他日期函数的用法

表 16.4 展示了 SQL Server、Oracle 和 MySQL 提供的一些强大的日期函数。

表 16.4		各平台的日期函数
产品	日期函数	用途
SQL Server	DATEPART	返回某个日期值的 DATEPART，为整数值
	DATENAME	返回某个日期值的 DATEPART，为文本值
	GETDATE()	返回系统日期
	DATEDIFF	返回两个日期之间指定日期部分的差，如天、分和秒

产品	日期函数	用途
Oracle	NEXT_DAY	返回指定日期后下一个指定星期几（比如 FRIDAY）的日期
	MONTHS_BETWEEN	返回两个给定日期相差了几个月
MySQL	DAYNAME(date)	显示星期几
	DAYOFMONTH(date)	显示几号
	DAYOFWEEK(date)	显示星期几
	DAYOFYEAR(date)	显示一年的第几天

16.3 日期的格式转换

日期需要转换格式的原因可能有很多。转换主要是为了改变日期值的数据类型，日期值可能定义为 DATETIME 类型，也可能是某个产品中的有效日期类型。

要进行日期转换的常见原因包括：

➢ 比较不同数据类型的日期值；

➢ 将日期值格式化为字符串；

➢ 将字符串转换为日期格式。

ANSI 的 CAST 操作符可以把一种数据类型转换为另一种。其基本语法如下：

```
CAST ( EXPRESSION AS NEW_DATA_TYPE )
```

下面几节将演示一些产品中的语法示例，涉及以下任务：

➢ 显示 DATETIME 值的各个部分；

➢ 将日期转换为字符串；

➢ 将字符串转换为日期。

16.3.1 日期格式符的用法

日期格式符由格式元素组成，用于从数据库中抽取所需格式的日期和时间信息。日期格式符可能并未得到所有 SQL 产品的支持。

如果不使用日期格式符或转换函数，日期和时间信息就会以默认格式从数据库中读取出来，如下所示：

```
2010-12-31
31-DEC-10
2010-12-31 23:59:01.11
...
```

假设要将日期显示为以下格式：

```
December 31, 2010
```

现在必须把以上日期由 DATETIME 格式转换为字符串格式。每种产品都有各自的函数来实现这种转换，稍后将会介绍。

表 16.5 显示了各种产品使用的一些常见日期元素。这有助于后续章节对日期格式符的使用，以从数据库抽取合适的 DATETIME 信息。

表 16.5 各种产品的日期元素

产品	语法	日期元素
SQL Server	yy	年份
	qq	季度
	mm	月份
	dy	一年中的第几天
	wk	星期
	dw	星期几
	hh	小时
	mi	分钟
	ss	秒
	ms	毫秒
Oracle	AD	公元
	AM	上午
	BC	公元前
	CC	世纪
	D	一星期中的第几天
	DD	一个月中的第几天
	DDD	一年中的第几天
	DAY	星期几的全称（如 MONDAY）
	Day	星期几的全称（如 Monday)
	day	星期几的全称（如 monday）
	DY	星期几的三字母简称（如 MON）
	Dy	星期几的三字母简称（如 Mon）
	dy	星期几的三字母简称（如 mon）
	HH	小时
	HH12	小时
	HH24	24 小时制的小时
	J	自公元前 4713 年 12 月 31 日至今的儒略历天数
	MI	分钟
	MM	月份
	MON	月份的三字母简称（如 JAN）
	Mon	月份的三字母简称（如 Jan）
	mon	月份的三字母简称（如 jan）
	MONTH	月份的全称（如 JANUARY）
	Month	月份的全称（如 January）
	month	月份的全称（如 january）
	PM	下午
	Q	第几季度
	RM	以罗马数字表示的月份
	RR	两位数表示的年份
	SS	秒

产品	语法	日期元素
Oracle	SSSSS	自午夜累计的秒数
	SYYYY	以正负号表示的年份，如公元前 500 年即为–500
	W	一月的第几个星期
	WW	一年的第几个星期
	Y	年份的最后一位数字
	YY	年份的最后两位数字
	YYY	年份的最后三位数字
	YYYY	年份
	YEAR	年份的全拼（如 TWO-THOUSAND-TEN）
	Year	年份的全拼（如 Two-Thousand-Ten）
	year	年份的全拼（如 two-thousand-ten）
MySQL	SECOND	秒
	MINUTE	分钟
	HOUR	小时
	DAY	日
	MONTH	月份
	YEAR	年份
	MINUTE_SECOND	分钟和秒
	HOUR_MINUTE	小时和分钟
	DAY_HOUR	日和小时
	YEAR_MONTH	年和月
	HOUR_SECOND	小时、分钟和秒
	DAY_MINUTE	日和分钟
	DAY_SECOND	日和秒

注意 Oracle 中的日期元素

本节用到了 Oracle 最常用的一些日期元素。其他日期元素是否有效，要视 Oracle 的版本而定。

16.3.2 将日期转换为字符串

为了改变查询输出结果的显示格式，DATETIME 值可转换为字符串。这可以用转换函数来实现。下面两个例子将日期和时间数据转换为查询指定的字符串。

SQL 产品提供了各种显示日期值的格式。下一个例子将查询摄影师的 DOB，并对存储在数据库中的默认日期格式进行字符转换，以便在某些时候生成可读性更好或更理想的输出结果。请花点时间研究一下结果。

```
SQL> select photographer, dob, to_char(dob, 'Day Month dd, yyyy') "LONG DOB"
  2  from photographers;
```

```
PHOTOGRAPHER          DOB         LONG DOB
-------------------   ---------   ----------------------------
Ryan Notstephens      07-16-1975  Wednesday  July        16, 1975
Susan Willamson       12-03-1979  Monday     December    03, 1979
Mark Fife             01-31-1982  Sunday     January     31, 1982
Shooter McGavin       02-24-2005  Thursday   February    24, 2005
Jenny Forest          08-15-1963  Thursday   August      15, 1963
Steve Hamm            09-14-1969  Sunday     September    14, 1969
Harry Henderson       03-22-1985  Friday     March        22, 1985
Kelly Hairtrigger     01-25-2001  Thursday   January     25, 2001
Gordon Flash          09-14-1971  Tuesday    September    14, 1971
Kate Kapteur          09-14-1969  Sunday     September    14, 1969

10 rows selected.
```

16.3.3　将字符串转换为日期

字符串也可以转换为日期。以下查询演示了用 TO_DATE 函数将字符串转换为日期值的例子，查询中给出的字符串字面量定义了日期的格式。由于数据库的内置约束，结果返回了一条错误。这里提供的星期值与数据库已知的该日期的实际星期值发生了冲突。

```
SQL> select to_date('Tuesday January 6, 1999',
  2  'Day Month dd, yyyy') "New Date"
  3  from dual;

select to_date('Tuesday January 6, 1999',
                               *
ERROR at line 1:
ORA-01835: day of week conflicts with Julian date
```

下面是本章最后一个例子，TO_DATE 函数成功地将一个字符串转换为日期值。

```
SQL> select to_date('Sunday September 14, 1969',
  2  Day Month dd, yyyy') "New Date"
  3  from dual;

New Date
----------
09-14-1969

1 row selected.
```

16.4　小结

现在您应该对 DATETIME 值有所了解了。ANSI 提供了一个标准，但和许多 SQL 元素一样，大多数产品都不完全遵守标准 SQL 命令的功能和语法。尽管如此，日期和时间信息的基本形式和操作在概念上与 ANSI 保持了一致。在第 15 章中，那些函数因具体产品而异。在本章中，日期和时间的数据类型、函数和操作符也都存在一些差异。请记住，本章介绍的示例并不都适用于您的产品，但日期和时间的概念是相同的，应适用于所有的产品。

16.5　答疑

问：为什么供应商不完全按照一种数据类型和函数标准集去实现产品？

答： 不同的产品在数据类型和函数的形式上有所不同，主要是因为每个供应商选用了自己的内部存储方式，并提供最有效的数据检索方法。但所有产品都应对 ANSI 规定的必需元素（例如年、月、日、小时、分钟、秒等）提供相同的日期和时间值存储方法。

问：如何用不同于产品提供方式的方式存储日期和时间信息？

答：如果将日期列定义为可变长字符串类型，那么日期几乎可以用任何格式进行存储。如果要进行日期值的比较，需要记住的要点就是，通常需首先将日期的字符串形式转换为产品支持的 DATETIME 格式——当然得有合适的转换函数才行。

16.6 实践练习

以下是测试题和习题。测试题是为了测试您对当前内容的整体理解。习题让您有机会将本章讨论的概念付诸应用，并巩固前几章的学习中获得的知识。在继续学习之前，请务必完成测试题和习题。答案参见附录 C。

一、测试题

1. 系统日期和时间通常来自何处？
2. DATETIME 值的标准内部元素有哪些？
3. 对于国际公司而言，在显示和比较日期和时间值时，主要应考虑什么因素？
4. 字符串格式的日期值能否与 DATETIME 类型的日期值进行比较？
5. 在 SQL Server 和 Oracle 中，用什么方式获取当前日期和时间？

二、习题

1. 在 SQL 提示符下输入以下 SQL 代码，显示数据库当前日期：

```
SELECT SYSDATE FROM DUAL;
```

2. 创建 PHOTOGRAPHERS 表，并插入本章一开始给出的数据，以供本章习题使用。
3. 编写一条查询语句显示刚创建的 PHOTOGRAPHERS 表中的所有数据。
4. 在一条查询中用系统日期计算自己的年龄。
5. 显示每个摄影师出生那天是星期几。
6. Harry Henderson 的年龄有多大（当然需要四舍五入）？
7. 哪位摄影师拍照历史最久？
8. 是否有多位摄影师在同一天出生？
9. 哪些摄影师是从新年伊始开始拍照的？
10. 编写一个查询，确定今天是一年中的第几天。
11. 数据库中所有摄影师的年龄合计是多少？
12. 哪位摄影师开始拍照的年龄最小？
13. 尽情用这个数据库想出一些自己的查询来，哪怕只是用到了系统日期。

第 17 章

汇总查询结果数据

本章内容：

- ➢ 函数的定义；
- ➢ 聚合函数的用法；
- ➢ 用聚合函数汇总数据；
- ➢ 获取函数的结果；
- ➢ 了解为什么要对数据分组；
- ➢ 用 GROUP BY 子句对结果进行分组；
- ➢ 对分组数据使用函数；
- ➢ 了解分组函数；
- ➢ 按列分组；
- ➢ GROUP BY 和 ORDER BY 的选择；
- ➢ 用 HAVING 子句减少分组。

本章介绍 SQL 的聚合函数。聚合函数可用于完成多种有用的功能，例如获取最高销售总额或计算给定日期处理的订单数量。第 18 章涉及 GROUP BY 子句时，将会展示聚合函数的真正威力。前面已经介绍了如何查询数据库并以有组织的方式返回数据。之前还介绍了如何对查询得到的数据进行排序。本章将介绍如何从查询中返回数据并对其分组以提高可读性。

17.1 聚合函数的用法

函数都是 SQL 的关键字，可用于操纵列中的值以输出结果。函数（function）是一条处理输入数据以产生结果的命令，通常与列名或表达式一起使用。SQL 包含多种类型的函数。本章介绍聚合函数。聚合函数（aggregate function）为 SQL 语句提供汇总信息，例如计数、合计和均值。

本章讨论的基本聚合函数包括：

➢ COUNT；

➢ SUM；

➢ MAX；

➢ MIN；

➢ AVG。

前几章已更新了 BIRDS 数据库中的一些数据。例如，更新了表中的几条记录，将其 WINGSPAN 列置为 NULL。本章将重新运行脚本重建表和数据，将数据恢复至原始状态。请记住，随时都可以执行脚本 tables.sql 删除并重建表，再执行脚本 data.sql 将原始数据插入表中。本章用到以下表作示例：

➢ BIRDS；

➢ MIGRATION, BIRDS_MIGRATION；

➢ FOOD, BIRDS_FOOD；

➢ PHOTOGRAPHERS（第 16 章创建）。

请务必检查一下数据，有必要就进行重置，使得运行结果与本章示例一致。举个例子，假如 BIRDS 的 WINGSPAN 列中存在 NULL 值，则聚合函数返回的结果将不同于每行 WINGSPAN 都有值的情况。请记住，随时可以重新运行脚本 tables.sql 和 data.sql 重置 BIRDS 示例数据库，重建表并将数据重新插入表中。

17.1.1　COUNT 函数

COUNT 函数可对某一列中不含 NULL 值的行或数据项进行计数。在查询语句中使用时，COUNT 函数将返回一个数字。COUNT 函数还可与 DISTINCT 命令一起使用，计算某个数据集中不同行的数量。ALL 是默认参数（与 DISTINCT 相反），因此不需要在语句中包含 ALL。如果未指定 DISTINCT，则重复行也会计数。COUNT 函数的另一种写法是与星号一起使用。COUNT(*)对表的所有行进行计数，包括重复行，无论列是否包含 NULL 值。

注意　DISTINCT 仅适用于某些场景

DISTINCT 命令不能用于 COUNT(*)，而只能在 COUNT(*column_name*)中使用。这是因为 DISTINCT 的功能是寻找某一列中的唯一值，而(*)代表了表的所有列或一整行数据。

COUNT 函数的语法如下：

```
COUNT [ (*) | (DISTINCT | ALL) ] (COLUMN NAME)
```

警告　COUNT(*)与其他 COUNT 用法不同

COUNT(*)的计算方式与其他计数略有不同。当 COUNT 函数与星号一起使用时，将会对返回结果集的行数进行计数，不论是否存在重复值和 NULL 值。这是一个重要的区别。如果希望查询语句返回某个字段的计数，NULL 值也计入，则应利用 ISNULL 之类的函数把 NULL 值替换掉。

以下示例简单地对 BIRDS 表的所有数据行进行计数。换句话说，该示例显示了数据库中的鸟类数量。

```
SQL> select count(*) from birds;

  COUNT(*)
----------
        23

1 row selected.
```

在查看 COUNT 函数的下一个示例之前，请从 PHOTOGRAPHERS 表中查出所有摄影师及其关联的导师 ID。请记住，这张表是通过导师 ID 和摄影师 ID 关联到自身的，如您所知，这是一个自连接的例子。花点时间研究查询结果，并尝试将摄影师与对应的导师匹配起来。

```
SQL> select p_id, photographer, mentor_p_id
  2  from photographers;

      P_ID PHOTOGRAPHER                    MENTOR_P_ID
---------- ------------------------------- -----------
         7 Ryan Notstephens
         8 Susan Willamson
         9 Mark Fife
         1 Shooter McGavin
         2 Jenny Forest                              8
         3 Steve Hamm
         4 Harry Henderson                           9
         5 Kelly Hairtrigger                         8
         6 Gordon Flash
        10 Kate Kapteur                              7

10 rows selected.
```

以下示例对非空摄影师导师 ID 进行计数。这就给出了数据库中有导师的摄影师总数。

```
SQL> select count(mentor_p_id) "TOTAL PHOTOGRAPHERS MENTORED"
  2  from photographers;

TOTAL PHOTOGRAPHERS MENTORED
----------------------------
                           4
```

以下查询对不同的摄影师导师 ID 进行计数，给出了数据库中指导他人的摄影师总数。

```
SQL> select count(distinct(mentor_p_id)) "TOTAL MENTORS"
  2  from photographers;

TOTAL MENTORS
-------------
            3

1 row selected.
```

注意　数据类型不影响 COUNT 计数

因为 COUNT 函数计算行数，所以无所谓是什么数据类型。数据行可以包含任何数据类型的列。唯一需要考虑的是值是否为 NULL。

17.1.2　SUM 函数

SUM 函数返回某些行中某列数据的合计值。SUM 函数也可以与 DISTINCT 一起使用。如果 SUM 与 DISTINCT 一起使用，则只会对不同的行进行合计，这可能没有太大用途。这时因为有数据未计算在内，所以合计数并不准确。

SUM 函数的语法如下所示：

```
SUM ([ DISTINCT ] COLUMN NAME)
```

注意 SUM 必须针对数值类型

SUM 函数的参数必须是数值。对非数值类型的列不能使用 SUM 函数。

以下示例返回了数据库中所有鸟类的翼展总和。这个简单的示例用处不大，但本章会不断增强它的功能。

```
SQL> select sum(wingspan) from birds;

SUM(WINGSPAN)
-------------
      1163.1

1 row selected.
```

下一个示例会稍有点用：SUM 函数中包含了算术运算。先把 BIRDS 表中每种鸟的年产蛋次数乘以孵化数；然后对其应用 SUM 函数。这会返回一个产卵季或一年中所有鸟类的总产蛋数。

```
SQL> select sum(eggs * broods) "TOTAL EGGS LAYED BY ALL BIRDS IN A SEASON"
  2  from birds;

TOTAL EGGS LAYED BY ALL BIRDS IN A SEASON
-----------------------------------------
                                      127

1 row selected.
```

17.1.3 AVG 函数

AVG 函数查询给定行中某列数据的平均值。与 DISTINCT 命令一起使用时，AVG 函数返回不同行中数据的平均值。AVG 函数的语法如下：

```
AVG ([ DISTINCT ] COLUMN NAME)
```

注意 AVG 必须针对数值类型

AVG 函数的参数必须是数值类型才能生效。

以下示例查询 BIRDS 表 WINGSPAN 列中所有值的平均值：

```
SQL> select avg(wingspan) from birds;

AVG(WINGSPAN)
-------------
   50.5695652

1 row selected.
```

警告 有时数据会被截断

在某些产品中，查询结果会依据数据类型的精度进行截断。请查看数据库系统的文档，确保了解了各种数据类型的正常精度。以避免不必要的数据截断，防止因数据精度不对而导致意外结果。

17.1.4　MAX 函数

MAX 函数返回给定的一组行中某列数据的最大值。MAX 函数会忽略 NULL 值。MAX 函数可以与 DISTINCT 命令一起使用，但因为所有行的最大值与不同行的最大值是一样的，所以 DISTINCT 没有作用。

MAX 函数的语法如下：

```
MAX([ DISTINCT ] COLUMN NAME)
```

以下示例返回 BIRDS 表中 WINGSPAN 的最大值：

```
SQL> select max(wingspan) from birds;

MAX(WINGSPAN)
-------------
        94.8

1 row selected.
```

MAX 和 MIN 之类的聚合函数还可以应用于字符数据。这时数据库的排序规则会再次发挥作用。数据库排序规则最常见的设置就是字典顺序，因此结果会依此顺序排列。例如要对 BIRDS 表的 BIRD_NAME 列执行 MAX 操作：

```
SQL> select max(bird_name)
  2   from birds;

MAX(BIRD_NAME)
------------------------------
Turkey Vulture

1 row selected.
```

在以上示例中，MAX 函数根据 BIRD_NAME 列数据的字典顺序返回了最大值。

17.1.5　MIN 函数

MIN 函数返回给定的一组行中某列数据的最小值。MIN 函数会忽略 NULL 值。MIN 函数可与 DISTINCT 命令一起使用。但因为所有行的最小值与不同行的最小值是一样的，所以 DISTINCT 没有作用。

MIN 函数的语法如下：

```
MIN([ DISTINCT ] COLUMN NAME)
```

以下示例返回 BIRDS 表中 WINGSPAN 的最小值：

```
SQL> select min(wingspan) from birds;

MIN(WINGSPAN)
-------------
          3.2

1 row selected.
```

注意 DISTINCT 和聚合函数并不一定能一起使用

聚合函数若要与 DISTINCT 命令一起使用，需要考虑一个重要因素，就是查询可能不会返回预期的结果。聚合函数的目的是根据表中的所有数据行返回汇总数据。如果用了 DISTINCT，则会首先应用于结果，然后再将结果传给聚合函数，最终的结果就可能变动很大。若要将 DISTINCT 与聚合函数一起使用，请您确定已完全理解了这一点。

如同 MAX 函数一样，MIN 函数也能应用于字符数据。MIN 函数将根据数据的字典顺序返回最小值。

```
SQL> select min(bird_name)
  2  from birds;

MIN(BIRD_NAME)
------------------------------
American Coot

1 row selected.
```

17.2 数据分组

数据分组（grouping）将按逻辑顺序把具有重复值的列合并。例如，数据库可能包含员工信息；员工们住在不同的城市，有些员工住在同一个城市。您可能需要执行一个查询显示每个城市的员工信息。您可按城市对员工信息进行分组，并创建汇总报告。

或者您要按城市计算支付给员工的平均工资。只要如第 16 章所述对 SALARY 列应用聚合函数 AVG，并用 GROUP BY 子句按城市对输出进行分组，即可做到这一点。

数据分组通过 SELECT 语句（查询）的 GROUP BY 子句实现。本节将介绍如何用带有 GROUP BY 子句的聚合函数更有效地显示查询结果。

17.3 GROUP BY 子句的用法

GROUP BY 子句与 SELECT 语句合作，可将相同的数据归组。GROUP BY 子句位于 SELECT 语句的 WHERE 子句之后，ORDER BY 子句之前。

GROUP BY 子句在查询语句中的位置如下所示：

```
SELECT
FROM
WHERE
GROUP BY
ORDER BY
```

以下是包含 GROUP BY 子句的 SELECT 语句的语法：

```
SELECT COLUMN1, COLUMN2
FROM TABLE1, TABLE2
WHERE CONDITIONS
GROUP BY COLUMN1, COLUMN2
ORDER BY COLUMN1, COLUMN2
```

在初次编写带有 GROUP BY 子句的查询时,通常需要一点时间来适应上述这种书写顺序。这种写法是合乎逻辑的。GROUP BY 子句通常是 CPU 密集型操作, 如果不先对数据行的数量进行限制, 就会对即将丢弃的无用数据执行分组。因此, 这里特意先用 WHERE 子句缩小数据集, 再仅对必要的数据行执行分组。

ORDER BY 子句可以一起使用, 不过通常 RDBMS 会按照 GROUP BY 子句中的列顺序对结果进行排序, 17.4 节中还会进行更深入的讨论。除非所需排序模式与 GROUP BY 子句的不同, 不然 ORDER BY 子句就是多余的。不过有时采用 ORDER BY 子句, 是因为在 SELECT 语句中用到了 GROUP BY 子句中没有包含的聚合函数, 或者因为某些 RDBMS 的功能与标准略有不同。

以下几节将会介绍 GROUP BY 子句的用法, 给出一些应用场景的示例。

17.3.1 分组函数

典型的分组函数（供 GROUP BY 子句处理组内数据的函数）包括 AVG、MAX、MIN、SUM 和 COUNT。这些都是第 17 章介绍过的聚合函数。请记住, 之前介绍的聚合函数用于单个值, 现在则将其用于组值。

17.3.2 对所选数据分组

数据分组比较简单。查询的列(查询语句中 SELECT 关键字后面的列列表)是 GROUP BY 子句中可以引用的列。不在 SELECT 语句中的列不能在 GROUP BY 子句中使用。如果数据都不显示出来, 那结果怎么对其分组?

如果列名已加了限定, 那么 GROUP BY 子句中必须使用限定名称。列名也可以用数字表示。分组列的顺序不必与 SELECT 子句中的一致。

17.3.3 创建分组并使用聚合函数

在使用 GROUP BY 时, SELECT 子句必须满足一些条件。具体来说就是, 除了聚合函数生成的值, 所有查询列都必须出现在 GROUP BY 子句中。如果 SELECT 子句中的列带有限定名称, 那么 GROUP BY 子句中也必须使用限定列名称。下面是 GROUP BY 子句的一些语法示例。

以下 SQL 语句查询 BIRDS_MIGRATION 表的 MIGRATION_LOCATION 列,并对 BIRD_ID 列计数。请记住, BIRDS_MIGRATION 表将 MIGRATION 表连接到 BIRDS 表, 因此 MIGRATION_ID 对应的 BIRD_ID 可以表示迁徙到某地的鸟类数量。当然, 这里已做了表连接, 且按迁徙地分组。这条语句给出了数据库中每个迁徙地的鸟类汇总数。

```
SQL> select migration.migration_location, count(birds_migration.bird_id) birds
  2  from migration, birds_migration
  3  where migration.migration_id = birds_migration.migration_id
```

```
 4  group by migration.migration_location;

MIGRATION_LOCATION                     BIRDS
------------------------------     ----------
Central America                        12
Mexico                                 14
No Significant Migration                5
Partial, Open Water                     1
South America                           6
Southern United States                 18

6 rows selected.
```

下一个查询示例展示了鸟的各种食物。查询食物名称和鸟的平均翼展，然后用 ROUND 函数获得平均翼展的整数值。FROM 子句显示要从 3 张表获取数据，WHERE 子句则对这 3 张表做了连接。查询结果按 FOOD_NAME 分组，并按第二列（即 AVG(WINGSPAN)）降序排列。这里的排序操作将按鸟类平均翼展从大到小显示其食物。这条查询语句给出了数据库中所有食物的列表以及吃这些食物的鸟类平均翼展。

```
SQL> select food.food_name, round(avg(birds.wingspan)) avg_wingspan
  2  from food, birds, birds_food
  3  where food.food_id = birds_food.food_id
  4  and birds.bird_id = birds_food.bird_id
  5  group by food.food_name
  6  order by 2 desc;

FOOD_NAME                          AVG_WINGSPAN
------------------------------     ------------
Reptiles                               90
Deer                                   90
Ducks                                  84
Frogs                                  73
Birds                                  69
Crayfish                               67
Small Mammals                          65
Snakes                                 63
Insects                                61
Carrion                                53
Fish                                   52
Plants                                 49
Rodents                                48
Aquatic Plants                         43
Crustaceans                            41
Fruit                                  40
Aquatic Insects                        40
Seeds                                  38
Corn                                    3

19 rows selected.
```

17.4 GROUP BY 和 ORDER BY 的区别

GROUP BY 子句的工作方式与 ORDER BY 子句相同，都会对数据进行排序。具体来说，ORDER BY 子句用于对查询得来的数据进行排序。GROUP BY 子句也会对查询得来的数据进行排序，以对数据进行正确分组。

但在使用 GROUP BY 而不是 ORDER BY 进行排序操作时，会有一些差异和不足：

➢   所有列入查询的非聚合列必须同时在 GROUP BY 子句中列出；

➢   除非要使用聚合函数，否则一般不需要用到 GROUP BY 子句。

　　下面举几个例子。以下语句查询迁徙到 Central America 或 Mexico 的鸟类迁徙地点和翼展，查询结果按迁移地点排序。这是用 ORDER BY 子句执行排序操作的示例。

```
SQL> select m.migration_location, b.wingspan
  2  from birds b,
  3    birds_migration bm,
  4    migration m
  5  where b.bird_id = bm.bird_id
  6    and m.migration_id = bm.migration_id
  7    and m.migration_location in ('Central America', 'Mexico')
  8  order by 1;

MIGRATION_LOCATION               WINGSPAN
------------------------------ ----------
Central America                      78
Central America                      54
Central America                      72
Central America                      23
Central America                     6.5
Central America                      29
Central America                      18
Central America                      54
Central America                      34
Central America                      72
Central America                    26.8
Central America                    67.2
Mexico                               78
Mexico                               54
Mexico                               72
Mexico                               23
Mexico                              6.5
Mexico                               29
Mexico                               18
Mexico                               50
Mexico                               54
Mexico                               34
Mexico                               72
Mexico                             26.8
Mexico                             67.2
Mexico                               42

26 rows selected.
```

　　以下示例与上一个基本相同，只是错用了 GROUP BY 子句代替 ORDER BY 对数据进行排序。与 ORDER BY 子句不一样，GROUP BY 子句执行排序操作的目的是对数据进行分组以执行聚合函数。下面的示例返回了错误，因为 SELECT 子句中的任何非聚合函数都必须进行分组。

```
SQL> select m.migration_location, b.wingspan
  2  from birds b,
  3    birds_migration bm,
  4    migration m
  5  where b.bird_id = bm.bird_id
  6    and m.migration_id = bm.migration_id
  7    and m.migration_location in ('Central America', 'Mexico')
  8  group by migration_location;
select m.migration_location, b.wingspan
                             *
ERROR at line 1:
ORA-00979: not a GROUP BY expression
```

注意　错误信息因产品而异

不同的 SQL 产品返回的错误信息形式也不相同。

以下是在同一条查询中正确有效地使用 GROUP BY 子句的示例。这里需要的是对 WINGSPAN 列执行 AVG 聚合函数，并按 MIGRATION_LOCATION 分组。

```
SQL> select m.migration_location, avg(b.wingspan) "AVG WINGSPAN"
  2  from birds b,
  3    birds_migration bm,
  4    migration m
  5  where b.bird_id = bm.bird_id
  6    and m.migration_id = bm.migration_id
  7  group by migration_location;

MIGRATION_LOCATION              AVG WINGSPAN
------------------------------  ------------
Partial, Open Water                     94.8
Southern United States            46.3166667
Mexico                                 44.75
South America                           48.3
No Significant Migration               61.32
Central America                   44.5416667

6 rows selected.
```

下面假定要对同一分组结果进行排序，但顺序与 GROUP BY 表达式无关。只需在 SQL 语句的末尾加上 ORDER BY 子句，即可按 AVG(WINGSPAN)进行"最后"排序。结果按 AVG(WINGSPAN)从小到大排序。

```
SQL> select m.migration_location, avg(b.wingspan) "AVG WINGSPAN"
  2    from birds b,
  3      birds_migration bm,
  4      migration m
  5  where b.bird_id = bm.bird_id
  6    and m.migration_id = bm.migration_id
  7  group by migration_location
  8  order by 2;

MIGRATION_LOCATION              AVG WINGSPAN
------------------------------  ------------
Central America                   44.5416667
Mexico                                 44.75
Southern United States            46.3166667
South America                           48.3
No Significant Migration               61.32
Partial, Open Water                     94.8

6 rows selected.
```

尽管 GROUP BY 和 ORDER BY 的功能类似，但两者有一个主要的区别：GROUP BY 子句旨在对相同数据归组，而 ORDER BY 子句只用于将数据按某种顺序排列。在一条 SELECT 语句中可以同时使用 GROUP BY 和 ORDER BY，但必须遵循特定的顺序。

17.5 CUBE 和 ROLLUP 表达式的用法

有时获取特定组内的汇总数据是很有用处的。例如，既要显示按年度、国家/地区和产品类型的销售总额，又要显示按年度和国家/地区的汇总数。ANSI SQL 标准用 CUBE 和 ROLLUP 表达式提供此类功能。

ROLLUP 表达式用于获取小计（通常也称超级聚合行）和总计行。ANSI 语法如下：

```
GROUP BY ROLLUP(ordered column list of grouping sets)
```

ROLLUP 表达式的工作方式如下：每当分组后数据的最后一列遇到不同的值，就会在结果中新插入一行数据，在这行数据中该列值为 NULL 且对组内数据集进行小计。最后在查询结果的末尾插入一行数据，在这行数据中分组数据列值均为 NULL 且对聚合数据进行总计算。Microsoft SQL Server 和 Oracle 都遵循 ANSI 标准。

首先来看一个简单的 GROUP BY 语句的返回结果，该语句按迁徙地点查询鸟类的平均翼展：

```
SQL> select m.migration_location, avg(b.wingspan) "AVG WINGSPAN"
  2  from migration m,
  3    birds b,
  4    birds_migration bm
  5  where m.migration_id = bm.migration_id
  6    and b.bird_id = bm.bird_id
  7  group by migration_location;

MIGRATION_LOCATION              AVG WINGSPAN
------------------------------  ------------
Partial, Open Water                     94.8
Southern United States            46.3166667
Mexico                                 44.75
South America                           48.3
No Significant Migration               61.32
Central America                   44.5416667

6 rows selected.
```

以下示例用到了 ROLLUP 表达式获取每个迁徙地点鸟类平均翼展的小计：

```
SQL> select m.migration_location, avg(b.wingspan) "AVG WINGSPAN"
  2  from migration m,
  3    birds b,
  4    birds_migration bm
  5  where m.migration_id = bm.migration_id
  6    and b.bird_id = bm.bird_id
  7  group by rollup (migration_location);

MIGRATION_LOCATION              AVG WINGSPAN
------------------------------  ------------
Central America                   44.5416667
Mexico                                 44.75
No Significant Migration               61.32
Partial, Open Water                     94.8
South America                           48.3
Southern United States            46.3166667
                                     47.9625

7 rows selected.
```

请注意，这里有了一条每个迁徙地点鸟类翼展均值的超级聚合行，还多了最后一行是整个结果集的总平均值。

CUBE 表达式与 ROLLUP 表达式不同：它会为列表中每种列组合返回一行数据，再返回一行整个结果集的汇总计算值。由于功能独特，CUBE 通常用于创建交叉报表（ crosstab ）。CUBE 表达式的语法如下：

```
GROUP BY CUBE(column list of grouping sets)
```

以下例子演示了 CUBE 的用法。假设已向 MIGRATION 表添加了名为 REGION 的列。

以下 SQL 查询从 MIGRATIONS 表、BIRDS 表和 BIRDS_MIGRATION 表中选择 REGION、MIGRATION_LOCATION 和 AVG(WINGSPAN)。这里不仅根据迁徙地点计算了鸟类的平均翼展，CUBE 表达式还作为一个整体一次返回了每个地区、每个迁移地点的鸟类平均翼展。

```
SQL> select m.region, m.migration_location,
  2       avg(b.wingspan) "AVG WINGSPAN"
  3  from migration m,
  4     birds b,
  5     birds_migration bm
  6  where m.migration_id = bm.migration_id
  7    and b.bird_id = bm.bird_id
  8  group by cube(region, migration_location)
  9  order by 1;

REGION                MIGRATION_LOCATION          AVG WINGSPAN
--------------------  --------------------------  ------------
Minimal Migration     No Significant Migration          61.32
Minimal Migration     Partial, Open Water                94.8
Minimal Migration                                        66.9
North                 Mexico                            44.75
North                 Southern United States       46.3166667
North                                               45.63125
South                 Central America              44.5416667
South                 South America                      48.3
South                                              45.7944444
                      Central America              44.5416667
                      Mexico                            44.75
                      No Significant Migration          61.32
                      Partial, Open Water                94.8
                      South America                      48.3
                      Southern United States       46.3166667
                                                      47.9625

16 rows selected.
```

用了 CUBE 表达式后，结果数据行数会增加，因为该语句需要返回每种列的组合。这里为每个地区、每个地点返回聚合计算值（在本例中为平均值），结果整体返回。

17.6 HAVING 子句的用法

SELECT 语句中如果一起使用 HAVING 子句和 GROUP BY 子句，则会告诉 GROUP BY 输出结果中要包含哪些分组。HAVING 之于 GROUP BY，就像 WHERE 之于 SELECT。换句话说，WHERE 子句为查询的列放置了约束条件，而 HAVING 子句则为 GROUP BY 子句创建的数据组放置了约束条件。因此使用了 HAVING 子句，实际就是要在查询结果中包含（或排除）一组数据。

下面给出了 HAVING 子句在查询语句中的位置：

```
SELECT
FROM
WHERE
GROUP BY
HAVING
ORDER BY
```

以下是包含 HAVING 子句的 SELECT 语句的语法：

```
SELECT COLUMN1, COLUMN2
FROM TABLE1, TABLE2
WHERE CONDITIONS
GROUP BY COLUMN1, COLUMN2
```

```
HAVING CONDITIONS
ORDER BY COLUMN1, COLUMN2
```

下述最后一个例子将查询 FOOD_NAME 列，计算与每种食物关联的鸟类的平均翼展。该条查询要求结果按 FOOD_NAME 分组，并用 HAVING 子句只显示平均翼展大于 50 英寸的鸟类的食物。最后，按第二列 AVG(BIRDS.WINGSPAN)对结果进行降序排序，按翼展从大到小显示鸟类的食物。

```
SQL> select food.food_name, round(avg(birds.wingspan)) avg_wingspan
  2  from food, birds, birds_food
  3  where food.food_id = birds_food.food_id
  4  and birds.bird_id = birds_food.bird_id
  5  group by food.food_name
  6  having avg(birds.wingspan) > 50
  7  order by 2 desc;

FOOD_NAME                         AVG_WINGSPAN
------------------------------    ------------
Deer                                        90
Reptiles                                    90
Ducks                                       84
Frogs                                       73
Birds                                       69
Crayfish                                    67
Small Mammals                               65
Snakes                                      63
Insects                                     61
Carrion                                     53
Fish                                        52

11 rows selected.
```

17.7　小结

聚合函数很有用处，用法也很简单。本章介绍了对某列的值计数、对表中的数据行计数、获取列的最大值和最小值、计算列中值的合计以及计算列中值的均值。请记住，除了 COUNT(*)格式的 COUNT 函数，其他聚合函数都不会把 NULL 值计入。聚合函数是本书介绍的第一类 SQL 函数，接下来的几章还会介绍更多的函数。聚合函数还可以应用于分组后的数据，这在第 18 章中将会讨论。随着对其他函数的了解，您会发现大多数函数的语法都很类似，用法也算是易于理解。

本章还介绍了如何用 GROUP BY 子句对查询结果进行分组。GROUP BY 子句主要用于 SQL 的聚合函数，例如 SUM、AVG、MAX、MIN 和 COUNT 等。GROUP BY 的特性与 ORDER BY 类似，都会对查询结果进行排序。为了对查询结果进行逻辑分组，GROUP BY 子句必须对数据进行排序，但也可只用于数据排序。但排序用 ORDER BY 子句会简单很多。HAVING 子句是 GROUP BY 子句的扩展，用于为已建立的查询组设定约束条件。WHERE 子句则为查询的 SELECT 子句放置约束条件。第 18 章将介绍一组新函数，用于对查询结果进行进一步的操控。

17.8　答疑

问：为什么使用 MAX 和 MIN 函数时会忽略 NULL 值？

答：NULL 值表示没有数据，也就不可能有最大值和最小值。

问：为什么 COUNT 函数对数据类型无所谓？

答：COUNT 函数只对数据行进行计数。

问：SUM 和 AVG 函数对数据类型有要求吗？

答：不完全如此。如果数据可以隐式转换为数值型，那么这两个函数依然可以生效。数据类型没有那么要紧，还是要看所存储的数据。

问：聚合函数中只能用列名吗？

答：不，任何计算公式都可以使用，只要输出结果与函数要求的数据类型匹配即可。

问：当在 SELECT 语句中使用 GROUP BY 子句时，是否必须使用 ORDER BY 子句？

答：不用，严格来说 ORDER BY 子句只是可选项，但与 GROUP BY 一起使用会很有用。

问：GROUP BY 子句中的列必须在 SELECT 语句中列出吗？

答：是的，必须是出现在 SELECT 语句中的列，才能用于 GROUP BY 子句。

问：SELECT 语句中的所有列都要在 GROUP BY 子句中用到吗？

答：是的，SELECT 语句中的每一列（聚合函数除外）都必须在 GROUP BY 子句中用到，才不会报错。

17.9 实践练习

以下是测试题和习题。测试题是为了测试您对当前内容的整体理解。习题让您有机会将本章讨论的概念付诸应用，并巩固前几章的学习中获得的知识。在继续学习之前，请务必完成测试题和习题。答案参见附录 C。

一、测试题

1. 判断题：AVG 函数返回 SELECT 列中所有行的平均值，包括 NULL 值。

2. 判断题：SUM 函数汇总所有列的值。

3. 判断题：COUNT(*)函数对表中的所有行进行计数。

4. 判断题：COUNT([column name])函数计入 NULL 值。

5. 以下 SELECT 语句是否有效？如果无效，该怎么修复？

    A. SELECT COUNT * FROM BIRDS;

    B. SELECT COUNT(BIRD_ID), BIRD_NAME FROM BIRDS;

    C. SELECT MIN(WEIGHT), MAX(HEIGHT) FROM BIRDS WHERE WINGSPAN > 48;

    D. SELECT COUNT(DISTINCT BIRD_ID) FROM BIRDS;

    E. SELECT AVG(BIRD_NAME) FROM BIRDS;

6. HAVING 子句有什么用途？它与其他哪个子句最相似？

7. 判断题：在使用 HAVING 子句时，必须同时使用 GROUP BY 子句。

8. 判断题：SELECT 列必须以相同的顺序出现在 GROUP BY 子句中。

9. 判断题：HAVING 子句告诉 GROUP BY 子句需要包括哪些数据分组。

二、习题

1. 鸟类平均翼展是多少？

2. 吃鱼的鸟类的平均翼展是多少？

3. Common Loon 吃几种食物？

4. 每种鸟巢的平均鸟蛋数量是多少？

5. 哪种鸟体重最轻？

6. 生成一份以下所有数据都高于平均水平的鸟类清单：身高、体重和翼展。

7. 编写查询语句生成所有迁徙地点及其平均翼展的清单，但只针对平均翼展大于 48 英寸的鸟类。

8. 编写一个查询显示所有摄影师的名单和每位摄影师指导的摄影师数量。

9. 自己用聚合函数和前几章学的其他函数进行实验。

第18章

用子查询定义未知数据

本章内容：

➢ 子查询的定义；

➢ 限定子查询的用途；

➢ 常规数据库查询中的子查询示例；

➢ 在数据操作命令中使用子查询；

➢ 用关联子查询限定作用范围。

本章介绍子查询的概念，通过这种方法可在一条 SQL 语句中执行其他的查询。利用子查询能轻松完成复杂的查询，这些查询可能依赖于数据库中复杂的数据子集。

18.1 子查询的定义

子查询，也称嵌套查询（nested query），它嵌在另一条查询的 WHERE 子句中，用以进一步限制查询返回的数据。子查询返回供主查询使用的数据，作为进一步限制要检索数据的条件。子查询可与 SELECT、INSERT、UPDATE 和 DELETE 语句一起使用。

在某些情况下，子查询可用于代替表连接操作，做法就是根据一个或多个条件将多表数据间接关联起来。如果查询语句中包含子查询，会首先解析子查询，然后根据子查询解析出来的限制条件再来解析主查询。子查询的返回结果用于主查询 WHERE 子句中的表达式。在主查询的 WHERE 子句或 HAVING 子句中可以使用子查询。此外，在子查询中也可使用逻辑和关系操作符，如=、>、<、<>、!=、IN、NOT IN、AND、OR 等，对 WHERE 或 HAVING 子句中的子查询求值。

子查询必须遵循以下规则。

➢ 子查询必须用括号括起来。

➢ SELECT 子句中的子查询只能包含一列，除非主查询中有多个列需要子查询去进行比较。

➢ 子查询中不能使用 ORDER BY 子句，当然主查询是可以使用的。在子查询中可以用

GROUP BY 子句实现与 ORDER BY 子句相同的功能。

➢ 仅当搭配使用 IN 之类的多值操作符时，才能使用返回多条记录的子查询。

➢ SELECT 的列列表不能包含求值结果为 BLOB、ARRAY、CLOB 或 NCLOB 类型的引用。

➢ 在 SET 命令后不能嵌入子查询。

➢ 不能对子查询使用 BETWEEN 操作符，但子查询内部可以使用 BETWEEN 操作符。

注意　子查询的使用规则

标准查询的规则同样也适用于子查询。在子查询中可以使用表连接操作、函数、格式转换和其他功能。

子查询的基本语法如下：

```
SELECT COLUMN_NAME
FROM TABLE
WHERE COLUMN_NAME = (SELECT COLUMN_NAME
                     FROM TABLE
                     WHERE CONDITIONS);
```

下面的例子展示了 BETWEEN 操作符和子查询合作时的用法。首先给出在子查询中使用 BETWEEN 的正确用法。

```
SELECT COLUMN_NAME
FROM TABLE_A
WHERE COLUMN_NAME OPERATOR (SELECT COLUMN_NAME
                           FROM TABLE_B)
                            WHERE VALUE BETWEEN VALUE)
```

不能在子查询外面对其使用 BETWEEN 操作符。下面是 BETWEEN 用于子查询的错误用法示例：

```
SELECT COLUMN_NAME
FROM TABLE_A
WHERE COLUMN_NAME BETWEEN VALUE AND (SELECT COLUMN_NAME
                                     FROM TABLE_B)
```

正如本章即将介绍的那样，子查询和其他查询一样生成单个值或单个值的列表。如果主查询中嵌入了子查询，那么主查询的结果集与子查询返回的数据集必须是逻辑可比较的。首先会解析子查询，其返回数据将替换到主查询中。

18.1.1　子查询与 SELECT 语句合作

尽管在数据操纵语句中也可以使用子查询，但最常见的用法是搭配 SELECT 语句使用。在与 SELECT 语句合作时，子查询用来获取数据供主查询使用。

基本语法如下所示：

```
SELECT COLUMN_NAME [, COLUMN_NAME ]
FROM TABLE1 [, TABLE2 ]
WHERE COLUMN_NAME OPERATOR
                (SELECT COLUMN_NAME [, COLUMN_NAME ]
                 FROM TABLE1 [, TABLE2 ]
```

```
[ WHERE ])
```

举个例子,假定要查询数据库获取翼展大于平均水平的鸟类清单。数据库中有WINGSPAN列,但并不会保存平均翼展数据。因此,如果不先从 BIRDS 表中查出平均翼展,就无法知道平均翼展的值。但即便执行了查询,平均翼展值也是一个动态数据,这意味着伴随着新鸟类数据的插入或翼展数据的更新,它可能随时发生变动。因此,您不仅不知道该提供给查询什么值,而且此值还可能在下次查询时发生变化。

先来查下 BIRDS 表中的鸟类平均翼展。

```
SQL> select avg(wingspan)
  2  from birds;

AVG(WINGSPAN)
-------------
   50.5695652

1 row selected.
```

现在当前的平均翼展值有了(这里只是用作比较),就把这条 SELECT 语句替换到查询语句的 WHERE 子句中。这就是子查询的一个简单示例。

```
SQL> select bird_name "BIRD",
  2  wingspan "WINGSPAN ABOVE AVERAGE"
  3  from birds
  4  where wingspan >
  5        (select avg(wingspan) from birds)
  6  order by 2 desc;

BIRD                          WINGSPAN ABOVE AVERAGE
----------------------------- ----------------------
Mute Swan                                       94.8
Brown Pelican                                     90
Golden Eagle                                     90
Bald Eagle                                       84
Great Blue Heron                                 78
Osprey                                           72
Canadian Goose                                   72
Turkey Vulture                                   72
Great Egret                                    67.2
Common Loon                                      54
Double-crested Cormorant                         54

11 rows selected.
```

生成的输出结果显示了鸟的名称和翼展,但只包含了翼展大于平均水平的鸟类。请与之前翼展大于 50 英寸的查询的结果进行比较。

提示 将子查询用于无法预知的值

当查询条件无法确切预知时,常会用到子查询。上述查询中的平均翼展值是无法预知的,而子查询正是用于完成这种任务。

以下子查询示例尝试使用 BETWEEN 之类的操作符,产生了不合逻辑的比较。请注意,Oracle 数据库会返回错误。这是因为子查询返回的平均翼展值是单个值,而 BETWEEN 操作符需要两个值。此外,用 BETWEEN 时需要 AND 操作符,而在子查询中无法实现,也毫无意义。

```
SQL> select bird_name "BIRD",
  2        wingspan "WINGSPAN ABOVE AVERAGE"
  3  from birds
  4  where wingspan between
  5    (select avg(wingspan) from birds)
  6  order by 2 desc;
order by 2 desc
*
ERROR at line 6:
ORA-00905: missing keyword
```

以下查询是一个更为合理的例子，子查询会返回多条记录，用 IN 操作符将其替换到主查询中。

```
SQL> select bird_name "BIRD",
  2        wingspan "WINGSPAN ABOVE AVERAGE"
  3  from birds
  4  where wingspan in
  5    (select wingspan from birds
  6     where wingspan > 48)
  7  order by 2 desc;


BIRD                             WINGSPAN ABOVE AVERAGE
-------------------------------  ----------------------
Mute Swan                                          94.8
Brown Pelican                                        90
Golden Eagle                                         90
Bald Eagle                                           84
Great Blue Heron                                     78
Canadian Goose                                       72
Turkey Vulture                                       72
Osprey                                               72
Great Egret                                        67.2
Double-crested Cormorant                             54
Common Loon                                          54
Ring-billed Gull                                     50

12 rows selected.
```

18.1.2　子查询与 CREATE TABLE 语句合作

在 DDL 语句中也可以使用子查询。下面的 CREATE TABLE 语句将用子查询收集合适的数据。名为 ABOVE_AVG_BIRDS 的表是基于原 BIRDS 表创建的，但只包含了翼展、身高、体重均大于平均水平的鸟类。3 个带有子查询的条件必须全部为 TRUE，才会返回数据。比如，只有满足以下条件时才会在新表 ABOVE_AVG_BIRDS 中创建记录：

➢　鸟的翼展大于所有鸟类的平均翼展（子查询 1）且；

➢　鸟的身高大于所有鸟类的平均身高（子查询 2）且；

➢　鸟的体重大于所有鸟类的平均体重（子查询 3）。

```
SQL> create table above_avg_birds as
  2  select bird_id, bird_name, wingspan, height, weight
  3  from birds
  4  where wingspan > (select avg(wingspan) from birds)
  5    and height > (select avg(height) from birds)
  6    and weight > (select avg(weight) from birds);

Table created.
```

研究 ABOVE_AVG_BIRDS 表中的数据:

```
SQL> select *
  2  from above_avg_birds;

   BIRD_ID BIRD_NAME            WINGSPAN     HEIGHT     WEIGHT
---------- -------------------- ---------- ---------- ----------
         3 Common Loon               54         36         18
         4 Bald Eagle                84         37         14
         5 Golden Eagle              90         40         15
         9 Canadian Goose            72         43         14
        19 Mute Swan               94.8         60         26
        20 Brown Pelican             90         54        7.6

6 rows selected.
```

当前的平均值都是不可预知的,但用子查询可轻松获得实时的平均值,由子查询结果即可创建一张新表。

18.1.3 子查询与 INSERT 语句合作

DML 语句中也可使用子查询。第一个例子是关于 INSERT 语句的。它将子查询返回的数据插入另一张表。子查询中所选数据可以使用任意字符函数、日期函数或数值函数进行修改。

注意 请时刻牢记保存事务

在使用 INSERT 之类的 DML 命令时,请记得使用 COMMIT 和 ROLLBACK 命令来管理事务。

基本语法如下:

```
INSERT INTO TABLE_NAME [ (COLUMN1 [, COLUMN2 ]) ]
SELECT [ *|COLUMN1 [, COLUMN2 ]
FROM TABLE1 [, TABLE2 ]
[ WHERE VALUE OPERATOR ]
```

在操作之前,首先需要清空 ABOVE_AVG_BIRDS 表,将表中现有数据全部删除。

```
SQL> truncate table above_avg_birds;

Table truncated.
```

请查询一下 ABOVE_AVG_BIRDS 表的所有记录,验证数据是否已清空。

```
SQL> select *
  2  from above_avg_birds;

no rows selected
```

接下来对 ABOVE_AVG_BIRDS 表执行 INSERT 语句,使用子查询从 BIRDS 表中获取数据。新表中新建了 6 行数据。

```
SQL> insert into above_avg_birds
  2  select bird_id, bird_name, wingspan, height, weight
  3  from birds
  4  where wingspan > (select avg(wingspan) from birds)
  5    and height > (select avg(height) from birds)
  6    and weight > (select avg(weight) from birds);

6 rows created.
```

请查看结果并研究插入新表中的数据。

```
SQL> select *
  2  from above_avg_birds;

   BIRD_ID BIRD_NAME             WINGSPAN     HEIGHT     WEIGHT
---------- ------------------- ---------- ---------- ----------
         3 Common Loon                 54         36         18
         4 Bald Eagle                  84         37         14
         5 Golden Eagle                90         40         15
         9 Canadian Goose              72         43         14
        19 Mute Swan                 94.8         60         26
        20 Brown Pelican               90         54        7.6

6 rows selected.
```

18.1.4　子查询与 UPDATE 语句合作

子查询可与 UPDATE 语句合作，用于更新表的一列或多列数据。基本语法如下所示：

```
UPDATE TABLE
SET COLUMN_NAME [, COLUMN_NAME) ] =
   (SELECT ]COLUMN_NAME [, COLUMN_NAME) ]
   FROM TABLE
   [ WHERE ]
```

下面是 UPDATE 语句的示例，用到了类似于上一个例子的子查询，对翼展、身高和体重高于平均水平的鸟类更新其 WINGSPAN 等列。

```
SQL> update birds
  2  set wingspan = 99, height = 99, weight = 99
  3  where wingspan > (select avg(wingspan) from birds)
  4    and height > (select avg(height) from birds)
  5    and weight > (select avg(weight) from birds);

6 rows updated.
```

现在查询 BIRDS 表，结果显示已有几列值根据子查询中的条件设成了 99。

```
SQL> select bird_name, wingspan, height, weight
  2  from birds;

BIRD_NAME                       WINGSPAN     HEIGHT     WEIGHT
------------------------------ ---------- ---------- ----------
Great Blue Heron                      78         52        5.5
Mallard                              3.2         28        3.5
Common Loon                           99         99         99
Bald Eagle                            99         99         99
Golden Eagle                          99         99         99
Red Tailed Hawk                       48         25        2.4
Osprey                                72         24          3
Belted Kingfisher                     23         13        .33
Canadian Goose                        99         99         99
Pied-billed Grebe                    6.5         13          1
American Coot                         29         16          1
Common Sea Gull                       18         18          1
Ring-billed Gull                      50         19        1.1
Double-crested Cormorant              54         33        5.5
Common Merganser                      34         27        3.2
Turkey Vulture                        72         32        3.3
American Crow                        39.6         18        1.4
Green Heron                         26.8         22         .4
```

```
Mute Swan                        99          99          99
Brown Pelican                    99          99          99
Great Egret                    67.2          38         3.3
Anhinga                          42          35         2.4
Black Skimmer                    15          20           1

23 rows selected.
```

18.1.5 子查询与 DELETE 语句合作

子查询也可与 DELETE 语句合作。基本语法如下所示：

```
DELETE FROM TABLE_NAME
[ WHERE OPERATOR [ VALUE ]
            (SELECT COLUMN_NAME
            FROM TABLE_NAME)
            [ WHERE) ]
```

下面回顾一下 ABOVE_AVG_BIRDS 表中的数据：

```
SQL> select bird_name, wingspan, height, weight
  2  from above_avg_birds;

BIRD_NAME            WINGSPAN     HEIGHT      WEIGHT
------------------- ---------- ---------- ----------
Common Loon               54          36          18
Bald Eagle                84          37          14
Golden Eagle              90          40          15
Canadian Goose            72          43          14
Mute Swan               94.8          60          26
Brown Pelican             90          54         7.6

6 rows selected.
```

请删除 ABOVE_AVG_BIRDS 表中翼展最大或身高最小的鸟类数据。

```
SQL> delete from above_avg_birds
  2  where wingspan = (select max(wingspan) from above_avg_birds)
  3  or height = (select min(height) from above_avg_birds);

2 rows deleted.
```

查询 ABOVE_AVG_BIRDS 表中的所有记录，结果显示删除了两行符合 DELETE 语句子查询条件的鸟类数据。

```
SQL> select bird_name, wingspan, height, weight
  2  from above_avg_birds;

BIRD_NAME            WINGSPAN     HEIGHT      WEIGHT
------------------- ---------- ---------- ----------
Bald Eagle                84          37          14
Golden Eagle              90          40          15
Canadian Goose            72          43          14
Brown Pelican             90          54         7.6

4 rows selected.
```

18.2 嵌套子查询

子查询可嵌入另一个子查询中，就像嵌入普通查询一样。在用了子查询后，它会先于主查询进行解析。同理，在嵌入（embedded）或嵌套（nested）子查询中，首先解析的是最内层子查询，然后再依次向外解析至主查询。

注意 请查看系统的限制

请查看具体的产品文档，确认一条语句中可使用的子查询数量限制。不同供应商可能具有不同的限制。

嵌套子查询的基本语法如下：

```
SELECT COLUMN_NAME [, COLUMN_NAME ]
FROM TABLE1 [, TABLE2 ]
WHERE COLUMN_NAME OPERATOR (SELECT COLUMN_NAME
                           FROM TABLE
                           WHERE COLUMN_NAME OPERATOR
                             (SELECT COLUMN_NAME
                             FROM TABLE
                             [ WHERE COLUMN_NAME OPERATOR VALUE ]))
```

以下语句将查询某些鸟类的清单，这些鸟类的 BIRD_ID 包含在迁徙到 Mexico 的鸟类 BIRD_ID 列表中。只要用一个简单的子查询即可获得这些鸟类的数据。

```
SQL> select bird_name
  2  from birds
  3  where bird_id in (select bird_id
  4         from birds_migration bm,
  5         migration m
  6         where bm.migration_id = m.migration_id
  7    and m.migration_location = 'Mexico');

BIRD_NAME
------------------------------
Great Blue Heron
Common Loon
Osprey
Belted Kingfisher
Pied-billed Grebe
American Coot
Common Sea Gull
Ring-billed Gull
Double-crested Cormorant
Common Merganser
Turkey Vulture
Green Heron
Great Egret
Anhinga

14 rows selected.
```

以下查询没有用到子查询，而是换了另一种方法来验证上述查询的输出结果。结果数据是一样的。

```
SQL> select m.migration_location, b.bird_name
  2  from birds b,
  3    birds_migration bm,
  4    migration m
  5  where b.bird_id = bm.bird_id
  6    and bm.migration_id = m.migration_id
  7    and m.migration_location = 'Mexico';

MIGRATION_LOCATION              BIRD_NAME
------------------------------  ------------------------------
Mexico                          Great Blue Heron
```

```
Mexico                    Common Loon
Mexico                    Osprey
Mexico                    Belted Kingfisher
Mexico                    Pied-billed Grebe
Mexico                    American Coot
Mexico                    Common Sea Gull
Mexico                    Ring-billed Gull
Mexico                    Double-crested Cormorant
Mexico                    Common Merganser
Mexico                    Turkey Vulture
Mexico                    Green Heron
Mexico                    Great Egret
Mexico                    Anhinga

14 rows selected.
```

下一个例子用嵌套子查询对数据进行了进一步约束。这里只需要显示迁徙到 Mexico 且吃鱼的鸟类。仔细研究返回结果，并与上一个例子进行比较。

```
SQL> select bird_name
  2  from birds
  3  where bird_id in
  4    (select bird_id
  5    from birds_migration bm,
  6  migration m
  7    where bm.migration_id = m.migration_id
  8      and m.migration_location = 'Mexico'
  9      and bm.bird_id in
 10    (select bf.bird_id
 11    from birds_food bf,
 12         food f
 13    where bf.food_id = f.food_id
 14      and f.food_name = 'Fish'));

BIRD_NAME
-----------------------------
Great Blue Heron
Common Loon
Osprey
Belted Kingfisher
Common Sea Gull
Ring-billed Gull
Double-crested Cormorant
Common Merganser
Green Heron
Great Egret
Anhinga

11 rows selected.
```

警告 注意子查询的性能

子查询既可能提高又可能降低查询性能——取决于有多少张表、表如何连接、带有多少查询条件、用到多少个嵌套子查询，以及其他很多因素（包括表的索引）。多个子查询会导致响应变慢，并且代码可能出错将导致查询结果不准确。考虑到子查询必须先于主查询执行，所以子查询的执行时间会直接影响到主查询的总时长。

18.3 关联子查询

很多 SQL 产品都支持关联子查询（correlated subquery）。关联子查询的概念属于 ANSI 标准 SQL 的内容，本章简要介绍。关联子查询依赖于主查询的数据。这意味着子查询中的表可与主查询中的表建立关联。

注意 请正确使用关联子查询

主查询中必须存在对表的引用，然后关联子查询才能解析。

以下示例将查询鸟类及其翼展信息，且这些鸟的别名中包含单词 "Eagle"。此例并没有在主查询中将 BIRDS 和 NICKNAME 表连接起来，而是把子查询中的 NICKNAMES 表和主查询中的 BIRDS 表连接起来。这时子查询依赖主查询来返回数据。

```
SQL> select bird_id, bird_name, wingspan
  2  from birds
  3  where bird_id in (select bird_id
  4         from nicknames
  5         where birds.bird_id = nicknames.bird_id
  6  and nicknames.nickname like '%Eagle%');

  BIRD_ID BIRD_NAME                        WINGSPAN
---------- ------------------------------ ----------
         4 Bald Eagle                             99
         5 Golden Eagle                           99

2 rows selected.
```

18.4　小结

根据简单定义和常规概念，子查询是在其他查询中执行的查询，用途是进一步设置查询条件。子查询可用于 SQL 语句的 WHERE 子句或 HAVING 子句之中。子查询通常在其他查询（数据查询语言）中使用，但也可以应用于 INSERT、UPDATE 和 DELETE 等 DML 语句之中。所有 DML 基本规则均适用于带有子查询的 DML 命令。

子查询的语法与单独的查询几乎相同，但带有一点点限制。其中一个限制是子查询中不能使用 ORDER BY 子句，但可以使用 GROUP BY 子句，其效果几乎相同。子查询用于设置不一定预知的查询条件，为 SQL 提供更强大的功能和灵活性。

18.5　答疑

问：单条查询中可嵌套的子查询数量是否有限制？

答：限制取决于具体的产品，这些限制包括允许嵌套的子查询数量、表连接的数量。有些产品没有限制，尽管过多的嵌套子查询会极大地降低 SQL 语句的执行性能。大多数的限制都受到实际硬件、CPU 速度和系统可用内存的影响，但也涉及很多其他的因素。

问：似乎子查询调试起来会很混乱，尤其是嵌套子查询。子查询的最佳调试方式是什么？

答：子查询的最佳调试方式是分段评估。首先评估最内部的子查询，再评估主查询，数据库系统也是如此评估的。在单独评估每个子查询时，可以把每个子查询的返回值替换掉，用以检查主查询的逻辑。子查询的差错往往是由于对其使用了求值操作符，比如=、IN、>和<等。

18.6 实践练习

以下是测试题和习题。测试题是为了测试您对当前内容的整体理解。习题让您有机会将本章讨论的概念付诸应用，并巩固前几章的学习中获得的知识。在继续学习之前，请务必完成测试题和习题。答案参见附录 C。

一、测试题

1. 与 SELECT 语句合作的子查询有什么功能？
2. 带有子查询的 UPDATE 语句能否对多个列进行更新？
3. 子查询中能再嵌入子查询吗？
4. 如果子查询中的列与主查询中的列有关联，那么这个子查询叫什么？
5. 举例说明访问子查询时不能使用的操作符。

二、习题

1. 编写一个带有子查询的查询语句，为 BIRDS 表中翼展小于平均翼展的鸟类创建鸟类名称及其翼展的清单。
2. 创建一张鸟类名称及其相关迁徙地点的清单，其中只包含有迁徙地点的鸟类，且其翼展大于平均值。
3. 使用子查询查找数据库中最矮鸟类的食物。
4. 运用子查询的概念，根据以下信息创建一张名为 BIRD_APPETIZERS 的新表。新表应列出 FOOD_ID 和 FOOD_NAME，但只包含身高在 25% 以下的鸟类的食物。

第 19 章

组合查询

本章内容：

➢ 组合查询的操作符；

➢ 组合查询的适用场景；

➢ 带有组合操作符的 GROUP BY 子句；

➢ 带有组合操作符的 ORDER BY 子句；

➢ 获取准确数据。

本章介绍如何运用 UNION、UNION ALL、INTERSECT 和 EXCEPT 操作符组合多个 SQL 查询。因为 SQL 以集合的方式处理数据，所以需要组合和比较各种查询数据集。利用 UNION、INTERSECT 和 EXCEPT 操作符，就能执行不同的 SELECT 语句，然后以不同的方式组合和比较结果。再次提醒，请查看具体的产品文档，确认这些操作符的用法是否存在差异。

19.1 单体查询和组合查询的区别

单体查询使用一个 SELECT 语句，而组合查询则包含两个或两个以上的 SELECT 语句。

两个查询用某种操作符连起来，即形成了组合查询。下面的示例用 UNION 操作符连接两个查询。

单体 SQL 语句可如下所示：

```
select bird_name
from birds ;
```

同样的语句用了 UNION 操作符之后是这样的：

```
select bird_name
from birds
where wingspan > 48
UNION
select bird_name
from birds
where wingspan <= 48 ;
```

上述两条语句都由 BIRDS 表返回完整的鸟类清单。第一个查询只是简单地选取所有的鸟类，不带任何查询条件。第二个查询由两部分组成一个组合查询：第一部分选取翼展大于 48 英寸的鸟，第二部分选取翼展小于或等于 48 英寸的鸟。

组合操作符组合并限制两个 SELECT 语句的结果。这些操作符可用于控制是否返回重复记录。组合操作符可将存储于不同字段的类似数据组合到一起。

注意 UNION 的工作方式

UNION 操作符只是简单地将一个或多个查询的结果合并而已。当使用 UNION 操作符时，列标题由第一个 SELECT 语句的列名或列别名决定。

组合查询能够组合多个查询结果，返回单个数据集。通常组合查询比带有复杂条件的单体查询更容易编写。数据读取任务永无止境，而组合查询提供了更多的灵活性。

19.2 组合查询操作符的用法

组合查询操作符因不同的数据库产品而有所不同。ANSI 标准包含 UNION、UNION ALL、EXCEPT 和 INTERSECT 操作符，下面将一一讨论。

19.2.1 UNION 操作符

UNION 操作符将两个或两个以上的 SELECT 语句结果组合在一起，且不会返回重复行。换句话说，对于一个查询结果中已存在的行，不会返回第二个查询中的同样数据。若要使用 UNION 操作符，每个 SELECT 语句必须具备相同的列数量、相同的列表达式数量、相同的数据类型和相同的顺序，但 SELECT 语句的长度不一定相同。

UNION 的语法如下所示：

```
SELECT COLUMN1 [, COLUMN2 ]
FROM TABLE1 [, TABLE2 ]
[ WHERE ]
UNION
SELECT COLUMN1 [, COLUMN2 ]
FROM TABLE1 [, TABLE2 ]
[ WHERE ]
```

下面先分别介绍一下两个查询。第一个查询返回 MIGRATION 表每行数据的 MIGRATION_LOCATION。第二个查询从先前创建的 BIG_BIRDS 表中返回 BIRD_NAME，BIG_BIRDS 表是由 BIRDS 表得来的。

```
SQL> select migration_location
  2  from migration;

MIGRATION_LOCATION
----------------------------
Central America
Mexico
No Significant Migration
Partial, Open Water
South America
Southern United States
```

```
6 rows selected.
```

```
SQL> select bird_name
  2  from big_birds;

BIRD_NAME
------------------------------
Great Blue Heron
Common Loon
Bald Eagle
Golden Eagle
Osprey
Canadian Goose
Ring-billed Gull
Double-crested Cormorant
Turkey Vulture
Mute Swan
Brown Pelican
Great Egret

12 rows selected.
```

上述两个查询共有 18 行数据。下面用 UNION 操作符合并两个查询。UNION 操作符将合并查询结果，但不会显示重复记录（此例中不存在重复记录）。

```
SQL> select migration_location
  2  from migration
  3  UNION
  4  select bird_name
  5  from big_birds;

MIGRATION_LOCATION
------------------------------
Bald Eagle
Brown Pelican
Canadian Goose
Central America
Common Loon
Double-crested Cormorant
Golden Eagle
Great Blue Heron
Great Egret
Mexico
Mute Swan
No Significant Migration
Osprey
Partial, Open Water
Ring-billed Gull
South America
Southern United States
Turkey Vulture

18 rows selected.
```

以上只是一个简单的示例，展示了 UNION 操作符的工作方式。或许您会觉得，返回数据虽然显示在一列中，但相互不一定有关系。确实如此。不过这个例子说明数据库会按您的请求返回任何数据。在编写 SQL 语句时，重点是要返回相关和准确的数据。这些数据是准确的，但可能不符合预期。

在下一个示例中，第一个查询返回鸟类名称及其食物的清单，但只包含吃鱼的鸟类。第二个查询也返回鸟类名称及其食物的清单，但只包含吃小型哺乳动物的鸟类。这两个单体查询将要组合在一起。花点时间研究一下这两个单体查询的返回结果，看看同时存在于两张清单中的鸟类。

```
SQL> select b.bird_name, f.food_name
  2  from birds b,
  3    birds_food bf,
  4    food f
  5  where b.bird_id = bf.bird_id
  6    and f.food_id = bf.food_id
  7    and f.food_name = 'Fish';

BIRD_NAME                      FOOD_NAME
-----------------------------  -----------------------------
Great Blue Heron               Fish
Common Loon                    Fish
Bald Eagle                     Fish
Golden Eagle                   Fish
Osprey                         Fish
Belted Kingfisher              Fish
Common Sea Gull                Fish
Ring-billed Gull               Fish
Double-crested Cormorant       Fish
Common Merganser               Fish
American Crow                  Fish
Green Heron                    Fish
Brown Pelican                  Fish
Great Egret                    Fish
Anhinga                        Fish
Black Skimmer                  Fish

16 rows selected.


SQL> select b.bird_name, f.food_name
  2  from birds b,
  3      birds_food bf,
  4      food f
  5  where b.bird_id = bf.bird_id
  6    and f.food_id = bf.food_id
  7    and f.food_name = 'Small Mammals';

BIRD_NAME                      FOOD_NAME
-----------------------------  -----------------------------
Golden Eagle                   Small Mammals
American Crow                  Small Mammals

2 rows selected.
```

以下示例用 UNION 操作符将上述两个查询的结果组合在一起。结果返回了 18 行数据，包含了上述两个结果集中的所有数据。

```
SQL> select b.bird_name, f.food_name
  2  from birds b,
  3      birds_food bf,
  4      food f
  5  where b.bird_id = bf.bird_id
  6    and f.food_id = bf.food_id
  7    and f.food_name = 'Fish'
  8  UNION
  9  select b.bird_name, f.food_name
 10  from birds b,
 11      birds_food bf,
 12      food f
 13  where b.bird_id = bf.bird_id
 14    and f.food_id = bf.food_id
```

```
15      and f.food_name = 'Small Mammals';

BIRD_NAME                       FOOD_NAME
------------------------------  ------------------------------
American Crow                   Fish
American Crow                   Small Mammals
Anhinga                         Fish
Bald Eagle                      Fish
Belted Kingfisher               Fish
Black Skimmer                   Fish
Brown Pelican                   Fish
Common Loon                     Fish
Common Merganser                Fish
Common Sea Gull                 Fish
Double-crested Cormorant        Fish
Golden Eagle                    Fish
Golden Eagle                    Small Mammals
Great Blue Heron                Fish
Great Egret                     Fish
Green Heron                     Fish
Osprey                          Fish
Ring-billed Gull                Fish

18 rows selected.
```

以下例子是生成相同结果的查询，只是在 WHERE 子句中使用了 OR 操作符，而不是用
UNION 操作符来组合两个查询。有时用组合查询会更容易获得结果，而有时用多表连接和其
他操作符返回单个结果集会更加容易。

```
SQL> select b.bird_name, f.food_name
  2   from birds b,
  3        birds_food bf,
  4        food f
  5   where b.bird_id = bf.bird_id
  6     and f.food_id = bf.food_id
  7     and (f.food_name = 'Fish' or f.food_name = 'Small Mammals');

BIRD_NAME                       FOOD_NAME
------------------------------  ------------------------------
Great Blue Heron                Fish
Common Loon                     Fish
Bald Eagle                      Fish
Golden Eagle                    Fish
Osprey                          Fish
Belted Kingfisher               Fish
Common Sea Gull                 Fish
Ring-billed Gull                Fish
Double-crested Cormorant        Fish
Common Merganser                Fish
American Crow                   Fish
Green Heron                     Fish
Brown Pelican                   Fish
Great Egret                     Fish
Anhinga                         Fish
Black Skimmer                   Fish
Golden Eagle                    Small Mammals
American Crow                   Small Mammals

18 rows selected.
```

19.2.2   UNION ALL 操作符

UNION ALL 操作符用于组合两个 SELECT 语句的结果，包括重复记录。适用于 UNION

的规则同样也适用于 UNION ALL 操作符。UNION 和 UNION ALL 操作符是一样的,只不过一个返回重复数据行,另一个不返回。

UNION ALL 的语法如下:

```
SELECT COLUMN1 [, COLUMN2 ]
FROM TABLE1 [, TABLE2 ]
[ WHERE ]
UNION ALL
SELECT COLUMN1 [, COLUMN2 ]
FROM TABLE1 [, TABLE2 ]
[ WHERE ]
```

以下示例与 UNION 示例类似,不过只显示鸟类名称。第一个 SELECT 语句只返回吃鱼的鸟类,第二个 SELECT 语句只返回吃小型哺乳动物的鸟类。UNION 操作符合并这两个结果集。看一下输出结果。

```
SQL> select b.bird_name
  2  from birds b,
  3       birds_food bf,
  4       food f
  5  where b.bird_id = bf.bird_id
  6    and f.food_id = bf.food_id
  7    and f.food_name = 'Fish'
  8  UNION
  9  select b.bird_name
 10  from birds b,
 11       birds_food bf,
 12       food f
 13  where b.bird_id = bf.bird_id
 14    and f.food_id = bf.food_id
 15    and f.food_name = 'Small Mammals'
 16  order by 1;

BIRD_NAME
------------------------------
American Crow
Anhinga
Bald Eagle
Belted Kingfisher
Black Skimmer
Brown Pelican
Common Loon
Common Merganser
Common Sea Gull
Double-crested Cormorant
Golden Eagle
Great Blue Heron
Great Egret
Green Heron
Osprey
Ring-billed Gull

16 rows selected.
```

请注意,以上示例只返回了 16 行数据,而之前的 UNION 示例则有 18 行数据。这是因为之前的查询既选择了鸟类名称字段,又选择了食物字段。虽然鸟类名称出现了重复,但之前的结果中整行数据未有重复。而本例只选择了鸟类名称字段。结果集中有两种鸟出现了两次,所以本次结果集中这两种鸟不会重复出现,只会返回 16 行数据。请记住,UNION 操作符不会返回重复的记录。

在以下例子中,同样的查询用到了 UNION ALL 操作符——工作方式与 UNION 操作符相同，只是会返回所有记录，包括重复记录。这里还用 ORDER BY 子句按鸟类名称对结果进行了排序，这样重复的鸟类名称就更明显了。请注意，以下例子返回了全部 18 行数据。

```
SQL> select b.bird_name
  2  from birds b,
  3       birds_food bf,
  4       food f
  5  where b.bird_id = bf.bird_id
  6    and f.food_id = bf.food_id
  7    and f.food_name = 'Fish'
  8  UNION ALL
  9  select b.bird_name
 10  from birds b,
 11       birds_food bf,
 12       food f
 13  where b.bird_id = bf.bird_id
 14    and f.food_id = bf.food_id
 15    and f.food_name = 'Small Mammals'
 16  order by 1;

BIRD_NAME
------------------------------
American Crow
American Crow
Anhinga
Bald Eagle
Belted Kingfisher
Black Skimmer
Brown Pelican
Common Loon
Common Merganser
Common Sea Gull
Double-crested Cormorant
Golden Eagle
Golden Eagle
Great Blue Heron
Great Egret
Green Heron
Osprey
Ring-billed Gull

18 rows selected.
```

19.2.3 INTERSECT 操作符

INTERSECT 操作符用于组合两个 SELECT 语句，但只返回第一个 SELECT 语句中和第二个 SELECT 语句结果相同的记录。INTERSECT 操作符的使用规则与 UNION 操作符相同。

INTERSECT 的语法如下：

```
SELECT COLUMN1 [, COLUMN2 ]
FROM TABLE1 [, TABLE2 ]
[ WHERE ]
INTERSECT
SELECT COLUMN1 [, COLUMN2 ]
FROM TABLE1 [, TABLE2 ]
[ WHERE ]
```

以下 SQL 语句执行的查询与之前相同，只是用到了 INTERSECT 操作符，而不是 UNION ALL 操作符。研究返回结果：

```
SQL> select b.bird_name
  2  from birds b,
  3       birds_food bf,
  4       food f
  5  where b.bird_id = bf.bird_id
  6    and f.food_id = bf.food_id
  7    and f.food_name = 'Fish'
  8  INTERSECT
  9  select b.bird_name
 10  from birds b,
 11       birds_food bf,
 12       food f
 13  where b.bird_id = bf.bird_id
 14    and f.food_id = bf.food_id
 15    and f.food_name = 'Small Mammals'
 16  order by 1;

BIRD_NAME
-----------------------------
American Crow
Golden Eagle

2 rows selected.
```

请注意这里只返回了两行数据，因为两个单体查询的输出结果中只有两行相同数据。在 UNION ALL 的示例中，重复的鸟类名称就只有 American Crow 和 Golden Eagle。

19.2.4 EXCEPT 和 MINUS 操作符

EXCEPT 操作符组合两个 SELECT 语句，返回第一个 SELECT 语句结果中未被第二个 SELECT 语句返回的记录。同样，适用于 UNION 操作符的规则也适用于 EXCEPT 操作符。在 Oracle 中，EXCEPT 操作符用 MINUS 表示，执行的功能一样。

MINUS 的语法如下：

```
SELECT COLUMN1 [, COLUMN2 ]
FROM TABLE1 [, TABLE2 ]
[ WHERE ]
MINUS
SELECT COLUMN1 [, COLUMN2 ]
FROM TABLE1 [, TABLE2 ]
[ WHERE ]
```

以下例子将 MINUS 操作符应用于上述沿用过的 SQL 语句，组合两个查询的结果。

```
SQL> select b.bird_name
  2  from birds b,
  3       birds_food bf,
  4       food f
  5  where b.bird_id = bf.bird_id
  6    and f.food_id = bf.food_id
  7    and f.food_name = 'Fish'
  8  MINUS
  9  select b.bird_name
 10  from birds b,
 11       birds_food bf,
 12       food f
 13  where b.bird_id = bf.bird_id
 14    and f.food_id = bf.food_id
 15    and f.food_name = 'Small Mammals'
 16  order by 1;
```

```
BIRD_NAME
------------------------------
Anhinga
Bald Eagle
Belted Kingfisher
Black Skimmer
Brown Pelican
Common Loon
Common Merganser
Common Sea Gull
Double-crested Cormorant
Great Blue Heron
Great Egret
Green Heron
Osprey
Ring-billed Gull

14 rows selected.
```

如您所见，结果只有 14 行数据。记住，该组合查询中的第一个 SELECT 语句返回 16 行数据，第二个 SELECT 语句返回 2 行数据。第二个 SELECT 语句中的两行数据包含的 American Crow 和 Golden Eagle，会从最终结果集中删除。该组合查询返回第一个结果集中存在且第二个结果集中不存在的记录。换句话说，第二个结果集中的鸟类名称将从第一个结果集中删除。

19.3 组合查询中的 ORDER BY

在组合查询中可以使用 ORDER BY 子句。但只能用 ORDER BY 子句对两个查询的结果进行排序。因此，无论组合查询由多少条单体查询或 SELECT 语句组成，每个组合查询只能有一个 ORDER BY 子句。ORDER BY 子句必须引用需要排序的列别名或列编号。

语法如下：

```
SELECT COLUMN1 [, COLUMN2 ]
FROM TABLE1 [, TABLE2 ]
[ WHERE ]
OPERATOR{UNION | EXCEPT | INTERSECT | UNION ALL}
SELECT COLUMN1 [, COLUMN2 ]
FROM TABLE1 [, TABLE2 ]
[ WHERE ]
[ ORDER BY ]
```

以下例子展示了本章之前介绍过的 ORDER BY 的简单用法。这里按 1 排序，即第一列，且正好是本例唯一的列。

```
SQL> select b.bird_name
  2  from birds b,
  3       birds_food bf,
  4       food f
  5  where b.bird_id = bf.bird_id
  6    and f.food_id = bf.food_id
  7    and f.food_name = 'Fish'
  8  MINUS
  9  select b.bird_name
 10  from birds b,
 11       birds_food bf,
 12       food f
 13  where b.bird_id = bf.bird_id
 14    and f.food_id = bf.food_id
 15    and f.food_name = 'Small Mammals'
 16  order by 1;
```

```
BIRD_NAME
-----------------------------
Anhinga
Bald Eagle
Belted Kingfisher
Black Skimmer
Brown Pelican
Common Loon
Common Merganser
Common Sea Gull
Double-crested Cormorant
Great Blue Heron
Great Egret
Green Heron
Osprey
Ring-billed Gull

14 rows selected.
```

以下例子是同样的查询, 只是 ORDER BY 子句中明确给出了列名称, 而不是在 SELECT 子句中使用列的数字编号。

```
SQL> select b.bird_name
  2  from birds b,
  3       birds_food bf,
  4       food f
  5  where b.bird_id = bf.bird_id
  6    and f.food_id = bf.food_id
  7    and f.food_name = 'Fish'
  8  MINUS
  9  select b.bird_name
 10  from birds b,
 11       birds_food bf,
 12       food f
 13  where b.bird_id = bf.bird_id
 14    and f.food_id = bf.food_id
 15    and f.food_name = 'Small Mammals'
 16  order by bird_name;

BIRD_NAME
-----------------------------
Anhinga
Bald Eagle
Belted Kingfisher
Black Skimmer
Brown Pelican
Common Loon
Common Merganser
Common Sea Gull
Double-crested Cormorant
Great Blue Heron
Great Egret
Green Heron
Osprey
Ring-billed Gull

14 rows selected.
```

注意 ORDER BY 子句中使用列的数字编号

ORDER BY 子句可引用数字 1 而不是实际的列名。对组合查询进行排序能让您轻松识别出重复记录。

19.4 组合查询中的 GROUP BY

与 ORDER BY 不同，组合查询中的每个 SELECT 语句都可使用 GROUP BY。在全部单体查询的后面也可以使用 GROUP BY。此外，组合查询中的每个 SELECT 语句还可使用 HAVING 子句（有时与 GROUP BY 子句一起使用）。

语法如下所示：

```
SELECT COLUMN1 [, COLUMN2 ]
FROM TABLE1 [, TABLE2 ]
[ WHERE ]
[ GROUP BY ]
[ HAVING ]
OPERATOR {UNION | EXCEPT | INTERSECT | UNION ALL}
SELECT COLUMN1 [, COLUMN2 ]
FROM TABLE1 [, TABLE2 ]
[ WHERE ]
[ GROUP BY ]
[ HAVING ]
[ ORDER BY ]
```

为了达到最佳演示效果，接下来的几条语句将查询 BIRDS 数据库中的迁徙地点数据。以下第一个查询显示了迁徙地点及其鸟类的数量。请注意，因为数据库中包含 6 个迁徙地点，且未设置任何查询条件，所以这里返回了 6 行数据。

```
SQL> select m.migration_location,
  2         count(bm.bird_id) "COUNT OF BIRDS"
  3  from migration m,
  4       birds_migration bm
  5  where m.migration_id = bm.migration_id
  6  group by m.migration_location;

MIGRATION_LOCATION              COUNT OF BIRDS
------------------------------  --------------
Southern United States                      18
Central America                             12
South America                                6
Mexico                                      14
No Significant Migration                     5
Partial, Open Water                          1

6 rows selected.
```

下一个查询与第一个相同，只是用到了 HAVING 子句，仅会返回有超过 6 种鸟类的迁徙地点。请对照上述输出验证以下结果：

```
SQL> select m.migration_location,
  2         count(bm.bird_id) "COUNT OF BIRDS"
  3  from migration m,
  4       birds_migration bm
  5  where m.migration_id = bm.migration_id
  6  group by m.migration_location
  7  having count(bm.bird_id) > 6
  8  order by 1;

MIGRATION_LOCATION              COUNT OF BIRDS
------------------------------  --------------
Central America                             12
Mexico                                      14
Southern United States                      18

3 rows selected.
```

在以下查询中，HAVING 子句只返回 6 种或少于 6 种鸟类的迁徙地点。请对照上述输出验证以下结果：

```
SQL> select m.migration_location,
  2         count(bm.bird_id) "COUNT OF BIRDS"
  3  from migration m,
  4       birds_migration bm
  5  where m.migration_id = bm.migration_id
  6  group by m.migration_location
  7  having count(bm.bird_id) <= 6
  8  order by 1;

MIGRATION_LOCATION              COUNT OF BIRDS
------------------------------  --------------
No Significant Migration                     5
Partial, Open Water                          1
South America                                6

3 rows selected.
```

在最后一个例子中，用 UNION 操作符组合前面的两个查询。在这个组合查询中，每个单体 SELECT 语句都用到了 GROUP BY、HAVING 子句和聚合函数 COUNT，对数据进行汇总和分组。输出结果由 UNION 操作符进行了组合，其实就是将本节两个单体查询的原结果显示出来了。此外，以下例子只用到了一次 ORDER BY，按 MIGRATION_LOCATION 对结果进行最后的排序。请记住，GROUP BY 和 HAVING 可在组合查询的每条单独的 SELECT 语句中使用，而 ORDER BY 只能在组合查询的最后用于对整个数据集进行排序。

```
SQL> select m.migration_location,
  2         count(bm.bird_id) "COUNT OF BIRDS"
  3  from migration m,
  4       birds_migration bm
  5  where m.migration_id = bm.migration_id
  6  group by m.migration_location
  7  having count(bm.bird_id) > 6
  8  UNION
  9  select m.migration_location, count(bm.bird_id) "COUNT OF BIRDS"
 10  from migration m,
 11       birds_migration bm
 12  where m.migration_id = bm.migration_id
 13  group by m.migration_location
 14  having count(bm.bird_id) <= 6
 15  order by 1;

MIGRATION_LOCATION              COUNT OF BIRDS
------------------------------  --------------
Central America                             12
Mexico                                      14
No Significant Migration                     5
Partial, Open Water                          1
South America                                6
Southern United States                      18

6 rows selected.
```

19.5 获取准确的数据

在使用组合查询操作符时请一定要小心。如果使用了 INTERSECT 操作符，而第一个查询用错了 SELECT 语句，则可能会返回不正确或不完整的数据。此外，在使用 UNION 和 UNION ALL 操作符时，请考虑好是否需要重复记录。还有 EXCEPT 和 MINUS 该如何使用？是否第二个查询的记录都不需要返回？如您所见，组合查询中用错了操作符或放错了查询的顺序，返回的数据就会颇具误导性。

19.6 小结

本章介绍了组合查询。在本章之前，所有的 SQL 语句都是由一条单体查询构成的。组合查询能一起使用多个单体查询，像执行一条查询一样得到结果数据集。本章介绍的组合查询操作符包括 UNION、UNION ALL、INTERSECT 和 EXCEPT（MINUS）。UNION 返回两个单体查询的输出结果，但不显示重复数据行。UNION ALL 显示全部单体查询的所有输出，不管是否存在重复行。INTERSECT 返回两个查询结果相同的行。EXCEPT（Oracle 中的 MINUS）返回一个查询结果中不存在而另一个查询结果中存在的记录。组合查询提供了更多灵活性，可满足多种查询要求，如果不使用组合操作符可能会让查询语句变得十分复杂。

19.7 答疑

问：在组合查询中，GROUP BY 子句中的列是如何引用的？

答：如果两个查询的列名不一致，可用实际列名或查询中的列名编号来引用。

问：在使用 EXCEPT 操作符时，如果把 SELECT 语句调换顺序，结果会改变吗？

答：是的，在使用 EXCEPT 或 MINUS 操作符时，单体查询语句的顺序很重要。请记住，第一个查询返回的所有记录不会被第二个查询返回。改变组合查询中两个单体查询的顺序肯定会影响结果。

问：组合查询中的数据类型和字段长度在两个查询中必须相同吗？

答：不，只有数据类型必须相同，字段长度可以不同。

问：在使用 UNION 操作符时，列名由什么决定？

答：使用 UNION 操作符时，第一个查询的结果集决定了返回数据的列名。

19.8 实践练习

以下是测试题和习题。测试题是为了测试您对当前内容的整体理解。习题让您有机会将本章讨论的概念付诸应用，并巩固前几章的学习中获得的知识。在继续学习之前，请务必完成测试题和习题。答案参见附录 C。

一、测试题

1. 为以下描述信息匹配对应的操作符：

   A. 显示重复记录；

   B. 只返回第一个查询结果中与第二个查询结果匹配的记录；

   C. 返回不重复记录；

   D. 只返回第一个查询中未被第二个查询返回的记录。

你可以从以下操作符中选出对应的答案：UNION、INTERSECT、UNION ALL、EXCEPT。

2. 一条组合查询中可以使用几次 ORDER BY？

3. 一条组合查询中可以使用几次 GROUP BY？

4. 一条组合查询中可以使用几次 HAVING？

5. 假设有一个用到 EXCEPT（或 MINUS）操作符的查询。如果第一个 SELECT 语句返回 10 行不同的记录，第二个 SELECT 语句返回 4 行不同的数据。那么最终组合查询的结果返回多少行数据？

二、习题

1. 请用以下 SQL 代码创建一张表，然后编写语句查询所有记录。

```
SQL> create table birds_menu as
  2  select b.bird_id, b.bird_name,
  3         b.incubation + b.fledging parent_time,
  4         f.food_name
  5  from birds b,
  6       food f,
  7       birds_food bf
  8  where b.bird_id = bf.bird_id
  9    and bf.food_id = f.food_id
 10    and f.food_name in ('Crustaceans', 'Insects',
 11                        'Seeds', 'Snakes')
 12  order by 1;
```

2. 请执行以下查询并研究结果。第一条查询，查询的是上表中育雏时间超过 85 天的鸟类名称。第二条查询，查询的是上表中育雏时间小于或等于 85 天的鸟类名称。第三条查询用 UNION 操作符组合前两个查询。

```
SQL> select bird_name
  2  from birds_menu
  3  where parent_time > 85
  4  order by 1;

SQL> select bird_name
  2  from birds_menu
  3  where parent_time <= 85
  4  order by 1;

SQL> select bird_name
  2  from birds_menu
  3  where parent_time > 85
  4  UNION
  5  select bird_name
  6  from birds_menu
  7  where parent_time <= 85
  8  order by 1;
```

3. 执行以下 SQL 语句，使用 UNION ALL 操作符练习上一题的查询，并将结果与上一题进行比较。

```
SQL> select bird_name
  2  from birds_menu
  3  where parent_time > 85
  4  UNION ALL
  5  select bird_name
  6  from birds_menu
  7  where parent_time <= 85
```

```
8  order by 1;
```

4. 执行以下 SQL 语句, 练习 INTERSECT 操作符的使用, 并将结果与 BIRDS_MENU 表中的数据进行比较。

```
SQL> select bird_name
  2  from birds_menu
  3  INTERSECT
  4  select bird_name
  5  from birds_menu
  6  where food_name in ('Insects', 'Snakes')
  7  order by 1;
```

5. 执行以下 SQL 语句, 练习 MINUS 操作符的使用, 并将结果与 BIRDS_MENU 表中的数据进行比较。

```
SQL> select bird_name
  2  from birds_menu
  3  MINUS
  4  select bird_name
  5  from birds_menu
  6  where food_name in ('Insects', 'Snakes')
  7  order by 1;
```

6. 执行以下 SQL 语句, 返回 BIRDS_MENU 表中每种鸟的食物种类数。

```
SQL> select bird_name, count(food_name)
  2  from birds_menu
  3  group by bird_name;
```

7. 执行以下 SQL 语句, 在查询中使用聚合函数。认真研究结果。

```
SQL> select bird_name, count(food_name)
  2  from birds_menu
  3  where parent_time > 100
  4  group by bird_name
  5  UNION
  6  select bird_name, count(food_name)
  7  from birds_menu
  8  where parent_time < 80
  9  group by bird_name;
```

8. 利用以上习题创建的新表, 或 BIRDS 数据库中的任何其他表, 或目前自建的任何表, 自行尝试一些组合查询。

第20章

视图和同义词

本章内容：

> 视图的定义和用法；

> 利用视图增强安全性；

> 视图的存储、创建和连接；

> 在视图中操作数据；

> 使用嵌套视图；

> 管理同义词。

本章将讨论一些性能问题，还会介绍如何创建和删除视图（view）、利用视图来保证安全，以及如何简化最终用户和报表所需数据的获取。本章还会讨论同义词（synonym）。

20.1　视图的定义

视图是虚拟的表。也就是说，对用户而言，视图看起来像一张表，表现也像一张表，但它不需占用物理存储。视图实际上是以预定义查询的形式构成的表。例如，可由 BIRDS 表创建一个视图，其中只包含 BIRD_NAME 和 WINGSPAN 列，而不是 BIRDS 表的所有列。视图可以包含表的所有数据行或只包含某些行。视图还可以由一张或多张表创建而来。

在创建视图时，会对数据库执行一条 SELECT 语句并进行视图的定义。定义视图的 SELECT 语句可以很简单，只包含表的一些列名即可。视图也可以用各种函数和算式编写而成，以操作或汇总显示给用户的数据。图 20.1 给出了一个视图的示例。

虽然视图只存储于内存中，但仍被视作数据库对象。与其他数据库对象不同，视图不占用存储空间（存储视图定义所需的空间除外）。视图归创建者或模式所有者所有。视图所有者自动拥

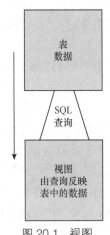

图 20.1　视图

有视图的全部使用权,并且与表一样可将视图的权限授予其他用户。GRANT 命令的 GRANT OPTION 权限与表一样。详细信息请参阅第 21 章。

视图的用法与数据库表相同,也就是说,从视图查询数据和表是一样的。在视图中也可操作数据,尽管存在一些限制。下面将讨论视图的一些常见用法及其在数据库中的存储方式。

警告 小心删除视图引用的表

如果删除了创建视图的表,则视图变得无法访问,若再查询视图就会报错。

20.1.1 利用视图简化数据的访问

有时,最终用户难以查询存放数据的表。这可能是数据库的规范化过程造成的,也可能数据库的设计就是如此。这时您可以创建一些视图,让最终用户能更轻松地查询数据。例如,用户需要查询鸟类及其食物和迁徙地点,但他们可能并不完全了解如何在 BIRDS、FOODS 和 MIGRATION 之间建立表连接。为了解决这个问题,可以创建一个包含表连接的视图,并赋权最终用户可由视图查询数据。

20.1.2 将视图用作一种安全措施

视图可以充当数据库的一种安全措施。假定有一张名为 BIRD_RESCUES_STAFF 的表,其中包含为鸟类救助机构工作和提供志愿服务的个人的信息,以及他们的工资信息。不希望所有用户都看到员工的工资信息。这时可以基于 BIRD_RESCUES_STAFF 表创建一个视图,不把工资信息包含进去,然后授予相应用户访问视图的权限,而不是让他们去访问视图后面的表。

提示 视图可以限制行或列的访问

视图可以让用户只能访问指定的行或列,这些行或列需满足视图定义语句中 WHERE 子句定义的条件。

20.1.3 利用视图维护汇总数据

如果汇总数据报表中的一张或多张表经常更新数据,并且经常要创建报表,那么采用包含汇总数据的视图就很有好处了。

举个例子,假设有一张表包含了个人信息,诸如居住城市、性别、工资和年龄等。可基于该表创建一个视图,显示每个城市的个人汇总数据,如平均年龄、平均工资、男性总数和女性总数。视图创建完成后,只要查询视图即可获得这些汇总信息,而不用去构建一条 SELECT 语句,因为有时候这种 SELECT 语句可能会十分复杂。

与由单张或多张表创建视图的语法相比,用汇总数据创建视图的唯一区别就是使用了聚合函数。关于聚合函数的用法,请回顾一下第 17 章。

20.2 创建视图

视图是用 CREATE VIEW 语句创建的。视图可由单张表、多张表或其他视图创建。若要创建一个视图，用户必须根据产品要求拥有相应的系统权限。

CREATE VIEW 的基本语法如下：

```
CREATE [RECURSIVE]VIEW VIEW_NAME
[COLUMN NAME [,COLUMN NAME]]
[OF UDT NAME [UNDER TABLE NAME]
[REF IS COLUMN NAME SYSTEM GENERATED |USER GENERATED | DERIVED]
[COLUMN NAME WITH OPTIONS SCOPE TABLE NAME]]
AS
{SELECT STATEMENT}
[WITH [CASCADED | LOCAL] CHECK OPTION]
```

下面将讨论用 CREATE VIEW 语句创建视图的各种方式。

提示 ANSI SQL 没有提供 ALTER VIEW 语句

ANSI SQL 没有提供 ALTER VIEW 语句，尽管大多数数据库产品都提供了这一功能。例如，旧版 MySQL 可以用 REPLACE VIEW 修改当前视图。不过最新版本的 MySQL、SQL Server 和 Oracle 均支持 ALTER VIEW 语句。请查阅数据库产品文档，了解支持情况如何。

20.2.1 由单张表创建视图

由单张表创建视图的语法如下：

```
CREATE VIEW VIEW_NAME AS
SELECT * | COLUMN1 [, COLUMN2 ]
FROM TABLE_NAME
[ WHERE EXPRESSION1 [, EXPRESSION2 ]]
[ WITH CHECK OPTION ]
[ GROUP BY ]
```

最简单的创建视图的形式就是基于单张表的全部数据，示例如下。首先查询 BIRDS 表中翼展大于 48 英寸的鸟类名称及其翼展。下面就是用于创建视图的基础查询。

```
SQL> select bird_id, bird_name, wingspan
  2  from birds
  3  where wingspan > 48;

   BIRD_ID BIRD_NAME                           WINGSPAN
---------- ---------------------------       ----------
         1 Great Blue Heron                          78
         3 Common Loon                               99
         4 Bald Eagle                                99
         5 Golden Eagle                              99
         7 Osprey                                    72
         9 Canadian Goose                            99
        13 Ring-billed Gull                          50
        14 Double-crested Cormorant                  54
        16 Turkey Vulture                            72
        19 Mute Swan                                 99
        20 Brown Pelican                             99
        21 Great Egret                             67.2

12 rows selected.
```

下面用以上查询创建一个视图。只要把查询语句替换到 CREATE VIEW 语句即可，可以看到视图已创建成功。

```
SQL> create view big_birds_v as
  2  select bird_id, bird_name, wingspan
  3  from birds
  3  where wingspan > 48;

View created.
```

现在，如果从刚刚创建的视图中查询所有记录，结果与创建视图前执行的查询完全相同。该视图不是一张表，而是虚拟表。请记住，视图不实际包含数据，只是映射出一张或多张表中的数据或数据子集。

```
SQL> select * from big_birds_v;

   BIRD_ID BIRD_NAME                              WINGSPAN
---------- ------------------------------------ ----------
         1 Great Blue Heron                             78
         3 Common Loon                                  99
         4 Bald Eagle                                   99
         5 Golden Eagle                                 99
         7 Osprey                                       72
         9 Canadian Goose                               99
        13 Ring-billed Gull                             50
        14 Double-crested Cormorant                     54
        16 Turkey Vulture                               72
        19 Mute Swan                                    99
        20 Brown Pelican                                99
        21 Great Egret                                67.2

12 rows selected.
```

20.2.2　由多张表创建视图

利用带有 JOIN 的 SELECT 语句，可由多张表创建视图。语法如下所示：

```
CREATE VIEW VIEW_NAME AS
SELECT * | COLUMN1 [, COLUMN2 ]
FROM TABLE_NAME1, TABLE_NAME2 [, TABLE_NAME3 ]
WHERE TABLE_NAME1 = TABLE_NAME2
[ AND TABLE_NAME1 = TABLE_NAME3 ]
[ EXPRESSION1 ][, EXPRESSION2 ]
[ WITH CHECK OPTION ]
[ GROUP BY ]
```

先来查询一下 BIRDS 表。结果显示表中包含 23 条记录。

```
SQL> select bird_name
  2  from birds;

BIRD_NAME
------------------------------
American Coot
American Crow
Anhinga
Bald Eagle
Belted Kingfisher
Black Skimmer
Brown Pelican
Canadian Goose
```

```
Common Loon
Common Merganser
Common Sea Gull
Double-crested Cormorant
Golden Eagle
Great Blue Heron
Great Egret
Green Heron
Mallard
Mute Swan
Osprey
Pied-billed Grebe
Red Tailed Hawk
Ring-billed Gull
Turkey Vulture

23 rows selected.
```

以下查询选择了鸟类名称及其食物。该查询连接了 3 张表。查询结果返回吃鱼的鸟类。

```
SQL> select b.bird_id, b.bird_name, f.food_name
  2  from birds b,
  3       birds_food bf,
  4       food f
  5  where b.bird_id = bf.bird_id
  6    and f.food_id = bf.food_id
  7    and f.food_name = 'Fish';

   BIRD_ID BIRD_NAME                            FOOD_NAME
---------- ----------------------------------  -----------------------
         1 Great Blue Heron                    Fish
         3 Common Loon                         Fish
         4 Bald Eagle                          Fish
         5 Golden Eagle                        Fish
         7 Osprey                              Fish
         8 Belted Kingfisher                   Fish
        12 Common Sea Gull                     Fish
        13 Ring-billed Gull                    Fish
        14 Double-crested Cormorant            Fish
        15 Common Merganser                    Fish
        17 American Crow                       Fish
        18 Green Heron                         Fish
        20 Brown Pelican                       Fish
        21 Great Egret                         Fish
        22 Anhinga                             Fish
        23 Black Skimmer                       Fish

16 rows selected.
```

下面用上述查询创建一个名为 FISH_EATERS 的视图。此视图是一张虚拟表，只包含吃鱼的鸟类，数据来自 BIRDS 表和 FOOD 表。

```
SQL> create view fish_eaters as
  2  select b.bird_id, b.bird_name
  3  from birds b,
  4       birds_food bf,
  5       food f
  6  where b.bird_id = bf.bird_id
  7    and f.food_id = bf.food_id
  8    and f.food_name = 'Fish';

View created.
```

如果查询 FISH_EATERS 视图的所有记录，结果只返回 16 行数据，而不是原表的 23 条记录。这表明数据库中有 16 种鸟是吃鱼的。

```
SQL> select *
  2  from fish_eaters;

   BIRD_ID BIRD_NAME
---------- ------------------------------
         1 Great Blue Heron
         3 Common Loon
         4 Bald Eagle
         5 Golden Eagle
         7 Osprey
         8 Belted Kingfisher
        12 Common Sea Gull
        13 Ring-billed Gull
        14 Double-crested Cormorant
        15 Common Merganser
        17 American Crow
        18 Green Heron
        20 Brown Pelican
        21 Great Egret
        22 Anhinga
        23 Black Skimmer

16 rows selected.
```

下面假定要返回迁徙地点及其鸟类的清单，但只返回吃鱼的鸟类。实现方法有很多种，其中使用视图是最简单的方法之一。当然也可以在单体查询中将所有相关表连接在一起。研究以下输出结果：

```
SQL> select m.migration_location, fe.bird_id, fe.bird_name
  2  from fish_eaters fe,
  3       birds_migration bm,
  4       migration m
  5  where fe.bird_id = bm.bird_id
  6    and bm.migration_id = m.migration_id
  7  order by 1;

MIGRATION_LOCATION              BIRD_ID BIRD_NAME
-------------------------    ---------- ------------------------------
Central America                       8 Belted Kingfisher
Central America                       7 Osprey
Central America                      18 Green Heron
Central America                      21 Great Egret
Central America                       3 Common Loon
Central America                      14 Double-crested Cormorant
Central America                      12 Common Sea Gull
Central America                      15 Common Merganser
Central America                       1 Great Blue Heron
Mexico                                7 Osprey
Mexico                               18 Green Heron
Mexico                               21 Great Egret
Mexico                                1 Great Blue Heron
Mexico                               14 Double-crested Cormorant
Mexico                               12 Common Sea Gull
Mexico                               15 Common Merganser
Mexico                                3 Common Loon
Mexico                                8 Belted Kingfisher
Mexico                               13 Ring-billed Gull
Mexico                               22 Anhinga
No Significant Migration             17 American Crow
No Significant Migration              5 Golden Eagle
No Significant Migration             20 Brown Pelican
No Significant Migration             23 Black Skimmer
South America                         8 Belted Kingfisher
South America                         7 Osprey
```

```
South America                          18 Green Heron
South America                           1 Great Blue Heron
South America                          12 Common Sea Gull
Southern United States                 12 Common Sea Gull
Southern United States                 14 Double-crested Cormorant
Southern United States                  1 Great Blue Heron
Southern United States                  7 Osprey
Southern United States                 18 Green Heron
Southern United States                 21 Great Egret
Southern United States                 15 Common Merganser
Southern United States                 13 Ring-billed Gull
Southern United States                  8 Belted Kingfisher
Southern United States                  4 Bald Eagle
Southern United States                 22 Anhinga
Southern United States                  3 Common Loon

41 rows selected.
```

上述查询返回了 41 行数据。这里用 ORDER BY 子句对数据进行了排序，如果结果中有迁徙地点和鸟类的重复数据，就很容易被发现。之所以返回这么多行，是因为有多种鸟迁徙到多个地点。

在下一个查询中，本质上是以不同的方式查看相同的信息，不过只返回与食鱼鸟类相关的各个迁徙地点。为此这里只选择 MIGRATION_LOCATION 列，并用 WHERE 子句在连接 BIRDS_MIGRATION 表和 FISH_EATERS 视图的子查询中查找迁徙地点。这是一个在子查询中使用视图的示例，演示了如何利用视图钻取所需数据。

```
SQL> select migration_location
  2  from migration
  3  where migration_id in (select bm.migration_id
  4                         from birds_migration bm,
  5                              fish_eaters fe
  6                         where bm.bird_id = fe.bird_id);

MIGRATION_LOCATION
------------------------------
Southern United States
Mexico
Central America
South America
No Significant Migration

5 rows selected.
```

请记住，当查询多张表的数据时，这些表必须在 WHERE 子句中用共同的列连接。视图只不过是一条 SELECT 语句，因此视图定义中的表连接与普通 SELECT 语句一样。请记得使用表的别名来降低多表查询的阅读难度。

视图也可以与表或其他视图连接。视图与表或其他视图连接的原则与表一样。更多信息请回顾一下第 14 章。

20.2.3 由视图创建视图

视图可基于另一个视图创建，格式如下：

```
CREATE VIEW2 AS
SELECT * FROM VIEW1
```

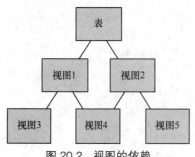

图 20.2 视图的依赖

视图可以由视图层层嵌套创建（比如，视图的视图的视图……）。具体能创建多深的视图则由产品决定。基于其他视图创建视图，唯一的问题就是如何管理。举个例子，假设基于视图 1 创建了视图 2，然后又基于视图 2 创建了视图 3。如果删除视图 1，视图 2 和视图 3 就不正常了，因为支持这些视图的底层信息消失了。因此，要始终熟悉数据库中的视图及其依赖对象。

图 20.2 展示了视图的关系，它们不仅依赖于表，还依赖于其他视图。视图 1 和视图 2 依赖于表。而视图 3 依赖于视图 1。视图 4 依赖于视图 1 和视图 2。视图 5 依赖于视图 2。根据这些关系，可以得出以下结论：

➤ 如果删除视图 1，则视图 3 和视图 4 就不可用了；

➤ 如果删除视图 2，则视图 4 和视图 5 就不可用了；

➤ 如果删除表，则这些视图全都不可用。

为了搭建下一个示例，请查询一下视图 SMALL_BIRDS_V 中的全部数据行。根据视图定义中的查询条件，该视图包含 13 种小型鸟类。

```
SQL> select * from small_birds_v;

   BIRD_ID BIRD_NAME                      WINGSPAN
---------- ------------------------------ ----------
         2 Mallard                             3.2
         6 Red Tailed Hawk                      48
         8 Belted Kingfisher                    23
        10 Pied-billed Grebe                   6.5
        11 American Coot                        29
        12 Common Sea Gull                      18
        13 Ring-billed Gull                     50
        14 Double-crested Cormorant             54
        15 Common Merganser                     34
        17 American Crow                      39.6
        18 Green Heron                        26.8
        22 Anhinga                              42
        23 Black Skimmer                        15

13 rows selected.
```

为了返回小型鸟类迁徙地点的清单，可查询 MIGRATION 表的 MIGRATION_LOCATION，并与 SMALL_BIRDS_V 视图连接。

```
SQL> select m.migration_location
  2  from migration m,
  3       birds_migration bm,
  4       small_birds_v sb
  5  where m.migration_id = bm.migration_id
  6    and bm.bird_id = sb.bird_id
  7  order by 1;

MIGRATION_LOCATION
------------------------------
Central America
Central America
Central America
Central America
Central America
```

```
Central America
Central America
Mexico
Mexico
Mexico
Mexico
Mexico
Mexico
Mexico
Mexico
Mexico
No Significant Migration
No Significant Migration
South America
South America
South America
Southern United States
Southern United States
Southern United States
Southern United States
Southern United States
Southern United States
Southern United States
Southern United States
Southern United States
Southern United States
Southern United States

32 rows selected.
```

下面的查询与上一个查询相同，不过为了只显示不同的迁徙地点，对 MIGRATION_LOCATION 列应用了 DISTINCT 函数。在这种情况下，迁徙地点有多少种鸟并不要紧，这里仅需列出小型鸟的迁徙地点即可。

```
SQL> select distinct(m.migration_location) "MIGRATION LOCATION"
  2  from migration m,
  3       birds_migration bm,
  4       small_birds_v sb
  5  where m.migration_id = bm.migration_id
  6    and bm.bird_id = sb.bird_id;

MIGRATION LOCATION
-----------------------------
Southern United States
Central America
South America
Mexico
No Significant Migration

5 rows selected.
```

请再次查看 SMALL_BIRDS_V 视图中的数据。

```
SQL> select * from small_birds_v;

   BIRD_ID BIRD_NAME                         WINGSPAN
---------- ------------------------------- ---------
         2 Mallard                              3.2
         6 Red Tailed Hawk                       48
         8 Belted Kingfisher                     23
        10 Pied-billed Grebe                    6.5
        11 American Coot                         29
        12 Common Sea Gull                       18
        13 Ring-billed Gull                      50
        14 Double-crested Cormorant              54
```

```
          15 Common Merganser                           34
          17 American Crow                             39.6
          18 Green Heron                               26.8
          22 Anhinga                                     42
          23 Black Skimmer                               15

    13 rows selected.
```

下面的例子新建了名为 SMALLEST_BIRDS_V 的视图，该视图基于 SMALL_BIRDS_V 视图中的数据，但只包含翼展小于之前创建的 SMALL_BIRDS 表中平均翼展的鸟类。

```
SQL> create view smallest_birds_v as
  2  select * from small_birds_v
  3  where wingspan < (select avg(wingspan)
  4                    from small_birds);

View created.
```

现在，查询刚创建的视图 SMALLEST_BIRDS_V，结果显示了 5 行数据。这些记录代表了数据库中体型最小的那些鸟类，这些鸟的体型甚至小于之前定义的小型鸟类的平均值。

```
SQL> select * from smallest_birds_v;

   BIRD_ID BIRD_NAME                            WINGSPAN
---------- ------------------------------- ----------
         2 Mallard                                 3.2
         8 Belted Kingfisher                        23
        10 Pied-billed Grebe                       6.5
        12 Common Sea Gull                          18
        23 Black Skimmer                            15

5 rows selected.
```

提醒 谨慎选取视图实现方式

如果由基表创建视图和由另一个视图创建视图一样容易且有效，那么请优先考虑由基表创建视图。

20.2.4　由视图创建表

Oracle 中的表可以由视图创建，就像由另一张表（或由另一个视图）创建表一样：使用 CREATE TABLE AS SELECT 语法。

语法如下：

```
CREATE TABLE TABLE_NAME AS
SELECT {* | COLUMN1 [, COLUMN2 ]
FROM VIEW_NAME
[ WHERE CONDITION1 [, CONDITION2 ]
[ ORDER BY ]
```

提醒 表和视图的细微差别

请记住，表和视图之间的主要区别就是，表包含实际数据并占用物理存储，而视图不含数据，除了视图定义（查询）语句，不需要占用存储。二者差别很细微。

以下示例基于刚创建的视图 SMALLEST_BIRDS_V 中的查询创建一张名为 SMALLEST_BIRDS 的表。

```
SQL> create table smallest_birds as
  2  select * from smallest_birds_v;

Table created.

SQL>
SQL> select * from smallest_birds;

   BIRD_ID BIRD_NAME                        WINGSPAN
---------- ------------------------------ ----------
         2 Mallard                               3.2
         8 Belted Kingfisher                      23
        10 Pied-billed Grebe                     6.5
        12 Common Sea Gull                        18
        23 Black Skimmer                          15

5 rows selected.
```

20.2.5　加入 ORDER BY 子句

有些 SQL 产品允许在 CREATE VIEW 语句中使用 ORDER BY 子句，而其他产品则不行。以下是包含 ORDER BY 子句的 CREATE VIEW 语句示例。

```
SQL> create view small_birds2_v as
  2  select bird_id, bird_name
  3  from birds
  4  where wingspan < (select avg(wingspan) * .25
  5                    from birds)
  6  order by bird_id, bird_name;

View created.

SQL> select * from small_birds2_v;

   BIRD_ID BIRD_NAME
---------- ------------------------------
         2 Mallard
        10 Pied-billed Grebe

 2 rows selected.
```

提示　推迟在视图中使用 GROUP BY 子句

在查询视图的 SELECT 语句中使用 ORDER BY 子句，效果比在 CREATE VIEW 语句中使用 GROUP BY 子句更好，也更简单。

20.3　通过视图更新数据

在以下特定条件下，可以通过视图更新数据：

➢ 视图不得带有表连接；
➢ 视图不得包含 GROUP BY 子句；
➢ 视图不得包含 UNION 语句；
➢ 视图不得包含对伪列 ROWNUM 的引用；
➢ 视图不得包含分组函数；

➢   不得使用 DISTINCT 子句；

➢   WHERE 子句中的嵌套表表达式不得引用 FROM 子句中的表；

➢   只要遵守上述事项，视图可以执行 INSERT、UPDATE 和 DELETE 操作。

关于 UPDATE 命令的语法，请复习第 10 章。

请再查看一遍 SMALL_BIRDS_V 视图的数据：

```
SQL> select * from small_birds_v;

   BIRD_ID BIRD_NAME                        WINGSPAN
---------- ------------------------------ ----------
         2 Mallard                               3.2
         6 Red Tailed Hawk                        48
         8 Belted Kingfisher                      23
        10 Pied-billed Grebe                     6.5
        11 American Coot                          29
        12 Common Sea Gull                        18
        13 Ring-billed Gull                       50
        14 Double-crested Cormorant               54
        15 Common Merganser                       34
        17 American Crow                        39.6
        18 Green Heron                          26.8
        22 Anhinga                                42
        23 Black Skimmer                          15

13 rows selected.
```

以下 UPDATE 语句将 ID 为 2 的鸟类名称修改为 Duck。

```
SQL> update small_birds_v
  2   set bird_name = 'Duck'
  3   where bird_id = 2;

 1 row updated.
```

现在若查询视图中的数据，结果会显示之前的鸟类名称 Mallard 已改为 Duck。执行 ROLLBACK 命令是因为不希望这次的改动写入数据库中。

```
SQL> select * from small_birds_v;

   BIRD_ID BIRD_NAME                        WINGSPAN
---------- ------------------------------ ----------
         2 Duck                                  3.2
         6 Red Tailed Hawk                        48
         8 Belted Kingfisher                      23
        10 Pied-billed Grebe                     6.5
        11 American Coot                          29
        12 Common Sea Gull                        18
        13 Ring-billed Gull                       50
        14 Double-crested Cormorant               54
        15 Common Merganser                       34
        17 American Crow                        39.6
        18 Green Heron                          26.8
        22 Anhinga                                42
        23 Black Skimmer                          15

13 rows selected.

SQL> rollback;

Rollback complete.
```

在以下示例中，UPDATE 语句尝试把 BIRDS 表中 ID 为 2 的鸟类身高设为 NULL。之所以返回错误，是因为底层表 BIRDS 中的 HEIGHT 列定义为 NOT NULL，也就是必填列。因此，下面的 UPDATE 语句违反了数据库中已定义的约束规则。为了保护数据的完整性，无论是直接使用 DML 命令还是间接通过视图或任何其他对象，关系型数据库中的任何数据操作都必须遵守已定约束规则。

```
SQL> update small_birds_v
  2  set height = ''
  3  where bird_id = 2;
set height = ''
    *
ERROR at line 2:
ORA-01407: cannot update ("RYAN2"."BIRDS"."HEIGHT") to NULL
```

利用 WITH CHECK 参数控制视图返回的数据

WITH CHECK 是 CREATE VIEW 语句的可选参数。它可以确保所有 UPDATE 和 INSERT 命令都遵守视图定义中的约束规则。如果不遵守约束规则，则 UPDATE 或 INSERT 会返回错误。通过检查视图的定义，确认没有违反约束规则，WITH CHECK 可以确保实现参照完整性。

以下示例用 WITH CHECK 参数创建一个视图。若鸟类名称为 Mallard，则会更新小型鸟类视图，设置翼展为 72 英寸。结果显示更新了一行数据。

```
SQL> update small_birds_v
  2  set wingspan = 72
  3  where bird_name = 'Mallard';

1 row updated.
```

现在，若查询 SMALL_BIRDS_V 视图，结果显示 Mallard 数据行已不存在了。这是因为其 WINGSPAN 列更新后，已大于 SMALL_BIRDS_V 视图定义所反映的值。

```
SQL> select * from small_birds_v;

   BIRD_ID BIRD_NAME                        WINGSPAN     HEIGHT
---------- -------------------------------- ---------- ----------
         6 Red Tailed Hawk                        48         25
         8 Belted Kingfisher                      23         13
        10 Pied-billed Grebe                     6.5         13
        11 American Coot                          29         16
        12 Common Sea Gull                        18         18
        13 Ring-billed Gull                       50         19
        14 Double-crested Cormorant               54         33
        15 Common Merganser                       34         27
        17 American Crow                        39.6         18
        18 Green Heron                          26.8         22
        22 Anhinga                                42         35
        23 Black Skimmer                          15         20

12 rows selected.
```

以下示例将 Red Tailed Hawk 的翼展设为 72 英寸：

```
SQL> update small_birds_v
  2  set wingspan = 72
  3  where bird_name = 'Red Tailed Hawk';

1 row updated.
```

同样，请看一下 SMALL_BIRDS_V 视图中的所有数据，结果中没有了 Red Tailed Hawk，返回的数据少了一行。

```
SQL> select * from small_birds_v;

   BIRD_ID BIRD_NAME                        WINGSPAN      HEIGHT
---------- ------------------------------ ---------- ----------
         8 Belted Kingfisher                      23          13
        10 Pied-billed Grebe                     6.5          13
        11 American Coot                          29          16
        12 Common Sea Gull                        18          18
        13 Ring-billed Gull                       50          19
        14 Double-crested Cormorant               54          33
        15 Common Merganser                       34          27
        17 American Crow                        39.6          18
        18 Green Heron                          26.8          22
        22 Anhinga                                42          35
        23 Black Skimmer                          15          20

11 rows selected.
```

下面删除这个视图，然后加上 WITH CHECK 参数重新创建此视图。ROLLBACK 命令把
Red Tailed Hawk 的记录恢复到视图（基表）中。

```
SQL> rollback;

Rollback complete.


SQL> drop view small_birds_v;

View dropped.
```

下一条 SQL 语句创建了与以上相同的视图，只是加了 WITH CHECK 参数。WITH CHECK
参数确保对与视图关联数据的任何修改都符合视图创建条件，不论基表中是否存在底层约束
规则。

```
SQL> create view small_birds_v as
  2  select bird_id, bird_name, wingspan
  3  from birds
  4  where wingspan < (select avg(wingspan)
  5                    from birds)
  6  with check option;

 View created.
```

现在视图已经用 WITH CHECK 参数重新创建完成，请尝试像之前那样将 Red Tailed Hawk
的翼展设为 72 英寸。不过这里会返回错误。这是因为 72 英寸的翼展大于 WINGSPAN 列的视
图定义，即查询小于平均翼展的鸟类，而 72 英寸大于平均翼展。

```
SQL> update small_birds_v
  2  set wingspan = 72
  3  where bird_name = 'Red Tailed Hawk';
update small_birds_v
       *
ERROR at line 1:
ORA-01402: view WITH CHECK OPTION where-clause violation

SQL> select * from small_birds_v;

   BIRD_ID BIRD_NAME                        WINGSPAN
---------- ------------------------------ ----------
         6 Red Tailed Hawk                        48
         8 Belted Kingfisher                      23
        10 Pied-billed Grebe                     6.5
```

```
11 American Coot                       29
12 Common Sea Gull                     18
13 Ring-billed Gull                    50
14 Double-crested Cormorant            54
15 Common Merganser                    34
17 American Crow                       39.6
18 Green Heron                         26.8
22 Anhinga                             42
23 Black Skimmer                       15
```

```
12 rows selected.
```

如果由视图创建另一个视图时选用了 WITH CHECK 参数，则存在两种可选参数：CASCADE 和 LOCAL。CASCADE 是默认参数，未指定时假定是 CASCADE（ANSI 的标准写法是 CASCADED，但 Microsoft SQL Server 和 Oracle 用了稍微不同的关键字 CASCADE）。用了 CASCADE 参数，会检查所有的底层视图、更新基表时所有的完整性约束和第二个视图的所有定义条件。LOCAL 参数只会检查两个视图的完整性约束和第二个视图的定义条件，而不会检查底层的基表。因此，创建视图时加上 CASCADE 参数是比较安全的，因为这能保护基表的参照完整性。

20.4 删除视图

执行 DROP VIEW 命令可从数据库中删除视图。DROP VIEW 命令有两个可选参数：RESTRICT 和 CASCADE。若删除视图时用了 RESTRICT 参数，并且存在引用其他视图的约束，则 DROP VIEW 会报错。如果使用了 CASCADE 并引用了其他视图或约束，则 DROP VIEW 会成功执行，且底层视图或约束也会一并删除。示例如下：

```
SQL> drop view small_birds_v;

View dropped.
```

20.5 嵌套视图对性能的影响

在查询中，视图的性能特性与表相同。因此，需要明白一点，视图中嵌入了复杂的逻辑，可数据依然须由底层表的查询机制进行解析和组装。但通过将数据收缩为小块数据，以供检索或与其他表及数据组连接，可以提升视图性能。在性能调优时，视图必须视同 SQL 语句。如果构成视图的查询语句性能不佳，则视图就会遇到性能问题。

此外，有些用户用视图将复杂的查询分解为多个数据单元或视图，这些数据单元或视图构建于其他视图之上。这似乎是将复杂逻辑分解为简单步骤的好方法，但有可能会导致性能下降：为了确定究竟要为查询请求做些什么，查询引擎必须分解并转换每一层视图。

视图嵌套的层数越多，查询引擎生成执行计划的工作就会越繁重。事实上，大多数查询引擎并不能保证生成最优的整体计划，而只是在最短时间内给出一个尚可的执行计划。最佳实践是尽量保持查询代码扁平化，并对构成视图的语句进行测试和调优。

20.6 同义词的定义

同义词（synonym）就是表或视图的另一个名字。创建同义词的目的通常是让用户在访问另一个用户的表或视图时不必使用限定名称。同义词可创建成 PUBLIC 或 PRIVATE 类型。PUBLIC 类型同义词可供数据库所有用户使用；PRIVATE 类型同义词则只有数据库所有者和授权用户可以使用。

数据库管理员（或其他指定人员）或个人用户均可管理同义词。两种类型（PUBLIC 和 PRIVATE）同义词的创建可能需要不同的系统级权限。通常所有用户均可创建 PRIVATE 类型同义词。而一般只有 DBA 或数据库特权用户才可创建 PUBLIC 类型同义词。创建同义词时，请参阅产品文档获取所需的权限。

提醒　同义词并非 ANSI SQL 标准

同义词不是 ANSI SQL 标准，但由于几种主流产品都采用了同义词，因此本章进行简要介绍。如果您的产品支持同义词，请务必了解其确切的用法。注意，MySQL 不支持同义词，可换用视图实现相同的功能。

20.6.1　同义词的创建

创建同义词的常规语法如下所示：

```
CREATE [PUBLIC|PRIVATE] SYNONYM SYNONYM_NAME FOR TABLE|VIEW
```

以下示例是创建 BIG_BIRDS 表的同义词 MY_BIRDS。同义词只是为表或视图增加了一个名字而已，用于访问同一张表或同一个视图。

```
CREATE SYNONYM MY_BIRDS FOR BIG_BIRDS;
Synonym created.

SQL> select bird_id, bird_name
  2  from my_birds;

   BIRD_ID BIRD_NAME
---------- ------------------------------
         1 Great Blue Heron
         3 Common Loon
         4 Bald Eagle
         5 Golden Eagle
         7 Osprey
         9 Canadian Goose
        13 Ring-billed Gull
        14 Double-crested Cormorant
        16 Turkey Vulture
        19 Mute Swan
        20 Brown Pelican
        21 Great Egret

12 rows selected.
```

同义词通常还会由表的所有者创建，这样其他已授权用户访问该表时就不必使用限定名称了（表名前缀所有者）。

```
CREATE SYNONYM BIRDS FOR RYAN.BIRDS;
Synonym created.
```

20.6.2 同义词的删除

同义词的删除方式与其他数据库对象一样。常规语法如下：

```
DROP [PUBLIC|PRIVATE] SYNONYM SYNONYM_NAME
```

示例如下：

```
DROP SYNONYM MY_BIRDS;
Synonym dropped.
```

20.7 小结

本章介绍了 SQL 的两个重要特性：视图和同义词。很多时候，这些特性可以帮助关系型数据库用户提升系统的整体功能。视图定义为虚拟表对象，其表现和行为类似于表，但不像表那样占用物理空间。视图实际定义成对表和其他视图的查询。管理员通常用视图来限制用户对数据的可视范围，以及简化和汇总数据。视图可基于视图创建，但注意不要嵌入太深，以免管理失控。创建视图时可带有多种参数，有些参数是某产品特有的。

同义词对象代表着数据库中的其他对象。同义词简化了数据库中另一个对象的名称，可为名称较长的对象创建较简短的同义词，也可为归属其他用户但有权访问的对象创建同义词。同义词有两种类型：PUBLIC 和 PRIVATE。PUBLIC 类型同义词可被所有数据库用户访问，而 PRIVATE 类型同义词只能由数据库所有者访问。DBA 通常会创建 PUBLIC 类型同义词，而每个用户通常创建自己的 PRIVATE 类型同义词。

20.8 答疑

问：视图怎么做到容纳数据却不占用存储空间？

答：视图中不包含数据，它只是一张虚拟表或已保存的查询。视图唯一需占用的空间用于存放视图的创建语句，称为视图定义。

问：如果创建视图的表被删除了，视图会发生什么变化？

答：视图会失效，因为视图的底层数据已不存在了。

问：创建同义词时，命名有什么限制？

答：视具体的产品而定。不过在大多数主流产品中，同义词的命名规范与表和其他对象相同。

20.9 实践练习

以下是测试题和习题。测试题是为了测试您对当前内容的整体理解。习题让您有机会将本章讨论的概念付诸应用，并巩固前几章的学习中获得的知识。在继续学习之前，请务必完成测试题和习题。答案参见附录 C。

一、测试题

1. 在由多张表创建的视图中，能删除一行数据吗？

2. 在创建表时，所有者会被自动授予该表的一些权限。在创建视图时也是如此吗？

3. 在创建视图时，哪个子句用于对数据进行排序？

4. Oracle 和 SQL Server 的视图排序功能是否相同？

5. 当由视图创建视图时，可用什么参数检查完整性约束？

6. 若试图删除某个视图，但由于一个或多个底层视图而报错。这时应如何删除该视图？

二、习题

1. 编写一条 SQL 语句，基于 BIRDS 表的全部数据创建一个视图。查询视图中的所有数据。

2. 编写一条 SQL 语句，创建按每个迁徙地点汇总的鸟类平均翼展视图。查询视图中的所有数据。

3. 查询平均翼展视图，返回平均翼展大于平均值的迁徙地点。

4. 删除平均翼展视图。

5. 创建名为 FISH_EATERS 的视图，只显示吃鱼的鸟类。查询 FISH_EATERS 中的所有数据。

6. 编写查询让 FISH_EATERS 视图连接 MIGRATION 表，只返回吃鱼鸟类的迁徙地点。

7. 为 FISH_EATERS 视图创建同义词，然后用此同义词编写一条查询。

8. 尝试自己编写一些视图。请尝试连接视图和表，并应用一些已介绍的 SQL 函数。

第 21 章

管理数据库用户和安全

本章内容：

> 用户的类型；

> 管理数据库用户；

> 用户与模式的关系；

> 用户会话的重要性；

> 改变用户属性；

> 删除用户；

> 充分利用工具软件；

> 数据库安全的定义；

> 安全与用户管理的关系；

> 分配数据库系统权限；

> 分配数据库对象权限；

> 为用户授权；

> 撤销用户权限；

> 数据库的安全特性。

本章将介绍关系型数据库最关键的管理功能之一：管理数据库用户。管理用户确保数据库既能供有需要的用户和应用程序使用，又能阻止外部实体的访问。考虑到数据库中存有大量敏感的商业和个人数据，本章的内容绝对是您应特别关注的。

本章还介绍了用 SQL 及其相关命令在关系型数据库中实现和管理安全性的基本知识。每种主流产品的安全命令语法都有所不同，但关系型数据库的整体安全概念都遵循 ANSI 标准中的基本准则。关于安全命令的语法和特别规则，请查看具体的产品文档。

21.1 管理数据库用户

任何数据库的设计、创建、实施和维护都是为了用户。在设计数据库时要考虑用户的需求，实施数据库的最终目标是保证其可用性，您（或更多人参与）开发的数据库就是为了让用户充分利用。

有些人认为，如果没有用户，数据库就不会出问题。尽管这种说法听起来很有道理，但数据库创建出来就是为了保存数据，以供用户在日常工作中发挥其作用。

用户管理通常是数据库管理员的隐性任务，但其他人有时也会在用户管理过程中发挥一定作用。用户管理在关系型数据库的生命周期中是至关重要的，最终是用 SQL 概念和命令来实现管理的，当然不同供应商的命令有所不同。数据库管理员对用户管理的最终目标是达到一定的平衡，既要让用户能访问所需数据，又要维护系统内部数据的完整性。

注意 用户的角色差异很大

根据不同的公司规模和数据处理需求，用户的头衔、角色和职责存在很大的差异（而且相当大）。一家公司的数据库管理员可能在另一家公司就是个"计算机专家"。

21.1.1 用户类型

数据库用户有很多类型，包括以下这些：

➢ 数据录入人员；

➢ 程序员；

➢ 系统工程师；

➢ 数据库管理员；

➢ 系统分析员；

➢ 开发人员；

➢ 测试人员；

➢ 经理；

➢ 最终用户；

➢ 职能部门用户；

➢ 客户和消费者；

➢ 公司利益相关方。

每种类型的用户都有不同的工作职能（和问题），所有这些对于用户的日常工作及其安全性都至关重要。此外，每种类型的用户在数据库中都有不同的权限和岗位。

21.1.2 用户管理由谁负责

用户的日常工作管理由公司管理层负责；而数据库用户的管理则由数据库管理员（DBA）或其他指定人员负责落实。

DBA 通常负责创建数据库用户账户、角色、权限和配置文件，以及用户账户的删除操作。在大型且活跃的系统环境中，用户管理可能会成为一项繁重的工作，所以有些公司会有一名安全员（security officer）协助 DBA 进行用户管理。

安全员通常负责完成文书工作，将用户的工作需求转给 DBA，并在用户不再需要访问数据库时通知 DBA。

系统分析员（system analyst），或系统管理员，通常负责维持操作系统的安全，会创建用户并分配适当的权限。安全员也可能像协助数据库管理员那样协助系统分析员。

保持一种有序的方式来分配和删除权限，并记录这些改动，能让管理过程更加容易维护。记录还会生成书面留痕，指明何时需要对系统安全进行内部或外部审计。本章还将介绍用户管理系统。

注意　用户管理因单位而异

在很多组织中，各类用户和管理员之间的界限往往比较模糊。小型组织可能只有一个人负责 IT 工作，而大型组织可能配备了资深 IT 专业团队和后备力量，尤其是在需要 7×24 小时支持的场合。

21.1.3　用户在数据库中的位置

用户应按需被赋予角色和权限。任何用户拥有的数据库访问权限都不应超出其工作职责范围。设置用户账户和安全性的全部原因就是保护数据。如果错误的用户访问了错误的数据，即便是无意的，数据也可能会损坏或丢失。当用户不再需要访问数据库时，该用户的账户应尽快从数据库中删除或禁用。

所有用户在数据库中都有自己的位置，当然有些用户具有更多的责任和义务。数据库用户就像人体的各个部位，所有人齐心协力才能完成一些目标。

注意　坚持用户管理的系统性

对于保护数据库安全及维持成功运行而言，用户账户管理至关重要。如果没有进行系统性的管理，数据库往往会运行失败。在理论上，用户账户管理是最简单的数据库管理任务之一，但往往因为政策和沟通问题而变得复杂。

21.1.4　用户和模式的区别

数据库中的一些对象与数据库用户账户关联，这称为模式。模式是数据库用户拥有的数据库对象的集合。该数据库用户称为模式的所有者（schema owner）。模式往往会对相关的数据库对象进行逻辑分组，然后分配给某个模式所有者进行管理。例如，所有人事表可归于名为 HR 的模式下，供人力资源部门使用。普通数据库用户与模式所有者的区别在于，模式所有者拥有数据库中的对象，而大多数普通数据库用户则不拥有对象。通常向用户提供数据库账户，是为了访问位于其他模式中的数据。因为模式所有者实际拥有这些对象，所以该用户对它们有完全的控制权。

每个数据库通常都有一个创建者或所有者。数据库所有者可以访问数据库中的所有模式和对象。此外，为了有效管理所有用户和对象，诸如数据库管理员这些拥有管理权限的用户通常也有权访问数据库中的所有模式和对象。

21.2 用户管理过程

为了保证数据库系统中的数据安全，稳定的用户管理体系必不可少。用户管理体系由新用户的直接上级开始，由他发起访问请求，然后经过公司的审批授权。如果管理层接受请求，则将其发送给安全员或数据库管理员，由他们具体实施。这里需要有一个良好的通知过程。必须通知用户及其上级，用户账户已创建并已授予数据库访问权限。用户账户密码应该只交给用户本人，用户应在初次登录数据库时立即修改密码。

21.2.1 创建用户

数据库用户的创建涉及 SQL 命令的使用。在 SQL 中创建数据库用户，并没有标准的命令，每个产品都有自己的实现方式。但无论哪种方式，其基本概念都是一样的。市面上有几种图形用户界面（Graphical User Interface，GUI）工具可供用户管理使用。

当 DBA 或安全员收到用户账户请求时，应该分析该请求并获取必要的信息。这些信息应该包含公司对开立用户账户的要求。

应包含的数据项可以是身份证号码、全名、地址、电话号码、办公室或部门名称、需访问的数据库，有时还包含建议使用的用户账户名称。

注意 不同系统中的用户创建和管理过程各不相同

关于如何创建用户的详细信息，请查看具体的产品文档。在创建和管理用户时，还要参照公司的政策和流程。下面比较了 Oracle、MySQL 和 Microsoft SQL Server 的用户创建过程，以展示各种产品的一些异同点。

1. 在 Oracle 中创建用户

在 Oracle 数据库中，请按以下步骤创建用户账户：

（1）用默认配置创建数据库用户账户；

（2）给用户账户赋予合适的权限。

下面是创建用户的语法：

```
CREATE USER USER_ID
IDENTIFIED BY [PASSWORD | EXTERNALLY ]
[ DEFAULT TABLESPACE TABLESPACE_NAME ]
[ TEMPORARY TABLESPACE TABLESPACE_NAME ]
[ QUOTA (INTEGER (K | M) | UNLIMITED) ON TABLESPACE_NAME ]
[ PROFILE PROFILE_TYPE ]
[PASSWORD EXPIRE |ACCOUNT [LOCK | UNLOCK]
```

如果不使用 Oracle，上述语法中的某些参数就不必在意了。表空间是由 DBA 管理的逻辑区域，用于存放数据库对象，例如表和索引。DEFAULT TABLESPACE 指定了用户创建的对象所在的表空间。TEMPORARY TABLESPACE 是用户执行查询排序操作（表连接、ORDER BY、GROUP BY）所用到的表空间。QUOTA 是对用户有权访问的表空间进行空间限制。

PROFILE 分配给用户的特定的数据库配置文件。

以下是为用户账户赋权的语法：

```
GRANT PRIV1 [ , PRIV2, ... ] TO USERNAME | ROLE [, USERNAME ]
```

注意 CREATE USER 在各种产品中的差异

MySQL 不支持 CREATE USER 命令，而是用 mysqladmin 工具进行用户管理。在 Windows 计算机上设置一个本地用户账户后，就不再需要登录了。不过在多用户环境中，应该用 mysqladmin 为每个需访问数据库的用户设置一个用户账户。

GRANT 语句可在一条语句中为多个用户赋予多项权限。也可以先将权限赋予某个角色，然后赋予一个或多个用户。

在 MySQL 中，GRANT 命令可同时赋予用户访问本地计算机当前数据库的权限。比如：

```
GRANT USAGE ON *.* TO USER@LOCALHOST IDENTIFIED BY 'PASSWORD';
```

为用户赋予其他权限的方式如下：

```
GRANT SELECT ON TABLENAME TO USER@LOCALHOST;
```

大多数情况下，只有在多用户环境中才需要对 MySQL 进行多用户设置和访问。

2. 在 Microsoft SQL Server 中创建用户

在 Microsoft SQL Server 数据库中，创建用户账户的步骤如下所示：

（1）创建 SQL Server 的登录账户，指定密码和默认数据库；

（2）在数据库中添加此用户，以创建数据库用户账户；

（3）为数据库用户账户赋予适当的权限，本章只讨论关系型数据库权限。

以下是创建用户账户的语法：

```
SP_ADDLOGIN USER_ID ,PASSWORD [, DEFAULT_DATABASE ]
```

以下是将用户加入数据库的语法：

```
SP_ADDUSER USER_ID [, NAME_IN_DB [, GRPNAME ] ]
```

如上所示，SQL Server 把登录账户和数据库用户账户做了区分，登录账户用于访问 SQL Server 示例，数据库用户账户用于访问数据库对象。在创建登录账户后，可以查看一下 SQL Server Management Studio 中的安全部分，然后在执行 SP_ADDUSER 命令后查看一下其数据库部分。这是与 SQL Server 的一个重要区别，因为可以创建一个无权访问示例中任何数据库的登录账户。

在 SQL Server 上创建账户时，一个常见的错误是忘记为他们赋予默认数据库的访问权限。因此在设置账户时，请确保其至少能访问默认数据库，否则用户登录系统时会报错。

以下是为用户账户授权的语法：

```
GRANT PRIV1 [ , PRIV2, ... ] TO USER_ID
```

3. 在 MySQL 中创建用户

在 MySQL 中，创建用户账户的步骤如下所示：

（1）在数据库中创建用户账户；

（2）为用户赋予合适的权限。

创建用户账户的语法与 Oracle 类似：

```
SELECT USER user [IDENTIFIED BY [PASSWORD] 'password']
```

为用户赋权的语法也与 Oracle 类似：

```
GRANT priv_type [(column_list)] [, priv_type [(column_list)]] ...
    ON [object_type]
        {tbl_name | * | *.* | db_name.* | db_name.routine_name}
        TO user
```

4. 在 BIRDS 数据库中创建用户的示例

或许您还记得，在为本书作准备工作时，曾用以下 SQL 代码创建了自己的用户名。在第 4 章中就可以找到这段代码。若要执行这段代码，应以系统用户身份登录数据库。请记住，要在数据库中创建用户，必须拥有一定的管理权限，这些权限因产品而异。

```
SQL> alter session set "_ORACLE_SCRIPT"=true;

Session altered.

SQL> create user your_username
  2   identified by your_passwd;

 User created.

SQL> grant dba to your_username;

Grant succeeded.

SQL> connect your_username
Connected.
SQL>
SQL> show user
USER is "YOUR_USERNAME"
SQL>
```

下面的示例将在数据库中再创建两个用户账户。请记住，这里是 Oracle 的语法。

```
SQL> create user bob_smith
  2   identified by new_password;

User created.

SQL> grant connect to bob_smith;

Grant succeeded.

SQL> create user bird_owner
  2   identified by new_password
  3   default tablespace users
  4   quota 10m on users;

 User created.
```

```
SQL> grant connect, resource to bird_owner;

 Grant succeeded.
```

您可能注意到了 GRANT 命令。Bob Smith 赋予了 CONNECT 角色。用户 BIRD_OWNER 被设置了默认表空间以供建表，并被赋予 10 MB 的空间配额或限制。BIRD_OWNER 还被赋予了 CONNECT 和 RESOURCE 权限，使其能够连接数据库并执行查询之类的基本操作，并能在数据库中创建表之类的对象。

21.2.2 模式的创建

如果产品提供了 CREATE SCHEMA 功能，即可用于创建模式。模式也可以通过另一种方式创建。先创建一个用户并授予该用户创建对象的核心权限，然后用户即可连入数据库并创建对象。这也是一种模式。

CREATE SCHEMA 的语法如下：

```
CREATE SCHEMA [ SCHEMA_NAME ] [ USER_ID ]
            [ DEFAULT CHARACTER SET CHARACTER_SET ]
            [PATH SCHEMA NAME [,SCHEMA NAME] ]
            [ SCHEMA_ELEMENT_LIST ]
```

下面是一个示例：

```
CREATE SCHEMA USER1
CREATE TABLE TBL1
  (COLUMN1    DATATYPE    [NOT NULL],
   COLUMN2    DATATYPE    [NOT NULL]...)
CREATE TABLE TBL2
  (COLUMN1    DATATYPE    [NOT NULL],
   COLUMN2    DATATYPE    [NOT NULL]...)
GRANT SELECT ON TBL1 TO USER1
GRANT SELECT ON TBL2 TO USER2
[ OTHER DDL COMMANDS ... ]
```

下面是 CREATE SCHEMA 命令在 Oracle 示例数据库中的应用：

```
SQL> connect bird_owner/new_password;
Connected.

SQL> create schema authorization bird_owner
  2  create table new_birds
  3        (id   number       not null,
  4         bird varchar2(20)   not null)
  5  grant select on new_birds to bob_smith;

Schema created.

SQL> insert into new_birds
  2  values (1, 'Pterodactyl');

1 row created.

SQL> commit;

Commit complete.

SQL> disconnect;
Disconnected from Oracle Database 18c Express Edition Release 18.0.0.0.0 - Production
```

Version 18.4.0.0.0

该模式中创建了一张表和一行数据，并为 Bob Smith 赋予新表的访问权。然后该用户断开与数据库的连接。下面请以 Bob Smith 的身份连接，并查询一下 NEW_BIRDS 表。注意，Bob Smith 必须用表的所有者来限定表名：BIRD_OWNER.NEW_BIRDS。

```
SQL> connect bob_smith/new_password;
Connected.

SQL> select * from bird_owner.new_birds;

        ID BIRD
---------- --------------------
         1 Pterodactyl

1 row selected.
```

上述 CREATE SCHEMA 命令中增加了 AUTHORIZATION 关键字。这是 Oracle 数据库中的示例。如您所见（正如本书之前的例子一样），不同产品中的命令语法往往各不相同。

支持创建模式的产品通常会给用户分配一个默认模式。大多数情况下，默认模式与用户的账户一致。因此，bob_smith 账户通常会有默认模式 bob_smith。这一点很重要，因为除非在创建时给定模式名称，否则对象会创建于用户的默认模式中。如果用 bob_smith 账户执行 CREATE TABLE 语句，表都会建于 bob_smith 模式中。

警告　不是所有产品都支持 CREATE SCHEMA

有些产品可能不支持 CREATE SCHEMA 命令。但用户在创建对象时，可隐式创建模式。CREATE SCHEMA 命令只是完成此项任务的其中一个步骤。用户创建对象后，可向其他用户授权，使其能够访问该用户的对象。

MySQL 不支持 CREATE SCHEMA 命令，MySQL 中的模式被视为一个数据库。因此 CREATE DATABASE 命令本质上就是创建了一个模式，可用于填入对象。

21.2.3　模式的删除

DROP SCHEMA 语句可用于删除数据库中的模式。在删除模式时，必须考虑两个参数：RESTRICT 和 CASCADE。如果指定了 RESTRICT 参数，则模式中存在对象就会报错。如果模式中尚存有对象，就必须使用 CASCADE 参数。请记住，对模式作删除操作时，同时会删除该模式关联的所有数据库对象。

删除模式的语法如下：

```
DROP SCHEMA SCHEMA_NAME { RESTRICT | CASCADE }
```

以下是示例：

```
SQL> connect ryan/ryan;
Connected.

SQL> alter session set "_ORACLE_SCRIPT"=true;

Session altered.
```

```
SQL> drop user bird_owner cascade;

User dropped.
```

注意 模式的多种删除方式

模式中可能不含对象，因为对象可用其他命令删除，比如表可以用 DROP TABLE 命令删除。有些产品提供了删除用户的函数或命令，也可用于模式的删除。如果您的产品不提供 DROP SCHEMA 命令，那么可以通过删除拥有模式对象的用户来删除模式。

21.2.4 修改用户

用户管理的一项重要内容是在用户创建后能够修改用户的属性。如果拥有用户账户的人员从不升职或离职，或者很少有新员工加入公司，那么 DBA 的生活就简单多了。在现实世界中，人员的高流动率和用户职责的变化是用户管理的一个重要因素。几乎每个人都会在某个时点更换工作或工作职责。因此，数据库中的用户权限必须进行调整以适应用户的需要。

以下是在 Oracle 中修改用户当前状态的示例：

```
ALTER USER USER_ID [ IDENTIFIED BY PASSWORD | EXTERNALLY |GLOBALLY AS 'CN=USER']
[ DEFAULT TABLESPACE TABLESPACE_NAME ]
[ TEMPORARY TABLESPACE TABLESPACE_NAME ]
[ QUOTA  INTEGER K|M |UNLIMITED ON TABLESPACE_NAME ]
[ PROFILE PROFILE_NAME ]
[ PASSWORD EXPIRE]
[ ACCOUNT [LOCK |UNLOCK]]
[ DEFAULT ROLE ROLE1 [, ROLE2 ] | ALL
[ EXCEPT ROLE1 [, ROLE2 | NONE ] ]
```

ALTER USER 命令最常见的一种用途就是重置用户密码，示例如下：

```
SQL> alter user bob_smith
  2  identified by another_password;

User altered.
```

用此语法可以修改用户的许多属性。可惜并不是所有产品都用一条简单的命令就能完成数据库用户的操控。比如 MySQL 就为修改用户账户提供了多条命令。在 MySQL 中，重置用户密码采用以下语法：

```
UPDATE mysql.user SET Password=PASSWORD('new password')
WHERE user='username';
```

而修改用户名称则用以下语法实现：

```
RENAME USER old_username TO new_username;
```

有些产品还提供了 GUI 工具，用于创建、修改和删除用户。

21.2.5 监控用户会话

一个用户会话就是数据库用户从登录到登出的这段时间。在用户会话期间，用户可以执行已获授权的各种操作，比如查询和事务操作。

在建立连接和启动会话后，用户可以执行任意数量的事务，直至连接断开。连接断开后数据库用户会话将会终止。

通过以下命令，用户可以显式地连接或断开数据库，从而启动或终止 SQL 会话。

```
CONNECT TO DEFAULT | STRING1 [ AS STRING2 ] [ USER STRING3 ]
DISCONNECT DEFAULT | CURRENT | ALL | STRING
SET CONNECTION DEFAULT | STRING
```

用户会话能够而且常常受到某些人员的监控，这些人可以是 DBA 或其他对用户活动感兴趣的人员。在监控某个用户时，用户会话与某个用户账户关联。一个数据库用户会话最终表现为主机操作系统上的一个进程。

注意　有些数据库和工具隐藏了底层的命令

请记住，不同产品的语法也各不相同。此外，大多数数据库用户不会手动发出连接或断开数据库的命令。大多数用户通过供应商提供的或第三方的工具来访问数据库，这些工具会提示用户输入用户名和密码，然后连入数据库并启动一个数据库用户会话。

21.2.6　删除用户权限

若要删除数据库中的用户或禁止用户访问，命令也很简单。但不同的产品依然有很大的差异，所以请查看具体的产品文档，了解删除用户或撤销访问权限的语法或工具。

以下是删除用户访问权限的方法：

➢ 修改用户密码；
➢ 从数据库中删除用户账户；
➢ 撤销之前赋予的用户权限。

在某些产品中，可以用 DROP 命令删除数据库用户：

```
DROP USER USER_ID [ CASCADE ]

SQL> drop user bob_smith cascade;

User dropped.
```

在很多产品中，REVOKE 命令是 GRANT 的逆操作，用于撤销已赋予用户的权限。此命令在 SQL Server、Oracle 和 MySQL 中的语法示例如下：

```
REVOKE PRIV1 [ ,PRIV2, ... ] FROM USERNAME

SQL> revoke insert on new_birds from bob_smith;

Revoke succeeded.
```

21.3　充分利用工具软件

有些人认为，无须懂 SQL 就能执行数据库查询。从某种意义上说，他们是正确的；但在查询数据库时，就算采用 GUI 工具，了解 SQL 也绝对有用。GUI 工具很好用，但了解幕后原理还是有好处的，可以最大限度地提升这些用户友好工具的效率。

数据库用户有很多 GUI 辅助工具软件，能够通过窗口、提示框和选择框自动生成 SQL 代码。生成报表也有报表工具。这些工具还可以创建很多表单，让用户完成从数据库中查询、更新、插入或删除数据的操作。有些工具可以将数据转换为图表。某些数据库管理工具可以监控数据库的性能，还有一些工具允许远程连入数据库。数据库供应商提供了其中一些工具，还有其他供应商提供第三方工具。

21.4 数据库安全

数据库安全就是保护数据的过程，未经授权不得使用。有些数据库用户只有访问部分数据的权限，而无权访问全部数据，他们访问其他数据也属于未经授权的使用。这种保护还包括对未经授权的数据库连接和权限分配进行监控。数据库有许多用户级别，从数据库创建者，到负责维护数据库的人员（如 DBA），到数据库程序员，再到最终用户。尽管最终用户的访问权限最小，但他们是数据库存在的目的所在。用户应赋予完成工作所需的最小权限。

用户管理和数据库安全有什么区别呢。毕竟第 20 章讨论过用户管理，似乎已涵盖了安全问题。用户管理和数据库安全肯定有关系，但各有各的目标。两者共同作用才能实现安全的数据库。

用户管理流程应该经过良好的规划和维护，这与数据库的整体安全相辅相成。用户分配到账户和密码，获得数据库的常规访问权限。数据库中的用户账户应存有用户的真实姓名、工作部门和办公室、电话号码或分机、可访问的数据库名称等信息。用户的个人信息应该只有 DBA 才能访问。DBA 或安全员负责为数据库用户分配初始密码；用户应立即修改此密码。请记住，DBA 无须也不应该知道个人的密码。这确保了职责的分离，当用户账户出现问题时也能保护 DBA 不受影响。

如果用户不再需要某些权限了，就应撤销这些权限。如果用户无须再访问数据库了，则应从数据库中删除此用户账户。

用户管理通常是指创建用户账户、删除用户账户、跟踪用户在数据库中行为的过程。数据库安全则更进一步，包括数据库授权、撤销用户权限、采取措施保护数据库的其他部分（如底层数据库文件）。

21.5 赋权

权限（privilege）即职权级别，用于控制访问数据库、访问数据库中的对象、操作数据库中的数据、在数据库中执行各种管理功能。权限用 GRANT 命令进行分配，用 REVOKE 命令进行撤销。

用户可以连接数据库，并不意味着可以访问数据库内的数据。对数据库内数据的访问受到两类权限的控制，即系统级权限和对象级权限。

注意 数据库安全不仅仅涉及权限问题

本书介绍的是 SQL，而不是数据库，因此重点讲解数据库的权限。但请记住，数据库安全还涉及其他方面，如底层数据库文件的保护；这与数据库权限的分配同样重要。高级数据库安全可能会十分复杂，而且不同的关系型数据库产品存在巨大的差异。若要了解数据库安全的更多信息，请查看互联网安全中心的网页。

21.5.1 系统级权限

系统级权限允许数据库用户在数据库内进行管理操作，如创建数据库、删除数据库、创建用户账户、删除用户、删除和修改数据库对象、修改对象的状态、修改数据库的状态，以及其他不谨慎使用就会导致严重后果的操作。

不同关系型数据库供应商的系统权限差别很大，所以请检查具体的产品文档，了解所有可用的系统权限及其正确用法。

以下是 SQL Server 的一些常见系统级权限：

➢ CREATE DATABASE——新建数据库；

➢ CREATE PROCEDURE——创建存储过程；

➢ CREATE VIEW——创建视图；

➢ BACKUP DATABASE——控制数据库系统的备份操作；

➢ CREATE TABLE——创建新表；

➢ CREATE TRIGGER——创建表触发器；

➢ EXECUTE——执行指定数据库内给定的存储过程。

以下是 Oracle 中的一些常见系统级权限：

➢ CREATE TABLE——在指定模式中创建新表；

➢ CREATE ANY TABLE——在任意模式中创建表；

➢ ALTER ANY TABLE——修改任意模式中的表结构；

➢ DROP TABLE——删除指定模式中的表对象；

➢ CREATE USER——创建用户账户；

➢ DROP USER——删除现有用户账户；

➢ ALTER USER——修改现有用户账户；

➢ ALTER DATABASE——修改数据库属性；

➢ BACKUP ANY TABLE——备份任意模式中的任意表；

➢ SELECT ANY TABLE——查询任意模式中的任意表。

21.5.2 对象级权限

对象级权限是作用于对象的权限级别，意味着必须获得合适的权限才能对数据库对象进行某些操作。例如，若要查询另一个用户表中的数据，首先该用户必须赋予您这一权限。对象级权限由对象的所有者赋予数据库用户。请记住，这里的所有者也称模式所有者。

ANSI 标准包含以下对象级权限：

➢ USAGE——使用指定域的权限；

➢ SELECT——允许访问指定表；

➢ INSERT(*column_name*)——允许将数据插入指定表的指定列；

➢ INSERT——允许将数据插入指定表的所有列；

➢ UPDATE(*column_name*)——允许修改指定表的指定列；

➢ UPDATE——允许修改指定表的所有列；

➢ REFERENCES(*column_name*)——允许在完整性约束中引用指定表的指定列，所有完整性约束都需要该权限；

➢ REFERENCES——允许在完整性约束中引用指定表的所有列。

提示 某些权限会自动赋予

对象的所有者会自动赋予与所拥有对象相关的所有权限。这些权限也是通过 GRANT OPTION 授予的，这是某些 SQL 产品的优秀特性。21.6.1 节会进行介绍。

大多数 SQL 产品都遵守上述标准的对象级权限，用于控制数据库对象的访问。

应该使用这些对象级权限来赋权和限制对模式中的对象进行访问。这些权限可以保护模式中的对象，以免被有权访问同一数据库其他模式的用户访问到。

不同的产品拥有各种其他的对象级权限，本节中并未列出。很多产品还提供了一种常见的对象级权限，就是从其他用户的对象中删除数据。请查看具体的产品文档，了解所有可用的对象级权限。

21.5.3　赋予和撤销权限的权限

虽然安全员（如果存在）可能也有权限，但通常 GRANT 和 REVOKE 命令由 DBA 执行。赋予或撤销某些权限的权限来自管理层，通常应仔细跟踪记录，确保权限给了应该赋予的人员。

对象的所有者必须将对象权限赋予该对象上数据库中的其他用户。即便是 DBA 也不能将不属于自己的对象权限赋予其他数据库用户（虽然有一些方法可以绕过这种限制）。

21.6　控制用户访问

用户访问主要由用户账户和密码进行控制，但在大多数主流产品中，仅凭这个还访问不了数据库。创建用户账户只是允许和控制数据库访问的第一步。

用户账户创建完成后，数据库管理员、安全员或指定人员必须为用户分配合适的系统级权限，然后该用户才能在数据库中执行实际的操作，如创建表或查询表。此外，模式所有者通常需要将模式中的对象访问权赋予数据库用户，以便用户能正常工作。

数据库访问控制由两条 SQL 命令完成，涉及权限的赋予和撤销。在关系型数据库中，系统级和对象级权限都用 GRANT 和 REVOKE 命令完成操作。

21.6.1　GRANT 命令

系统级和对象级权限都由 GRANT 命令赋予现有的数据库用户账户。

语法如下：

```
GRANT PRIVILEGE1 [, PRIVILEGE2 ][ ON OBJECT ]
TO USERNAME [ WITH GRANT OPTION | ADMIN OPTION]
```

下面是为某个用户赋权的语法：

```
SQL> grant select on new_birds to bob_smith;

Grant succeeded.
```

下面是为某个用户赋予多项权限的语法：

```
SQL> grant select, insert on new_birds to bob_smith;

Grant succeeded.
```

请注意，在一条语句中为一个用户赋予多项权限时，每项权限用逗号分隔。

向多个用户赋权的语法如下：

```
SQL> grant select, insert on new_birds to bob_smith, ryan;

Grant succeeded.
```

注意　请务必理解系统的反馈信息

注意 Grant succeeded 这句话，说明了 GRANT 语句成功完成。这是在本书示例所用产品（Oracle）执行命令时收到的反馈。大多数产品都会给出某种反馈信息，当然用词可能会各不相同。

1. GRANT OPTION

GRANT OPTION 是强大的 GRANT 命令参数。当对象所有者用 GRANT OPTION 将对象权限赋予其他用户时，虽然新用户不是该对象的所有者，但他也能将该对象权限赋予其他用户。下面是一个例子：

```
SQL> grant select on new_birds to bob_smith with grant option;

Grant succeeded.
```

2. ADMIN OPTION

ADMIN OPTION 与 GRANT OPTION 类似，拥有此权限的用户也继承了将其赋权给其他用户的权限。GRANT OPTION 用于对象级权限，而 ADMIN OPTION 用于系统级权限。当用户用 ADMIN OPTION 将系统级权限赋予其他用户时，新用户也能将此系统级权限赋予其他任意用户。下面是一个例子：

```
GRANT CREATE TABLE TO USER1 WITH ADMIN OPTION;
```

```
Grant succeeded.
```

警告　删除用户会同时删除已获得的权限

当删除用户后，用 GRANT OPTION 或 ADMIN OPTION 赋予该用户的权限也与其脱离关系。

21.6.2　REVOKE 命令

REVOKE 命令可以撤销已赋予用户的权限。REVOKE 命令有两个参数：RESTRICT 和 CASCADE。当使用 RESTRICT 参数时，仅当语句中指明的权限不会让其他用户带有废弃权限（abandoned privilege）时，REVOKE 命令才会成功。CASCADE 参数则会撤销所有其他关联用户的权限。换句话说，如果对象所有者用 GRANT OPTION 给 USER1 赋权，USER1 又用 GRANT OPTION 给 USER2 赋权，然后所有者撤销了 USER1 的权限。这时 CASCADE 会导致 USER2 的权限也被撤销。

如果用户曾用 GRANT OPTION 赋权给其他用户，然后他被删除或其权限被撤销了，则其他用户获得的该权限就是废弃权限。

REVOKE 的语法如下：

```
REVOKE PRIVILEGE1 [, PRIVILEGE2 ] [ GRANT OPTION FOR ] ON OBJECT
FROM USER { RESTRICT | CASCADE }
```

以下是一个示例：

```
SQL> revoke insert on new_birds from bob_smith;

Revoke succeeded.
```

21.6.3　列级的访问控制

不仅可对整个表赋予对象级权限（INSERT、UPDATE 或 DELETE），还可以为表中的某些列赋权，以限制用户访问。请看以下示例：

```
SQL> grant update (bird) on new_birds to bob_smith;

Grant succeeded.
```

21.6.4　PUBLIC 账户

PUBLIC 账户是代表数据库库中全体用户的数据库账户。所有用户都属于 PUBLIC 账户。如果赋予 PUBLIC 账户某个权限，则所有数据库用户都会拥有该权限。同样，如果从 PUBLIC 账户中撤销某个权限，那么除了已明确授权的用户，其他所有数据库用户都会失去该权限。下面是一个例子：

```
SQL> grant select on new_birds to public;

Grant succeeded.
```

警告 PUBLIC 权限可能导致意外访问

在赋予 PUBLIC 权限时要特别小心，所有数据库用户都会获得该权限。因此，通过赋予 PUBLIC 权限，可能会无意中将数据访问权交给了无权访问的用户。例如，若将访问员工工资表的 SELECT 权限赋给了 PUBLIC，则会让每个访问数据库的人都有权看到公司里每个人的工资情况。

21.6.5　权限组

有些产品提供了数据库权限组的功能。这些权限组用名称进行引用。权限组可以简化为用户赋予和撤销多个常用权限的操作。例如，假定有一个权限组包含了 10 个权限，则将此权限组授予用户一次即可，而不用单独赋 10 个权限了。

注意 数据库权限组因不同的系统而异

各种产品的数据库权限组用法也各不相同。如果您的产品支持权限组，就该用它来简化数据库安全管理工作。

Oracle 提供一些权限组，名为角色（role）。Oracle 产品中包括以下权限组：

➤ CONNECT——允许用户连接数据库，并对该用户有权访问的数据库对象进行操作；

➤ RESOURCE——允许用户创建对象、删除对象、将已有权限赋予对象等；

➤ DBA——允许用户在数据库中执行任何功能，拥有此权限组的用户可以访问任何数据库对象并执行任何操作。

比如以下是给用户赋予权限组的例子：

```
GRANT DBA TO USER1;
Grant succeeded.
```

SQL Server 在服务器级别和数据库级别各有几个权限组。下面列出了一些数据库级的权限组：

➤ DB_DDLADMIN——允许用户通过合法的 DDL 命令操作数据库的任何对象；

➤ DB_DATAREADER——允许用户查询已授权数据库中的任意表；

➤ DB_DATAWRITER——允许用户对数据库中的任何表执行任何数据操作语句（INSERT、UPDATE 或 DELETE）。

21.7　通过角色控制权限

角色是数据库中创建的对象，像权限组一样包含了一组权限。因为无须直接给用户赋予明确的权限，所以利用角色可以减少安全维护的工作量。利用角色可以更方便地进行权限组的管理。角色所拥有的权限可以修改，而这些改动对用户而言是透明的。

如果用户需在指定时间在某个应用程序中对表具有 SELECT 和 UPDATE 权限，则可临时分配一个拥有这些权限的角色，直到事务完成。

角色刚创建时，只是数据库中的一个对象，没有其他任何实际价值。角色可赋予用户或其他角色。假设名为 BIRD_OWNER 的模式为 PHOTOGRAPHER_SELECT 角色赋予了 NEW_BIRDS 表的 SELECT 权限。那么现在所有拥有 PHOTOGRAPHER_SELECT 角色的用户或角色都具备了 NEW_BIRDS 表的 SELECT 权限。

同理，如果 BIRD_OWNER 撤销了 PHOTOGRAPHER_SELECT 角色的 NEW_BIRDS 表 SELECT 权限，那么任何拥有 PHOTOGRAPHER_SELECT 角色的用户或角色都不再具有该表的 SELECT 权限。

在数据库中分配权限时，请确保考虑清楚了用户需要哪些权限，其他用户是否需要同样权限。例如，会计组的几个成员可能需要访问一些会计表。除非他们每人对这些表都需要各自不同的权限，否则就创建一个角色并分配适当的权限，然后再把此角色赋予这些用户，这样操作会方便很多。

现在如果有新的对象创建出来，且需要把访问权限赋予会计组，就只要修改一处即可，不必对每个账户进行修改。同样，如果会计组来了新的成员，或者有其他人员需要拥有同样的访问权限，只要给新用户分配该角色即可。角色是一种出色的工具，能让 DBA 的工作更加轻巧，能够应对复杂的数据库安全协议。

注意 MySQL 不支持角色

MySQL 不支持角色功能。这也是某些 SQL 产品的弱点之一。

21.7.1 CREATE ROLE 语句

角色由 CREATE ROLE 语句创建：

```
CREATE ROLE role_name;
```

角色的赋权方式与用户相同，如下所示：

```
SQL> create role photographers_select;

Role created.

SQL> grant select on new_birds to photographers_select;

Grant succeeded.

SQL> grant photographers_select to bob_smith;

Grant succeeded.
```

21.7.2 DROP ROLE 语句

角色用 DROP ROLE 语句进行删除：

```
DROP ROLE role_name;
```

示例如下：

```
SQL> drop role photographers_select;

Role dropped.
```

21.7.3 SET ROLE 语句

SET ROLE 语句可以只为用户当前 SQL 会话设置角色:

```
SET ROLE role_name;
```

示例如下:

```
SQL> SET ROLE PHOTOGRAPHER_SELECT;

Role set.
```

一次可以设置多个角色:

```
SQL> SET ROLE PHOTOGRAPHER_SELECT, PHOTOGRAPHER_UPDATE;

Role set.
```

注意 SET ROLE 并不常用

在某些产品中,例如 Microsoft SQL Server 和 Oracle,赋予用户的所有角色都自动设为默认角色,这意味着只要用户登录数据库,角色就会设置并生效。这里介绍 SET ROLE 语法是为了让您理解角色设置的 ANSI 标准。

21.8 小结

正如本章所述,所有数据库都有用户,不管是一个还是成千上万个。用户是数据库存在的原因。

数据库的用户管理包含 3 个必要步骤。首先必须为个人和服务创建数据库用户账户。其次必须给账户赋予权限,以完成须在数据库中执行的任务。最后必须删除用户账户,或者撤销其在数据库中的某些权限。

本章涉及了用户管理的一些最常见的任务;无关细节并没有涉及,因为大多数数据库的用户管理方式各不相同。不过用户管理十分重要,因为它与 SQL 有关系。ANSI 没有定义或详细讨论过多的用户管理命令,但各家产品的概念还是一样的。

本章还展示了实现 SQL 数据库或关系型数据库安全的基本知识。在用户创建后,必须为其分配一定的权限,使其能够访问数据库的某些内容。ANSI 允许使用本章介绍的角色概念。权限可以赋给用户或角色。

权限分为两种类型,系统级权限和对象级权限。系统级权限允许用户在数据库中执行各种任务,如连接数据库、创建表、创建用户、改变数据库的状态。对象级权限让用户能够访问数据库中的对象,如赋予查询数据或操作表中数据的能力。

SQL 中有两个命令用于向数据库中的其他用户或角色赋予和撤销权限:GRANT 和 REVOKE。这两个命令整体管理着数据库的权限。保证关系型数据库安全的因素还有很多,本章讨论的是与 SQL 有关的基础知识。

21.9 答疑

问：添加数据库用户是否存在 SQL 标准？

答：ANSI 提供了一些命令和概念，当然每种产品和每家公司都有各自的命令、工具和规则来创建或添加数据库用户。

问：能否不完全删除用户 ID 而又能暂时中止用户访问？

答：当然可以，只要改变用户密码或撤销其连接数据库的权限，即可暂时中止用户的访问。修改其密码并重新发放，或者重新授予权限，即可恢复该用户账户的功能。

问：用户可以修改自己的密码吗？

答：当然可以。大多数主流产品都可以。在创建用户或加入数据库时，用户会拿到一个普通的密码，必须尽快将其修改为自己的密码。用户修改了初始密码后，即便 DBA 也不知道其新密码是什么。

问：如果用户忘记了密码，如何才能重新访问数据库？

答：用户应该找直接上级或技术支持人员。技术支持人员通常可以重置用户密码。如果没有技术支持人员，DBA 或安全员可以重置密码。用户应该在密码重置后立即改为新密码。有时 DBA 可以设置某个参数，强制用户在下次登录时改变密码。具体细节请查看产品文档。

问：若要给用户赋予 CONNECT 角色，但用户不需要用到 CONNECT 角色的全部权限，该如何操作？

答：不应给用户赋予完整的 CONNECT 角色，而只赋予所需权限即可。如果已经赋予 CONNECT 角色，而用户不需要所有权限，只需撤销该用户的 CONNECT 角色并赋予所需权限即可。

问：新用户从创建人处收到密码后，为什么立即修改密码如此重要？

答：在创建用户 ID 的时候，会分配一个初始密码。任何人，甚至是 DBA 或管理层，都不应该知道用户的密码。密码应始终保密，以防止其他用户用别人的账户登录数据库。

21.10 实践练习

以下是测试题和习题。测试题是为了测试您对当前内容的整体理解。习题让您有机会将本章讨论的概念付诸应用，并巩固前几章的学习中获得的知识。在继续学习之前，请务必完成测试题和习题。答案参见附录 C。

一、测试题

1. 建立会话用什么命令？
2. 删除带有数据库对象的模式要用什么参数？
3. 删除数据库权限用什么语句？
4. 创建表、视图、权限的组或集合用什么命令？
5. 用户要将不属于自己的对象权限赋予其他用户，必须使用什么参数？
6. 赋给 PUBLIC 的权限是所有数据库用户都获得了，还是指定用户获得了？

7. 查看某张表的数据需要什么权限?

8. SELECT 是什么类型的权限?

9. 若想撤销用户访问某个对象的权限,同时撤销可能用 GRANT 赋予其他用户对该对象的访问权,该用什么参数?

二、习题

1. 描述如何在示例数据库中创建新用户 John。

2. 描述要采取哪些步骤赋予新用户 John 对 BIRDS 表的访问权。

3. 描述如何将 BIRDS 数据库所有对象的权限赋予 John。

4. 描述如何撤销 John 的权限,然后删除账户。

5. 创建一个新的数据库用户(用户名:Steve,密码:Steve123)。

6. 为新用户 Steve 创建一个角色。角色名称为 bird_query,并赋予该角色 BIRDS 表的 SELECT 权限。为 Steve 赋予该角色。

7. 用 Steve 连接数据库并查询 BIRDS 表。请确保给 BIRDS 表加上限定名称,因为 Steve 不是该表的所有者(owner.table_name)。

8. 用原来的用户连接数据库。

9. 现在撤销 Steve 对数据库其他表的 SELECT 权限。以 Steve 的身份连接数据库,并尝试查询 EMPLOYEES、AIRPORTS 和 ROUTES 表。发生了什么情况?

10. 再次以 Steve 的身份连接到数据库,尝试查询 BIRDS 表。

11. 在您的数据库中自行尝试其他实验。

第 22 章

利用索引改善性能

本章内容：

> ➤ 索引的工作原理；

> ➤ 如何创建索引；

> ➤ 各种不同的索引；

> ➤ 何时使用索引；

> ➤ 何时不使用索引。

本章介绍如何通过创建和使用索引改善 SQL 语句的性能。首先从 CREATE INDEX 命令开始，然后介绍如何利用表的索引。

22.1 索引的定义

简而言之，索引就是指向表中数据的指针。数据库的索引类似书后附带的索引。若要找到一本书中某个主题的所有书页，应参看索引，索引会按字母顺序列出所有的主题，并指明主题所在的那些页码。数据库索引的工作原理也是如此，将查询指向表内数据的确切物理位置。实际指向的是数据在数据库底层文件中的位置，但从用户角度来看，指向的是一张表。

在查找书中信息时，是逐页翻阅快呢，还是查看索引获取页码快呢？当然利用书的索引最为有效，特别是在书很厚的时候。但如果书只有几页纸，翻阅正文可能会比在索引和正文之间来回翻更快些。在不使用索引时，数据库就是在执行全表扫描，相当于逐页翻阅一本书。第 23 章会介绍全表扫描。

索引通常与创建索引的表分开存储。索引的主要目的是提高数据检索的性能。索引的创建或删除不会影响数据本身。但索引删除后，数据检索性能可能会下降。索引会占用物理空间，而且往往会超过表的大小。因此，在估算数据库存储需求时，需要把索引考虑在内。

22.2 索引的工作原理

索引记录了与被索引列相关联的值的位置。每当表中加入新的数据时，索引中也会加入对应的数据项。在查询数据库时，如果 WHERE 子句中对某列设置了查询条件且该列具备索引，则会首先检索索引，查找 WHERE 子句中指定的值。如果在索引中找到了该值，索引就会返回被检索数据在表中的确切位置。图 22.1 展示了索引的功能。

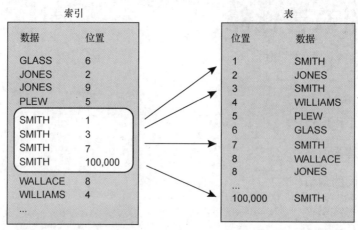

图 22.1　利用索引访问表

假定执行以下查询：

```
SELECT *
FROM TABLE_NAME
WHERE NAME = 'SMITH';
```

如图 22.1 所示，这里用 NAME 索引找出所有名字为 SMITH 的位置。找到位置后，即可快速从表中检索出数据。索引中的数据是按字母顺序排列的，在这里是指名字。

注意　索引的创建方式因产品而异

在某些产品中，索引可在创建表时一起创建。除 CREATE TABLE 命令，大多数产品都提供了创建索引的命令。请查看具体的产品文档，了解创建索引命令（如果有）的确切语法。

如果表不存在索引，执行同一查询会发生全表扫描。这意味着为了找出所有名字为 SMITH 的人员信息，会读取表中每一行数据。

索引通常以有序的树形式存储信息，因此检索速度更快。假定有一个书名的列表，您在上面放置了索引。该索引有一个根节点，它是查询的起点。然后，索引分成几个分支。比如现在有两个分支，一个是字母 A~L，另一个是字母 M~Z。如果要找一本以字母 M 开头的书，那么您从根节点进入索引，并马上转到包含字母 M~Z 的分支。这样就排除了将近一半的可能性，有效缩短了查找时间。

22.3 CREATE INDEX 命令的用法

与很多其他 SQL 语句一样，CREATE INDEX 语句因不同的关系型数据库供应商而有很大差别。该命令用于创建表的各类索引。大多数关系型数据库产品都采用了 CREATE INDEX 语句。

```
CREATE INDEX INDEX_NAME ON TABLE_NAME
```

有些产品允许指定存储子句（如同 CREATE TABLE 语句）、排序顺序（DESC||ASC），以及使用簇（cluster）。要了解准确的语法，请查看具体的产品文档。

22.4 索引的类型

数据库表可创建各种类型的索引，目标都是一样的，即通过加快数据检索速度来改善数据库的性能。本章介绍单列索引、复合索引和唯一索引。

22.4.1 单列索引

在表的一列上建立索引，这是最简单和最常见的索引形式。单列索引只基于一个表列创建。其基本语法如下：

```
CREATE INDEX INDEX_NAME_IDX
ON TABLE_NAME (COLUMN_NAME)
```

先来创建一个名为 BIRDS_TRAVEL 的表，该表基于鸟类及其迁移习惯。下面是 CREATE 语句和从新表中返回 56 行数据的 SELECT 语句。请记住，尽管数据库中只包含 23 种鸟类，但许多鸟类会迁徙至多个不同的地点。这就造成表中出现了重复的鸟类名称和重复的迁移地点。在这个例子中，56 行并不算很多。但在真实的组织中，一张表可以轻松包含数百万行数据。这时就需要用索引来维持可接受的性能了。

```
SQL> create table birds_travel as
  2  select b.bird_id, b.bird_name, b.wingspan, m.migration_location
  3  from birds b,
  4       migration m,
  5       birds_migration bm
  6  where b.bird_id = bm.bird_id
  7    and m.migration_id = bm.migration_id;

Table created.

SQL> select * from birds_travel;

  BIRD_ID BIRD_NAME                WINGSPAN MIGRATION_LOCATION
---------- -------------------- -------- --------------------
        1 Great Blue Heron           78 Central America
        3 Common Loon                99 Central America
        7 Osprey                     72 Central America
        8 Belted Kingfisher          23 Central America
       10 Pied-billed Grebe         6.5 Central America
       11 American Coot              29 Central America
       12 Common Sea Gull            18 Central America
       14 Double-crested Cormorant   54 Central America
       15 Common Merganser           34 Central America
       16 Turkey Vulture             72 Central America
       18 Green Heron              26.8 Central America
       21 Great Egret              67.2 Central America
        1 Great Blue Heron           78 Mexico
        3 Common Loon                99 Mexico
        7 Osprey                     72 Mexico
        8 Belted Kingfisher          23 Mexico
```

```
10 Pied-billed Grebe           6.5 Mexico
11 American Coot                29 Mexico
12 Common Sea Gull             18 Mexico
13 Ring-billed Gull            50 Mexico
14 Double-crested Cormorant    54 Mexico
15 Common Merganser            34 Mexico
16 Turkey Vulture              72 Mexico
18 Green Heron               26.8 Mexico
21 Great Egret               67.2 Mexico
22 Anhinga                     42 Mexico
 5 Golden Eagle                99 No Significant Migration
 9 Canadian Goose              99 No Significant Migration
17 American Crow             39.6 No Significant Migration
20 Brown Pelican               99 No Significant Migration
23 Black Skimmer               15 No Significant Migration
19 Mute Swan                   99 Partial, Open Water
 1 Great Blue Heron            78 South America
 7 Osprey                      72 South America
 8 Belted Kingfisher           23 South America
12 Common Sea Gull             18 South America
16 Turkey Vulture              72 South America
18 Green Heron               26.8 South America
 1 Great Blue Heron            78 Southern United States
 2 Mallard                     72 Southern United States
 3 Common Loon                 99 Southern United States
 4 Bald Eagle                  99 Southern United States
 6 Red Tailed Hawk             48 Southern United States
 7 Osprey                      72 Southern United States
 8 Belted Kingfisher           23 Southern United States
 9 Canadian Goose              99 Southern United States
10 Pied-billed Grebe          6.5 Southern United States
11 American Coot               29 Southern United States
12 Common Sea Gull             18 Southern United States
13 Ring-billed Gull            50 Southern United States
14 Double-crested Cormorant    54 Southern United States
15 Common Merganser            34 Southern United States
16 Turkey Vulture              72 Southern United States
18 Green Heron               26.8 Southern United States
21 Great Egret               67.2 Southern United States
22 Anhinga                     42 Southern United States

56 rows selected.
```

下面重点要在 BIRDS_TRAVEL 表的 BIRD_NAME 列上创建一个简单的索引。之所以要在该列上建立索引，是因为查询中常会用它来检索此表的数据。

```
SQL> create index birds_travel_idx1
  2  on birds_travel (bird_name);

Index created.
```

提示 放置单列索引的最佳位置

如果某列常在 WHERE 子句中单独用作查询条件，则对其使用单列索引是最有效的。个人身份证号、序列号和系统赋值的键都很适合用作单列索引。

22.4.2 唯一索引

唯一索引用于提升性能和保证数据完整性。唯一索引不允许在表中插入重复值。除此之外，唯一索引的运作方式与普通索引相同。语法如下：

```
CREATE UNIQUE INDEX INDEX_NAME
ON TABLE_NAME (COLUMN_NAME)
```

下面第一个示例尝试在 BIRDS_TRAVEL 表中为 BIRD_NAME 创建唯一索引。这会返回错误信息。此列无法创建唯一索引，因为表中存在重复数据行。请参见上一个查询的输出结果。BIRDS_TRAVEL 表中有重复的鸟类名称值，因为鸟类可以迁徙到多个不同的地点。

```
SQL> create unique index birds_travel_idx2
  2  on birds_travel (bird_name);
on birds_travel (bird_name)
             *
ERROR at line 2:
ORA-01452: cannot CREATE UNIQUE INDEX; duplicate keys found
```

下面是一个正确的示例。这里基于 MIGRATION_LOCATION 和 BIRD_NAME 的组合创建了唯一索引。虽然鸟类和迁徙地点在表中都有重复数据，但鸟类名称和迁徙地点的组合应该总是唯一的。

```
SQL> create unique index birds_travel_idx3
  2  on birds_travel (bird_name, migration_location);

Index created.
```

或许您想知道，如果鸟类 ID 是表的主键会怎样？在为表定义主键时，通常会隐式创建一个索引，所以通常该表无须再创建唯一索引了。

在操作唯一索引这类对象时，比较合适的做法往往是在创建数据库结构时对空表创建索引。这可以确保后续加入的数据都能满足约束条件。若要对已有数据建立唯一索引，您就要分析一下影响程度，看看为了适用索引是否需要改动数据。

提示 唯一索引的限制条件

仅当列中值唯一时，才能对其创建唯一索引。换句话说，如果表中被索引的键值不唯一，就无法对表创建唯一索引。同理，在允许 NULL 值的列上也无法创建唯一索引。如果不满足上述原则，创建唯一索引的语句就会失败。

22.4.3 复合索引

复合索引是对两个或两个以上的列建立的索引。复合索引中列的顺序对数据检索速度具有较大的影响，因此创建复合索引时应该考虑性能问题。一般为了获得最佳性能，应该把最具过滤能力的值放在前面。不过，查询中总是出现的列也应放在前面。语法如下：

```
CREATE INDEX INDEX_NAME
ON TABLE_NAME (COLUMN1, COLUMN2)
```

复合索引的示例如下：

```
SQL> create index birds_travel_idx4
  2  on birds_travel (bird_name, wingspan);

Index created.
```

上述示例基于 BIRDS_TRAVEL 表的两个列（BIRD_NAME 和 WINGSPAN）创建了复合索引。之所以要就此创建复合索引，是因为假定这两个列经常会一起用作查询中的 WHERE 子句条件。

在选择创建单列索引还是复合索引时，需要考虑查询的 WHERE 子句中可能经常用哪些列作为过滤条件。如果只用到一个列，就选用单列索引。如果 WHERE 子句中经常使用两个或两个以上的列作为过滤条件，那么复合索引就是最佳选择。

22.4.4　隐式索引

隐式索引（implicit index）是在创建对象时由数据库服务器自动创建的索引。应用主键约束和唯一约束时就会自动创建索引。

为什么要为这些约束条件自动创建索引呢？不妨从数据库服务器的角度来看，假定用户在数据库中新加入一条产品数据。产品 ID 是表的主键，这意味着它必须是唯一值。为了有效地确保新插入的值在成百上千条记录中的唯一性，表中的产品 ID 必须带有索引。因此，创建主键或唯一约束就会自动创建索引。

22.5　何时使用索引

为了让主键发挥作用，唯一索引隐含地与主键一起使用。因为外键常用于连接父表，所以也很适合建立索引。大多数用于表连接的列都应该带有索引。

在 ORDER BY 和 GROUP BY 子句中经常引用的列应考虑使用索引。比如要对人的姓名进行排序，则在姓名列设置索引就很有用处：可让姓名自动按字母顺序排列，从而简化了实际的排序操作，并加快输出结果。

此外，具有大量唯一值的列也应创建索引。假如某列用作 WHERE 子句的过滤条件后就会返回小部分数据行，则应该对其创建索引。这时可能就要用到试错法了。正如生产代码和数据库结构在部署前必须进行测试，索引也应经过测试。测试应该围绕各种不同的索引组合、无索引、单列索引和复合索引进行；索引的用法没有固定的规则。若要实现索引的有效利用，需要全面了解表的关系、查询和事务的需求以及数据本身。

注意　索引规划要有针对性

请务必对表和索引做好规划。不要以为创建了索引就能解决所有的性能问题。索引有可能毫无益处——实际上可能既降低了性能又多占了磁盘空间。

22.6　何时不用索引

虽然使用索引的初衷是为了提升数据库的性能，但有时应避免使用。以下准则指明了何时应重新考虑是否使用索引。

> ➢ 数据较少的表应避免使用索引。索引是有开销的，即访问索引所需的查询时间。如果表的数据较少，查询引擎全表扫描的速度要比先去查找索引更快。

➤ 如果某列在查询 WHERE 子句中用作过滤条件，且会返回大部分数据行，则不要对该列使用索引。举个例子，书的索引中不会出现 the 或 and 这些高频单词的条目。

➤ 对于经常运行大量批量更新作业的表，固然可以建立索引。但索引会大大降低批量作业的性能。对于经常由大型批量作业执行数据载入或操作的表，可以采取以下方法解决与索引的冲突：在批量作业前先删除索引，然后在作业完成后重新创建索引。因为索引也会伴随数据的插入进行更新，造成额外的开销。

➤ 对于包含大量 NULL 值的列不要使用索引。在各行数据唯一性较高的列上，索引的运行效果最好。如果存在大量的 NULL 值，则索引会向 NULL 值集聚，这可能会影响性能。

➤ 避免对经常改动的列建立索引。因为这时索引的维护工作会变得过于繁重。

图 22.2 显示，像性别这种列的索引可能得不到什么好处。假设执行以下查询：

```
SELECT *
FROM TABLE_NAME
WHERE GENDER = 'FEMALE';
```

图 22.2 基于上述查询，显示出表和索引之间不断有操作。因为 WHERE GENDER = 'FEMALE'（或'MALE'）会返回大量的数据行，数据库服务器不得不一直先读取索引、再读取表，再读取索引，再读取表，如此反复。在这种情况下，使用全表扫描可能更有效率，因为无论如何都要读取表中的大部分数据。

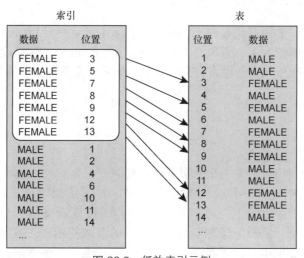

图 22.2 低效索引示例

警告 有时索引会导致性能下降

若要对过长的键创建索引，请保持谨慎。因为 I/O 开销较高，性能不可避免地会下降。

一般而言，如果查询条件中的列会返回表中很大部分的数据行，则不要对该列使用索引。换句话说，像性别这种列只包含少量不同值，也不要创建索引。这通常被称为列的基数（cardinality），或称数据的唯一性。基数高意味着唯一性很高，描述的是诸如 ID 号之类的信息。基数低则意味着唯一性不高，指的是类似性别这种列。

22.7 修改索引

索引创建之后，可用类似于 CREATE INDEX 的语法进行修改。以下语句能够修改的索引类型因不同的产品而异，但都可以修改索引的列、排序顺序等基本内容。语法如下：

```
ALTER INDEX INDEX_NAME
```

修改生产系统中的索引时，请务必小心。在大多数情况下，索引会立即进行重建，这会产生资源开销。此外，大多数产品在重建索引时不能执行查询。这进一步拉低了系统的性能。

22.8 删除索引

删除索引相当简单。确切的语法请查看具体的产品文档，但大多数主流产品都采用 DROP 命令。删除索引时请务必小心，因为这可能大大降低（或者提升）性能。语法如下：

```
DROP INDEX INDEX_NAME

SQL> drop index birds_travel_idx4;

Index dropped.
```

MySQL 所用的语法稍有不同，还需指定要删除索引所在的表名：

```
DROP INDEX INDEX_NAME ON TABLE_NAME
```

删除索引最常见的原因是提高性能。请记住，索引删除后还可以重建。重建索引还可能是为了减少碎片。通常情况下，索引必须经过在数据库中的测试，以确定如何才能获得最佳的性能。这个过程可能涉及先创建索引，再删除，最后再重新创建，或许会修改索引的定义，也可能不会修改。

22.9 小结

本章介绍了索引可用于改善查询和事务的整体执行性能。正如书的索引一样，数据库索引能让表中的数据可被快速引用。创建索引最常用方法是用 CREATE INDEX 命令。不同的 SQL 产品有不同类型的索引，包括唯一索引、单列索引和复合索引。为了决定什么类型的索引最能满足数据库需求，需要考虑许多因素。索引的有效使用往往需要经过一些试验，需要透彻了解表的关系和数据本身，还需要有点耐心。创建索引时多点耐心，以后就能节省几分钟、几小时甚至几天的工作量。

22.10 答疑

问：索引是否像表那样占用实际的空间？

答：是的，索引会占用数据库的物理空间。其实索引可能比对应的表要大得多。

问：若为了能更快地完成批量作业而删除了索引，那重建索引需要多长时间？

答：这涉及很多因素，比如删除索引的大小、CPU 占用情况和机器的性能。

问：所有索引都应是唯一索引吗？

答：不是，唯一索引不允许存在重复值。可能表中需要有重复值存在。

22.11 实践练习

以下是测试题和习题。测试题是为了测试您对当前内容的整体理解。习题让您有机会将本章讨论的概念付诸应用，并巩固前几章的学习中获得的知识。在继续学习之前，请务必完成测试题和习题。答案参见附录 C。

一、测试题

1. 用了索引后有哪些主要缺点？
2. 为什么在复合索引中列的顺序很重要？
3. 包含很多 NULL 值的列是否应纳入索引？
4. 索引的主要目的是阻止表中出现重复值吗？
5. 判断题：复合索引主要是为了在索引中使用聚合函数。
6. 基数是什么？什么样的列基数较高？

二、习题

1. 请确定以下场合是否应该使用索引，若要使用，该用什么类型的索引。

   A. 列有几个，但表的数据不多；

   B. 数据规模中等，不允许有重复；

   C. 列有几个，表非常大，有几列在 WHERE 子句中用作过滤条件；

   D. 大表，列有很多，有大量的数据操作。

2. 编写一条 SQL 语句，为 FOOD 中的 FOOD_NAME 列创建名为 FOOD_IDX 的索引。
3. 编写一条 SQL 语句，为 BIRDS 的 WINGSPAN 列创建名为 WINGSPAN_IDX 的索引。
4. 删除以上创建的索引。
5. 研究本书中用到的表。根据用户搜索数据的方式，列出一些适合在列上创建索引的候选表。
6. 自行在表上创建一些索引。想想数据是如何检索到的，什么场合索引可以产生效益。

第 23 章

改善数据库性能

本章内容：

> ➤ SQL 语句调优的定义；

> ➤ 数据库调优和 SQL 语句调优的对比；

> ➤ 合理进行表连接；

> ➤ 全表扫描的问题；

> ➤ 索引的使用；

> ➤ 避免使用 OR 和 HAVING；

> ➤ 避免大规模排序操作。

本章介绍如何用一些简单的方法来对 SQL 语句进行调优，以获得最佳性能。尽管到目前为止，本书重点介绍的是如何编写 SQL 语句，但了解如何编写高效的 SQL 也同样重要，这有助于让数据库保持最佳运行状态。本章的重点介绍在各种查询中能够采取哪些简单步骤，确保 SQL 获得最佳性能。

23.1 SQL 语句调优的定义

SQL 语句调优（SQL statement tuning）是指优化 SQL 语句的写法，以最有效和高效的方式获得结果。SQL 调优从查询语句各元素的排列位置开始。在优化语句的过程中，简单的格式调整即可发挥很大作用。

SQL 语句调优主要涉及 FROM 和 WHERE 子句的调整。数据库服务器主要通过这两个子句来决定如何对查询进行评估。目前 FROM 和 WHERE 子句的基本知识都已介绍过了，现在该通过调优来获得更好的性能，让用户更加满意。

23.2 数据库调优和 SQL 语句调优的对比

在学习 SQL 语句调优之前，您需要了解数据库调优和访问数据库的 SQL 语句调优有什么区别。

数据库调优（database tuning）是物理数据库的调整优化过程，包括已分配的内存、磁盘占用率、CPU、I/O 和底层数据库进程。数据库调优还涉及数据库结构的管理和操作，如表和索引的设计和计划。此外，为了充分利用可用的硬件资源，数据库调优通常还会涉及数据库结构的改动。数据库调优需要考虑很多其他因素，不过通常是由 DBA 和系统管理员完成的。数据库调优的目的就是确保数据库的设计最能适应今后的用途。

SQL 调优是对访问数据库的 SQL 语句进行调整优化的过程。这里的 SQL 语句包括数据库查询和事务操作，如插入、更新和删除等。SQL 语句调优的目的是充分利用数据库、系统资源和索引，让语句能最有效地访问当前状态的数据库。SQL 调优就是为了减少执行数据库查询操作的开销。

注意 调优不可偏废

为了能让数据库的访问达到最优效果，数据库调优和 SQL 语句调优都是必须要做的。调优不佳的数据库可能会让 SQL 调优失效，反之亦然。理想情况下，首先应该完成数据库调优，确保按需建立了索引，然后再对 SQL 代码进行调优。

23.3 格式化 SQL 语句

SQL 语句的格式化貌似浅显，但仍值得一提。刚接触 SQL 的新手在构建 SQL 语句时，可能会忽略一些注意事项。后续几节会介绍以下这些注意点——有些是常识，有些则不是那么明显：

➢ SQL 语句的可读性；

➢ FROM 子句中表的顺序；

➢ 最苛刻的查询条件在 WHERE 子句中的位置；

➢ 表连接条件在 WHERE 子句中的位置。

23.3.1 格式化语句提升可读性

为了可读性而对 SQL 语句进行格式化，这很好理解，有很多 SQL 语句写得并不齐整。语句的整洁度不影响实际性能（数据库并不关心语句有多整洁），但仔细的格式化是 SQL 语句调优的第一步。当您为了调优而去查看 SQL 语句时，良好的可读性永远是最要紧的。如果连语句都难以读懂，您还怎么确定写得好不好呢？

保证可读性的基本规则如下。

➢ 每个子句总是从新行开始。例如，FROM 子句与 SELECT 子句分为两行，WHERE 子句与 FROM 子句分为两行，以此类推。

➢ 子句的参数超过一行时，用制表符或空格进行缩进。

➢ 制表符和空格用法保持一致性（要么都用制表符，要么都用空格）。

➢ 多表操作时使用表的别名。若用完整表名限定列名，语句很快就会杂乱无章，难以阅读。

➢ 在 SQL 语句中少用备注。注释有利于归档，但注释过多会搅乱语句。

➢ 如果要查询的列有很多，则 SELECT 子句中每个列名都另起一行。

➢ 如果用到多张表，则 FROM 子句中每个表名都另起一行。

➢ WHERE 子句中的每个条件都另起一行。这样语句的全部条件及其使用顺序就能一目了然。

下面是一个难懂的语句示例：

```
SQL> select birds.bird_name,
  2    birds.incubation + birds.fledging "PARENTING", food.food_name,
  3    migration.migration_location
  4    from birds, food, birds_food, migration, birds_migration
  5    where birds.bird_id = birds_food.bird_id
  6      and food.food_id = birds_food.food_id
  7      and birds.bird_id = birds_migration.bird_id
  8      and migration.migration_id = birds_migration.migration_id
  9      and birds.wingspan > 48
 10      and birds.incubation + birds.fledging > 60
 11      and migration.migration_location not in ('Mexico', 'Central America')
 12      and food.food_name = 'Fish'
 13      order by birds.bird_name;

BIRD_NAME               PARENTING FOOD_NAME  MIGRATION_LOCATION
-------------------     --------- ---------  -----------------------
Bald Eagle                    126 Fish       Southern United States
Brown Pelican                 107 Fish       No Significant Migration
Common Loon                   111 Fish       Southern United States
Double-crested Cormorant       71 Fish       Southern United States
Golden Eagle                  125 Fish       No Significant Migration
Great Blue Heron               88 Fish       Southern United States
Great Blue Heron               88 Fish       South America
Great Egret                    75 Fish       Southern United States
Osprey                        100 Fish       Southern United States
Osprey                        100 Fish       South America
Ring-billed Gull               61 Fish       Southern United States

11 rows selected.
```

下面是经过格式化的语句，可读性得以提升：

```
SQL> select b.bird_name,
  2          b.incubation + fledging "PARENTING",
  3          f.food_name,
  4          m.migration_location
  5    from birds b,
  6         food f,
  7         birds_food bf,
  8         migration m,
  9         birds_migration bm
 10    where b.bird_id = bf.bird_id
 11      and f.food_id = bf.food_id
 12      and b.bird_id = bm.bird_id
 13      and m.migration_id = bm.migration_id
 14      and b.wingspan > 48
 15      and b.incubation + b.fledging > 60
 16      and m.migration_location not in ('Mexico', 'Central America')
 17      and f.food_name = 'Fish'
 18    order by bird_name;
```

上述两条语句的内容是一样的，但第二条语句的可读性更好。表别名的使用大大简化了语句，别名在 FROM 子句中定义。此外，第二条语句将每个子句的元素进行了对齐，让每个子句都很显眼。

再次说明一下，语句可读性好并不能直接改善执行性能，但有助于您修改及调试那些冗长或复杂的语句。这样所选列、用到的表、执行的表连接和查询条件都能显而易见了。

注意　一定要建立编码规范

在多人编程环境中，建立编码规范特别重要。如果所有代码都格式一致，代码共享或修改起来就会更加轻松。

23.3.2　重排 FROM 子句中表的顺序

FROM 子句中表的排列或顺序可能会导致性能差异,这取决于优化器如何读取 SQL 语句。例如，有经验的用户已经发现，小表在前大表在后的执行效率更高。

以下是 FROM 子句的示例：

```
FROM SMALLEST TABLE,
     LARGEST TABLE
```

注意　多表操作时的性能

若 FROM 子句中列出了多张表，请查看具体的产品文档，了解提升性能的技巧。

23.3.3　重排表连接条件的顺序

正如第 14 章中所述，大多数表连接都以一张表为基础，再去连接具有一个或多个共同列的其他表。基础表就是查询中大多数或所有表都要连接的主表。在 WHERE 子句中，基础表的列通常置于连接操作的右侧。与基础表连接的表通常按由小到大的顺序给出，类似 FROM 子句中的表顺序。

如果没有基础表，则应从最小表到最大表列出表名，最大的表置于 WHERE 子句中连接操作的右侧。WHERE 子句首先应该放置连接条件，然后跟着筛选条件子句，如下所示：

```
FROM TABLE1,                                  最小的表
     TABLE2,                                  直至
     TABLE3                                   最大的表，抑或基础表
WHERE TABLE1.COLUMN = TABLE3.COLUMN           连接条件
  AND TABLE2.COLUMN = TABLE3.COLUMN           连接条件
[ AND CONDITION1 ]                            筛选条件
[ AND CONDITION2 ]                            筛选条件
```

警告　从严限制表连接的条件

表连接通常会返回表的很大一部分数据行，因此应该先尽量多增加些筛选条件，再进行表连接。

以上示例中用 TABLE3 作为基础表。TABLE1 和 TABLE2 连接到 TABLE3，既简单又能提高执行效率。

23.3.4 最严筛选条件

最严筛选条件通常是能让SQL查询实现最佳性能的因素。最严筛选条件是指此时WHERE子句返回的数据行最少。反之，最宽松筛选条件就是让返回的数据行最多。本章关注最严筛选条件，因为它对查询返回的数据进行了最大限度的过滤。

目标是让 SQL 优化器首先考虑最严筛选条件，因为此时返回的数据集较小，从而减少查询的开销。最严筛选条件放在查询中的什么位置，这需要了解优化器的操作方式。某些情况下，优化器似乎会从 WHERE 子句的底部往上读。因此最严筛选条件应该放到 WHERE 子句的最后，以便优化器首先读取。以下例子显示了如何根据条件的限制程度构造 WHERE 子句，并根据表的大小来构造 FROM 子句。

```
FROM TABLE1,                              最小的表
     TABLE2,                              直至
     TABLE3                               最大表或基础表
WHERE TABLE1.COLUMN = TABLE3.COLUMN       连接条件
  AND TABLE2.COLUMN = TABLE3.COLUMN       连接条件
[ AND CONDITION1 ]                        最宽松筛选条件
[ AND CONDITION2 ]                        最严筛选条件
```

警告 WHERE 子句必须经过测试

如果您不知道手头的 SQL 优化器是如何工作的，DBA 也不知道，或者文档不足，则可以执行一个需要运行一段时间的大型查询，然后重新排列 WHERE 子句中的条件。每次改动后的查询耗时一定要记录下来。只需运行几次测试，即可知道优化器读取 WHERE 子句是自上而下还是自下而上的。为了获得更准确的结果，在测试过程中请关闭数据库缓存。

以下示例基于一张虚构的表：

表	测试
记录数	5611
查询条件	WHERE LASTNAME = 'SMITH'
	返回 2000 行记录
	WHERE STATE = 'IN'
	返回 30 000 行记录
最严筛选条件	WHERE LASTNAME = 'SMITH'

以下是第一条查询语句：

```
SELECT COUNT(*)
FROM TEST
WHERE LASTNAME = 'SMITH'
  AND STATE = 'IN';

  COUNT(*)
----------
    1,024
```

下面是第二条查询语句：

```
SELECT COUNT(*)
FROM TEST
WHERE STATE = 'IN'
  AND LASTNAME = 'SMITH';
```

```
COUNT(*)
----------
     1,024
```

假设第一条查询耗时 20 秒，而第二条查询耗时 10 秒。因为第二条查询速度较快，且最严筛选条件是在 WHERE 子句的最后一列，所以可以认定优化器是自下而上读取 WHERE 子句的。

注意 利用索引列

让最严筛选条件用上带索引的列，应是一种最佳实践。索引通常会改善查询的性能。

23.4　全表扫描

如果查询引擎未使用索引或表不带索引，就会发生全表扫描。全表扫描返回数据的速度通常比用索引要慢得多。表越大，全表扫描返回数据的速度就越慢。查询优化器在执行 SQL 语句时会判断是否要使用索引。在大多数情况下，有索引就会用。

有些产品的查询优化器比较复杂，可以决定是否使用索引。这种判断基于对数据库对象收集的统计数据，例如对象的大小以及带有索引列的条件返回的估计行数。关于关系型数据库优化器的决策能力，详情请参考产品文档。

读取大表时应避免触发全表扫描。例如在读取不带索引的表时就会进行全表扫描，通常返回数据会耗费较长的时间。对于大多数稍大些的表，应考虑使用索引。如前所述，对于带有索引的小表，优化器可能会选择全表扫描而不使用索引。如果小表带有索引，可以考虑把索引删掉，省下的空间可留给其他必需的对象使用。

提示 避免全表扫描的简单方法

要想避免全表扫描，除了确保表带有索引，最简单、最明显的方法是在查询 WHERE 子句中用条件对需返回的数据进行筛选。

哪些数据应该加上索引呢？假定有本关于 BIRDS 数据库的书。绝不应为诸如 and、the、bird、某个重量、翼展之类的词或数据建立索引。如果某列没有那么多不同的数据值，对其进行索引是没有好处的。相反，那些可能会有很多唯一值的列则应建立索引，特别是用于检索数据的列：

- ➢ 用作主键的列；
- ➢ 用作外键的列；
- ➢ 常用于表连接的列；
- ➢ 常用作查询条件的列；
- ➢ 数据中唯一值占比很高的列。

提示 全表扫描不一定是坏事

有时全表扫描也很合适。小表的查询或查询条件会返回很大一部分数据行，就应执行全表扫描。强制进行全表扫描的最简单方法就是不建索引。

23.5　其他影响性能的因素

在 SQL 语句调优时，还有些其他因素也会影响性能。后续几节将讨论以下概念：

➢　使用 LIKE 操作符和通配符；

➢　避免使用 OR 操作符；

➢　避免使用 HAVING 子句；

➢　避免大规模的排序操作；

➢　使用存储过程；

➢　在批量导入数据时禁用索引。

23.5.1　使用 LIKE 操作符和通配符

LIKE 操作符十分有用，可用于灵活设置查询条件。在查询中使用通配符可以去除很多可能会返回的数据。对于检索类似数据（不完全等于指定值）的查询而言，通配符提供了灵活性。

现在假定您要查询虚构表 EMPLOYEE_TBL，选择 EMP_ID、LAST_NAME、FIRST_NAME 和 STATE 列。您需要知道所有姓氏为 Stevens 的雇员 ID、姓名和州。下面 3 个示例 SQL 语句具有不同的通配符位置。

第一条查询如下：

```
SELECT EMPLOYEEID, LASTNAME, FIRSTNAME, STATE
FROM EMPLOYEES
WHERE LASTNAME LIKE 'STEVENS';
```

第二条查询如下：

```
SELECT EMPLOYEEID, LASTNAME, FIRSTNAME, STATE
FROM EMPLOYEES
WHERE LASTNAME LIKE '%EVENS%';
```

第三条查询如下：

```
SELECT EMPLOYEEID, LASTNAME, FIRSTNAME, STATE
FROM EMPLOYEES
WHERE LASTNAME LIKE 'ST%';
```

这些 SQL 语句返回的结果不一定相同。查询 1 返回的数据有可能少于其他两条查询，而且能充分利用索引。查询 2 和查询 3 需要返回的数据不如查询 1 那么明确，因此返回速度会慢一些。此外，因为指定了需检索字符串的第一个字母，所以查询 3 可能比查询 2 快些。而且 LASTNAME 列很可能是带有索引的。因此查询 3 有可能会使用索引。

查询 1 可能会检索到所有姓 Stevens 的人，但 Stevens 可能会有多种拼法。查询 2 可以检索到所有姓 Stevens 的人，包含各种拼法。查询 3 会检索到所有以 ST 开头的姓氏，这是唯一能确保查到所有 Stevens（或 Stephens）的方法。

23.5.2 避免使用 OR 操作符

用谓词 IN 代替 OR 操作符重写 SQL 语句，总是可以显著提高数据检索的速度。SQL 产品提供了计时或监测工具，可用于检查 OR 操作符和 IN 谓词的性能差异。本节给出一个例子，演示如何重写 SQL 语句，删除 OR 操作符并换用 IN 谓词。关于 OR 操作符和 IN 谓词的更多信息，请参考第 13 章。

以下查询用到了 OR 操作符：

```
SELECT EMPLOYEEID, LASTNAME, FIRSTNAME
FROM EMPLOYEES
WHERE CITY = 'INDIANAPOLIS IN'
   OR CITY = 'KOKOMO'
   OR CITY = 'TERRE HAUTE';
```

下面是用 IN 操作符实现的同一个查询：

```
SELECT EMPLOYEEID, LASTNAME, FIRSTNAME
FROM EMPLOYEES
WHERE CITY IN ('INDIANAPOLIS IN', 'KOKOMO',
               'TERRE HAUTE');
```

上述两条 SQL 语句会返回同样的数据。但测试和经验表明，第二条查询用 IN 谓词代替 OR 条件后，数据检索的速度明显提升了。

23.5.3 避免使用 HAVING 子句

对于解析 GROUP BY 子句的结果而言，HAVING 子句很有用处，但它是有代价的。HAVING 子句会给 SQL 优化器带来额外的工作量，也就导致耗时的增加。查询不仅要对结果集进行分组，还要根据 HAVING 子句的限制条件解析这些结果集。BIRDS 数据库的查询相当简单，数据不多。但在较大型的数据库中，HAVING 子句会需要一定的开销，特别是 HAVING 子句逻辑较复杂、分组更多的时候。编写 SQL 语句时尽可能不要用 HAVING 子句，或者让 HAVING 子句的限制条件尽量简单。

23.5.4 避免大规模排序操作

大规模排序操作意味着采用了 ORDER BY、GROUP BY 和 HAVING 子句。每当执行排序操作时，数据子集必须存于内存或磁盘中（当内存空间不足时）。数据是经常需要排序的。主要的问题是，排序操作会影响 SQL 语句的响应时间。大规模的排序操作难以避免，所以最好将大规模排序操作安排为定期执行的批处理过程，调度到数据库非高峰期去执行，这样可以确保大多数用户进程的性能不受影响。

23.5.5 使用存储过程

应该为经常执行的 SQL 语句创建存储过程，特别是大型事务或查询。存储过程是经过编译的、以可执行格式持久存储于数据库中的 SQL 语句。

通常情况下，若在数据库中执行一条 SQL 语句，数据库系统必须检查其语法，并将语句转换成数据库中的可执行格式，这一过程称为解析（parse）。在解析完成后，该条语句会存储于内存中，但不是永久保存。如果其他操作需要使用内存，这条语句就可能会从内存中清理出去。而存储过程的 SQL 语句总是以可执行的格式存在，并且一直存放于数据库中，除非像其他数据库对象一样对其进行删除操作。

23.5.6　使用视图

视图到底会提升还是降低查询性能，人们并没有达成共识。这大多要视情况而定。为了提升性能，不妨考虑一下使用视图。要对带和不带视图的查询进行测试，这很容易做到，很多时候性能就可能得到巨大提升。如能在合适的场合运用，视图会利用已定义的索引从基础表创建一个数据子集，这部分数据存储于服务器内存中而不是硬盘上。内存的访问速度要比物理磁盘快得多。在使用视图的时候，最终查询的也会是基础表中的一小部分数据，通常这会提升查询的性能。

23.5.7　批量载入数据时禁用索引

用户向数据库提交事务（INSERT、UPDATE 或 DELETE）时，被修改的表及其关联的索引都会记入修改范围。这意味着，若 EMPLOYEES 表带有索引，用户更新 EMPLOYEES 表后，其关联的索引也会发生更新。在事务性操作的场景中，每次写入表都写入索引，这通常不算什么问题。

但在批量载入数据的过程中，索引会严重降低性能。批量载入过程可能由几百、几千或几百万条数据操作语句或事务组成。由于数量庞大，批量载入过程需要耗费很长的时间，并且一般安排在非高峰期执行，通常是周末或晚上。有时候，只要把相关表的索引删除，即可大大减少批量载入所耗费的时间。当然在批量载入完成后，需要重新创建表的索引。在删除索引后，将改动写入表的速度会快很多，所以整个任务也会更快完成。在批量载入完成后，应当重建索引。重建索引基于表中全部数据。尽管为大表创建索引可能需要花些时间，但先删除再重建索引花费的总时间会更少一些。

在批量载入完成后重建索引还有一个好处，就是减少了索引的碎片化现象。随着数据库的增长，记录会添加、删除和更新多次。这时索引就会碎片化。对于经历过多次增长的数据库而言，定期删除并重建大型索引是有好处的。重建索引后，构成索引的物理扩展空间数量减少了，读取索引时的磁盘 I/O 也减少了，用户也能更快得到结果，皆大欢喜。

23.6　基于成本的优化

您往往会拿到一个需要进行 SQL 语句调优的现有数据库。现有系统可能在任何时候都在执行着成千上万的 SQL 语句。为了减少性能调优所耗费的时间，需要有一种方法来确定哪些查询是收益最大的。这时就该用到基于成本的优化。基于成本的优化试图确定哪些查询对于整个系统资源的花费是最高的。例如，假设用运行时间来衡量成本，下面列出了两条查询及其运行时间：

```
SELECT * FROM EMPLOYEES
WHERE FIRSTNAME LIKE '%LE%'          2 sec
```

```
SELECT * FROM EMPLOYEES
WHERE FIRSTNAME LIKE 'G%';            1 sec
```

起初，第一条语句貌似是需要重点关注的。但如果第二条语句在一小时内执行 1000 次，而第一条语句在同一个小时只执行 10 次呢？这样时间分配起来就会有很大差别。

基于成本的优化将 SQL 语句按总计算成本（computational cost）进行排序。

根据查询执行的某些度量值（持续时间、读取次数等）乘以一定时期内的执行次数，即可轻松确定计算成本：

$$总计算成本=度量值×执行次数$$

首先对总计算成本最高的查询进行调优，即可获得最大的整体收益。在上述例子中，若能让每条语句的执行时间减半，很容易算出总共节省了多少计算成本：

语句 1：1 秒×10 次=10 秒（省下的计算成本）

语句 2：0.5 秒×1000 次=500 秒（省下的计算成本）

这就很容易理解，为什么应把宝贵的调优时间花在第二条语句而不是第一条语句上。您不仅优化了数据库，还优化了自己的时间。

提示 性能调试工具

许多关系型数据库都提供了内置工具，帮助完成 SQL 语句性能调优工作。例如，Oracle 有一个 EXPLAIN PLAN 工具，可向用户显示 SQL 语句的执行计划。Oracle 还有一个 TKPROF 工具，可计量 SQL 语句的实际耗时。SQL Server 的查询分析器有几个选项，可以提供预计执行计划或已执行查询的统计数据。关于可用工具的更多信息，请咨询 DBA 或查看产品文档。

23.7 小结

本章介绍了关系型数据库中 SQL 语句调优的含义。这里介绍了两种基本的调优方式：数据库调优和 SQL 语句调优，这两种调优对数据库和 SQL 语句的有效运行都至关重要。两种调优同等重要，无论少了哪一种，数据库的整体性能都无法得以优化。

本章讲解了 SQL 语句调优的方法，首先是语句的可读性，虽不能直接提高性能，但确实有助于程序员开发和管理 SQL 语句。影响 SQL 语句性能的一个主要问题就是索引的使用。有时应使用索引，而有时则应避免使用索引。无论采用什么手段改善 SQL 语句性能，都需要了解数据本身、数据库设计和关系，以及用户访问数据库的目的。

23.8 答疑

问：按照上述性能调优步骤，在数据读取时间上实际能获得多少性能提升？

答：现实情况中，可以得到的性能提升可以是零点几秒到几分钟、几小时甚至几天。

问：如何测试 SQL 语句的性能？

答：每种产品应该都提供了性能测试工具或系统。本书的 SQL 语句是用 Oracle 7 测试的。Oracle 提供了几种性能查看工具，包括 EXPLAIN PLAN、TKPROF 和 SET 命令。请查看具体的产品文档，看看是否有与 Oracle 类似的工具。

23.9 实践练习

以下是测试题和习题。测试题是为了测试您对当前内容的整体理解。习题让您有机会将本章讨论的概念付诸应用，并巩固前几章的学习中获得的知识。在继续学习之前，请务必完成测试题和习题。答案参见附录 C。

一、测试题

1. 小表用唯一索引是否有好处？

2. 在执行查询时，优化器选择不使用索引会发生什么情况？

3. 在 WHERE 子句中，最严筛选条件子句应该放在表连接条件之前还是之后？

4. 什么时候 LIKE 操作符会影响性能？

5. 如何在索引方面优化批量载入操作？

6. 导致排序操作性能降低的子句有哪 3 种？

二、习题

1. 重写以下 SQL 语句以改善其性能。使用以下虚构表 EMPLOYEE_TBL 和 EMPLOYEE_PAY_TBL：

```
EMPLOYEE_TBL
EMP_ID          VARCHAR(9)      NOT NULL    Primary key,
LAST_NAME       VARCHAR(15)     NOT NULL,
FIRST_NAME      VARCHAR(15)     NOT NULL,
MIDDLE_NAME     VARCHAR(15),
ADDRESS         VARCHAR(30)     NOT NULL,
CITY            VARCHAR(15)     NOT NULL,
STATE           VARCHAR(2)      NOT NULL,
ZIP             INTEGER(5)      NOT NULL,
PHONE           VARCHAR(10),
PAGER           VARCHAR(10),
CONSTRAINT EMP_PK PRIMARY KEY (EMP_ID)


EMPLOYEE_PAY_TBL
EMP_ID          VARCHAR(9)      NOT NULL    primary key,
POSITION        VARCHAR(15)     NOT NULL,
DATE_HIRE       DATETIME,
PAY_RATE        DECIMAL(4,2)    NOT NULL,
DATE_LAST_RAISE DATETIME,
SALARY          DECIMAL(8,2),
BONUS           DECIMAL(8,2),
CONSTRAINT EMP_FK FOREIGN KEY (EMP_ID)
REFERENCES EMPLOYEE_TBL (EMP_ID)
```

```
    A.
    SELECT EMP_ID, LAST_NAME, FIRST_NAME, PHONE
        FROM EMPLOYEE_TBL
        WHERE SUBSTRING(PHONE, 1, 3) = '317' OR
              SUBSTRING(PHONE, 1, 3) = '812' OR
              SUBSTRING(PHONE, 1, 3) = '765';
    B.
    SELECT LAST_NAME, FIRST_NAME
```

```
    FROM EMPLOYEE_TBL
    WHERE LAST_NAME LIKE '%ALL%';
```

    C.
```
SELECT E.EMP_ID, E.LAST_NAME, E.FIRST_NAME, EP.SALARY
    FROM EMPLOYEE_TBL E, EMPLOYEE_PAY_TBL EP
    WHERE LAST_NAME LIKE 'S%'
      AND E.EMP_ID = EP.EMP_ID;
```

2. 新增名为 EMPLOYEE_PAYHIST_TBL 的表，其中包含大量的工资历史数据。用该表编写一系列 SQL 语句来解决以下问题。一定要保证查询语句性能优良。

```
EMPLOYEE_PAYHIST_TBL
PAYHIST_ID        VARCHAR(9)      NOT NULL    primary key,
EMP_ID            VARCHAR(9)      NOT NULL,
START_DATE        DATETIME        NOT NULL,
END_DATE          DATETIME,
PAY_RATE          DECIMAL(4,2)    NOT NULL,
SALARY            DECIMAL(8,2)    NOT NULL,
BONUS             DECIMAL(8,2)    NOT NULL,
CONSTRAINT EMP_FK FOREIGN KEY (EMP_ID)
REFERENCES EMPLOYEE_TBL (EMP_ID)
```

   A. 按开始付工资的年份，计算正式工和小时工的总数量。

   B. 按正式工与小时工的开始年份，找出他们年薪的差异。小时工在这一年中视同全勤工作（PAY_RATE×52×40）。

   C. 找出员工现在的收入与他们刚入职时的收入的差异。同样，小时工视同全勤工作。还要考虑到员工的当前工资反映在 EMPLOYEE_PAY_TBL 和 EMPLOYEE_PAYHIST_TBL 中。在工资支付历史表中，当前支付记录的 END_DATE 等于 NULL。

第 24 章

系统目录的用法

本章内容：

> ➤ 系统目录的定义；

> ➤ 创建系统目录；

> ➤ 系统目录包含哪些数据；

> ➤ 系统目录表用法示例；

> ➤ 查询系统目录；

> ➤ 更新系统目录。

本章介绍系统目录（system catalog），在某些关系型数据库产品中常称为数据字典。本章介绍系统目录的用途和内容，以及如何运用之前介绍过的命令查询系统目录以查询数据库系统的信息。主流数据库产品都具有某种形式的系统目录，用于存储数据库系统的信息。本章举例说明了书中涉及产品的各种系统目录所包含的内容。

24.1 系统目录的定义

系统目录是一些表和视图的集合，包含了数据库系统的重要信息。每个数据库都带有系统目录。系统目录中的信息定义了数据库的结构和其中包含的数据信息。例如，数据库中所有表的数据定义语言（DDL）都存储在系统目录中。

图 24.1 展示了数据库中系统目录的一个例子。由此可知，系统目录实际属于数据库的一部分。数据库中包含的都是对象，如表、索引和视图。系统目录本质上就是一组对象，其中包含了数据库中其他对象的定义、数据库结构以及其他各种重要信息。

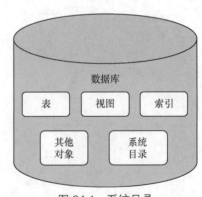

图 24.1 系统目录

在您的产品中，系统目录可能会划分为对象逻辑组，以表的形式供 DBA 和其他所有数据库用户访问。比如，用户可能需要查看已获得的数据库权限，但并不关心权限在数据库内部的存储结构如何。用户通常会查询系统目录获取自己的对象和权限信息，而 DBA 则需要查询数据库中的所有结构或事件信息。某些产品的系统目录对象仅供 DBA 访问。

对于 DBA 或其他需了解数据库结构和特性的数据库用户而言，系统目录是至关重要的。如果数据库用户没有图形用户界面（GUI），则系统目录就尤为重要了。系统目录能确保数据库的秩序不仅由 DBA 和用户维护，还由数据库服务器进行维护。

提示　数据库系统目录因产品而异

每种数据库产品对系统目录表和视图都有各自的命名规范。如何命名并不重要，重要的是了解系统目录的作用，知道里面有什么，知道如何获取和在哪里获取这些信息。

24.2　创建系统目录

系统目录在创建数据库时会自动创建，或在创建数据库后立即由 DBA 创建。例如，Oracle 会执行一组供应商提供的预定义 SQL 脚本，在系统目录中创建所有数据库表和视图，以供数据库用户访问。

系统目录中的表和视图归系统所有，而不属于任一模式。例如，Oracle 中的系统目录属于 SYS 用户账户所有，SYS 用户账户在数据库中拥有完全权限。在 Microsoft SQL Server 中，SQL 服务器的系统目录位于 master 数据库中。若要知道系统目录的存储位置，请查看具体的供应商文档。

24.3　系统目录包含的内容

系统目录中包含了多种信息，可供许多用户访问，并且有时被这些用户用于不同的用途。

系统目录可包含的信息如下：

➢ 用户账户和默认配置；

➢ 权限和其他安全信息；

➢ 性能统计信息；

➢ 对象的大小；

➢ 对象的增长程度；

➢ 表的结构和存储信息；

➢ 索引的结构和存储信息；

➢ 其他数据库对象的信息，如视图、同义词、触发器和存储过程等；

➢ 表的约束和参照完整性信息；

➢ 用户会话；

➢ 审计信息；

➢ 内部数据库设置；

➢ 数据库文件的位置。

系统目录由数据库服务器负责维护。例如，创建表时，数据库服务器会将数据插入合适的系统目录表或视图中。当表结构发生变动时，数据字典中的某些对象也会更新。下面介绍了系统目录所包含的数据类型。

24.3.1 用户数据

系统目录中存储了与个人用户有关的全部信息——赋予用户的系统级和对象级权限、用户拥有的对象、不属于用户所有但可访问的对象。用户表和视图可供个人查询，以获取信息。请参阅系统目录对象相关的产品文档。

24.3.2 安全信息

系统目录中还存储了数据库安全信息，诸如用户 ID、经过加密的口令、数据库用户用来访问数据的各种权限和权限组。某些产品还具有审计表，用于记录数据库中发生的操作、由谁操作的、何时操作的。在许多产品中，可通过系统目录密切监视数据库用户会话。

24.3.3 数据库设计信息

系统目录中包含数据库的物理信息。这些信息包括数据库的创建日期、名称、对象大小、数据文件的大小和位置、参照完整性信息、数据库中现有的索引，以及数据库中每张表的列信息和列属性。

24.3.4 性能统计信息

性能统计信息通常也在系统目录中进行维护。性能统计信息包括 SQL 语句执行性能相关的信息，既有耗费的时间，又有优化器所采取的 SQL 语句执行方案。其他与性能有关的信息还有内存的分配和占用情况、数据库的可用空间，以及用于控制表和索引碎片的信息。利用这些性能信息，您可以对数据库进行合理的调优、重新编排 SQL 查询的写法、重新设计数据访问方式，以提升整体性能、缩短 SQL 查询的响应时间。

24.4 不同产品的系统目录表

每种产品的系统目录都包含一些表和视图，其中有些还按用户级、系统级和 DBA 级进行了分类。为了得到有关系统目录表的更多信息，您应该查询一下这些表并阅读具体的产品文档。表 24.1 给出了 Oracle 的示例，本书所有示例都用的是 Oracle。

表 24.1	主流数据库产品的系统目录对象
Oracle 表名	**包含的信息**
DBA_TABLES	数据库中的所有表
DBA_SEGMENTS	数据段的存储情况
DBA_INDEXES	所有索引
DBA_USERS	库中所有用户
DBA_ROLE_PRIVS	已赋予的角色
DBA_ROLES	库中的角色
DBA_SYS_PRIVS	已赋予的系统级权限
DBA_FREE_SPACE	数据库的空余空间
V$DATABASE	数据库的创建信息
V$SESSION	当前会话信息
ALL_TABLES	用户可访问的表
USER_TABLES	用户拥有的表
ALL_TAB_COLUMNS	用户可访问表的所有列
USER_TAB_COLUMNS	用户拥有表的所有列
ROLE_TAB_PRIVS	赋予角色的所有表权限

上述只是 Oracle 关系型数据库产品的一些系统目录对象，本书的示例采用了此数据库。在不同产品中，有很多系统目录对象很类似，但又确有不同，其中存储着大量的信息。本章会尽量对系统目录进行简要介绍，并展示一些例子，用以说明如何使用系统目录获取 BIRDS 数据库及用户的信息。请记住，每种产品的系统目录内容组织形式都各不相同。

24.5 查询系统目录

像数据库中的其他表或视图一样，系统目录中的表或视图也可以用 SQL 进行查询。通常用户可以查询与其相关的表，但访问各种系统表时可能会遭到拒绝，系统表只能由 DBA 之类的特权账户访问。

以下第一个例子用 Oracle 的 show user 命令验证当前连接到数据库的用户账户。之后会执行一条简单查询，从系统目录视图 V$database 中读取 name，确认当前连接的 Oracle 数据库名称。

```
SQL> show user;
USER is "RYAN"

SQL> select name from v$database;

NAME
---------
XE

1 row selected.
```

以下示例会访问系统目录表 USER_TABLES，显示当前用户拥有表的信息——换句话说，由当前用户创建的所有表。

```
SQL> select table_name
  2  from user_tables
  3  where table_name not like 'DMRS_%';

TABLE_NAME
--------------------------------------------------
LOCATIONS2
MIGRATION_TEST_DELETE
BIG_BIRDS
SMALL_BIRDS
BIRDS_NESTS
MIGRATION
BIRDS_MIGRATION
PREDATORS
BIRDS_PREDATORS
PHOTO_STYLES
PHOTO_LEVELS
CAMERAS
PHOTOGRAPHERS
FAVORITE_BIRDS
PHOTOGRAPHER_STYLES
PHOTOGRAPHER_CAMERAS
OLD_CAMERAS
COLORS
BIRDS_COLORS
FORMER_PHOTOGRAPHERS
BIRDS
LOCATIONS
PHOTOS
FOOD
BIRDS_FOOD
NESTS
SHORT_BIRDS

27 rows selected.
```

注意　关于示例的说明

这些示例使用的都是 Oracle 系统目录，只是因为本书示例都使用了这个产品而已。

以下查询从系统目录表 ALL_TABLES 中获取信息。ALL_TABLES 不仅返回用户拥有的表，还返回已授权访问的表。实际上，此条查询的结果与之前的查询相同，因为这里把所有者限定为当前连接用户——此例中是 RYAN。

```
SQL> select table_name
  2  from all_tables
  3  where table_name not like 'DMRS_%'
  4    and owner = 'RYAN';

TABLE_NAME
--------------------------------------------------
LOCATIONS2
MIGRATION_TEST_DELETE
BIG_BIRDS
SMALL_BIRDS
BIRDS_NESTS
MIGRATION
BIRDS_MIGRATION
PREDATORS
BIRDS_PREDATORS
PHOTO_STYLES
PHOTO_LEVELS
CAMERAS
```

```
PHOTOGRAPHERS
FAVORITE_BIRDS
PHOTOGRAPHER_STYLES
PHOTOGRAPHER_CAMERAS
OLD_CAMERAS
COLORS
BIRDS_COLORS
FORMER_PHOTOGRAPHERS
BIRDS
LOCATIONS
PHOTOS
FOOD
BIRDS_FOOD
NESTS
SHORT_BIRDS

27 rows selected.
```

警告　修改系统目录表可能存在危险

不要以任何方式直接修改系统目录中的表。（只有 DBA 有权限修改系统目录表。）这样做可能会损害数据库的完整性。请记住，数据库结构信息和数据库中所有对象都在系统目录中进行维护。系统目录通常与数据库中其他所有数据都是隔离的。某些产品，如 Microsoft SQL Server，干脆不允许用户直接修改系统目录，以维护系统的完整性。

以下查询用聚合函数 COUNT 返回当前用户拥有表的总数。

```
SQL> select count(table_name) "MY TABLES"
  2  from user_tables
  3  where table_name not like 'DMRS_%';

MY TABLES
----------
        27

 1 row selected.
```

下面两条 SQL 语句是查询 USER_TAB_COLUMNS 表的示例。此表包含了表的所有列信息。

```
SQL> select column_name
  2  from user_tab_columns
  3  where table_name = 'BIRDS';

COLUMN_NAME
-----------------------
BIRD_ID
BIRD_NAME
HEIGHT
WEIGHT
WINGSPAN
EGGS
BROODS
INCUBATION
FLEDGING
NEST_BUILDER
BEAK_LENGTH

11 rows selected.

SQL> select data_type
  2  from user_tab_columns
  3  where table_name = 'BIRDS'
```

```
    4    and column_name = 'WINGSPAN';
DATA_TYPE
----------------
NUMBER

1 row selected.
```

以下例子将创建一个名为 SEE_BIRDS 的角色。请研究一下这些 SQL 语句，先创建角色，再赋予它 BIRDS 表的 SELECT 权限，然后从表 ROLE_TAB_PRIVS 中查询出该角色的信息。

```
SQL> alter session set "_ORACLE_SCRIPT"=true;

Session altered.

SQL> drop role see_birds;

Role dropped.

SQL> create role see_birds;

Role created.

SQL> grant select on birds to see_birds;

Grant succeeded.

SQL> select role from role_tab_privs where owner = 'RYAN';

ROLE
---------------------
SEE_BIRDS

1 row selected.

SQL> select role, owner, table_name, privilege
  2  from role_tab_privs
  3  where role = 'SEE_BIRDS';

ROLE              OWNER      TABLE_NAME       PRIVILEGE
----------------- ---------- ---------------- --------------------
SEE_BIRDS         RYAN       BIRDS            SELECT

1 row selected.
```

注意　以上只是系统目录中的一部分表

本节的例子只是系统目录信息的一小部分示例。不妨将数据字典信息查询出来，转储到一个文件中，再打印出来作为参考手册，这或许会很有用处。关于系统目录表及其包含的列，具体信息请参考产品的文档。

24.6　更新系统目录表对象

系统目录仅供查询使用，即便 DBA 也是如此。数据库服务器会自动对系统目录进行更新。例如，当数据库用户执行 CREATE TABLE 语句时，数据库中就会创建一张表。然后，数据库服务器会把系统目录中建了表的 DDL 放入系统目录的某张表中。

请务必不要手动更新系统目录中的表，即便有这个能力也不要。如图 24.2 所示，每种产品的数据库服务器都会根据数据库内发生的行为执行系统目录的更新。

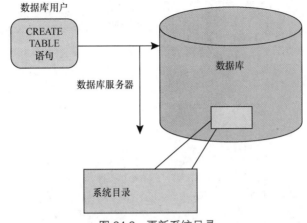

图 24.2 更新系统目录

24.7 小结

本章介绍了关系型数据库的系统目录。从某种意义上说，系统目录是数据库里的数据库，包含了所在数据库的全部信息。系统目录旨在维护数据库的整体结构，跟踪数据库中发生的事件和变化，并为数据库整体管理提供大量必要的信息。系统目录仅供查询使用，数据库用户不应该对系统目录表进行直接修改。每次数据库结构发生改动时，例如建表过程中，系统目录都会隐式更新。数据库服务器会自动在系统目录中建立数据。

24.8 答疑

问：作为数据库用户，我明白可以找到自己的对象信息。怎样才能找到其他用户的对象信息呢？

答：大多数系统目录都提供了一套表和视图可供用户查询。这些表和视图中就包含了用户有权访问的对象信息。若要了解其他用户的权限，需查看包含这些信息的系统目录。例如在 Oracle 中，可以查看系统目录表 DBA_TABLES 和 DBA_USERS。

问：如果用户忘记了密码，DBA 能否通过查询某张表来获取该密码？

答：能，也不能。密码保存在某张系统表中，但通常是经过加密的，即便是 DBA 也无法获悉密码。如果用户忘记了密码，必须进行重置，DBA 可以轻松完成重置。

问：怎样才能知道系统目录表中有哪些列？

答：系统目录表可以像其他表一样查询。只要查询保存有该项信息的表即可。

24.9 实践练习

以下是测试题和习题。测试题是为了测试您对当前内容的整体理解。习题让您有机会将本章讨论的概念付诸应用，并巩固前几章的学习中获得的知识。在继续学习之前，请务必完成测试题和习题。答案参见附录 C。

一、测试题

1. 在某些产品中，系统目录又称什么？

2. 普通用户可以更新系统目录吗？

3. 系统目录归谁所有？

4. Oracle 系统对象 ALL_TABLES 和 DBA_TABLES 有什么区别？

5. 谁负责修改系统目录表？

二、习题

1. 在命令提示符下，查询以下信息：

   ➤ 您所拥有表的信息；

   ➤ 您所拥有表中所有列的信息。

2. 显示当前数据库的名称。

3. 显示连接到数据库的用户名。

4. 创建一个角色用于更新 FOOD 表。

5. 从系统目录中查询您创建的角色信息。

6. 自行探索系统目录。其所含信息几乎是无穷的。请记住，在 Oracle 中，可以用 DESCRIBE table_name 命令显示表中的列信息。

第 25 章

更多练习

本章内容：

> ➤ 扩展示例数据库；

> ➤ 用 SQL 定义和修改新的数据库对象；

> ➤ 管理数据库事务，创建 SQL 查询和带有多种表连接的复合查询；

> ➤ 利用函数深入挖掘数据及对数据集分组；

> ➤ 用视图和子查询创建高级查询；

> ➤ 用 SQL 生成 SQL 代码。

本章将对现有 BIRDS 数据库进行扩展，运用本书介绍的 SQL 知识展示更多的示例。最后再出一套习题。本章的目标是综合运用所有知识，通过动手实践将 SQL 语言的概念从头到尾运用一下。本章的讲解很少——主要是为了提供可参照的示例，以便学以致用。请不要被本章长长的实践练习给吓到了，尽管按照自己的节奏学习即可——可以花 1 小时，也可以花 10 小时，或许还会更多，有空就研究研究吧。请反思一下您在学习 SQL 方面的投入和进步。您的 SQL 知识已经羽翼丰满，现在是该起飞的时候了。让我们做些有趣的事情吧。

25.1 BIRDS 数据库

本章继续使用最初的 BIRDS 数据库，并会增加两类数据（捕食者和摄影师），这些数据将并入库中。图 25.1 给出了原 BIRDS 数据库的 ERD，以供快速查看数据和关系。关于 BIRDS 数据库的全部数据清单，请参考第 3 章。请记住，在执行任何查询之前，随时可以查询一下表中包含了哪些数据（SELECT * FROM TABLE_NAME）。

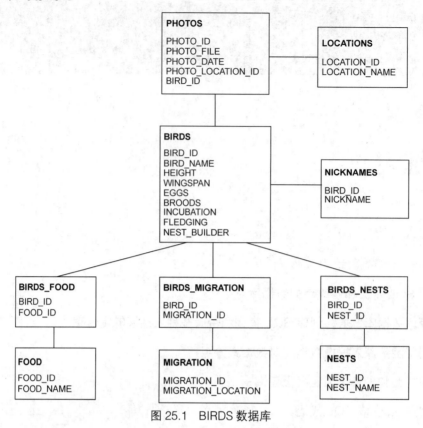

图 25.1 BIRDS 数据库

为了方便本章的使用，以下列出了 BIRDS 表中的鸟类 ID、鸟类名称。

```
SQL> select bird_id, bird_name
  2  from birds;

   BIRD_ID BIRD_NAME
---------- ------------------------------
         1 Great Blue Heron
         2 Mallard
         3 Common Loon
         4 Bald Eagle
         5 Golden Eagle
         6 Red Tailed Hawk
         7 Osprey
         8 Belted Kingfisher
         9 Canadian Goose
        10 Pied-billed Grebe
        11 American Coot
        12 Common Sea Gull
        13 Ring-billed Gull
        14 Double-crested Cormorant
        15 Common Merganser
        16 Turkey Vulture
        17 American Crow
        18 Green Heron
        19 Mute Swan
        20 Brown Pelican
        21 Great Egret
        22 Anhinga
        23 Black Skimmer

23 rows selected.
```

25.2 鸟类的捕食者

有两组数据需要并入 BIRDS 数据库中，第一组就是鸟类捕食者数据。图 25.2 给出了与 BIRDS 数据库相关的两张表的 ERD。从 ERD 的关系可以看出，一种鸟可以存在多种捕食者。同理，一种捕食者可能会捕食多种鸟类。BIRDS_PREDATORS 表是一张基表，用于连接 BIRDS 表和 PREDATORS 表。如果您愿意，可以再进一步记录那些被鸟类吃掉的捕食者。这里还没有把数据细致到这个程度，但可以考虑一下数据可能会如何构建，并自行进行尝试。

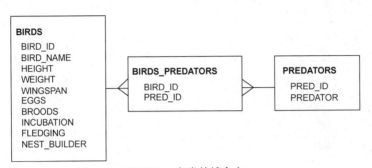

图 25.2　鸟类的捕食者

以下是两张捕食者表的数据。表中共有 106 行数据。这里只给出一部分数据，以展示数据的存储形式。花点时间研究下面的输出结果，甚至可以人工和 BIRDS 表进行比较。例如，Great Blue Heron 的捕食者是什么？

```
SQL> select * from birds_predators;

   BIRD_ID    PRED_ID
---------- ----------
         1          1
         1          4
         1         17
         1         18
         2          1
         2          2
         2          4
         2          5
         2          7
         2          9
         2         11
         2         14
         2         17
         2         19
         2         20
         3          4
         …

106 rows selected.

SQL> select * from predators;

   PRED_ID PREDATOR
---------- ------------------------------
         1 Humans
         2 Cats
         3 Chipmunks
         4 Other Birds
         5 Snakes
         6 Frogs
         7 Dogs
         8 Deer
         9 Coyotes
```

```
        10 Reptiles
        11 Weasels
        12 Foxes
        13 Carnivorous Plants
        14 Predatory Fish
        15 Seals
        16 Insects
        17 Racoons
        18 Bears
        19 Skunks
        20 Turtles
        21 Wolves
        22 Cougars
        23 Bobcats
        24 Alligators
        25 Minks
        26 Rats
        27 Squirrels
        28 Opposums
        29 Crocodiles

29 rows selected.
```

25.3 鸟类摄影师

第二组要并入 BIRDS 数据库的数据是关于鸟类摄影师的信息。图 25.3 给出了一张 ERD，说明了如何通过 BIRDS 表与 BIRDS 数据库进行关联。花点时间研究图 25.3。

请注意图 25.3 中的各种关系。例如，PHOTOGRAPHERS 表存在与自己的递归连接关系。本书曾通过示例介绍过这种关系。摄影师可能会指导其他摄影师，也可能被其他摄影师指导。请记住，自连接用于将表中的数据与本表关联。

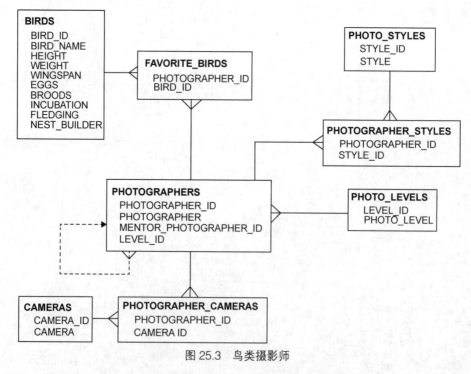

图 25.3 鸟类摄影师

以下是摄影师相关表的数据清单。研究一下这些数据，确保自己已理解这些数据与 BIRDS

数据库的关系，知道该如何使用它们。请人工进行一些查询。例如，Steve Hamm 最喜欢什么鸟？Gordon Flash 使用多少种相机？Jenny Forest 的导师是谁？

除了以上问题，请只通过查看数据清单来回答以下问题：

➢ 哪些摄影师使用佳能相机？

➢ 哪些摄影师不使用佳能相机？

➢ 哪些摄影师的摄影水平最高？

➢ Gordon Flash 使用什么设备？

➢ 哪位摄影师最喜欢拍摄被 coyote 捕食的鸟？

➢ 哪位摄影师的摄影风格最多样化？

➢ 哪位摄影师喜欢 Bald Eagle 并拍摄其静态照片？

注意 了解这些新数据

请发挥想象力，针对数据自问自答一些问题。想想在现实中这些数据可能的用途。

```
SQL> select * from photographers;

PHOTOGRAPHER_ID  PHOTOGRAPHER          MENTOR_PHOTOGRAPHER_ID  LEVEL_ID
---------------  --------------------  ----------------------  --------
              7  Ryan Notstephens                                     7
              8  Susan Willamson                                      6
              9  Mark Fife                                            6
              1  Shooter McGavin                                      1
              2  Jenny Forest                              8          3
              3  Steve Hamm                                           4
              4  Harry Henderson                           9          5
              5  Kelly Hairtrigger                         8          2
              6  Gordon Flash                                         1
             10  Kate Kapteur                              7          4

10 rows selected.

SQL> select * from favorite_birds;

PHOTOGRAPHER_ID    BIRD_ID
---------------  ----------
              1           3
              1           4
              1           7
              2          19
              2          20
              2          23
              3           1
              3           3
              4           4
              5           8
              6          18
              7          11
              7          16
              7          22
              8          14
              9           4
              9           5
             10           2
             10           6
             10          17
             10          21
```

```
21 rows selected.

SQL> select * from photographer_cameras;

PHOTOGRAPHER_ID  CAMERA_ID
---------------  ----------
              1           1
              2           1
              2           8
              3           2
              3           9
              4           3
              5           4
              6           7
              7           1
              7           5
              7           9
              8           2
              8           8
              9           6
              9           9
             10           8

16 rows selected.

SQL> select * from cameras;

 CAMERA_ID CAMERA
---------- ------------------------------
         1 Canon
         2 Nikon
         3 Sony
         4 Olympus
         5 GoPro
         6 Fujifilm
         7 Polaroid
         8 Apple iPhone
         9 Samsung Galaxy

9 rows selected.

SQL> select * from photo_levels;

  LEVEL_ID PHOTO_LEVEL
---------- ------------------------------
         1 Beginner
         2 Novice
         3 Hobbyist
         4 Competent
         5 Skilled
         6 Artist
         7 World-class

7 rows selected.

SQL> select * from photographer_styles;

PHOTOGRAPHER_ID   STYLE_ID
---------------  ----------
              1           3
              1           8
              2           1
              3           2
              4           5
              4           8
              5           3
              5           5
              5           7
```

```
                6       2
                6       6
                7       1
                8       5
                8       8
                9       3
                9       4
               10       6
               10       8

18 rows selected.

SQL> select * from photo_styles;

  STYLE_ID STYLE
---------- ------------------------------
         1 Action
         2 Portrait
         3 Landscape
         4 Sunset
         5 Artistic
         6 Close-up
         7 Underwater
         8 Still

8 rows selected.
```

25.4 创建新表

本节介绍创建捕食者和摄影师表的过程，这些表将并入现有 BIRDS 数据库中。为了保证初始数据没有污染，请执行本书提供的以下脚本。建议创建一个新用户，这样之前的操作依然保存在原来的模式中；然后执行这些脚本就不会有问题了。请登录 SQL 并完成以下步骤。

新建一个用户（模式的拥有者）：

```
SQL> alter session set "_ORACLE_SCRIPT"=true;

Session altered.

SQL> create user your_new_username
  2  identified by your_new_passwd;

User created.

SQL> grant dba to your_new_username;

Grant succeeded.
```

注意 请学完这些示例

请用新创建的用户一步步跟着学完本章的所有示例。后面有机会进行自己的练习，不用再跟着练习。

用新用户连入数据库：

```
SQL> connect your_new_username
Connected.

SQL> show user
USER is "YOUR_USERNAME"
```

执行本书提供的 bonus_tables.sql 脚本，创建本章用到的表。

```
SQL> start c:\sqlbook\bonus_tables.sql
drop table birds_food
           *
ERROR at line 1:
ORA-00942: table or view does not exist


drop table birds_nests
           *
ERROR at line 1:
ORA-00942: table or view does not exist


drop table birds_migration
           *
ERROR at line 1:
ORA-00942: table or view does not exist


drop table migration
           *
ERROR at line 1:
ORA-00942: table or view does not exist
```

以上输出显示，删除表时报错了。这是因为第一次运行这个脚本时，这些表并不存在，当然就无法删除了。下面是执行 bonus_tables.sql 脚本的后半部分的结果，这时创建了表。输出结果（反馈）确认了 SQL>提示符下执行 SQL 语句的结果。

```
Table created.


Table created.


Table created.


Table created.


Table created.
```

执行本书提供的 bonus_data.sql 脚本，向本章的新表中插入数据：

```
SQL> start c:\sqlbook\bonus_data.sql

0 rows deleted.


0 rows deleted.


0 rows deleted.


0 rows deleted.


0 rows deleted.


0 rows deleted.
```

以上输出显示，从刚创建的新表中删除了零行数据。这是因为这些表中目前还没有数据。如果以后再运行这个脚本，就会显示有数据行删除了，然后有数据重新插入新表中。以下是 bonus_data.sql 脚本的后半部分的输出结果，每插入一行数据都会有反馈信息。

```
1 row created.

1 row created.

1 row created.

1 row created.

1 row created.

1 row created.
```

25.5　实践练习：查看表的信息

用 DESC 命令研究本章加入 BIRDS 数据库的新表结构。

```
SQL> desc birds;

Name                          Null?     Type
----------------------------  --------  --------------------------
BIRD_ID                       NOT NULL  NUMBER(3)
BIRD_NAME                     NOT NULL  VARCHAR2(30)
HEIGHT                        NOT NULL  NUMBER(4,2)
WEIGHT                        NOT NULL  NUMBER(4,2)
WINGSPAN                                NUMBER(4,2)
EGGS                          NOT NULL  NUMBER(2)
BROODS                                  NUMBER(1)
INCUBATION                    NOT NULL  NUMBER(2)
FLEDGING                      NOT NULL  NUMBER(3)
NEST_BUILDER                  NOT NULL  CHAR(1)
```

25.6　实践练习：简单查询

执行一些简单的 SELECT 语句，查看新表中的数据。

```
SQL> select * from cameras;

 CAMERA_ID CAMERA
---------- ------------------------------
         1 Canon
         2 Nikon
         3 Sony
         4 Olympus
         5 GoPro
         6 Fujifilm
         7 Polaroid
         8 Apple iPhone
         9 Samsung Galaxy

9 rows selected.
```

25.7 实践练习：新增表

用 CREATE TABLE 命令新建下述有关鸟类栖息地的表。

```
SQL> create table habitats
  2 (habitat_id number(3)   not null primary key,
  3   habitat   varchar(30) not null);

Table created.

SQL> create table birds_habitats
  2 (habitat_id number(3) not null primary key,
  3   bird_id   number(3) not null);

Table created.

SQL> create table habitat_types
  2 (habitat_type_id    number(3)      not null    primary key,
  3   habitat_type       varchar(30)    not null);

Table created.
```

25.8 实践练习：操作数据

执行以下 SQL 语句，用数据操纵语言和事务控制命令对新表中的数据进行操作。研究位于两条 SQL 语句中间的返回结果。

```
SQL> select * from photographers;

PHOTOGRAPHER_ID PHOTOGRAPHER             MENTOR_PHOTOGRAPHER_ID   LEVEL_ID
--------------- ------------------------ ----------------------- ----------
              7 Ryan Notstephens                                         7
              8 Susan Willamson                                          6
              9 Mark Fife                                                6
              1 Shooter McGavin                                          1
              2 Jenny Forest                                  8          3
              3 Steve Hamm                                               4
              4 Harry Henderson                               9          5
              5 Kelly Hairtrigger                             8          2
              6 Gordon Flash                                             1
             10 Kate Kapteur                                  7          4

10 rows selected.

SQL> insert into photographers
  2 values (11, 'Sam Song', null, 4);

1 row created.

SQL> commit;

Commit complete.

SQL> select * from photographers;

PHOTOGRAPHER_ID PHOTOGRAPHER             MENTOR_PHOTOGRAPHER_ID   LEVEL_ID
--------------- ------------------------ ----------------------- ----------
              7 Ryan Notstephens                                         7
              8 Susan Willamson                                          6
              9 Mark Fife                                                6
              1 Shooter McGavin                                          1
              2 Jenny Forest                                  8          3
              3 Steve Hamm                                               4
```

```
                4 Harry Henderson               9              5
                5 Kelly Hairtrigger             8              2
                6 Gordon Flash                                 1
               10 Kate Kapteur                  7              4
               11 Sam Song                                     4

11 rows selected.

SQL> update photographers set level_id = 5
  2  where photographer_id = 11;

1 row updated.

SQL> select * from photographers;

PHOTOGRAPHER_ID PHOTOGRAPHER           MENTOR_PHOTOGRAPHER_ID    LEVEL_ID
--------------- ----------------------  ----------------------  ----------
                7 Ryan Notstephens                              7
                8 Susan Willamson                               6
                9 Mark Fife                                     6
                1 Shooter McGavin                               1
                2 Jenny Forest                 8                3
                3 Steve Hamm                                    4
                4 Harry Henderson              9                5
                5 Kelly Hairtrigger            8                2
                6 Gordon Flash                                  1
               10 Kate Kapteur                 7                4
               11 Sam Song                                      5

 11 rows selected.

SQL> rollback;

Rollback complete.

SQL> select * from photographers;

PHOTOGRAPHER_ID PHOTOGRAPHER           MENTOR_PHOTOGRAPHER_ID    LEVEL_ID
--------------- ----------------------  ----------------------  ----------
                7 Ryan Notstephens                              7
                8 Susan Willamson                               6
                9 Mark Fife                                     6
                1 Shooter McGavin                               1
                2 Jenny Forest                 8                3
                3 Steve Hamm                                    4
                4 Harry Henderson              9                5
                5 Kelly Hairtrigger            8                2
                6 Gordon Flash                                  1
               10 Kate Kapteur                 7                4
               11 Sam Song                                      4

11 rows selected.

SQL> delete from photographers
  2  where photographer_id = 11;

 1 row deleted.

SQL> commit;

Commit complete.

SQL> select * from photographers;

PHOTOGRAPHER_ID PHOTOGRAPHER           MENTOR_PHOTOGRAPHER_ID    LEVEL_ID
--------------- ----------------------  ----------------------  ----------
                7 Ryan Notstephens                              7
                8 Susan Willamson                               6
                9 Mark Fife                                     6
                1 Shooter McGavin                               1
```

```
                 2 Jenny Forest                           8          3
                 3 Steve Hamm                                         4
                 4 Harry Henderson                         9          5
                 5 Kelly Hairtrigger                       8          2
                 6 Gordon Flash                                       1
                10 Kate Kapteur                            7          4
```

10 rows selected.

25.9　实践练习：表连接

请执行以下 SQL 语句，在一条查询中连接 3 张表。注意，第一条查询没有采用表的别名，表名用了完全限定格式。第二条查询在表连接时使用了别名。

```
SQL> select photographers.photographer, cameras.camera
  2  from photographers, cameras, photographer_cameras
  3  where photographers.photographer_id = photographer_cameras.camera_id
  4    and cameras.camera_id = photographer_cameras.camera_id
  5  order by photographer;

PHOTOGRAPHER                    CAMERA
------------------------------  ------------------------------
Gordon Flash                    Fujifilm
Harry Henderson                 Olympus
Jenny Forest                    Nikon
Jenny Forest                    Nikon
Kelly Hairtrigger               GoPro
Mark Fife                       Samsung Galaxy
Mark Fife                       Samsung Galaxy
Mark Fife                       Samsung Galaxy
Ryan Notstephens                Polaroid
Shooter McGavin                 Canon
Shooter McGavin                 Canon
Shooter McGavin                 Canon
Steve Hamm                      Sony
Susan Willamson                 Apple iPhone
Susan Willamson                 Apple iPhone
Susan Willamson                 Apple iPhone

16 rows selected.

SQL> select p.photographer, c.camera
  2  from photographers p,
  3       cameras c,
  4       photographer_cameras pc
  5  where p.photographer_id = pc.photographer_id
  6    and c.camera_id = pc.camera_id
  7  order by 1;

PHOTOGRAPHER                    CAMERA
------------------------------  ------------------------------
Gordon Flash                    Polaroid
Harry Henderson                 Sony
Jenny Forest                    Apple iPhone
Jenny Forest                    Canon
Kate Kapteur                    Apple iPhone
Kelly Hairtrigger               Olympus
Mark Fife                       Fujifilm
Mark Fife                       Samsung Galaxy
Ryan Notstephens                Samsung Galaxy
Ryan Notstephens                Canon
Ryan Notstephens                GoPro
Shooter McGavin                 Canon
Steve Hamm                      Samsung Galaxy
Steve Hamm                      Nikon
Susan Willamson                 Apple iPhone
```

```
Susan Willamson                        Nikon
16 rows selected.
```

以下是自连接示例。为了获取摄影师导师的信息，PHOTOGRAPHERS 表将与自己连接。之前也用过这个例子。

```
SQL> select p1.photographer photographer,
  2      p2.photographer mentor
  3  from photographers p1,
  4      photographers p2
  5  where p2.photographer_id = p1.mentor_photographer_id
  6  order by 1;

PHOTOGRAPHER                    MENTOR
------------------------------ ------------------------------
Harry Henderson                Mark Fife
Jenny Forest                   Susan Willamson
Kate Kapteur                   Ryan Notstephens
Kelly Hairtrigger              Susan Willamson

4 rows selected.
```

下面的 SQL 语句演示了查询中外连接的概念。

```
SQL> select * from photographers;

PHOTOGRAPHER_ID PHOTOGRAPHER              MENTOR_PHOTOGRAPHER_ID   LEVEL_ID
--------------- ------------------------ ----------------------- ----------
              7 Ryan Notstephens                                          7
              8 Susan Willamson                                           6
              9 Mark Fife                                                 6
              1 Shooter McGavin                                           1
              2 Jenny Forest                                  8           3
              3 Steve Hamm                                                4
              4 Harry Henderson                               9           5
              5 Kelly Hairtrigger                             8           2
              6 Gordon Flash                                              1
             10 Kate Kapteur                                  7           4

10 rows selected.

SQL> select p1.photographer photographer, p2.photographer mentor
  2  from photographers p1, photographers p2
  3  where p2.photographer_id(+) = p1.mentor_photographer_id
  4  order by 1;

PHOTOGRAPHER                    MENTOR
------------------------------ ------------------------------
Gordon Flash
Harry Henderson                Mark Fife
Jenny Forest                   Susan Willamson
Kate Kapteur                   Ryan Notstephens
Kelly Hairtrigger              Susan Willamson
Mark Fife
Ryan Notstephens
Shooter McGavin
Steve Hamm
Susan Willamson

10 rows selected.
```

25.10 实践练习：比较操作符

请跟随下述示例回顾一下比较操作符。

```
SQL> select bird_name from birds
  2  where bird_name = 'Bald Eagle';

BIRD_NAME
------------------------------
Bald Eagle

1 row selected.

SQL> select * from cameras
  2  where camera != 'Canon';

 CAMERA_ID CAMERA
---------- ------------------------------
         2 Nikon
         3 Sony
         4 Olympus
         5 GoPro
         6 Fujifilm
         7 Polaroid
         8 Apple iPhone
         9 Samsung Galaxy

8 rows selected.

SQL> select bird_id, bird_name, wingspan
  2  from birds
  3  where wingspan > 48;

   BIRD_ID BIRD_NAME                        WINGSPAN
---------- ------------------------------ ----------
         1 Great Blue Heron                       78
         3 Common Loon                            54
         4 Bald Eagle                             84
         5 Golden Eagle                           90
         7 Osprey                                 72
         9 Canadian Goose                         72
        13 Ring-billed Gull                       50
        14 Double-crested Cormorant               54
        16 Turkey Vulture                         72
        19 Mute Swan                            94.8
        20 Brown Pelican                          90
        21 Great Egret                          67.2

12 rows selected.

SQL> select bird_id, bird_name, wingspan
  2  from birds
  3  where wingspan <= 20;

   BIRD_ID BIRD_NAME                        WINGSPAN
---------- ------------------------------ ----------
         2 Mallard                               3.2
        10 Pied-billed Grebe                     6.5
        12 Common Sea Gull                        18
        23 Black Skimmer                          15

4 rows selected.
```

25.11　实践练习：逻辑操作符

以下示例在查询中用逻辑操作符检测返回数据。

```
SQL> select *
  2  from photographers
  3  where mentor_photographer_id is null;
```

```
PHOTOGRAPHER_ID PHOTOGRAPHER          MENTOR_PHOTOGRAPHER_ID LEVEL_ID
--------------- --------------------- ---------------------- ---------
              7 Ryan Notstephens                                     7
              8 Susan Willamson                                      6
              9 Mark Fife                                            6
              1 Shooter McGavin                                      1
              3 Steve Hamm                                           4
              6 Gordon Flash                                         1

6 rows selected.

SQL> select *
  2  from photographers
  3  where mentor_photographer_id is not null;

PHOTOGRAPHER_ID PHOTOGRAPHER          MENTOR_PHOTOGRAPHER_ID LEVEL_ID
--------------- --------------------- ---------------------- ---------
              2 Jenny Forest                               8         3
              4 Harry Henderson                            9         5
              5 Kelly Hairtrigger                          8         2
             10 Kate Kapteur                               7         4

4 rows selected.

SQL> select bird_id, bird_name, wingspan
  2  from birds
  3  where wingspan between 30 and 65;

   BIRD_ID BIRD_NAME                        WINGSPAN
---------- ------------------------------ ----------
         3 Common Loon                           54
         6 Red Tailed Hawk                       48
        13 Ring-billed Gull                      50
        14 Double-crested Cormorant              54
        15 Common Merganser                      34
        17 American Crow                       39.6
        22 Anhinga                               42

7 rows selected.

SQL> select *
  2  from migration
  3  where migration_location in ('Central America', 'South America');

MIGRATION_ID MIGRATION_LOCATION
------------ ------------------------------
           3 Central America
           4 South America

2 rows selected.

SQL> select bird_name
  2  from birds
  3  where bird_name like '%Eagle%';

BIRD_NAME
------------------------------
Bald Eagle
Golden Eagle

2 rows selected.

SQL> select bird_name
  2  from birds
  3  where bird_name like '%Eagle';

BIRD_NAME
------------------------------
Bald Eagle
Golden Eagle
```

2 rows selected.

25.12　实践练习：连接操作符

以下是连接操作符的使用示例，包括 AND 和 OR 操作符。请记住，AND 操作符必须两侧条件都为 True 才会返回数据。OR 操作符则是两侧条件有任意一个为 True，查询就会返回数据。

```
SQL> select * from predators
  2   where predator = 'Crocodiles'
  3     and predator = 'Snakes';

no rows selected

SQL> select * from predators
  2   where predator = 'Crocodiles'
  3     or predator = 'Snakes';


  PRED_ID PREDATOR
---------- ----------------------------
        5 Snakes
       29 Crocodiles

2 rows selected.
```

25.13　实践练习：算术操作符

以下示例复习算术操作符的用法。概念很简单也很有用，但要确保数学算式的正确性，否则查询可能返回错误数据。

```
SQL> select bird_name, eggs * broods "EGGS PER SEASON"
  2   from birds
  3   where wingspan > 48
  4   order by 2 desc;


BIRD_NAME                       EGGS PER SEASON
------------------------------- ----------------
Canadian Goose                               10
Mute Swan                                     8
Great Blue Heron                              5
Ring-billed Gull                              4
Brown Pelican                                 4
Double-crested Cormorant                      4
Osprey                                        4
Great Egret                                   3
Golden Eagle                                  3
Common Loon                                   2
Bald Eagle                                    2
Turkey Vulture                                2

12 rows selected.
```

25.14　实践练习：字符函数

字符函数可用于改变输出结果中的数据显示格式。在检索数据时，它们还可以用来改变数据的查看形式。以下将举几个例子说明。花点时间仔细研究返回的结果，必要时请参考之前的教学章节。

```
SQL> select 'Bald Eagle'
  2  from photographers;

'BALDEAGLE
----------
Bald Eagle
Bald Eagle
Bald Eagle
Bald Eagle
Bald Eagle
Bald Eagle
Bald Eagle
Bald Eagle
Bald Eagle

10 rows selected.

SQL> select 'Bald Eagle'
  2  from birds
  3  where bird_name = 'Great Blue Heron';

'BALDEAGLE
----------
Bald Eagle

1 row selected.

SQL> select p2.photographer || ' mentors ' ||
  2         p1.photographer || '.' "MENTORS"
  3  from photographers p1, photographers p2
  4  where p1.mentor_photographer_id = p2.photographer_id;

MENTORS
-----------------------------------------------------------
Ryan Notstephens mentors Kate Kapteur.
Susan Willamson mentors Jenny Forest.
Susan Willamson mentors Kelly Hairtrigger.
Mark Fife mentors Harry Henderson.

4 rows selected.

SQL> select photographer,
  2         decode(mentor_photographer_id, null, 'None',
  3                mentor_photographer_id) "MENTOR"
  4  from photographers;


PHOTOGRAPHER                   MENTOR
------------------------------ ------------------------
Ryan Notstephens               None
Susan Willamson                None
Mark Fife                      None
Shooter McGavin                None
Jenny Forest                   8
Steve Hamm                     None
Harry Henderson                9
Kelly Hairtrigger              8
Gordon Flash                   None
Kate Kapteur                   7

10 rows selected.

SQL> select bird_name,
  2         decode(nest_builder, 'M', 'Male', 'F', 'Female', 'B', 'Both',
```

```
  3                     'Neither') "NESTER"
  4  from birds
  5  where nest_builder != 'B';

BIRD_NAME                       NESTER
------------------------------- -------
Mallard                         Female
Canadian Goose                  Female
Common Merganser                Female
Turkey Vulture                  Neither
American Crow                   Female
Brown Pelican                   Female

6 rows selected.

SQL> select * from cameras;

 CAMERA_ID CAMERA
---------- ------------------------------
         1 Canon
         2 Nikon
         3 Sony
         4 Olympus
         5 GoPro
         6 Fujifilm
         7 Polaroid
         8 Apple iPhone
         9 Samsung Galaxy

9 rows selected.

SQL> select upper(substr(camera, 1, 3)) ABBR
  2  from cameras;

ABBR
------------
CAN
NIK
SON
OLY
GOP
FUJ
POL
APP
SAM

9 rows selected.

SQL> select substr(photographer, 1, instr(photographer, ' ', 1, 1))
  2                  first_name
  3  from photographers;

FIRST_NAME
-----------------------------------------
Ryan
Susan
Mark
Shooter
Jenny
Steve
Harry
Kelly
Gordon
Kate

10 rows selected.

SQL> select substr(photographer, instr(photographer, ' ', 1, 1) +1) last_name
  2  from photographers;
```

```
LAST_NAME
------------------------------------------
Notstephens
Willamson
Fife
McGavin
Forest
Hamm
Henderson
Hairtrigger
Flash
Kapteur

10 rows selected.
```

25.15 实践练习：聚合数据

聚合数据是 SQL 查询的一项重要功能。请跟着执行以下这些简单示例。在进入 25.16 节之前，请先研究一下返回的结果，25.16 节将对聚合函数输出的数据进行分组。

```
SQL> select p1.photographer, p2.photographer "MENTOR"
  2  from photographers p1, photographers p2
  3  where p1.mentor_photographer_id = p2.photographer_id;

PHOTOGRAPHER                   MENTOR
------------------------------ ------------------------------
Kate Kapteur                   Ryan Notstephens
Jenny Forest                   Susan Willamson
Kelly Hairtrigger              Susan Willamson
Harry Henderson                Mark Fife

4 rows selected.

SQL> select count(mentor_photographer_id) "TOTAL PHOTOGRAPHERS MENTORED"
  2  from photographers;

TOTAL PHOTOGRAPHERS MENTORED
----------------------------
                           4

1 row selected.

SQL> select count(distinct(mentor_photographer_id)) "TOTAL MENTORS"
  2  from photographers;

TOTAL MENTORS
-------------
            3

1 row selected.

SQL> select sum(eggs * broods) "TOTAL EGGS LAYED BY ALL BIRDS IN A SEASON"
  2  from birds;

TOTAL EGGS LAYED BY ALL BIRDS IN A SEASON
-----------------------------------------
                                      127
1 row selected.

SQL> select max(wingspan)
  2  from birds;
```

```
MAX(WINGSPAN)
-------------
         94.8

1 row selected.

SQL> select avg(wingspan)
  2  from birds;

AVG(WINGSPAN)
-------------
   50.5695652

1 row selected.
```

25.16 实践练习: GROUP BY 和 HAVING

以下示例将在 SQL 查询中使用 GROUP BY 和 HAVING 子句, 在返回最终结果前对聚合
函数的输出进行进一步的加工。

```
SQL> select photo_levels.photo_level,
  2    count(photographers.photographer_id) "NUMBER OF PHOTOGRAPHERS"
  3  from photo_levels, photographers
  4  where photo_levels.level_id = photographers.level_id
  5  group by photo_levels.photo_level;

PHOTO_LEVEL                      NUMBER OF PHOTOGRAPHERS
------------------------------   -----------------------
Artist                                                 2
World-class                                            1
Beginner                                               2
Competent                                              2
Novice                                                 1
Skilled                                                1
Hobbyist                                               1

7 rows selected.

SQL> select photo_levels.photo_level,
  2    count(photographers.photographer_id) "NUMBER OF PHOTOGRAPHERS"
  3  from photo_levels, photographers
  4  where photo_levels.level_id = photographers.level_id
  5  group by photo_levels.photo_level
  6  having count(photographers.photographer_id) > 1;

PHOTO_LEVEL                      NUMBER OF PHOTOGRAPHERS
------------------------------   -----------------------
Artist                                                 2
Beginner                                               2
Competent                                              2

3 rows selected.
```

25.17 实践练习: 组合查询

组合查询将两个或两个以上的查询结果组合在一起。以下是几个示例。

```
SQL> select bird_name from birds
  2  UNION
  3  select predator from predators;
```

```
BIRD_NAME
------------------------------
Alligators
American Coot
American Crow
Anhinga
Bald Eagle
Bears
Belted Kingfisher
Black Skimmer
Bobcats
Brown Pelican
Canadian Goose
Carnivorous Plants
Cats
Chipmunks
Common Loon
Common Merganser
Common Sea Gull
Cougars
Coyotes
Crocodiles
Deer
Dogs
Double-crested Cormorant
Foxes
Frogs
Golden Eagle
Great Blue Heron
Great Egret
Green Heron
Humans
Insects
Mallard
Minks
Mute Swan
Opposums
Osprey
Other Birds
Pied-billed Grebe
Predatory Fish
Racoons
Rats
Red Tailed Hawk
Reptiles
Ring-billed Gull
Seals
Skunks
Snakes
Squirrels
Turkey Vulture
Turtles
Weasels
Wolves

52 rows selected.

SQL> select photographer,
  2     decode(mentor_photographer_id, null, 'Not Mentored',
  3         'Mentored') "MENTORED?"
  4  from photographers
  5  UNION
  6  select photographer,
  7     decode(mentor_photographer_id, null, 'Mentored',
  8         'Mentored') "MENTORED?"
  9  from photographers
 10  where mentor_photographer_id is not null;
```

```
PHOTOGRAPHER                      MENTORED?
-------------------------------   -------------
Gordon Flash                      Not Mentored
Harry Henderson                   Mentored
Jenny Forest                      Mentored
Kate Kapteur                      Mentored
Kelly Hairtrigger                 Mentored
Mark Fife                         Not Mentored
Ryan Notstephens                  Not Mentored
Shooter McGavin                   Not Mentored
Steve Hamm                        Not Mentored
Susan Willamson                   Not Mentored

10 rows selected.

SQL> select photographer
  2  from photographers
  3  where level_id > 4
  4  INTERSECT
  5  select photographer
  6  from photographers, photographer_cameras, cameras
  7  where photographers.photographer_id =
  8      photographer_cameras.photographer_id
  9   and photographer_cameras.camera_id = cameras.camera_id
 10   and camera not in ('Apple iPhone', 'Samsung Galaxy');

PHOTOGRAPHER
-----------------------------
Harry Henderson
Mark Fife
Ryan Notstephens
Susan Willamson

4 rows selected.

SQL> select photographer
  2  from photographers
  3  where level_id > 4
  4  MINUS
  5  select photographer
  6  from photographers, photographer_cameras, cameras
  7  where photographers.photographer_id =
  8      photographer_cameras.photographer_id
  9   and photographer_cameras.camera_id = cameras.camera_id
 10   and camera not in ('Apple iPhone', 'Samsung Galaxy');

no rows selected.
```

25.18　实践练习：由现有表创建表

根据对一张或多张现有表的查询结果，很容易就能创建一张新表。尝试执行以下示例。

```
SQL> create table old_cameras as
  2  select * from cameras;

Table created.

SQL> select * from old_cameras;

CAMERA_ID CAMERA
--------- --------------------------------
        1 Canon
        2 Nikon
        3 Sony
        4 Olympus
```

```
         5 GoPro
         6 Fujifilm
         7 Polaroid
         8 Apple iPhone
         9 Samsung Galaxy

9 rows selected.
```

25.19 实践练习：插入来自其他表的数据

下一个示例首先把刚创建的新表清空，然后根据查询结果向该表插入数据。这类似于之前 CREATE TABLE 语句的用法，原理相同。

```
SQL> truncate table old_cameras;

Table truncated.

SQL> select * from old_cameras;

no rows selected.

SQL> insert into old_cameras
  2  select * from cameras;

9 rows created.

SQL> select * from old_cameras;

 CAMERA_ID CAMERA
---------- ------------------------------
         1 Canon
         2 Nikon
         3 Sony
         4 Olympus
         5 GoPro
         6 Fujifilm
         7 Polaroid
         8 Apple iPhone
         9 Samsung Galaxy

9 rows selected.
```

25.20 实践练习：创建视图

在查询数据库时，特别是数据集比较复杂时，视图可以说是 SQL 最强大的功能之一。请跟随以下示例创建一些视图。请记住，视图只是虚拟表，并不实际存储数据。视图返回的结果类似于查询。数据集临时存放于内存中，而不会物理写入数据库。

```
SQL> create or replace view fish_eaters as
  2  select b.bird_id, b.bird_name
  3  from birds b,
  4       birds_food bf,
  5       food f
  6  where b.bird_id = bf.bird_id
  7    and bf.food_id = f.food_id
  8    and f.food_name = 'Fish';

View created.

SQL> select * from fish_eaters;
```

```
      BIRD_ID BIRD_NAME
   ---------- ------------------------------
            1 Great Blue Heron
            3 Common Loon
            4 Bald Eagle
            5 Golden Eagle
            7 Osprey
            8 Belted Kingfisher
           12 Common Sea Gull
           13 Ring-billed Gull
           14 Double-crested Cormorant
           15 Common Merganser
           17 American Crow
           18 Green Heron
           20 Brown Pelican
           21 Great Egret
           22 Anhinga
           23 Black Skimmer

16 rows selected.

SQL> create or replace view predators_of_big_birds as
  2    select distinct(p.predator)
  3    from predators p,
  4         birds_predators bp,
  5         birds b
  6   where p.pred_id = bp.pred_id
  7     and b.bird_id = bp.bird_id
  8     and b.wingspan > 48;

View created.

SQL> select * from predators_of_big_birds;

PREDATOR
------------------------------
Humans
Other Birds
Predatory Fish
Seals
Coyotes
Weasels
Cougars
Bobcats
Opposums
Bears
Skunks
Wolves
Foxes
Racoons

14 rows selected.
```

25.21　实践练习：嵌入式子查询

子查询的概念也很强大。子查询是嵌入其他查询中的查询。请记住，一条 SQL 语句总是最先解析最内层的子查询。请尝试以下语句：

```
SQL> select *
  2    from photographers
  3   where level_id >
  4         (select avg(level_id)
  5          from photo_levels);

PHOTOGRAPHER_ID PHOTOGRAPHER           MENTOR_PHOTOGRAPHER_ID LEVEL_ID
--------------- ---------------------- ---------------------- --------
              7 Ryan Notstephens                                     7
              8 Susan Willamson                                      6
```

```
    9 Mark Fife                                                              6
    4 Harry Henderson                                          9            5
```

4 rows selected.

25.22　实践练习：由子查询创建视图

以下是由子查询创建视图的示例。然后写一条查询将视图和其他数据库表进行连接。

```
SQL> select avg(level_id)
  2  from photo_levels;

AVG(LEVEL_ID)
-------------
            4

1 row selected.

SQL> create or replace view top_photographers as
  2  select *
  3  from photographers
  4  where level_id >
  5        (select avg(level_id)
  6         from photo_levels);

 View created.

SQL> select distinct(ps2.style)
  2  from photographer_styles ps,
  3       top_photographers tp,
  4       photo_styles ps2
  5  where ps.photographer_id = tp.photographer_id
  6    and ps.style_id = ps2.style_id
  7  order by 1;

STYLE
-------------------------------
Action
Artistic
Landscape
Still
Sunset

5 rows selected.
```

25.23　实践练习：由 SQL 语句创建 SQL 代码

假定要为数据库中每位摄影师创建一个新的用户账户。这个示例只是演示了可能需要自动生成 SQL 语句的原因。这里的示例数据库中只包含 10 位摄影师，或许手动生成语句也还可以，但如果有 1000 位摄影师呢？以下这类查询可以混合使用字符串字面量和字符函数，生成符合 CREATE USER 命令语法的语句。请动手尝试一下，能否想出由 SQL 语句生成 SQL 代码的其他应用场景。

```
SQL> select 'CREATE USER ' ||
  2      substr(photographer, 1, instr(photographer, ' ', 1, 1) -1) ||
  3      '_' ||
  4      substr(photographer, instr(photographer, ' ', 1, 1) +1) ||
  5      ' IDENTIFIED BY NEW_PASSWORD_1;' "SQL CODE TO CREATE NEW USERS"
  6  from photographers;
```

```
SQL CODE TO CREATE NEW USERS
----------------------------------------------------------------
CREATE USER Ryan_Notstephens IDENTIFIED BY NEW_PASSWORD_1;
CREATE USER Susan_Willamson IDENTIFIED BY NEW_PASSWORD_1;
CREATE USER Mark_Fife IDENTIFIED BY NEW_PASSWORD_1;
CREATE USER Shooter_McGavin IDENTIFIED BY NEW_PASSWORD_1;
CREATE USER Jenny_Forest IDENTIFIED BY NEW_PASSWORD_1;
CREATE USER Steve_Hamm IDENTIFIED BY NEW_PASSWORD_1;
CREATE USER Harry_Henderson IDENTIFIED BY NEW_PASSWORD_1;
CREATE USER Kelly_Hairtrigger IDENTIFIED BY NEW_PASSWORD_1;
CREATE USER Gordon_Flash IDENTIFIED BY NEW_PASSWORD_1;
CREATE USER Kate_Kapteur IDENTIFIED BY NEW_PASSWORD_1;

10 rows selected.
```

25.24　小结

本章介绍了很多示例，涵盖了本书的大部分 SQL 主题。希望讲解的过程令人愉悦。当然，实践越多，需要学习的东西就越多。感谢您花时间用本书开始学习 SQL。如果能真正理解关系型数据库，知道在商务智能中充分利用数据，那么信息技术世界将为您提供很多机会。SQL 能让您更有效地开展日常工作，帮助您的公司在当今全球市场中更具竞争力。请享用最后的习题。

25.25　实践练习

因为本章本身都是实践练习内容，所以下面只给出习题。答案请参考附录 C。

习题

1. 从以下要求开始查询数据：

    ➢ 查询 BIRDS 表的所有数据；

    ➢ 查询 PHOTOGRAPHERS 表的所有数据；

    ➢ Bald Eagle 的捕食者是谁？

2. 由此数据库的 ERD 可知，PHOTOGRAPHERS 和 PHOTOS 表之间缺少关联关系。

    ➢ 应该加入什么关系？

    ➢ 用 SQL 定义这两张表的关系（提示：按需添加外键约束）。

3. 添加一张名为 COLORS 的表，表示每种鸟的颜色，并创建其他必要的表和关系（主键和外键），为 BIRDS 和 COLORS 建立关联关系。为了便于以后再次建表，可将 CREATE TABLE 语句存入文件或加入主 tables.sql 脚本中。若将此语句加入主 tables.sql 脚本中，请根据主/外键关系确保 DROP 和 CREATE TABLE 语句与数据库中其他表保持合理的顺序（例如，必须先删除子表再删除父表，先创建父表再创建子表）。

4. 在 COLORS 表和已创建的其他表中插入几行数据。

5. 将以下鸟类加入数据库：Easter Kingbird、9 英寸、0.2 磅、翼展 15 英寸、5 个蛋、每季最多 4 窝、孵化期 17 天、育雏期 17 天、双亲均参与筑巢。

6. 将以下摄影师加入数据库：Margaret Hatcher，由 Susan Williamson 指导，摄影水平为

hobbyist。

7. 确保最新事务均已提交。为了便于日后需要时可以重新生成这些数据，可将上述 INSERT 语句存入文件，或加入主 data.sql 脚本中。

8. 生成包含所有摄影师、摄影水平和风格的清单。然后对结果进行排序，水平最高的摄影师最先显示。

9. 生成摄影师及其徒弟（由其指导的摄影师）的清单。只列出是导师的摄影师。

10. 重新创建摄影师及其徒弟的清单，但要显示所有的摄影师，无论是否担任过导师，并排序结果，首先显示摄影水平最高的摄影师。

11. 用 UNION 合并多条查询的输出结果，显示数据库中所有动物的清单（例如鸟类和捕食者）。

12. 基于 PHOTOGRAPHERS 表创建名为 FORMER_PHOTOGRAPHERS 的表。

13. 清空（truncate）FORMER_PHOTOGRAPHERS 表。

14. 把 PHOTOGRAPHERS 表的所有数据插入 FORMER_PHOTOGRAPHERS 表。

15. 想想能创建什么视图让以上 3 道习题更容易完成，或能让日后的类似查询更容易重复执行？

16. 至少创建一个上述视图。

17. 编写查询生成最多才多艺的摄影师名单。例如可能包含以下一个或多个子查询：

> 摄影师的摄影水平高于所有摄影师的平均水平；

> 摄影师感兴趣的鸟类数量多于所有摄影师的平均值；

> 摄影师风格多于平均值。

18. 基于上述子查询创建名为 Versatile_Photographers 的视图。

19. 假定每位摄影师都需要一个数据库用户账户，用于访问数据库中的鸟类和其他摄影师的信息。请生成一个 SQL 脚本，为每位摄影师创建数据库用户账户，语法如下：

```
CREATE USER MARGARET_HATCHER IDENTIFIED BY NEW_PASSWORD_1;
```

20. 查询每种鸟的捕食者都是什么。

21. 查询哪些鸟类的捕食者最多。

22. 查询哪些捕食者吃的鸟类最多。

23. 查询哪些捕食者只吃食鱼的鸟类。

24. 查询哪些类型的鸟巢最能吸引捕食者。

25. 查询哪些摄影师在拍摄鸟类时最有可能看到鳄鱼。

26. 查询哪些捕食者最有可能出现在风景照（landscape 风格）中。

27. 查询哪些鸟类的食谱丰富程度高于数据库中的平均值。

28. 以下摄影师使用什么相机：

> 指导他人的摄影师；

> 摄影水平高于平均值的摄影师。

附录 A

常见 SQL 命令

本附录详细介绍了一些常见的 SQL 命令。正如本书所述，请务必查看您的数据库文档。有些语句是因产品而异的。

A.1 SQL 语句

A.1.1 ALTER TABLE

```
ALTER TABLE TABLE_NAME
[MODIFY | ADD | DROP]
  [COLUMN COLUMN_NAME][DATATYPE|NULL NOT NULL] [RESTRICT|CASCADE]
[ADD | DROP]  CONSTRAINT CONSTRAINT_NAME]
```

说明：修改表的列定义。

A.1.2 ALTER USER

```
ALTER USER USERNAME IDENTIFIED BY NEW_PASSWORD;
```

说明：重置用户密码。

A.1.3 COMMIT

```
COMMIT [ TRANSACTION ]
```

说明：将事务保存到数据库中。

A.1.4 CREATE INDEX

```
CREATE INDEX INDEX_NAME
ON TABLE_NAME (COLUMN_NAME)
```

说明：创建表的索引。

A.1.5　CREATE ROLE

```
CREATE ROLE ROLE NAME
[ WITH ADMIN [CURRENT_USER | CURRENT_ROLE]]
```

说明：创建数据库角色，以供赋予系统和对象权限时使用。

A.1.6　CREATE TABLE

```
CREATE TABLE TABLE_NAME
( COLUMN1    DATA_TYPE    [NULL|NOT NULL],
  COLUMN2    DATA_TYPE    [NULL|NOT NULL])
```

说明：创建数据库表。

A.1.7　CREATE TABLE AS

```
CREATE TABLE TABLE_NAME AS
SELECT COLUMN1, COLUMN2,...
FROM TABLE_NAME
[ WHERE CONDITIONS ]
[ GROUP BY COLUMN1, COLUMN2,...]
[ HAVING CONDITIONS ]
```

说明：由另一张表创建表。

A.1.8　CREATE TYPE

```
CREATE TYPE typename AS OBJECT
( COLUMN1    DATA_TYPE    [NULL|NOT NULL],
  COLUMN2    DATA_TYPE    [NULL|NOT NULL])
```

说明：创建用户自定义类型，可用于定义表中的列。

A.1.9　CREATE USER

```
CREATE USER username IDENTIFIED BY password
```

说明：创建数据库用户账户。

A.1.10　CREATE VIEW

```
CREATE VIEW AS
SELECT COLUMN1, COLUMN2,...
FROM TABLE_NAME
[ WHERE CONDITIONS ]
[ GROUP BY COLUMN1, COLUMN2,... ]
[ HAVING CONDITIONS ]
```

说明：创建表的视图。

A.1.11 DELETE

```
DELETE
FROM TABLE_NAME
[ WHERE CONDITIONS ]
```

说明：删除表中的数据行。

A.1.12 DROP INDEX

```
DROP INDEX INDEX_NAME
```

说明：删除表的索引。

A.1.13 DROP TABLE

```
DROP TABLE TABLE_NAME
```

说明：从数据库中删除表。

A.1.14 DROP USER

```
DROP USER user1 [, user2, ...]
```

说明：从数据库中删除用户账户。

A.1.15 DROP VIEW

```
DROP VIEW VIEW_NAME
```

说明：删除表的视图。

A.1.16 GRANT

```
GRANT PRIVILEGE1, PRIVILEGE2, ... TO USER_NAME
```

说明：为用户赋权。

A.1.17 INSERT

```
INSERT INTO TABLE_NAME [ (COLUMN1, COLUMN2,...]
VALUES ('VALUE1','VALUE2',...)
```

说明：在表中插入数据。

A.1.18 INSERT...SELECT

```
INSERT INTO TABLE_NAME
SELECT COLUMN1, COLUMN2
```

```
FROM TABLE_NAME
[ WHERE CONDITIONS ]
```

说明：在表中插入数据，数据源自另一张表。

A.1.19 REVOKE

```
REVOKE PRIVILEGE1, PRIVILEGE2, ... FROM USER_NAME
```

说明：撤销用户权限。

A.1.20 ROLLBACK

```
ROLLBACK [ TO SAVEPOINT_NAME ]
```

说明：撤销数据库事务。

A.1.21 SAVEPOINT

```
SAVEPOINT SAVEPOINT_NAME
```

说明：创建一个事务保存点，必要时用于回滚。

A.1.22 SELECT

```
SELECT [ DISTINCT ] COLUMN1, COLUMN2,...
FROM TABLE1, TABLE2,...
[ WHERE CONDITIONS ]
[ GROUP BY COLUMN1, COLUMN2,...]
[ HAVING CONDITIONS ]
[ ORDER BY COLUMN1, COLUMN2,...]
```

说明：从一张或多张数据库表中返回数据，用于创建查询。

A.1.23 UPDATE

```
UPDATE TABLE_NAME
SET COLUMN1 = 'VALUE1',
    COLUMN2 = 'VALUE2',...
[ WHERE CONDITIONS ]
```

说明：更新表中现有数据。

A.2 SQL 查询子句

A.2.1 SELECT

```
SELECT *
```

```
SELECT COLUMN1, COLUMN2,...
SELECT DISTINCT (COLUMN1)
SELECT COUNT(*)
```

说明：定义需在查询结果中显示的列。

A.2.2 FROM

```
FROM TABLE1, TABLE2, TABLE3,...
```

说明：定义从中获取数据的表。

A.2.3 WHERE

```
WHERE COLUMN1 = 'VALUE1'
  AND COLUMN2 = 'VALUE2'
...
WHERE COLUMN1 = 'VALUE1'
  OR COLUMN2 = 'VALUE2'
...
WHERE COLUMN IN ('VALUE1' [, 'VALUE2'] )
```

说明：定义查询条件，限制需要返回的数据。

A.2.4 GROUP BY

```
GROUP BY GROUP_COLUMN1, GROUP_COLUMN2,...
```

说明：将输出结果划分为逻辑组；也是一种形式的排序操作。

A.2.5 HAVING

```
HAVING GROUP_COLUMN1 = 'VALUE1'
   AND GROUP_COLUMN2 = 'VALUE2'
...
```

说明：在 GROUP BY 子句上设置条件；效果类似于 WHERE 子句。

A.2.6 ORDER BY

```
ORDER BY COLUMN1, COLUMN2,...
ORDER BY 1,2,...
```

说明：对查询结果进行排序。

附录 B

流行供应商的 RDBMS 产品

安装示例和实践练习用到的 Oracle 数据库软件

第 3 章介绍了 Oracle 的下载和安装步骤，以及如何创建本书所用 BIRD 数据库的表和数据。

第 3 章还给出了 Oracle 在 Windows 操作系统中的安装说明，介绍了创建示例数据库的表和数据的过程。Oracle 是本书的示例和实践练习所用到的数据库。Oracle 也可在其他操作系统中使用，包括 macOS 和 Linux。在本书成稿时，这些说明都是准确的。作者和 Sams Publishing 均不对软件或软件支持作出任何保证。对于任何安装问题，或需要咨询软件支持，请参考具体的产品文档或联系客服。

附录 C

测试题和习题答案

第 1 章

一、测试题

1. SQL 的含义是什么？

答：结构化查询语言（Structured Query Language）。

2. 什么是模式？请举例说明。

答：模式是一个数据库用户所拥有的数据库对象的集合，可供数据库中的其他用户使用。BIRDS 数据库中的那些表就是模式的一个示例。

3. 关系型数据库中的逻辑和物理组件有什么不同？它们之间有什么关系？

答：逻辑组件用于构思和建模数据库（实体和属性）。物理组件是基于数据库设计创建的实际对象，例如表。

4. 在关系型数据库中，参照完整性的定义和强制实施是用什么键完成的？

答：主键和外键。

5. 关系型数据库中最基本的对象类型是什么？

答：表。

6. 这个最基本的对象由哪些元素组成？

答：列。

7. 主键列的值必须唯一吗？

答：是的。

8. 外键列的值必须唯一吗？

答：不是。

二、习题

以下习题请参考图 1.6。

1. Mary Smith 的亲属都有谁？

答：John 和 Mary Ann。

2. 有多少员工没有亲属？

答：有一位，Bob Jones。

3. DEPENDENTS 表中有多少个外键值是重复的？

答：3 个。

4. Tim 的父母或监护人是谁？

答：Ron Burk。

5. 哪位员工可删除，而不必先删除任何亲属记录？

答：Bob Jones。

第 2 章

一、测试题

1. SQL 命令分为哪 6 类？

答：

- ➢ 数据定义语言（Data Definition Language，DDL）;
- ➢ 数据操纵语言（Data Manipulation Language，DML）;
- ➢ 数据查询语言（Data Query Language，DQL）;
- ➢ 数据控制语言（Data Control Language，DCL）;
- ➢ 数据管理命令（Data administration commands，DAC）;
- ➢ 事务控制命令（Transactional control commands，TCC）。

2. 数据管理命令和数据库管理有什么区别？

答：数据管理命令让用户能对数据库中的数据执行审计类的功能，而数据库管理涉及数据库和相关资源的整体管理。

3. SQL 标准有哪些好处？

答：SQL 标准鼓励不同供应商的 SQL 产品保持一致性。这样在各种产品中都能应用 SQL 知识，并且不同产品间的数据可移植性也会更好。标准能确保技术中的核心基础是一致的。SQL 语言本身并不特定于哪种产品。

二、习题

1. 标明以下 SQL 命令的类别：

```
CREATE TABLE
DELETE
SELECT
INSERT
ALTER TABLE
UPDATE
```

答：CREATE TABLE 的类别为 DDL；DELETE 的类别为 DML；SELECT 的类别为 DQL；INSERT 的类别为 DML；ALTER TABLE 的类别为 DDL；UPDATE 的类别为 DML。

2. 列出用于操作数据的基础 SQL 语句。

答：INSERT、UPDATE 和 DELETE。

3. 列出用于查询关系型数据库的 SQL 语句。

答：SELECT。

4. 用于保存事务的事务控制命令是哪一个？

答：COMMIT。

5. 用于撤销事务的事务控制命令是哪一个？

答：ROLLBACK。

第 3 章

一、测试题

1. 实体和表有什么区别？

答：实体是设计数据库时用来表示表的逻辑对象。表是根据实体生成的物理对象，即包含数据的物理对象。

2. 实体 BIRD_FOOD 有什么用途？

答：它是帮助 BIRDS 和 FOOD 之间建立关系的基表。

3. 拍照地点与鸟类的食物可能有什么关系？

答：有些鸟类在某些地点发现的可能性更大，在有某些食物的地方更有可能拍到它们的照片。

4. ERD 是什么意思？

答：实体关系图（Entity Relationship Diagram）。

5. BIRDS 数据库中的实体间存在多少直接关系？

答：9 个。

6. 命名标准又称什么？

答：命名规范（naming convention）。

二、习题

1. 举出一个例子，说明可能并入该数据库的实体或属性。

答：可能加入鸟类的捕食者，列出捕食者 ID 及其信息。可能还需要有一张基表帮助实体和 BIRDS 之间建立关系。

2. 根据图 3.2 举出一些可用作主键的例子。

答：BIRD_ID、FOOD_ID、MIGRATION_ID、LOCATION_ID。

3. 根据图 3.2 举出一些可用作外键的例子。

答：基表中的 BIRD_ID、FOOD_ID 等。

第 4 章

一、测试题

请参考本章列出的 BIRDS 数据库中的数据。

1. 为什么 BIRDS 表要分成两组输出？

答：只是为了提高可读性，这样数据就不会换行了。

2. 为什么第一次执行 tables.sql 文件时会报错？

答：第一次运行脚本时表或数据都还不存在，因此脚本中的 DROP TABLE 语句无法运行。

3. 为什么第一次执行 data.sql 文件时会显示删除零行？

答：第一次运行脚本时表中还没有数据。

4. 管理员用户在创建一个用户后，在该用户能够创建和管理数据库对象之前还必须做什么？

答：管理员必须授予用户适当的权限，使其能够创建和管理数据库对象。这些权限因 SQL 产品而各不相同。

5. BIRDS 数据库中有多少张表？

答：目前是 10 张表。

二、习题

请参考本章给出的 BIRDS 数据库中的数据。

1. 列举一些 BIRDS 数据库中的父表。

答：BIRDS、FOOD、MIGRATION。

2. 列举一些 BIRDS 数据库中的子表。

答：BIRDS_FOOD、NICKNAMES。

3. 此数据库中共有多少种不同的鸟类？

答：23 种。

4. Bald Eagle 的食物是什么？

答：Fish、carrion、ducks。

5. 谁建造的鸟巢最多，雄鸟、雌鸟还是两者一起？

答：雌鸟。

6. 有多少种鸟类迁徙到中美洲？

答：12 种。

7. 哪一种鸟的育雏时间最长？

答：Mute Swan，190 天。

8. 哪些鸟的别名中带有 eagle？

答：Bald Eagle、Golden Eagle。

9. 此数据库中最受欢迎的鸟类迁徙地点是哪里？

答：Southern United States。

10. 哪些鸟的食谱最丰富？

答：American Crow、Golden Eagle。

11. 吃鱼的鸟的平均翼展是多少？

答：52.35 英寸。

第 5 章

一、测试题

1. 数据库设计和 SQL 有什么关系？

答：您至少应了解关系型数据库设计的基础知识，这一点比较重要，这样您才能充分发挥用 SQL 理解数据的潜力，了解数据库中数据之间的关系，并知道如何有效地处理数据。

2. 为数据库的数据和关系建模用到的是什么图？字段在物理数据库中也称什么？

答：实体关系图（ERD）；列。

3. 在数据库设计过程中，数据分组（也称实体）会成为物理数据库中什么类型的对象？

答：表。

4. 逻辑设计和物理设计有什么区别？

答：逻辑设计把数据初始建模为实体、属性和关系。物理设计将逻辑设计带入下一步，方式是实现参照完整性、定义数据结构并把实体转换为表。

5. 适用于数据库生命周期的 3 种常见的数据库环境是什么？

答：开发、测试和生产环境。

二、习题

1. 在后续章节中，将设计一个关于拍摄鸟类照片的野生动物摄影师的数据库。该数据库应最终可与现有的 BIRDS 数据库相融合。请花点时间复习一下 BIRDS 数据库的 ERD。这些习题的解决方案没有对错之分；重要的是解析信息的方式，以及将数据装入数据库模型的思考方式。请复习一下本章的示例，看看鸟类救助相关实体是如何并入 BIRDS 数据库中的。

答：无答案。

2. 请阅读并分析要并入 BIRDS 数据库的摄影师数据。考虑一下此数据库的内容、用途、预期用户、潜在客户等。

所有摄影师都带有姓名、地址和教育信息。他们可能获得过一些奖项，并拥有各种网站或社交媒体网页。每位摄影师还可能具有特别爱好、艺术方法、摄影风格、喜欢的鸟类等。此外，摄影师会用到各种相机和镜头，并可能使用图像编辑软件制作各种格式的媒体。他们拥有各种类型的客户，经常在某些产品上发表文章，并向出版物贡献图片。摄影师也可能是鸟类救助机构或其他非营利组织的导师或志愿者。他们的摄影水平肯定各不相同——初学者、新手、业余爱好者、合格的摄影师、熟手、艺术家或世界级大师。此外，摄影师可能会推销和销售各种产品，可能是自营，也可能是为某家组织工作。

摄影师使用的装备包括相机、镜头和编辑软件。相机具有品牌型号、传感器类型（全画幅或半画幅）、传感器像素、每秒帧数、ISO 范围和价格等信息。镜头则有品牌、类型、光圈范围和价格等信息。

答：无答案。

3. 请把野生动物摄影师的所有基本实体（或称数据分组）列成清单。这份清单就是实体的基础，最终会成为 ERD。

答：没有固定答案。对信息的看法不同，答案也不同。

4. 基于上述习题得到的清单，请绘制一张简单的数据模型图。图中的实体之间要画上连线，以描述出关系。这是您最初的 ERD。

答：没有固定答案。对信息的看法不同，答案也不同。

5. 请把以上习题定义的每个野生动物摄影师实体内的所有基本属性（或称字段）列成清单。这是实体的基本情况，最终会成为 ERD。

答：没有固定答案。对信息的看法不同，答案也不同。

第 6 章

一、测试题

1. 在关系型数据库中，实体之间的 4 种基本关系是什么？

答：一对一、一对多、多对多、递归关系。

2. 在哪种关系中，属性与同一张表的另一个属性关联？

答：递归关系。

3. 在关系型数据库中，用来强制实施参照完整性的是什么约束或键？

答：主键和外键约束。

4. 在关系型数据库中，如果主键代表父记录，那么什么代表子记录？

答：外键代表子记录。

二、习题

1. 假设有如下数据分组和字段清单，作为即将并入 BIRDS 数据库的摄影师信息。这里给出的只是些最起码的数据，以便您在后续几章完成建库工作。可以采用自己想到的其他清单，或者可将自己的数据清单与本例数据组合起来。请记住，您提出的解决方案可能与示例方案不同。本书通篇都会如此，尽管根据您解析数据的方式不同，许多解决方案可能与书中的方案不大一样，但产生的结果依然会相同、相似甚至会更好。还请记住，以下数据只是可以由第 5 章介绍的内容得出的数据的子集。图 6.12 提示了可能会在哪里找到递归关系。请完成您认为合适的其他关系。

摄影师数据的字段清单可能如下所示，这里只是数量有限的示例：

```
PHOTOGRAPHERS
    Photographer_Id
    Photographer_Name
    Photographer_Contact_Info
```

```
        Education
        Website
        Mentor

STYLES
        Style_Id
        Style

CAMERAS
        Camera_Id
        Camera_Make
        Camera_Model
        Sensor_Type
        Megapixels
        Frames_Per_Second
        ISO_Range
        Cost

LENSES
        Lens_Id
        Lens_Make
        Lens_Type
        Aperature_Range
        Cost
```

答：无答案。

2. 为将要并入 BIRDS 数据库中的摄影师信息列出一些可能存在的关系。

答：摄影师可能有多个相机，镜头可能兼容于多种相机，相机可能有多种镜头可用。

3. 为已定义的摄影师实体列出预计会构成主键的属性。

答：PHOTOGRAPHER_ID、STYLE_ID、CAMERA_ID、LENSE_ID。

4. 为已定义的摄影师实体列出预计会构成外键的属性。

答：基本实体中的外键可以是用于连接其他实体的任何属性，例如 PHOTOGRAPHERS 和 CAMERAS。

5. 绘制一张基本的 ERD，描述目前为摄影师数据设想的实体及其之间的关系。

答：没有固定答案。对信息的看法不同，答案也不同。

6. 用文字描述实体间的双向关系。在习题 5 的 ERD 中，各类关系应该已经采用本章介绍的符号表示出来了。

答：摄影师可能会有很多相机，相机可能由多位摄影师使用，等等。

7. 回答其余问题时，请参考图 6.4。其中一些问题貌似太过简单，但都与使用 SQL 命令询问数据库的问题类型相同。请记住，本书的一个主要目标是让您以 SQL 的方式思考问题。

A. Great Blue Heron 的别名是什么？

答：Big Cranky、Blue Crane。

B. Mallard 的别名是什么？

答：Green Head、Green Cap。

C. 哪些鸟的别名里带有 "green"？

答：Green Head、Green Cap。

D. 哪些鸟的别名以字母 "B" 开头？

答：Great Blue Heron。

　　E.　在示例清单中哪种鸟没有别名？

答：Common Loon、Bald Eagle。

　　F.　示例清单中有多少种不同的鸟类？

答：4 种。

　　G.　示例中每种鸟平均有多少别名？

答：1 个。

　　H.　在 BIRDS 表中是否存在可直接删除的鸟类记录，而无须先从 NICKNAMES 表中
　　　　删除别名？

答：有的。Common Loon 和 Bald Eagle 可直接删除，因为它们在本例中不带子记录。

　　I.　哪些鸟在 NICKNAMES 表中带有子记录？

答：Great Blue Heron、Mallard。

　　J.　除 BIRD_ID 字段，在所有表中是否存在重复数据？

答：没有。

第 7 章

一、测试题

1. 判断题：规范化是将数据归入逻辑相关组的过程。

答：正确。

2. 判断题：数据库中没有重复或冗余数据，并且数据库中的一切都规范化，这样总是最
佳方案。

答：错误。一般而言，经过规范化的数据库是最佳方案，但规范化水平会各不相同，具
体取决于数据及其使用方式。

3. 判断题：如果数据处于第三范式，就自动处于第一范式和第二范式。

答：正确。

4. 与规范化的数据库相比，反规范化后的数据库的主要优点是什么？

答：性能更好。

5. 反规范化的主要缺点有哪些？

答：反规范化后的数据库带有冗余数据，因此参照完整性较难强制实施，随着数据库的
发展，甚至要做出改动也更加困难。

6. 在对数据库进行规范化时，如何确定数据是否需要移入一张单独的表中？

答：如果数据不完全依赖主键，通常最好把它们移到单独的实体中，具有单独的属性。

7. 规范化过度的数据库设计有什么缺点？

答：性能下降。

8. 为什么消除冗余数据很重要?

答:保护数据完整性。

9. 最常见的规范化水平是什么?

答:第三范式。

二、习题

1. 假设您想出了类似于图 7.11 的实体,要将摄影师数据集并入 BIRDS 数据库中,请花点时间将此示例与您的示例进行比较。尽可以拿此例作为以下习题的基础,或用您自己的,或根据需要将两者组合使用。还请复习一下图 6.12,设想如何将这里的数据并入原 BIRDS 数据库中。

答:无答案。

2. 列出此示例中和您建模的 ERD 中的一些冗余数据。

答:Cameras、Styles 和 Lenses 最有可能出现冗余数据。这些数据每个摄影师都可能有多条,并且每一条数据也可与多个摄影师关联。

3. 使用第一范式的准则对您的数据库进行合理的建模。

答:

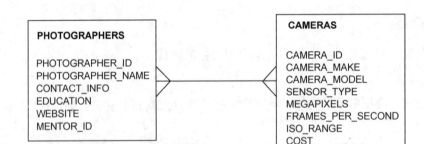

4. 使用本章给出的准则,将您的数据模型带入第二范式。

答:

5. 使用本章给出的准则,将您的数据模型带入第三范式。

答:

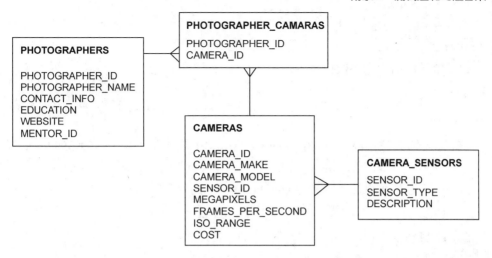

6. 描述您的第三范式模型中的所有关系。

答：每个摄影师可能使用多种不同的相机。每种相机可能由多位不同的摄影师使用。相机带有传感器，如全画幅或半画幅传感器。每种传感器可能用于多种相机。但每种相机只有一个传感器。

7. 列出您的第三范式模型中的所有主键和外键。

答：如下。

主键：PHOTOGRAPHERS.PHOTOGRAPHER_ID、PHOTOGRAPHER_ID 和 CAMERA_ID 组成 PHOTOGRAPHER_CAMERAS 的复合主键；CAMERAS.CAMERA_ID；CAMERA_SENSORS.SENSOR_ID。

外键：PHOTOGRAPHER_CAMERAS 中的 PHOTOGRAPHER_ID 引用了 PHOTOGRAPHERS 中的 PHOTOGRAPHER_ID；PHOTOGRAPHER_CAMERAS 中的 CAMERA_ID 引用了 CAMERAS 中的 CAMERA_ID；CAMERAS 中的 SENSOR_ID 引用了 CAMERA_SENSORS 中的 SENSOR_ID。

8. 您还能想出其他可以加入 ERD 中的数据吗？

答：没有固定答案。对信息的看法不同，答案也不同。

第 8 章

一、测试题

1. 3 种最基本的数据类型是什么？

答：字符、数值、日期类型。

2. 判断题：个人社会安全号码以'111111111'的格式输入，可以是以下任意一种数据类型——定长字符串、变长字符串、数值。

答：正确。

3. 判断题：数值的小数位数是指总长度限制。

答：错误。

4. 所有数据库产品的数据类型都一样吗？

答：不一样，但大多数类似，且遵循的基本规则相同。

5. 以下描述的精度和小数位数各是多少？

```
DECIMAL(4,2)
DECIMAL(10,2)
DECIMAL(14,1)
```

答：精度 4 带 2 位小数（最大值 99.99）；精度 10 带 2 位小数（99999999.99）；精度 14 带 1 位小数（9999999999999.9）。

6. 以下哪个数值可以插入定义为 DECIMAL(4,1)的列中？

A. 16.2 B. 116.2

C. 16.21 D. 1116.2

E. 1116.21

答：A 和 B。

二、习题

1. 请为下述列设定数据类型，确定合适的长度，并举例说明将在此列中输入的数据：

A. ssn B. state

C. city D. phone_number

E. zip F. last_name

G. first_name H. middle_name

I. salary J. hourly_pay_rate

K. date_hired

答：没有固定答案。理解不同，答案也不同。

2. 同样还是这些列，请确定应为 NULL 还是 NOT NULL。请一定要意识到，根据不同的应用场景，某些通常为 NOT NULL 的列可能为 NULL，反之亦然：

A. ssn B. state

C. city D. phone_number

E. zip F. last_name

G. first_name H. middle_name

I. salary J. hourly_pay_rate

K. date_hired

答：没有固定答案。理解不同，答案也不同。

3. 依据前几章给出的鸟类救助机构数据，设定合适的数据类型和是否可 NULL。

答：没有固定答案。理解不同，答案也不同。

4. 依据已建模的摄影师数据，设定合适的数据类型和是否可 NULL。

答：没有固定答案。理解不同，答案也不同。

第9章

一、测试题

1. 在数据库中创建的最常见的用于存储数据的对象是什么?

答:表。

2. 能否删除表中的某一列?

答:可以,但如果违反预定义的数据规则或约束条件,则无法删除列或任何表元素。

3. 要在之前的 BIRDS 表中创建一个主键约束,该执行什么语句?

答:ALTER TABLE。

4. 要允许之前的 BIRDS 表中的 WINGSPAN 列接受 NULL 值,该提交什么语句?

答:

```
ALTER TABLE modify WINGSPAN null;
```

5. 为了限制之前的 MIGRATION 表中可加入的鸟类,只允许迁移至某些地点的鸟类,该用什么语句?

答:

```
ALTER TABLE MIGRATION ADD CONSTRAINT CHK_LOC CHECK (MIGRATION_LOCATION IN
('LOCATION1', 'LOCATION2');
```

6. 为了给之前的 BIRDS 表添加名为 BIRD_ID 的自增列,同时符合 MySQL 和 SQL Server 语法,该用什么语句?

答:

```
CREATE TABLE BIRDS
 (BIRD_ID  SERIAL,
 BIRD_NAME VARCHAR(30));
```

7. 创建现有表的副本可用什么 SQL 语句?

答:

```
CREATE TABLE AS SELECT…
```

二、习题

本章的习题需参阅前几章的 BIRDS 数据库示例,以及已并入 BIRDS 数据库的救助机构和摄影师信息。到目前为止,已经为要并入 BIRDS 数据库的摄影师数据设计了实体。请回顾一下您已形成的想法,并将这些信息应用于以下习题。

1. 基于之前已建模的摄影师数据,运用本章介绍的 SQL 命令创建一个物理数据库,该数据库将并入 BIRDS 数据库。

答:答案因人而异。

2. 请考虑一下,您的表中有哪些列是能够以任意方式修改的。请以 ALTER TABLE 命令为例改变一张表的定义方式。

答:答案因人而异。

3. 您是否用 SQL 和 CREATE TABLE 语句定义了所有的主键和外键约束?如果没有,请使用 ALTER TABLE 语句至少定义一个。

答:答案因人而异。

4. 您能想到可对摄影师数据加上什么检查约束吗？如果想到了，请用 ALTER TABLE 语句加上合适的约束。

答：答案因人而异。

第 10 章

一、测试题

1. INSERT 语句中是否一定要提供列的清单？

答：如果按照表内定义的顺序在所有列都插入数据，则不必指定列的清单。

2. 如果某一列不想输入值，该怎么做？

答：可用关键字 NULL 或"（两个单引号间没有值）来插入 NULL 值。

3. 为什么在 UPDATE 和 DELETE 中使用 WHERE 子句很重要？

答：如果不用 WHERE 子句指定条件，这两条 SQL 语句就会更新或删除表中所有数据。

4. 若要检查 UPDATE 或 DELETE 影响的数据行是否符合预期，有什么简单的方法？

答：在执行 UPDATE 或 DELETE 之前，用其 WHERE 子句的相同查询条件执行一条 SELECT 语句。

二、习题

1. 请复习 BIRDS 数据库中各表的结构，尤其是 BIRDS 表中的数据。以下习题将会用到这些数据。

答：无答案。

2. 用 SELECT 语句显示 BIRDS 表当前的所有数据。

答：
```
SELECT * FROM BIRDS;
```

3. 基于 BIRDS 表新建一张名为 TALL_BIRDS 的表，其中包含 BIRD_ID、BIRD_NAME 和 WINGSPAN 列。

答：
```
CREATE TABLE TALL_BIRDS AS
SELECT BIRD_ID, BIRD_NAME, WINGSPAN
FROM BIRDS;
```

4. 将 BIRDS 表中身高大于 30 英寸的鸟类数据插入 TALL_BIRDS 表。

答：
```
INSERT INTO TALL_BIRDS
SELECT BIRD_ID, BIRD_NAME, WINGSPAN
FROM BIRDS
WHERE HEIGHT > 30;
```

5. 用 SELECT 语句显示 TALL_BIRDS 表所有新插入的数据。

答：
```
SELECT * FROM TALL_BIRDS;
```

6. 将以下数据插入 TALL_BIRDS 表：

```
BIRD_NAME = Great Egret
```

```
HEIGHT = 40
WINGSPAN = 66
```

答：

```
INSERT INTO TALL_BIRDS VALUES (24, 'Great Egret', 66);
```

7. 将 BIRDS 表中鸟类名称列的数据值全都更新为 "Bird"。命令是否执行成功？为什么？

答：

```
UPDATED TALL_BIRDS
SET BIRD_NAME = 'Bird';
```

8. 将 TALL_BIRDS 表中每种鸟的翼展更新为 NULL 值。

答：

```
UPDATE TALL_BIRDS
SET WINGSPAN = null;
```

9. 从 TALL_BIRDS 表中删除 Great Egret 的记录。

答：

```
DELETE FROM TALL_BIRDS
WHERE BIRD_ID = 24;
```

10. 从 TALL_BIRDS 表中删除所有剩余的数据行。

答：

```
DELETE FROM TALL_BIRDS;
```

11. 删除 TALL_BIRDS 表。

答：

```
DROP TABLE TALL_BIRDS;
```

第 11 章

一、测试题

1. 判断题：如果已有一些事务做了提交，还剩几个事务没有提交，这时如果发出 ROLLBACK 命令，则同一会话中的所有事务都会撤销。

答：错误。只会撤销上次执行 COMMIT 或 ROLLBACK 命令之后的事务。

2. 判断题：SAVEPOINT 或 SAVE TRANSACTION 命令能在执行了指定数量的事务后用于保存事务。

答：错误。SAVEPOINT 只是事务过程中的一个标记，用于为 COMMIT 或 ROLLBACK 提供逻辑引用点。

3. 简述以下命令的用途：COMMIT、ROLLBACK 和 SAVEPOINT。

答：COMMIT 将自上次 COMMIT 或 ROLLBACK 以来的操作保存到数据库。ROLLBACK 撤销自上次 COMMIT 或 ROLLBACK 以来的所有事务。SAVEPOINT 在事务中创建逻辑或阶段性标记。

4. Microsoft SQL Server 中的事务有什么不同？

答：语法上稍有差别，但概念是相同的。

5. 使用事务会对性能产生哪些影响？

答：事务控制得不好会降低数据库的性能，甚至会让数据库停止运行。在大数据量的插入、更新或删除过程中，事务失控可能会导致数据库性能反复下降。大数据量的批处理过程还会导致回滚信息占用的临时存储持续增加，直至执行 COMMIT 或 ROLLBACK 命令才会释放。

6. 如果用了多个 SAVEPOINT 或 SAVE TRANSACTION 命令，能回滚多次吗？

答：可以，可以回滚到前一次的 SAVEPOINT 位置。

二、习题

1. 请基于 BIRDS 数据库创建以下表，以供下面的习题使用。

  A. 用 CREATE TABLE table_name AS SELECT...命令基于原表 BIRDS 创建名为 BIG_BIRDS 的表。BIG_BIRDS 表中只包含 BIRD_ID、BIRD_NAME、HEIGHT、WEIGHT 和 WINGSPAN 列。请用 WHERE 子句只把翼展大于 48 英寸的记录加进来。

  答：
```
CREATE TABLE BIG_BIRDS AS
SELECT BIRD_ID, BIRD_NAME, HEIGHT, WEIGHT, WINGSPAN
FROM BIRDS
WHERE WINGSPAN > 48;
```
  B. 创建名为 LOCATIONS2 的表，原表为 LOCATIONS。

  答：
```
CREATE TABLE LOCATIONS2 AS SELECT * FROM LOCATIONS;
```

2. 编写一条查询显示 BIG_BIRDS 表中的所有记录，以熟悉数据。

答：
```
SELECT * FROM BIG_BIRDS;
```

3. 编写一条查询显示 LOCATIONS2 表中的所有记录，以熟悉数据。

答：
```
SELECT * FROM LOCATIONS2;
```

4. 将 BIG_BIRDS 表的 WINGSPAN 列改名为 AVG_WINGSPAN。

答：
```
DROP TABLE BIG_BIRDS;

CREATE TABLE BIG_BIRDS AS
SELECT BIRD_ID, BIRD_NAME, HEIGHT, WEIGHT, WINGSPAN "AVG_WINGSPAN"
FROM BIRDS
WHERE WINGSPAN > 48;
```

5. 手动计算 BIG_BIRDS 表中鸟类的平均翼展，用 UPDATE 语句将所有鸟类的 WINGSPAN 列更新为计算得出的平均翼展值。

答：
```
SELECT AVG(WINGSPAN) FROM BIG_BIRDS;

UPDATE BIG_BIRDS
SET AVG_WINGSPAN = 73;
```

6. 执行 ROLLBACK 命令。

答：
```
ROLLBACK;
```

7. 用 SELECT 语句查询 BIG_BIRDS 表的所有记录。查询的输出结果应该显示，所有

WINGSPAN 值都已经恢复到原来的值，但列名仍然是更新后的 AVG_WINGSPAN。

答：
```
SELECT * FROM BIG_BIRDS;
```
8. 为什么 ROLLBACK 能够撤销 AVG_WINGSPAN 列的数据更新，但不能撤销 UPDATE TABLE 语句所做的 WINGSPAN 列名改动呢？

答：因为上一个 COMMIT 命令没有执行。

9. 在 LOCATIONS2 表中插入一行新数据，地点名称为 Lake Tahoe。

答：
```
INSERT INTO LOCATIONS2 VALUES (7, 'Lake Tahoe');
```
10. 执行 COMMIT 命令。

答：
```
COMMIT;
```
11. 查询 LOCATIONS2 表，验证所做的更改已生效。

答：
```
SELECT * FROM LOCATIONS2;
```
12. 在 LOCATIONS2 表中插入一行新数据，地点名称为 Atlantic Ocean。

答：
```
INSERT INTO LOCATIONS2 VALUES (8, 'Atlantic Ocean');
```
13. 创建一个名为 SP1 的 SAVEPOINT。

答：
```
SAVEPOINT SP1;
```
14. 将 Atlantic Ocean 更新为 Pacific Ocean。

答：
```
UPDATE LOCATIONS2
SET LOCATION_NAME = 'Pacific Ocean'
WHERE LOCATION_NAME = 'Atlantic Ocean';
```
15. 创建一个名为 SP2 的 SAVEPOINT。

答：
```
SAVEPOINT SP2;
```
16. 将之前插入的 Lake Tahoe 更新为 Lake Erie。

答：
```
UPDATE LOCATIONS2
SET LOCATION_NAME = 'Lake Erie'
WHERE LOCATION_NAME = 'Lake Tahoe';
```
17. 创建一个名为 SP3 的 SAVEPOINT。

答：
```
SAVEPOINT SP3;
```
18. 执行 ROLLBACK 命令回滚至 SAVEPOINT SP2。

答：
```
ROLLBACK;
```
19. 查询 LOCATIONS2 表，研究回滚至保存点的 ROLLBACK 命令。

答：
```
SELECT * FROM LOCATIONS2;
```

20. 请在 BIG_BIRDS 和 LOCATIONS 表上发挥自己的创意，执行一些事务操作。请记住，这些表是原表的副本，因此无论做什么都不应影响原表的数据。另请记住，在学习本书的过程中，随时都可以重新依次运行 tables.sql 和 data.sql 脚本，将 BIRDS 数据库的表和数据恢复至最初的状态。

答：无答案。

第 12 章

一、测试题

1. 请说出所有 SELECT 语句都需要的部分。

答：SELECT 和 FROM 部分。

2. WHERE 子句中的所有数据都需要加上单引号吗？

答：数值型数据不需要加单引号。

3. WHERE 子句中可以使用多个条件吗？

答：可以。

4. DISTINCT 参数是在 WHERE 子句之前还是之后生效？

答：之后。

5. ALL 参数是必须有的吗？

答：不是。

6. 当根据字符字段排序时，对数字字符是如何处理的？

答：从 0 到 9。

7. 在大小写敏感性的处理方面，Oracle 的默认方式与 Microsoft SQL Server 有何不同？

答：默认情况下，Oracle 在判断数据时会区分大小写，而 Microsoft SQL Server 默认不区分大小写。

8. ORDER BY 子句中的字段顺序有什么重要意义？

答：ORDER BY 子句对查询返回数据进行最后的排序。

9. 在使用数字编号而不是列名时，ORDER BY 子句中的排序顺序是如何确定的？

答：ORDER BY 子句中的数字是 SELECT 子句中列位置的快捷写法。

二、习题

1. 编写一条查询语句，显示数据库中存储了多少种鸟类。

答：
```
select count(*)
from birds;
```

2. 数据库中存在多少种筑巢者？

答：
```
select count(distinct(nest_builder))
from birds;
```

3. 哪些鸟类产蛋超过 7 个?

答:
```
select bird_name
from birds
where eggs > 7;
```

4. 哪些鸟类每年繁殖超过一窝?

答:
```
select bird_name
from birds
where broods > 1;
```

5. 对 BIRDS 表编写一条查询语句,只显示鸟的名称、常规产蛋数量和孵化期。

答:
```
select bird_name, eggs, incubation
from birds;
```

6. 修改习题 5 的查询,只显示翼展大于 48 英寸的鸟。

答:
```
select bird_name, eggs, incubation
from birds
where wingspan > 48;
```

7. 按 WINGSPAN 升序对以上查询进行排序。

答:
```
select bird_name, eggs, incubation
from birds
where wingspan > 48
order by wingspan;
```

8. 按 WINGSPAN 降序对以上查询进行排序,先显示体型最大的鸟。

答:
```
select bird_name, eggs, incubation
from birds
where wingspan > 48
order by wingspan desc;
```

9. 数据库中有多少个鸟类的别名?

答:
```
select count(*)
from nicknames;
```

10. 数据库中有多少种不同的食物?

答:
```
select count(*)
from food;
```

11. 利用本章介绍的手动查询过程,确定 Bald Eagle 的食物有哪些。

答:
```
FOOD_NAME
----------
Fish
Carrion
Ducks
```

12. 附加题:用手动过程和简单 SQL 查询,列出所有吃鱼的鸟类。

答:
```
BIRD_NAME
----------------------------
Great Blue Heron
```

```
Common Loon
Bald Eagle
Golden Eagle
Osprey
Belted Kingfisher
Common Sea Gull
Ring-billed Gull
Double-crested Cormorant
Common Merganser
American Crow
Green Heron
Brown Pelican
Great Egret
Anhinga
Black Skimmer
```

第 13 章

一、测试题

1. 判断题：使用 OR 操作符时，两个条件都必须为 TRUE 才能返回数据。

答：错误。

2. 判断题：使用 IN 操作符时，必须匹配所有给出的值才能返回数据。

答：错误。

3. 判断题：在 SELECT 和 WHERE 子句中可以使用 AND 操作符。

答：错误。

4. 判断题：ANY 操作符可以接受表达式的列表。

答：正确。

5. IN 操作符的逻辑取反如何表示？

答：NOT IN。

6. ANY 和 ALL 操作符的逻辑取反如何表示？

答：<> ANY 和 <> ALL。

二、习题

1. 以下习题请使用原 BIRDS 数据库。先熟悉一下数据，编写一条 SELECT 语句返回 BIRDS 表的全部数据行。然后用本章介绍的操作符为余下的习题编写合适的 SELECT 语句。

答：
```
select * from birds;
```
2. 哪些鸟类每年繁殖两窝以上？

答：
```
select bird_name
from birds
where broods > 2;
```
3. 显示 MIGRATIONS 表中 MIGRATION_LOCATION 不是 Mexico 的全部记录。

答：
```
select *
from migration
where migration_location != 'Mexico';
```

4. 列出所有翼展小于 48 英寸的鸟类。

答：
```
select bird_name, wingspan
from birds
where wingspan < 48;
```

5. 列出所有翼展大于或等于 72 英寸的鸟类。

答：
```
select bird_name, wingspan
from birds
where wingspan >= 72;
```

6. 编写一个查询，返回翼展在 30 ~ 70 英寸的鸟类，返回字段 BIRD_NAME 和 WINGSPAN。

答：
```
select bird_name,wingspan
from birds
where wingspan between 30 and 70;
```

7. 查询所有位于 Central America 和 South America 的迁徙地点。

答：
```
select migration_location
from migration
where migration_location in ('Central America', 'South America');
```

8. 列出鸟类名称中含有单词"green"的所有记录。

答：
```
select bird_name
from birds
where bird_name like '%Green%';
```

9. 列出鸟类名称以单词"bald"开头的所有记录。

答：
```
select bird_name
from birds
where bird_name like 'Bald%';
```

10. 是否有翼展小于 20 英寸或身高小于 12 英寸的鸟类？

答：
```
select bird_name
from birds
where wingspan < 20
    or height < 12;
```

11. 是否有体重超过 5 磅且身高小于 36 英寸的鸟类？

答：
```
select bird_name
from birds
where weight > 5
and height < 36;
```

12. 列出所有不含单词"green"的鸟类名称。

答：
```
select bird_name
from birds
where bird_name not like '%Green%';
```

13. 列出所有含有三原色之一的单词的鸟类名称。

答：
```
select bird_name
from birds
```

```
where bird_name like '%Red%'
    or bird_name like '%Blue%'
    or bird_name like '%Yellow%';
```

14. 有多少种鸟与幼鸟共处时间超过 75 天？

答：

```
select bird_name, incubation + fledging
from birds
where incubation + fledging > 75;
```

15. 运用本章介绍的操作符，尝试自己编写一些查询。

答：无答案。

第 14 章

一、测试题

1. 若无论相关表中是否存在关联记录都要从一张表中返回记录，该用哪种表连接？

答：外连接。

2. JOIN 条件位于 SQL 语句中的什么部分？

答：WHERE 子句。

3. 若要判断相关表的记录之间的相等关系，该用哪种表连接？

答：等值连接。

4. 如果从两张未连接的不同表中获取数据，会发生什么情况？

答：所有表之间所有可能的数据行组合都会进行连接，称为笛卡儿积。

二、习题

1. 在数据库系统中输入以下代码，研究返回的结果集（笛卡儿积）：

```
select bird_name, migration_location
from birds, migration;
```

答：无答案。

2. 修改以上查询语句，带上合适的表连接以避免出现笛卡儿积。您可能得回顾一下第 3 章中 BIRDS 数据库的 ERD，重温一下这两张表的关联关系。

答：

```
select bird_name, migration_location
from birds,
     migration,
     birds_migration
where birds.bird_id = birds_migration.bird_id
  and migration.migration_id = birds_migration.migration_id;
```

3. 生成 Great Blue Heron 的食物清单。

答：

```
select b.bird_name, f.food_name
from birds b,
     birds_food bf,
     food f
where b.bird_id = bf.bird_id
  and bf.food_id = f.food_id
```

```
and b.bird_name = 'Great Blue Heron';
```

4. 数据库中有哪些鸟是吃鱼的？

答：

```
select b.bird_name, f.food_name
from birds b,
    birds_food bf,
    food f
where b.bird_id = bf.bird_id
  and bf.food_id = f.food_id
  and f.food_name = 'Fish';
```

5. 创建一份报表，显示迁徙到 South America 的鸟类的 BIRD_NAME 和 MIGRATION_LOCATION。

答：

```
select b.bird_name, m.migration_location
from birds b,
    birds_migration bm,
    migration m
where b.bird_id = bm.bird_id
  and bm.migration_id = m.migration_id
  and m.migration_location = 'South America';
```

6. 查询是否有翼展小于 30 英寸并且吃鱼的鸟类。

答：

```
select b.bird_name, b.wingspan, f.food_name
from birds b,
    birds_food bf,
    food f
where b.bird_id = bf.bird_id
  and bf.food_id = f.food_id
  and f.food_name = 'Fish'
  and b.wingspan < 30;
```

7. 编写一条查询语句显示以下结果：吃鱼或建巢类型为 platform nest 的鸟类的 BIRD_NAME、FOOD_NAME、NEST_TYPE。

答：

```
select b.bird_name, f.food_name, n.nest_name
from birds b,
    birds_food bf,
    food f,
    birds_nests bn,
    nests n
where b.bird_id = bf.bird_id
  and bf.food_id = f.food_id
  and b.bird_id = bn.bird_id
  and bn.nest_id = n.nest_id
  and (f.food_name = 'Fish' or n.nest_name = 'Platform');
```

8. 设想一些数据库用户、摄影师、鸟类救助人员等可能会向 BIRDS 数据库提出的问题。用表连接试验一些自己的查询。

答：无答案。

第 15 章

一、测试题

1. 为以下描述信息匹配对应的函数：

A. 选择字符串的一部分；

B. 从字符串的左右任一侧修剪字符；

C. 将所有字母改为小写；

D. 查找字符串的长度；

E. 组合字符串。

你可以从以下函数中选出对应的答案：||、RPAD、LPAD、UPPER、RTRIM、LTRIM、LENGTH、LOWER、SUBSTR、LEN。

答：

A. SUBSTR；

B. LTRIM/RTRIM；

C. LOWER；

D. LENGTH；

E. ||。

2. 判断题：在 SELECT 语句中用函数调整输出结果中的数据显示格式，也会影响数据在数据库中的存储方式。

答：错误。

3. 判断题：如果查询中有函数嵌入其他函数，那么最先解析的是最外层函数。

答：错误。函数嵌套时，最先解析的一定是最内层的函数。

二、习题

1. 编写语句将 MIGRATION_LOCATIONS 表中的每个 MIGRATION_LOCATION 都查询（显示）为单词 "Somewhere"。

答：
```
select 'Somewhere'
from migration;
```

2. 编写查询，为 BIRDS 表中的每种鸟生成如下格式的结果：

```
The Bald Eagle eats Fish.
The Bald Eagle eats Mammals.
Etc.
```

答：
```
select 'The ' || b.bird_name || ' eats ' || f.food_name ||'.'
from birds b,
     birds_food bf,
     food f
where b.bird_id = bf.bird_id
  and bf.food_id = f.food_id
order by b.bird_name;
```

3. 编写查询将所有鸟的别名都转换为大写。

答：
```
select upper(nickname)
from nicknames;
```

4. 使用 REPLACE 函数将 MIGRATION_LOCATION 列中的"United States"全部替换为"US"。

答：
```
select replace(migration_location, 'United States', 'US')
```

```
from migration;
```

5. 编写查询，用 RPAD 函数将 BIRDS 表中的所有数值列显示为字符型（左对齐）。

答：

```
select bird_name,
      rpad(height, 6, ' ') height,
      rpad(weight, 6, ' ') weight,
      rpad(wingspan, 8, ' ') wingspan,
      rpad(eggs, 4, ' ') eggs,
      rpad(broods, 6, ' ') broods,
      rpad(incubation, 10, ' ') incubation,
      rpad(fledging, 8, ' ') fledging
from birds;
```

6. 编写查询为 BIRDS 表中的 heron 生成以下结果。

```
BIRD_NAME                          TYPE OF HERON
------------------------------     --------------------
Great Blue Heron                   Great Blue
Green Heron                        Green

2 rows selected.
```

答：

```
select bird_name,
       ltrim(bird_name, ' ') "TYPE OF HERON"
from birds
where bird_name like '%Heron%';
```

7. 请在自己的数据库中试用一下本章介绍的函数。试错法是学习查询语句的好方法，因为函数不会影响实际存储于数据库中的数据。

答：无答案。

第 16 章

一、测试题

1. 系统日期和时间通常来自何处？

答：系统日期和时间是由主机操作系统的当前日期和时间得来的。

2. DATETIME 值的标准内部元素有哪些？

答：年份、月份、日、一天中的时刻、一星期中的第几天。

3. 对于国际公司而言，在显示和比较日期和时间值时，主要应考虑什么因素？

答：时区。

4. 字符串格式的日期值能否与 DATETIME 类型的日期值进行比较？

答：可以，用 TO_DATE 转换函数即可。

5. 在 SQL Server 和 Oracle 中，用什么方式获取当前日期和时间？

答：用系统日期函数，比如 Oracle 中用 "SELECT SYSDATE FROM DUAL；"。

二、习题

1. 在 SQL 提示符下输入以下 SQL 代码，显示数据库当前日期：

```
SELECT SYSDATE FROM DUAL;
```

答：无答案。

2. 创建 PHOTOGRAPHERS 表，并插入本章一开始给出的数据，以供本章习题使用。

答：

```
create table photographers2
(p_id           number(3)       not null        primary key,
Photographer    varchar(30)     not null,
mentor_p_id     number(3)       null,
dob             date            not null,
dt_start_photo date            not null,
constraint p2_fk1 foreign key (mentor_p_id) references photographers2 (p_id));


insert into photographers2 values
( 7, 'Ryan Notstephens' , null, '07-16-1975', '07-16-1989');

insert into photographers2 values
( 8, 'Susan Willamson' , null, '12-03-1979', '02-22-2016');

insert into photographers2 values
( 9, 'Mark Fife' , null, '01-31-1982', '12-25-2000');

insert into photographers2 values
( 1, 'Shooter McGavin' , null, '02-24-2005', '01-01-2019');

insert into photographers2 values
( 2, 'Jenny Forest' , 8, '08-15-1963', '08-16-1983');

insert into photographers2 values
( 3, 'Steve Hamm' , null, '09-14-1969', '01-01-2000');

insert into photographers2 values
( 4, 'Harry Henderson' , 9, '03-22-1985', '05-16-2011');

insert into photographers2 values
( 5, 'Kelly Hairtrigger' , 8, '01-25-2001', '02-01-2019');

insert into photographers2 values
( 6, 'Gordon Flash' , null, '09-14-1971', '10-10-2010');

insert into photographers2 values
( 10, 'Kate Kapteur' , 7, '09-14-1969', '11-07-1976');

commit;
```

3. 编写一条查询语句显示刚创建的 PHOTOGRAPHERS 表中的所有数据。

答：

```
select * from photographers2;
```

4. 在一条查询中用系统日期计算自己的年龄。

答：

```
select round((sysdate - to_date('09-14-1969','mm-dd-yyyy'))/365) age
from dual;
```

5. 显示每个摄影师出生那天是星期几。

答：

```
select photographer, to_char(dob, 'Day') "DAY OF BIRTH"
from photographers2;
```

6. Harry Henderson 的年龄有多大（当然需要四舍五入）？

答：

```
select round((sysdate - dob)/365) age
from photographers2
```

```
where photographer = 'Harry Henderson';
```

7. 哪位摄影师拍照历史最久？

答：

```
select photographer,
       round((sysdate - dt_start_photo)/365) "YEARS TAKING PHOTOS"
from photographers2
order by 2 desc;
```

8. 是否有多位摄影师在同一天出生？

答：

```
select photographer, to_char(dob, 'Day') "DAY OF BIRTH"
from photographers2
order by 2;
```

9. 哪些摄影师是从新年伊始开始拍照的？

答：

```
select photographer
from photographers2
where to_char(dt_start_photo, 'Mon dd') = 'Jan 01';
```

10. 编写一个查询，确定今天是一年中的第几天。

答：

```
select to_char(sysdate, 'DDD')
from dual;
```

11. 数据库中所有摄影师的年龄合计是多少？

答：

```
select round(sum((sysdate - dob)/365)) "COMBINED AGES OF ALL PHOTOGRAPHERS"
from photographers2;
```

12. 哪位摄影师开始拍照的年龄最小？

答：

```
select photographer,
       round((dt_start_photo - dob)/365) "AGE STARTED TAKING PHOTOS"
from photographers2
order by 2;
```

13. 尽情用这个数据库想出一些自己的查询来，哪怕只是用到了系统日期。

答：无答案。

第 17 章

一、测试题

1. 判断题：AVG 函数返回 SELECT 列中所有行的平均值，包括 NULL 值。

答：错误。NULL 值不会计入。

2. 判断题：SUM 函数汇总所有列的值。

答：正确。

3. 判断题：COUNT(*)函数对表中的所有行进行计数。

答：正确。

4. 判断题：COUNT([column name])函数计入 NULL 值。

答：错误。只会返回某列中非 NULL 值的计数。

5. 以下 SELECT 语句是否有效？如果无效，该怎么修复？

A. SELECT COUNT * FROM BIRDS;

答：无效。星号需用括号括起来：
```
SELECT COUNT(*)FROM BIRDS;
```
B. SELECT COUNT(BIRD_ID), BIRD_NAME FROM BIRDS;

答：有效。

C. SELECT MIN(WEIGHT), MAX(HEIGHT) FROM BIRDS WHERE WINGSPAN > 48;

答：有效。

D. SELECT COUNT(DISTINCT BIRD_ID) FROM BIRDS;

答：无效，必须再用括号把 BIRD_ID 括起来：
```
SELECT COUNT(DISTINCT(BIRD_ID)) FROM BIRDS;
```
E. SELECT AVG(BIRD_NAME) FROM BIRDS;

答：无效，非数字列无法计算平均值。

6. HAVING 子句有什么用途？它与其他哪个子句最相似？

答：HAVING 子句为 GROUP BY 子句中定义的组设置约束条件。HAVING 的功能类似于 WHERE BY 子句。

7. 判断题：在使用 HAVING 子句时，必须同时使用 GROUP BY 子句。

答：正确。HAVING 子句适用于 GROUP BY 子句返回的数据。

8. 判断题：SELECT 列必须以相同的顺序出现在 GROUP BY 子句中。

答：正确。

9. 判断题：HAVING 子句告诉 GROUP BY 子句需要包括哪些数据分组。

答：正确。

二、习题

1. 鸟类平均翼展是多少？

答：
```
select avg(wingspan)
from birds;
```
2. 吃鱼的鸟类的平均翼展是多少？

答：
```
select avg(b.wingspan)
from birds b,
     birds_food bf,
     food f
where b.bird_id = bf.bird_id
  and bf.food_id = f.food_id
  and f.food_name = 'Fish';
```
3. Common Loon 吃几种食物？

答：
```
select count(bf.food_id)
from birds b,
     birds_food bf
where b.bird_id = bf.bird_id
  and b.bird_name = 'Common Loon';
```

4. 每种鸟巢的平均鸟蛋数量是多少？

答：
```
select n.nest_name, avg(b.eggs)
from birds b,
     birds_nests bn,
     nests n
where b.bird_id = bn.bird_id
  and bn.nest_id = n.nest_id
group by n.nest_name;
```

5. 哪种鸟体重最轻？

答：
```
select min(weight)
from birds;

select bird_name
from birds
where weight = "weigh from previous query";
```

6. 生成一份以下所有数据都高于平均水平的鸟类清单：身高、体重和翼展。

答：
```
select avg(wingspan) from birds;
select avg(height) from birds;
select avg(weight) from birds;

select bird_name
from birds
where wingspan > "value from previous query"
  and height > "value from previous query"
  and weight > "value from previous query";
```

7. 编写查询语句生成所有迁徙地点及其平均翼展的清单，但只针对平均翼展大于 48 英寸的鸟类。

答：
```
select m.migration_location, avg(b.wingspan)
from migration m,
     birds_migration bm,
     birds b
where m.migration_id = bm.migration_id
  and bm.bird_id = b.bird_id
group by m.migration_location
having avg(b.wingspan) > 48;
```

8. 编写一个查询显示所有摄影师的名单和每位摄影师指导的摄影师数量。

答：
```
select p2b.photographer, count(p2a.photographer)
from photographers2 p2a,
     photographers2 p2b
where p2a.mentor_p_id(+) = p2b.p_id
group by p2b.photographer;
```

9. 自己用聚合函数和前几章学的其他函数进行实验。

答：无答案。

第 18 章

一、测试题

1. 与 SELECT 语句合作的子查询有什么功能？

答：子查询会返回一组数据，代入主查询的 WHERE 子句中。

2. 带有子查询的 UPDATE 语句能否对多个列进行更新?

答:可以。

3. 子查询中能再嵌入子查询吗?

答:可以。

4. 如果子查询中的列与主查询中的列有关联,那么这个子查询叫什么?

答:关联子查询。

5. 举例说明访问子查询时不能使用的操作符。

答:BETWEEN。

二、习题

1. 编写一个带有子查询的查询语句,为 BIRDS 表中翼展小于平均翼展的鸟类创建鸟类名称及其翼展的清单。

答:
```
select bird_name, wingspan
from birds
where wingspan < (select avg(wingspan)
                  from birds);
```

2. 创建一张鸟类名称及其相关迁徙地点的清单,其中只包含有迁徙地点的鸟类,且其翼展大于平均值。

答:
```
select b.bird_name, m.migration_location
from birds b,
     birds_migration bm,
     migration m
where b.bird_id = bm.bird_id
  and bm.migration_id = m.migration_id
  and b.wingspan > (select avg(wingspan)
                    from birds);
```

3. 使用子查询查找数据库中最矮鸟类的食物。

答:
```
select b.bird_name, f.food_name
from birds b,
     birds_food bf,
     food f
where b.bird_id = bf.bird_id
  and bf.food_id = f.food_id
  and b.height = (select min(height) from birds);
```

4. 运用子查询的概念,根据以下信息创建一张名为 BIRD_APPETIZERS 的新表。新表应列出 FOOD_ID 和 FOOD_NAME,但只包含身高在 25% 以下的鸟类的食物。

答:
```
create table bird_appetizers as
select food_id, food_name
from food
where food_id in (select bf.food_id
                  from birds_food bf,
                       birds b
                  where bf.bird_id = b.bird_id
                    and b.height < (select avg(height) * .5
                                    from birds));

select * from bird_appetizers;
```

第 19 章

一、测试题

1. 为以下描述信息匹配对应的操作符：
   A. 显示重复记录；
   B. 只返回第一个查询结果中与第二个查询结果匹配的记录；
   C. 返回不重复记录；
   D. 只返回第一个查询中未被第二个查询返回的记录。

你可以从以下操作符中选出对应的答案：UNION、INTERSECT、UNION ALL、EXCEPT。

答：
   A. UNION ALL
   B. INTERSECT
   C. UNION
   D. EXCEPT（MINUS）

2. 一条组合查询中可以使用几次 ORDER BY？

答：一次。

3. 一条组合查询中可以使用几次 GROUP BY？

答：组合查询中每个 SELECT 只能用一次 GROUP BY。

4. 一条组合查询中可以使用几次 HAVING？

答：组合查询中每个 SELECT 只能用一次 HAVING。

5. 假设有一个用到 EXCEPT（或 MINUS）操作符的查询。如果第一个 SELECT 语句返回 10 行不同的记录，第二个 SELECT 语句返回 4 行不同的数据。那么最终组合查询的结果返回多少行数据？

答：6 行。

二、习题

1. 请用以下 SQL 代码创建一张表，然后编写语句查询所有记录。

```
SQL> create table birds_menu as
  2  select b.bird_id, b.bird_name,
  3      b.incubation + b.fledging parent_time,
  4      f.food_name
  5  from birds b,
  6    food f,
  7    birds_food bf
  8  where b.bird_id = bf.bird_id
  9    and bf.food_id = f.food_id
 10    and f.food_name in ('Crustaceans', 'Insects', 'Seeds', 'Snakes')
 11  order by 1;
```

答：
```
select * from birds_menu;
```

2. 请执行以下查询并研究结果。第一条查询，查询的是上表中育雏时间超过 85 天的鸟

类名称。第二条查询，查询的是上表中育雏时间小于或等于 85 天的鸟类名称。第三条查询用
UNION 操作符组合前两条查询。

```
SQL> select bird_name
  2  from birds_menu
  3  where parent_time > 85
  4  order by 1;

SQL> select bird_name
  2  from birds_menu
  3  where parent_time <= 85
  4  order by 1;

SQL> select bird_name
  2  from birds_menu
  3  where parent_time > 85
  4  UNION
  5  select bird_name
  6  from birds_menu
  7  where parent_time <= 85
  8  order by 1;
```

答：无答案。

3. 执行以下 SQL 语句，使用 UNION ALL 操作符练习上一题的查询，并将结果与上一题
进行比较。

```
SQL> select bird_name
  2  from birds_menu
  3  where parent_time > 85
  4  UNION ALL
  5  select bird_name
  6  from birds_menu
  7  where parent_time <= 85
  8  order by 1;
```

答：无答案。

4. 执行以下 SQL 语句，练习 INTERSECT 操作符的使用，并将结果与 BIRDS_MENU 表
中的数据进行比较。

```
SQL> select bird_name
  2  from birds_menu
  3  INTERSECT
  4  select bird_name
  5  from birds_menu
  6  where food_name in ('Insects', 'Snakes')
  7  order by 1;
```

答：无答案。

5. 执行以下 SQL 语句，练习 MINUS 操作符的使用，并将结果与 BIRDS_MENU 表中的
数据进行比较。

```
SQL> select bird_name
  2  from birds_menu
  3  MINUS
  4  select bird_name
  5  from birds_menu
  6  where food_name in ('Insects', 'Snakes')
  7  order by 1;
```

答：无答案。

6. 执行以下 SQL 语句，返回 BIRDS_MENU 表中每种鸟的食物种类数。

```
SQL> select bird_name, count(food_name)
  2  from birds_menu
  3  group by bird_name;
```

答：无答案。

7. 执行以下 SQL 语句，在查询中使用聚合函数。认真研究结果。

```
SQL> select bird_name, count(food_name)
  2  from birds_menu
  3  where parent_time > 100
  4  group by bird_name
  5  UNION
  6  select bird_name, count(food_name)
  7  from birds_menu
  8  where parent_time < 80
  9  group by bird_name;
```

答：无答案。

8. 利用以上习题创建的新表，或 BIRDS 数据库中的任何其他表，或目前自建的任何表，自行尝试一些组合查询。

答：无答案。

第 20 章

一、测试题

1. 在由多张表创建的视图中，能删除一行数据吗？

答：不能。

2. 在创建表时，所有者会被自动授予该表的一些权限。在创建视图时也是如此吗？

答：是的。

3. 在创建视图时，哪个子句用于对数据进行排序？

答：GROUP BY，某些产品允许使用 ORDER BY。

4. Oracle 和 SQL Server 的视图排序功能是否相同？

答：均可使用 GROUP BY 实现排序，但 Oracle 不允许使用 ORDER BY。

5. 当由视图创建视图时，可用什么参数检查完整性约束？

答：WITH CHECK OPTION。

6. 若试图删除某个视图，但由于一个或多个底层视图而报错。这时应如何删除该视图？

答：删除底层视图和任何依赖关系。

二、习题

1. 编写一条 SQL 语句，基于 BIRDS 表的全部数据创建一个视图。查询视图中的所有数据。

答：

```
create or replace view more_birds as
select * from birds;
```

```
select * from more_birds;
```

2. 编写一条 SQL 语句，创建按每个迁徙地点汇总的鸟类平均翼展视图。查询视图中的
所有数据。

答：
```
create or replace view migration_view as
select m.migration_location, avg(b.wingspan) avg_wingspan
from migration m,
     birds_migration bm,
     birds b
where m.migration_id = bm.migration_id
  and bm.bird_id = b.bird_id
group by m.migration_location;

select * from migration_view;
```

3. 查询平均翼展视图，返回平均翼展大于平均值的迁徙地点。

答：
```
select *
from migration_view
where avg_wingspan > (select avg(avg_wingspan)
                      from migration_view);
```

4. 删除平均翼展视图。

答：
```
drop view migration_view;
```

5. 创建名为 FISH_EATERS 的视图，只显示吃鱼的鸟类。查询 FISH_EATERS 中的所
有数据。

答：
```
create or replace view fish_eaters as
select b.bird_id, b.bird_name
from birds b,
     birds_food bf,
     food f
where b.bird_id = bf.bird_id
  and bf.food_id = f.food_id
  and f.food_name = 'Fish';

select * from fish_eaters;
```

6. 编写查询让 FISH_EATERS 视图连接 MIGRATION 表，只返回吃鱼鸟类的迁徙地点。

答：
```
select m.migration_location
from migration m,
     birds_migration bm,
     fish_eaters f
where m.migration_id = bm.migration_id
  and bm.bird_id = f.bird_id;
```

7. 为 FISH_EATERS 视图创建同义词，然后用此同义词编写一条查询。

答：
```
create synonym eat_fish for fish_eaters;

select * from eat_fish;
```

8. 尝试自己编写一些视图。请尝试连接视图和表，并应用一些已介绍的 SQL 函数。

答：无答案。

第 21 章

一、测试题

1. 建立会话用什么命令？

答：CONNECT。

2. 删除带有数据库对象的模式要用什么参数？

答：带有 CASCADE 参数的 DROP SCHEMA。

3. 删除数据库权限用什么语句？

答：REVOKE。

4. 创建表、视图、权限的组或集合用什么命令？

答：CREATE SCHEMA 或 CREATE USER 并赋予适当的权限，创建可创建数据库对象的用户，也就是模式。

5. 用户要将不属于自己的对象权限赋予其他用户，必须使用什么参数？

答：WITH GRANT OPTION。

6. 赋给 PUBLIC 的权限是所有数据库用户都获得了，还是指定用户获得了？

答：PUBLIC 应用于所有数据库用户。

7. 查看某张表的数据需要什么权限？

答：SELECT。

8. SELECT 是什么类型的权限？

答：SELECT 是一个对象级权限，能从数据库对象查询数据。

9. 若想撤销用户访问某个对象的权限，同时撤销可能用 GRANT 赋予其他用户对该对象的访问权，该用什么参数？

答：CASCADE 参数。

二、习题

1. 描述如何在示例数据库中创建新用户 John。

答：用 CREATE USER 命令。

2. 描述要采取哪些步骤赋予新用户 John 对 BIRDS 表的访问权。

答：用 GRANT 命令。

3. 描述如何将 BIRDS 数据库所有对象的权限赋予 John。

答：用 GRANT 命令。

4. 描述如何撤销 John 的权限，然后删除账户。

答：用 REVOKE 命令。

5. 创建一个新的数据库用户（用户名：Steve，密码：Steve123）。

答：
```
CREATE USER STEVE IDENTIFIED BY STEVE123;
```

6. 为新用户 Steve 创建一个角色。角色名称为 bird_query，并赋予该角色 BIRDS 表的

SELECT 权限。为 Steve 赋予该角色。

答：
```
CREATE ROLE BIRD_QUERY;
GRANT SELECT TO BIRD_QUERY ON BIRDS;
GRANT BIRD_QUERY TO STEVE;
```

7. 用 Steve 连接数据库并查询 BIRDS 表。请确保给 BIRDS 表加上限定名称，因为 Steve 不是该表的所有者（owner.table_name）。

答：
```
CONNECT STEVE
SELECT * FROM RYAN.BIRDS;
```

8. 用原来的用户连接数据库。

答：
```
CONNECT RYAN
```

9. 现在撤销 Steve 对数据库其他表的 SELECT 权限。以 Steve 的身份连接数据库，并尝试查询 EMPLOYEES、AIRPORTS 和 ROUTES 表。发生了什么情况？

答：
```
revoke select on birds from steve;
```

10. 再次以 Steve 的身份连接到数据库，尝试查询 BIRDS 表。

答：
```
connect steve
select * from ryan.birds;
```

11. 在您的数据库中自行尝试其他实验。

答：无答案。

第 22 章

一、测试题

1. 用了索引后有哪些主要缺点？

答：加索引的主要缺点有减慢批量任务速度、占用磁盘空间、维护索引需要成本。

2. 为什么在复合索引中列的顺序很重要？

答：因为把最严筛选条件的列放在前面可以提升查询性能。

3. 包含很多 NULL 值的列是否应纳入索引？

答：不应该，不应对包含大量 NULL 值的列建立索引，因为访问大部分相同值的行会降低查询速度。

4. 索引的主要目的是阻止表中出现重复值吗？

答：不是。索引主要是为了提升数据检索速度；当然唯一索引是为了阻止表中出现重复值。

5. 判断题：复合索引主要是为了在索引中使用聚合函数。

答：错误。使用复合索引主要是因为需要对同一张表中两个以上的列建立索引。

6. 基数是什么？什么样的列基数较高？

答：基数指的是列中数据的唯一性。社会安全号码就是高基数的例子。

二、习题

1. 请确定以下场合是否应该使用索引，若要使用，该用什么类型的索引。

A. 列有几个，但表的数据不多；

答：不适合。

B. 数据规模中等，不允许有重复；

答：不适合。

C. 列有几个，表非常大，有几列在 WHERE 子句中用作过滤条件；

答：适合。

D. 大表，列有很多，有大量的数据操作。

答：不适合。

2. 编写一条 SQL 语句，为 FOOD 中的 FOOD_NAME 列创建名为 FOOD_IDX 的索引。

答：
```
create index food_idx
on food (food_name);
```

3. 编写一条 SQL 语句，为 BIRDS 的 WINGSPAN 列创建名为 WINGSPAN_IDX 的索引。

答：
```
create index wingspan_idx
on birds (wingspan);
```

4. 删除以上创建的索引。

答：
```
drop index food_idx;

drop index wingspan_idx;
```

5. 研究本书中用到的表。根据用户搜索数据的方式，列出一些适合在列上创建索引的候选表。

答：无答案。

6. 自行在表上创建一些索引。想想数据是如何检索到的，什么场合索引可以产生效益。

答：无答案。

第 23 章

一、测试题

1. 小表用唯一索引是否有好处？

答：索引对解决性能问题可能毫无用处，但唯一索引可以维持参照完整性。参照完整性在第 3 章介绍过。

2. 在执行查询时，优化器选择不使用索引会发生什么情况？

答：发生全表扫描。

3. 在 WHERE 子句中，最严筛选条件子句应该放在表连接条件之前还是之后？

答：最严筛选条件子句应先于连接条件执行，因为表连接条件通常会返回大量记录。

4. 什么时候 LIKE 操作符会影响性能？

答：LIKE 导致现有索引无法用上的时候。

5. 如何在索引方面优化批量载入操作？

答：可在批量载入之前先删除索引，载入完成后再重新创建索引。不管怎样，定期重建索引对性能提升都是有好处的。

6. 导致排序操作性能降低的子句有哪 3 种？

答：ORDER BY、GROUP BY 和 HAVING。

二、习题

1. 重写以下 SQL 语句以改善其性能。使用以下虚构表 EMPLOYEE_TBL 和 EMPLOYEE_PAY_TBL：

```
EMPLOYEE_TBL
EMP_ID          VARCHAR(9)      NOT NULL        Primary key,
LAST_NAME       VARCHAR(15)     NOT NULL,
FIRST_NAME      VARCHAR(15)     NOT NULL,
MIDDLE_NAME     VARCHAR(15),
ADDRESS         VARCHAR(30)     NOT NULL,
CITY            VARCHAR(15)     NOT NULL,
STATE           VARCHAR(2)      NOT NULL,
ZIP             INTEGER(5)      NOT NULL,
PHONE           VARCHAR(10),
PAGER           VARCHAR(10),
CONSTRAINT EMP_PK PRIMARY KEY (EMP_ID)

EMPLOYEE_PAY_TBL
EMP_ID              VARCHAR(9)      NOT NULL        primary key,
POSITION            VARCHAR(15)     NOT NULL,
DATE_HIRE           DATETIME,
PAY_RATE            DECIMAL(4,2)    NOT NULL,
DATE_LAST_RAISE     DATETIME,
SALARY              DECIMAL(8,2),
BONUS               DECIMAL(8,2),
CONSTRAINT EMP_FK FOREIGN KEY (EMP_ID)
REFERENCES EMPLOYEE_TBL (EMP_ID)
```

A.
```
SELECT EMP_ID, LAST_NAME, FIRST_NAME, PHONE
    FROM EMPLOYEE_TBL
    WHERE SUBSTRING(PHONE, 1, 3) = '317' OR
          SUBSTRING(PHONE, 1, 3) = '812' OR
          SUBSTRING(PHONE, 1, 3) = '765';
```

答：
```
SELECT EMP_ID, LAST_NAME, FIRST_NAME, PHONE
    FROM EMPLOYEE_TBL
    WHERE SUBSTRING(PHONE, 1, 3) IN ('317', '812', '765');
```
通常将多个 OR 条件转换为一个 IN 列表，性能会更好。

B.
```
SELECT LAST_NAME, FIRST_NAME
    FROM EMPLOYEE_TBL
    WHERE LAST_NAME LIKE '%ALL%';
```
答：
```
SELECT LAST_NAME, FIRST_NAME
    FROM EMPLOYEE_TBL
    WHERE LAST_NAME LIKE 'WAL%';
```
如果查询条件中不包含第一个字符，索引就不能发挥作用。

C.
```
SELECT E.EMP_ID, E.LAST_NAME, E.FIRST_NAME, EP.SALARY
    FROM EMPLOYEE_TBL E, EMPLOYEE_PAY_TBL EP
    WHERE LAST_NAME LIKE 'S%'
        AND E.EMP_ID = EP.EMP_ID;
```
答:
```
SELECT E.EMP_ID, E.LAST_NAME, E.FIRST_NAME, EP.SALARY
    FROM EMPLOYEE_TBL E, EMPLOYEE_PAY_TBL EP
    WHERE E.EMP_ID = EP.EMP_ID
        AND LAST_NAME LIKE 'S%';
```

2. 新增名为 EMPLOYEE_PAYHIST_TBL 的表，其中包含大量的工资历史数据。用该表编写一系列 SQL 语句来解决以下问题。一定要保证查询语句性能优良。

```
EMPLOYEE_PAYHIST_TBL
PAYHIST_ID      VARCHAR(9)      NOT NULL     primary key,
EMP_ID          VARCHAR(9)      NOT NULL,
START_DATE      DATETIME        NOT NULL,
END_DATE        DATETIME,
PAY_RATE        DECIMAL(4,2)    NOT NULL,
SALARY          DECIMAL(8,2)    NOT NULL,
BONUS           DECIMAL(8,2)    NOT NULL,
CONSTRAINT EMP_FK FOREIGN KEY (EMP_ID)
REFERENCES EMPLOYEE_TBL (EMP_ID)
```

A. 按开始付工资的年份，计算正式工和小时工的总数量。

答:
```
SELECT START_YEAR,SUM(SALARIED) AS SALARIED,SUM(HOURLY) AS
HOURLY
    FROM
    (SELECT YEAR(E.START_DATE) AS START_YEAR,COUNT(E.EMP_ID) AS SALARIED,0 AS HOURLY
    FROM EMPLOYEE_PAYHIST_TBL E INNER JOIN
    ( SELECT MIN(START_DATE) START_DATE,EMP_ID
     FROM EMPLOYEE_PAYHIST_TBL
    GROUP BY EMP_ID) F ON E.EMP_ID=F.EMP_ID AND E.START_DATE=F.START_DATE
    WHERE E.SALARY > 0.00
    GROUP BY YEAR(E.START_DATE)
    UNION
SELECT YEAR(E.START_DATE) AS START_YEAR,0 AS SALARIED,
    COUNT(E.EMP_ID) AS HOURLY
    FROM EMPLOYEE_PAYHIST_TBL E INNER JOIN
    ( SELECT MIN(START_DATE) START_DATE,EMP_ID
    FROM EMPLOYEE_PAYHIST_TBL
    GROUP BY EMP_ID) F ON E.EMP_ID=F.EMP_ID AND E.START_DATE=F.START_DATE
    WHERE E.PAY_RATE > 0.00
    GROUP BY YEAR(E.START_DATE)
    ) A
    GROUP BY START_YEAR
    ORDER BY START_YEAR
```

B. 按正式工与小时工的开始年份，找出他们年薪的差异。小时工在这一年中视同全勤工作（PAY_RATE×52×40）。

答:
```
SELECT START_YEAR,SALARIED AS SALARIED,HOURLY AS HOURLY,
    (SALARIED - HOURLY) AS PAY_DIFFERENCE
    FROM
    (SELECT YEAR(E.START_DATE) AS START_YEAR,AVG(E.SALARY) AS SALARIED,
    0 AS HOURLY
    FROM EMPLOYEE_PAYHIST_TBL E INNER JOIN
    ( SELECT MIN(START_DATE) START_DATE,EMP_ID
    FROM EMPLOYEE_PAYHIST_TBL
    GROUP BY EMP_ID) F ON E.EMP_ID=F.EMP_ID AND E.START_DATE=F.START_DATE
    WHERE E.SALARY > 0.00
    GROUP BY YEAR(E.START_DATE)
    UNION
SELECT YEAR(E.START_DATE) AS START_YEAR,0 AS SALARIED,
    AVG(E.PAY_RATE * 52 * 40 ) AS HOURLY
```

```
FROM EMPLOYEE_PAYHIST_TBL E INNER JOIN
( SELECT MIN(START_DATE) START_DATE,EMP_ID
 FROM EMPLOYEE_PAYHIST_TBL
GROUP BY EMP_ID) F ON E.EMP_ID=F.EMP_ID AND E.START_DATE=F.START_DATE
WHERE E.PAY_RATE > 0.00
GROUP BY YEAR(E.START_DATE)
) A
GROUP BY START_YEAR
ORDER BY START_YEAR
```

C. 找出员工现在的收入与他们刚入职时的收入的差异。同样，小时工视同全勤工作。还要考虑到员工的当前工资反映在 EMPLOYEE_PAY_TBL 和 EMPLOYEE_PAYHIST_TBL 中。在工资支付历史表中，当前支付记录的 END_DATE 等于 NULL。

答：

```
SELECT CURRENTPAY.EMP_ID,STARTING_ANNUAL_PAY,CURRENT_ANNUAL_PAY,
CURRENT_ANNUAL_PAY - STARTING_ANNUAL_PAY AS PAY_DIFFERENCE
FROM
(SELECT EMP_ID,(SALARY + (PAY_RATE * 52 * 40)) AS CURRENT_ANNUAL_PAY
  FROM EMPLOYEE_PAYHIST_TBL
  WHERE END_DATE IS NULL) CURRENTPAY
INNER JOIN
(SELECT E.EMP_ID,(SALARY + (PAY_RATE * 52 * 40)) AS STARTING_ANNUAL_PAY
  FROM EMPLOYEE_PAYHIST_TBL E
  ( SELECT MIN(START_DATE) START_DATE,EMP_ID
          FROM EMPLOYEE_PAYHIST_TBL
          GROUP BY EMP_ID) F ON E.EMP_ID=F.EMP_ID AND E.START_DATE=F.START_DATE
) STARTINGPAY ON
CURRENTPAY.EMP_ID = STARTINGPAY.EMP_ID
```

第 24 章

一、测试题

1. 在某些产品中，系统目录又称什么？

答：数据字典。

2. 普通用户可以更新系统目录吗？

答：不可以。

3. 系统目录归谁所有？

答：数据库系统、数据库所有者或系统用户。

4. Oracle 系统对象 ALL_TABLES 和 DBA_TABLES 有什么区别？

答：ALL_TABLES 显示了用户可访问的所有表，而 DBA_TABLES 则包含整个数据库中全部表的信息。

5. 谁负责修改系统目录表？

答：数据库系统本身会根据数据库的运行情况对系统目录表进行修改。

二、习题

1. 在命令提示符下，查询以下信息：

➢ 您所拥有表的信息；

> 您所拥有表中所有列的信息。

答：
```
select table_name
from user_tables
where table_name not like 'DMRS_%';

select *
from user_tab_columns
order by table_name;
```
2. 显示当前数据库的名称。

答：
```
select * from v$database;
```
3. 显示连接到数据库的用户名。

答：
```
show user;
```
4. 创建一个角色用于更新 FOOD 表。

答：
```
alter session set "_ORACLE_SCRIPT"=true;

create role updatefoodinfo_role;

grant update on updatefoodinfo_role to "username";

select role from role_tab_privs where owner = 'RYAN';
```
5. 从系统目录中查询您创建的角色信息。

答：
```
SQL> select role, owner, table_name, privilege
  2  from role_tab_privs
  3  where role = 'SEE_BIRDS';
```
6. 自行探索系统目录。其所含信息几乎是无穷的。请记住，在 Oracle 中，可以用 DESCRIBE table_name 命令显示表中的列信息。

答：无答案。

第 25 章

习题

1. 从以下要求开始查询数据：

> 查询 BIRDS 表的所有数据；

> 查询 PHOTOGRAPHERS 表的所有数据；

> Bald Eagle 的捕食者是谁？

答：
```
select * from birds;

select * from photographers;

select p.predator
from predators p,
     birds_predators bp,
     birds b
```

```
where p.pred_id = bp.pred_id
  and b.bird_id = bp.bird_id
  and b.bird_name = 'Bald Eagle';
```

2. 由此数据库的 ERD 可知，PHOTOGRAPHERS 和 PHOTOS 表之间缺少关联关系。

➢ 应该加入什么关系？

➢ 用 SQL 定义这两张表的关系（提示：按需添加外键约束）。

答：一个摄影师可能会拍摄许多照片。PHOTOGRAPHERS 和 PHOTOS 应该有一个共同列用于进行表连接。

3. 添加一张名为 COLORS 的表，表示每种鸟的颜色，并创建其他必要的表和关系（主键和外键），为 BIRDS 和 COLORS 建立关联关系。为了便于以后再次建表，可将 CREATE TABLE 语句存入文件或加入主 tables.sql 脚本中。若将此语句加入主 tables.sql 脚本中，请根据主/外键关系确保 DROP 和 CREATE TABLE 语句与数据库中其他表保持合理的顺序（例如，必须先删除子表再删除父表，先创建父表再创建子表）。

答：

```
create table colors
(color_id   number(2)     not null    primary key,
 color      varchar2(20)  not null);

create table birds_colors
(bird_id    number(3)     not null,
 color_id   number(2)     not null,
 constraint birds_colors_pk1 primary key (bird_id, color_id),
 constraint birds_colors_fk1 foreign key (bird_id) references birds(bird_id),
 constraint birds_colors_fk2 foreign key(color_id) references colors(color_
id));
```

4. 在 COLORS 表和已创建的其他表中插入几行数据。

答：

```
insert into colors values (1, 'Blue');
insert into colors values (2, 'Green');
insert into colors values (3, 'Black');
insert into colors values (4, 'White');
insert into colors values (5, 'Brown');
insert into colors values (6, 'Gray');
insert into colors values (7, 'Yellow');
insert into colors values (8, 'Purple');
```

5. 将以下鸟类加入数据库：Easter Kingbird、9 英寸、0.2 磅、翼展 15 英寸、5 个蛋、每季最多 4 窝、孵化期 17 天、育雏期 17 天、双亲均参与筑巢。

答：

```
insert into birds values
(24, 'Eastern Kingbird', 9, .2, 15, 5, 4, 17, 17, 'B');
```

6. 将以下摄影师加入数据库：Margaret Hatcher，由 Susan Williamson 指导，摄影水平为 hobbyist。

答：

```
insert into photographers values
(12, 'Margaret Hatcher', 8, 3);
```

7. 确保最新事务均已提交。为了便于日后需要时可以重新生成这些数据，可将上述 INSERT 语句存入文件，或加入主 data.sql 脚本中。

答：

```
Commit;
```

8. 生成包含所有摄影师、摄影水平和风格的清单。然后对结果进行排序，水平最高的摄影师最先显示。

答：
```
select p.photographer, pl.photo_level, s.style
from photographers p,
     photo_levels pl,
     photographer_styles ps,
     photo_styles s
where p.level_id = pl.level_id
  and p.photographer_id = ps.photographer_id
  and ps.style_id = s.style_id
order by 3 desc;
```

9. 生成摄影师及其徒弟（由其指导的摄影师）的清单。只列出是导师的摄影师。

答：
```
select mentors.photographer mentor,
       proteges.photographer protege
from photographers mentors,
     photographers proteges
where mentors.photographer_id = proteges.mentor_photographer_id
order by 1;
```

10. 重新创建摄影师及其徒弟的清单，但要显示所有的摄影师，无论是否担任过导师，并排序结果，首先显示摄影水平最高的摄影师。

答：
```
select mentors.photographer mentor,
       proteges.photographer protege, pl.photo_level
from photographers mentors,
     photographers proteges,
     photo_levels pl
where mentors.photographer_id(+) = proteges.mentor_photographer_id
  and proteges.level_id = pl.level_id
order by 1;
```

11. 用 UNION 合并多条查询的输出结果，显示数据库中所有动物的清单（例如鸟类和捕食者）。

答：
```
select bird_name from birds
union
select predator from predators;
```

12. 基于 PHOTOGRAPHERS 表创建名为 FORMER_PHOTOGRAPHERS 的表。

答：
```
create table former_photographers as
select * from photographers;
```

13. 清空（truncate）FORMER_PHOTOGRAPHERS 表。

答：
```
truncate table former_photographers;
```

14. 把 PHOTOGRAPHERS 表的所有数据插入 FORMER_PHOTOGRAPHERS 表。

答：
```
insert into former_photographers
select * from photographers;
```

15. 想想能创建什么视图让以上 3 道习题更容易完成，或能让日后的类似查询更容易重复执行？

答：答案因人而异。

16. 至少创建一个上述视图。

答：答案因人而异。

17. 编写查询生成最多才多艺的摄影师名单。例如可能包含以下一个或多个子查询：

> 摄影师的摄影水平高于所有摄影师的平均水平；

> 摄影师感兴趣的鸟类数量多于所有摄影师的平均值；

> 摄影师风格多于平均值。

答：

```
select p.photographer, pl.photo_level,
       count(fb.photographer_id) birds,
       count(ps.photographer_id) styles
from photographers p,
     photo_levels pl,
     favorite_birds fb,
     photographer_styles ps,
     photo_styles s
where p.level_id = pl.level_id
  and p.photographer_id = fb.photographer_id
  and p.photographer_id = ps.photographer_id
  and s.style_id = ps.style_id
  and pl.level_id > (select avg(level_id) from photographers)
group by p.photographer, pl.photo_level
having count(fb.photographer_id) > (select avg(count(f.bird_id))
                                    from favorite_birds f,
                                         photographers p
                                    where p.photographer_id = f.photographer_id
                                    group by p.photographer_id)
  and count(ps.photographer_id) > (select avg(count(ps.style_id))
                                   from photographer_styles ps,
                                        photographers p
                                   where ps.photographer_id = p.photographer_id
                                   group by p.photographer_id);
```

18. 基于上述子查询创建名为 Versatile_Photographers 的视图。

答：

```
create view versatile_photographers as
select p.photographer, pl.photo_level,
       count(fb.photographer_id) birds,
       count(ps.photographer_id) styles
from photographers p,
     photo_levels pl,
     favorite_birds fb,
     photographer_styles ps,
     photo_styles s
where p.level_id = pl.level_id
  and p.photographer_id = fb.photographer_id
  and p.photographer_id = ps.photographer_id
  and s.style_id = ps.style_id
  and pl.level_id > (select avg(level_id) from photographers)
group by p.photographer, pl.photo_level
having count(fb.photographer_id) > (select avg(count(f.bird_id))
                                    from favorite_birds f,
                                         photographers p
                                    where p.photographer_id = f.photographer_id
                                    group by p.photographer_id)
  and count(ps.photographer_id) > (select avg(count(ps.style_id))
                                   from photographer_styles ps,
                                        photographers p
                                   where ps.photographer_id = p.photographer_id
                                   group by p.photographer_id);

select * from versatile_photographers;
```

19. 假定每位摄影师都需要一个数据库用户账户，用于访问数据库中的鸟类和其他摄影师的信息。请生成一个 SQL 脚本，为每位摄影师创建数据库用户账户，语法如下：

```
CREATE USER MARGARET_HATCHER IDENTIFIED BY NEW_PASSWORD_1;
```

答：
```
select 'CREATE USER ' ||
       substr(photographer, 1, instr(photographer, ' ', 1, 1) -1) ||
       '_' ||
       substr(photographer, instr(photographer, ' ', 1, 1) +1) ||
       ' IDENTIFIED BY NEW_PASSWORD_1;' "SQL CODE TO CREATE NEW USERS"
from photographers;
```

20. 查询每种鸟的捕食者都是什么。

答：
```
select b.bird_name, p.predator
from birds b,
     birds_predators bp,
     predators p
where b.bird_id = bp.bird_id
  and bp.pred_id = p.pred_id
order by 1;
```

21. 查询哪些鸟类的捕食者最多。

答：
```
select b.bird_name, count(bp.pred_id)
from birds b,
     birds_predators bp
where b.bird_id = bp.bird_id
group by b.bird_name
order by 2 desc;
```

22. 查询哪些捕食者吃的鸟类最多。

答：
```
select p.predator, count(bp.bird_id) "BIRD DIET"
from birds b,
     predators p,
     birds_predators bp
where b.bird_id = bp.bird_id
  and p.pred_id = bp.pred_id
group by p.predator
order by 2 desc;
```

23. 查询哪些捕食者只吃食鱼的鸟类。

答：
```
select distinct(p.predator) predators
from predators p,
     birds_predators bp,
     fish_eaters fe
where p.pred_id = bp.pred_id
  and fe.bird_id = bp.bird_id;
```

24. 查询哪些类型的鸟巢最能吸引捕食者。

答：
```
select n.nest_name, count(distinct(bp.pred_id)) predators
from nests n,
     birds_nests bn,
     birds b,
     birds_predators bp
where n.nest_id = bn.nest_id
  and bn.bird_id = b.bird_id
  and b.bird_id = bp.bird_id
group by n.nest_name
order by 2 desc;
```

25. 查询哪些摄影师在拍摄鸟类时最有可能看到鳄鱼。

答：
```
select p.photographer, b.bird_name "FAVORITE BIRDS", pr.predator
from photographers p,
     favorite_birds fb,
```

```
      birds b,
      birds_predators bp,
      predators pr
where p.photographer_id = fb.photographer_id
  and fb.bird_id = b.bird_id
  and b.bird_id = bp.bird_id
  and bp.pred_id = pr.pred_id
  and pr.predator = 'Crocodile';

select p.photographer, b.bird_name "FAVORITE BIRDS", pr.predator
from photographers p,
     favorite_birds fb,
     birds b,
     birds_predators bp,
     predators pr
where p.photographer_id = fb.photographer_id
  and fb.bird_id = b.bird_id
  and b.bird_id = bp.bird_id
  and bp.pred_id = pr.pred_id
  and pr.predator = 'Other Birds';
```

26. 查询哪些捕食者最有可能出现在风景照（landscape 风格）中。

答：

```
select distinct(pr.predator)
from photographers p,
     favorite_birds fb,
     birds b,
     birds_predators bp,
     predators pr,
     photographer_styles ps,
     photo_styles s
where p.photographer_id = fb.photographer_id
  and fb.bird_id = b.bird_id
  and b.bird_id = bp.bird_id
  and bp.pred_id = pr.pred_id
  and ps.photographer_id = p.photographer_id
  and s.style_id = ps.style_id
  and s.style = 'Landscape';
```

27. 查询哪些鸟类的食谱丰富程度高于数据库中的平均值。

答：

```
select b.bird_name, count(bf.bird_id) "FOOD ITEMS"
from birds b,
     birds_food bf
where b.bird_id = bf.food_id
group by b.bird_name
having count(bf.bird_id) > (select avg(count(bf.bird_id))
                           from birds b, birds_food bf
                           where b.bird_id = bf.bird_id
                           group by b.bird_id);
```

28. 以下摄影师使用什么相机：

➢ 指导他人的摄影师；

➢ 摄影水平高于平均值的摄影师。

答：

```
select c.camera
from cameras c,
     photographer_cameras pc,
     photographers p
where c.camera_id = pc.camera_id
  and pc.photographer_id = p.photographer_id
  and p.level_id > (select avg(level_id)
                    from photographers)
  and p.photographer_id in (select p.photographer_id
                            from photographers p,
                                 photographers m
                            where m.mentor_photographer_id = p.photographer_id);
```